カラー口絵

図 1: 老化後のムース．上部は乾いていて大きな多面体状の気泡から成り，下部は湿っていて，上部より平均としては小さな気泡から成っている．下部の気泡は，ムースが浮かんでいる液槽の液面に接するところで球形となっている．本文，イントロダクションの図 0.1 参照．© S. Cohen-Addad 氏，R.M. Guillermic 氏，および，A. Saint-Jalmes 氏．

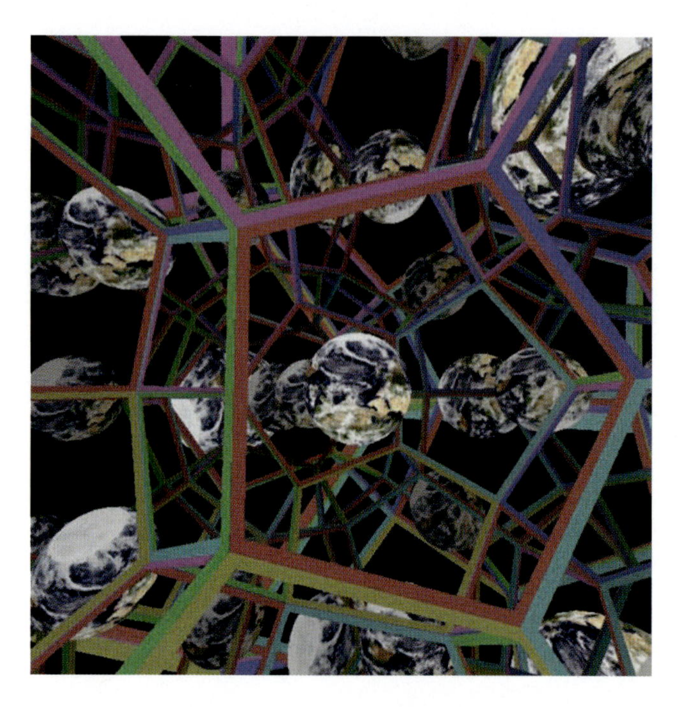

図 2: 宇宙規模 (10^{23} m) の観測結果の数々は，宇宙が十二面体の集合体として構成されるものと仮定して解釈可能である．これらの十二面体は，曲率一定の面を持ち，それらの面が 120° の角度を成して接続していて，ムースと良く似た周期的な構造を成している．図 1.7 参照．© F. Graner 氏，および，R. Lehoucq 氏．

図 3: シャボン膜により得られた最小表面．薄膜の両面間での干渉によって生じた彩色から薄膜の厚さがマイクロメートルの程度と分かる．図 2.2 参照．© F. Elias 氏．

図 4: 高さ 10 m 程度，幅 2 m 程度に広がった液体のカーテン．虹色の光彩からは，厚みと速度の揺らぎの様子が分かる．これを利用して，二次元の流体力学的な乱流を，長時間にわたって (シャボン膜は補充され続ける)，大きなスケールで (高さはこの場合 20 m 近い) 調べることができる．図 2.33 参照．F. Mondot 氏撮影．第 2 章参考文献 [6] より転載．

図 5: 熟成はムースにだけ起こる現象ではない．(単結晶ドメインから成る) 結晶は，ムースと同様に時間的に変化していく．ここに示したのは，氷の多結晶の結晶粒を直交偏光板の間で観察した様子である．この結晶粒構造は，南極大陸における氷の蓄積の過程で再配置が起こり，その結果，作られたものである．各色は結晶格子の向きに対応する．乾いたムースの場合と同様，結晶粒は熟成し，変形していく．原図は 5×2.5 cm．図 3.2 参照．G. Durand 氏撮影．第 3 章参考文献 [17] より転載．

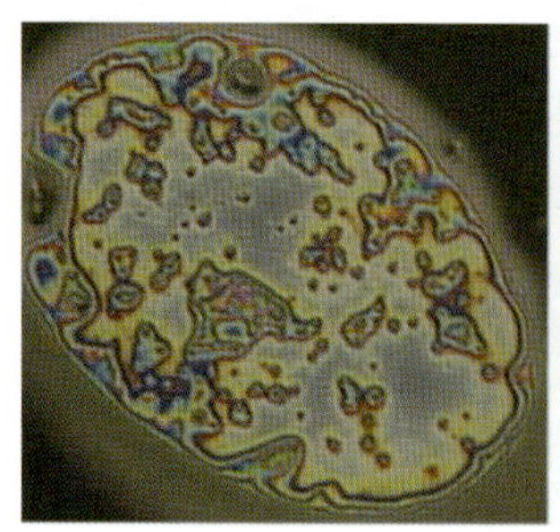
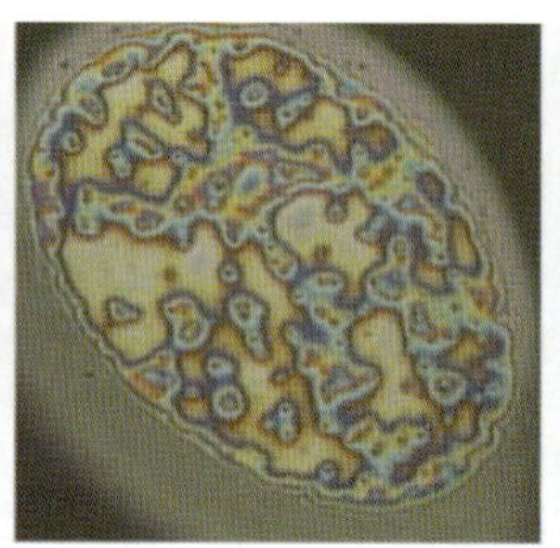
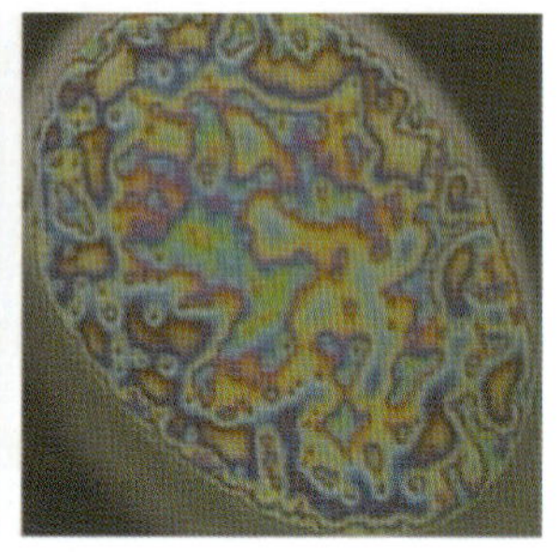

図 6: 牛乳中のタンパク質によって安定化された液体薄膜．薄膜平衡法によって得られたもの (第 5 章 § 1.1.4 参照)．気泡の間の薄膜の表面の凹凸が見て取れる．左から右へ，タンパク質の体積濃度が増大している．濃度が低い (左の図) 場合には，薄膜は不安定であり，すぐに破裂して気泡は融合する．一方，濃度が高い (右の図) 場合には，薄膜は，はるかに安定である．写真に写っている範囲のうち，薄膜の面積は 3 mm^2 である．図 3.17 参照．© A. Saint-Jalmes 氏．

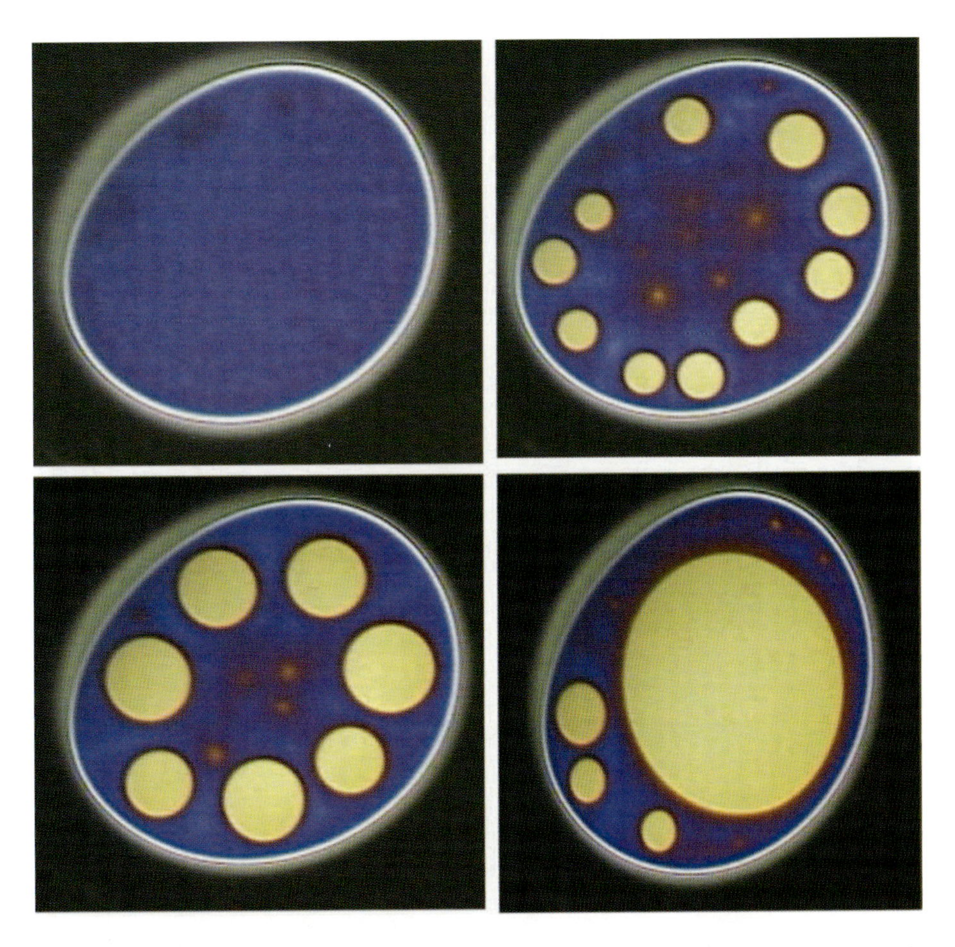

図 7: 高分子によって安定化された液体薄膜．薄膜平衡法によって得られたもの (第 5 章 § 1.1.4 参照)．これらの画像は (左上から右下にかけて)30 秒間にわたる時間変化を示している．薄膜はプラトー境界によって取り囲まれ，それらが誘起する毛管吸引の効果によって，薄膜の厚みが減少する．これらの高分子によって薄膜の厚みは層状になるため，厚みは連続的に薄くなっていくことができない．厚みは，220 nm(青) から 130 nm(黄) に飛んでいる．図 3.18 参照．© A. Saint-Jalmes 氏．

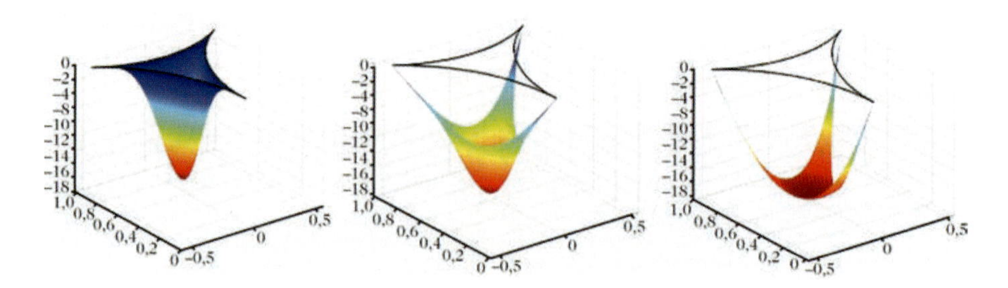

図 8: プラトー境界中の流れに関する数値計算結果を三つの界面易動度について示したもの．易動度はブジネスク数 Bo で特徴付けられる．Bo が小さいと，界面の易動度は高くなるため，界面はより溶液中の流れに引きずられる．図 3.33 参照．© W. Drenckhan 氏.

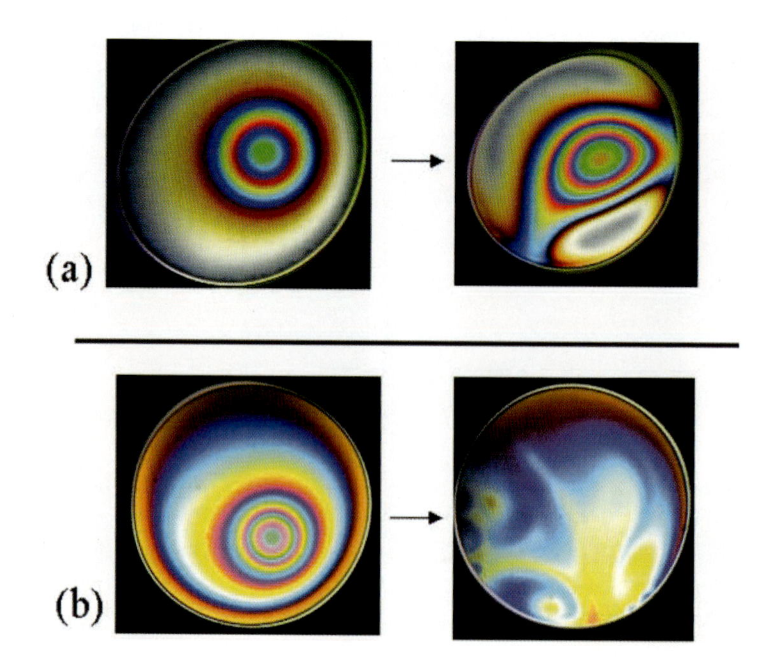

図 9: **ディンプル (えくぼ)** の非対称な排液の二つの例．水平な薄膜中に生じたものを，薄膜平衡法により観測したもの (第 5 章 § 1.1.4 参照)．**(a)** の場合，ディンプルは薄膜中で動かないでいるが (左図)，やがて，外周のプラトー境界中へと抜け出ていく (右図)．この現象は，非常に早く (<1 s)，薄膜中に強い流れが生じる．同様に，**(b)** の場合にも始めにディンプルが薄膜中に見えるが，流れによってこのディンプルはプラトー境界へと急激に吸収される．この二つの状況は界面がとても動き易い場合に相当する．図 3.40 参照．© A. Saint-Jalmes 氏.

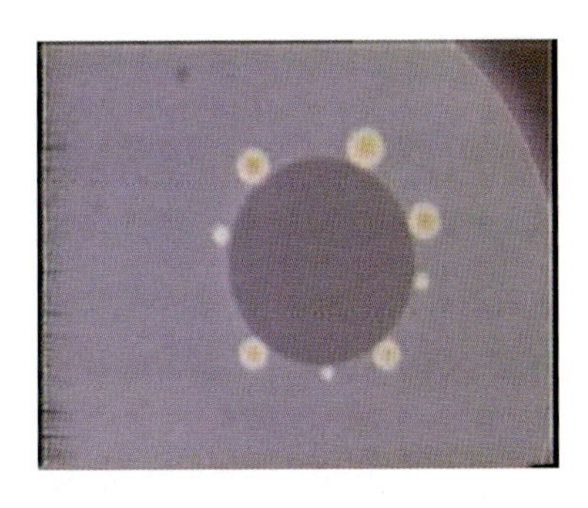

図 10: 層状化した薄膜では，厚みは不連続に減少する．薄い厚みの領域が開いて成長すると，それを囲む隆起は結果として不安定となり，いくつかの滴を領域の周辺に形成する．この薄膜は薄膜平衡法により可視化されている．薄膜には界面活性剤と高分子電解質が混ざっている．領域の直径は 0.2 mm であり，厚みは 20 nm である．図 3.44 参照．© A. Saint-Jalmes 氏.

図 11: 枠に張られたシャボン膜．虹色の光彩は，薄膜の二面で反射された白色光の干渉によるもの．それぞれの色は異なる薄膜の厚みに対応する．上方から下方にかけて厚みに勾配ができるのは，薄膜内部の液体が重力によって排液されることによる．枠の直径は 15 cm である．図 3.55 参照．© F. Elias 氏.

図 12: X 線トモグラフィーによるムースの三次元構造の再構成．気泡一つ一つが識別され，異なる色によって表示されている．液体分率は 15%である．図 5.8 参照．© J. Lambert 氏 (第 5 章参考文献 [35] 参照)．

ムースの物理学：構造とダイナミクス

カンタ，コーエン・アダ，エリア，グラナー
ヘラー，ピトワ，ルイエ，サン・ジャルム

梶谷 忠志，武居 淳，竹内 一将，山口 哲生 共訳

奥村 剛 監訳

Original Edition : **Les mousses**
Structure et dynamique

By
I.Cantat, S.Cohen-Addad, F.Elias, F.Graner, R.Höhler,
O.Pitois, F.Rouyer, A.Saint-Jalmes

目次

イントロダクション

はじめに：世界はムースの泡だらけ

ムースは膨大な数の気泡が積み重なってできており，そのためムースという状態にある物質は，様々な驚くべき性質を持っている．本書で取り扱うのは多種多様の液体ムース，すなわち，気体と液体（シャボン液であることが多い）を二つの基本的構成要素とするムースである．こうしたムースは一般的に不透明で，驚くほど安定しており，弾性を示すことさえある．このことは，ホイップクリームやシェービングムース，それに浜辺に打ち寄せる波の泡にも見ることができる．

シャボン液と空気の混合物については，過去に素晴らしい書籍が何冊もあった．中でも，ボーイズ（Boys）の大変魅力的な書（1890 年発刊）に触れないわけにはいかないだろう．この本は，実験を織り交ぜながらボーイズが行ったいくつもの講演に基づいているが，これらの講演に参加した聴衆はシャボン玉を使った実演に魅了されたという[1]．あるいは，マイセルズ（Mysels），フランケル（Frankel），篠田による見事な書籍もある．この本は絶版になって久しいが，これを読めばシャボン膜の知られざる一面をいくつか知ることができる．さらには，ムースの産業的応用を推し進めたバイカマン（Bikerman）による著書もある．より最近の書籍としては，ウェアー（Weaire）とハツラー（Huztler）によるムースの物理学についての学術書があり，そこでは構造の問題に基づく展望が示されている[2]．

そこで本書では，液体ムースについて知られている現代的な基礎を解説するとともに，最近のいくつかの進展，具体的には，構造，生成，老化やレオロジーの問題について議論する．本書では，産業界でムースに携わる多くの方々が持つ疑問に，簡潔で具体的な答えを提供できるように努めた．また，我々がもう一つ心掛けたのは，様々なレベルの記述を提示することである．このため，現象の記述からはじめ，スケーリング則，さらに緻密なモデルまでを取り扱った．そのため，本書は，読者として，大学等の先生方だけでなく，意欲ある高校上級生，大学生までをも，全く同様に想定して，書かれている．読者のために，章末には問題や

[1]訳注：現在，入手可能なものとして，C.V. Boys 著「Soap Bubbles（Dover Pub., New York, 1959）」がある．

[2]訳注：大塚正久らによる翻訳版「泡の物理（内田老鶴圃）」がある．

図 0.1: 老化後のムース．上部は乾いていて大きな多面体状の気泡からなり，下部は湿って，上部より平均としては小さな気泡からなっている．下部の気泡は，ムースが浮かんでいる液槽の液面に接するところで球形となっている．S. Cohen-Addad 氏，R.M. Guillermic 氏，A. Saint-Jalmes 氏撮影．カラー口絵 1 参照．

簡単にできる様々な実験のレシピも付けた．

一方で，本書では，網羅的な記述は試みていない．たとえば，固体フォームについては言及するにとどめ，一部の未解決問題については詳細に立ち入らない．また，本書は共同作業の賜物であり，そのため，基礎から応用まで，多様な観点が示されている．このムースに関する共同作業はとても楽しいものであった．このような多面的な書の執筆には，再読や推敲に多大な時間を費やす必要があった．この点で尽力され，素晴らしい助言を下さった Christian Counillon 氏，Agnès Haasser 氏，Michel Laguës 氏には特にお礼を申し上げる．また，本書を書き進められたのは我々の同僚や学生達が数々の指摘や提案をしてくれたおかげであり，全員に喜んで感謝の意を表したい．最後に，フランス国立科学研究センター（CNRS）の研究グループ「ムース」，ならびに，その代表であり，本書執筆にあたり励ましを頂いた M. Adler 氏と C. Gay 氏には，深い謝意を表する．

「実験」の楽しみ方

各章の最後には実験が紹介されており，その章で扱われた要点を実感できるよう配慮されている．これらの実験は，台所や風呂場で数分もあれば実行できるものもあれば，実験室の器具や材料を要するものもある．紹介されている実験に特別な危険を伴うものはないが，普段，台所で作業するのと同じように，安全には注意し，分別をもって行う必要はある．

各実験の冒頭には，どのような理論的知識が前提とされているかを示すため，各章の中の関連する節への参照箇所が示されている．各実験の難易度と所要時間は以下の四つの指標に基づいて分類されている．

難易度：必要な器材に応じて，実験を三段階の難易度に分けている．

: 通常，台所や風呂場にある器材
: 商店で購入できる，あるいは，自作できる，少し特別な器材
: 実験室の器材

費用：実験に要する費用の目安は以下のように三段階で評価されている．

€ : 千円未満
€€ : 千円から五千円程度
€€€ : 五千円以上

準備時間：器材が揃ってからの実験準備に必要な時間を表す．実験により，この時間は五分で済むこともあれば半日かかることもある．

作業時間：実験準備が整ってからの本来の意味での実験時間．すなわち，解析を行い，実験によって明らかになった現象の完全なまとめを行うところまでを含めた時間である．

第1章　ムースの有用性

ムースは一体どんなことに役立ち得るのだろうか？　科学者が「ムースを研究している」と言うと，その人は失笑を買ってしまう．何しろ，ムースから連想されるのは，むしろ子供の遊びだからである．そこで，この第1章では，概観を与えるために．液体ムースが，複雑かつ独特な諸性質を持つことを示す．さらに，液体ムースが，日常生活の色々な場面や数多くの産業技術に非常に役立つことを示す．

1　身の回りのムース

1.1　ムースにまつわる叙事詩

古代インドの叙事詩，マハーバーラタによると，悪魔ナムチによって囚われの身となったインドラは，解放される際，ある約束をせざるを得なかった．その約束とは，インドラがナムチを殺す時は，昼でも夜でもなく，また乾いた物も湿った物も使ってはならない，というものだった．そこで，インドラは，何と，夕暮れ時に再び姿を現し，ナムチをムースで殺めたのだ (図 1.1)！　インドラは，乾いた物でも湿った物でもないムースによって，ナムチの矛盾する要求をしっかり満たしたのである．

ギリシャ神話では，クロノスが，父である天空神ウラノスの局部を切り落とし，海に捨ててしまう．ヘシオドス曰く,「不死身の肉体の小さな破片から，白い泡沫が湧き出て，一人の少女が誕生した．彼女は，まず神の島キティラに向かい，そこから，潮流に囲まれてキプロスへと到達した．そして間もなく，美しく魅惑的な女神として，彼女が海辺に姿を現したのである.」この女神は，その名をアフロディーテという．アフロン (aphron) はギリシャ語でムースを意味し，したがって，この名は，字義通りには,「ムースから生まれた」という意味を持つ．だから，あなたが手に取っているこの本のことを，アフロ学概論の本と呼んでも良いのである！

中国では，夏王朝 (紀元前 2000 年) の宮殿にて，王座を求める二頭の竜に対抗するため，帝王は泡立つムースを竜の口から採取して，それを箱の中にしまい込

図 1.1: 神話の上で，マハーバーラタの作者ということになっているガネーシャは，ムースの性質から着想を得て，インドラがナムチを襲う場面を創り出した．図中の吹き出し：「この夕暮れ時は昼でも夜でもない．ムースは濡れても乾いてもいない．ヴィシュヌ，手を貸してくれ！」© Amar Chitra Katha Pvt. Ltd.

んだ．本書で後で学ぶように，ムースは必ずしもこの故事にあるように安定ではないのだが，この故事のムースは 2000 年近く残存した末に，ついに箱が開けられると，ムースは箱から逃げ出した．周王朝の厲王(れいおう)は，あの手この手でムースを捉えようとしたが，捕まえることはできなかった．すると，このムースは小さな竜に姿を変え，少女の体を借りて，褒姒(ほうじ)という名の竜の王女を産み落とした．褒姒は，危険なほどの美しさと悲しげな容姿で知られる．

ムースは，その軽やかな特性と (一般的には) たわいのない位置づけのため，ここまで紹介した最古の例の他にも，たびたび文献に登場する．ここではその選文集を作るようなことはしないが，ジョイス作の小説ユリシーズでの登場例については言及しておきたい．この作品には，ムースは様々な形で現れ，いきなり冒頭にバック・マリガンのシェービングボウルの中に登場したかと思えば，ずっと後にも，街路に流れでた大量のアイルランドビールに関連して登場する．

1.2　日々の食卓において

1.2.1　飲むムース

当然のことながら，ムースは様々な炭酸飲料と関係している．ビールの泡は，特にタンパク質のおかげで安定化されていて，私たちの目と口に至福をもたらしてくれる．このビールの泡の正体は，ラガービールの場合には大きめの気泡のムース，黒ビールの場合には小さめの丸い気泡のムースである．シャンパンのムースはより繊細であるが，視覚を楽しませてくれるだけではない．ムースの状態を判

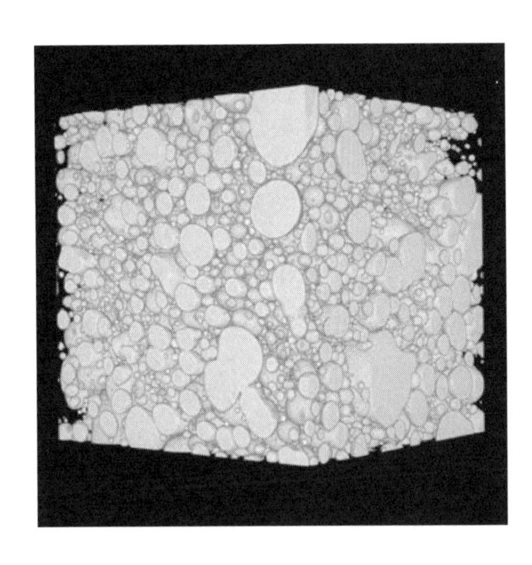

図 1.2: チョコレートムース中の気泡の三次元可視化実験．使われた手法は X 線トモグラフィーと呼ばれるもので，第 5 章で解説する．P. Cloetens 氏 (ESRF) 撮影．

断して味見すらせずにシャンパンの質が見抜かれることもある．シャンパンと一部のビールでは，ボトル内での発酵のため生じる炭酸ガスが，高圧 (シャンパンの場合約 6 気圧) で閉じ込められている．この液体は，常圧では過飽和であり，ボトルを開けるとガスが抜け始める．こうしてできる気泡が，液体内を上がっていって，ムースを作るのである．一部の生ビールでは，グラスに注がれる際に空気や窒素ガスが入れられるが，これはムースの老化を遅らせるためである．ソーダ水や炭酸水は CO_2 を加えて巧妙に作られるが，タンパク質がないので，できたムースはあまり安定でない．以上を踏まえると，自然に，ムース化，排液，熟成に関する疑問が湧いてくると思うが，これらのことは本書の後の章で取り上げる．

1.2.2 食べるムース

ムースは堅くて軽やかなため，食べ物としても口当たりが良い．もちろん，チョコレートムース (図 1.2) や果物のムースのことがすぐに思い浮かぶと思うが，食品製造業では，アイスクリームに空気を含ませることでその食感を調整するという工夫もされている．その結果，アイスは，口の中で早く溶けすぎることなく，かつ，スプーンですくえるようになっている．ここで，空気は費用が全くかからない原材料であることに注意しよう．にもかかわらず，空気は商品の体積を増やすのに大きく貢献している．

これら食用ムースは，殆どの場合，固体ムースであり，液体ムースを冷却したり (チョコレートムースの場合)，加熱したりして，固化させることによって作られる．この場合，ムース促進剤や安定剤は天然の物が使われ，たとえば，砂糖 (メレンゲ用)，ゼラチン (マシュマロ用，ゲル化剤としても働く)，乳タンパク質 (カプチーノ用) などが利用される．一方，食品製造業では，ムース安定化のため，レシチン (卵や大豆のもの) や，ムースに強い粘り気を与えるキサンタンガムが使われる．食用ムースの中には，たとえばパンやケーキなど，界面活性剤を使う必要がないものもある．なぜなら，こうしたムースは，消滅する前に焼き固められるからである．

ノルウェー風オムレツは，何とも面白い組み合わせから成っていて，アイスクリームが二種類のムースによって断熱されている．片側では，アイスクリームは固体ムースの上に乗せられており，それにはジェノワーズ (訳注：スポンジケーキの一種) が使われる．反対側では，アイスクリームは，液体ムースと見なすことができる加熱前のメレンゲに覆われている．これらのムースには十分な断熱性があるため，中にアイスクリームが入ったままで，まとめて弱火にかけることができるのだ！

最後になるが，作ろうとしたわけでもないのにムースができる場合もある．これは，沸騰の結果だったり，単にかき混ぜたことが原因だったりする．たとえば，パスタあるいはジャガイモを水に入れて火にかけたり，ポトフを熱したりすると泡が出てくるが，これは，食品に含まれるタンパク質によって，壊れにくい気泡が生じるからである．牛乳にできるムースは非常に安定で，コップを揺さぶったり，赤ん坊が哺乳瓶のミルクを飲む際にも見られる．コーヒーの上にできるムースは長持ちしない．お茶にできるムースも，量こそ少ないが，同様にすぐに消える．

1.3　洗浄と化粧

洗剤には石鹸が入っているが，その結果，意図した効果 (油や固形物を落とすこと) に加えて，フランシス・ポンジュ(訳注：フランスの詩人) が「冷たい沸騰」と表現した現象，すなわち，ムースの生成を引き起こす．我々はよく，この性質が洗浄に役立つと考えがちであるが，そのようなことは全くない．製造業者は，機械洗浄 (洗濯機，食洗機) においてムースが生じないようにしようと工夫を凝らしている．試しに，食洗機の中に (専用の洗剤ではなく手洗い用の) 食器用洗剤を数滴入れてみると，ムースが，見る見るうちに，食洗機を埋め尽して溢れ出してくる様子を観察できる．実は，食洗機用の洗剤にはムース抑制剤が加えられており，このような面倒が生じないようになっている (第 3 章 § 5.3 参照)．

とはいえ，場合によっては，ムースを使う方が良いこともある．たとえば，オーブン用の金属研磨剤が二種類あり，片方が泡立たず，他方が良く泡立つものであったとする．このとき，洗浄能力をテストしてみて，どちらも同じような結果になったなら，後者の研磨剤の方が便利に使える．オーブン内の鉛直壁に，より長い間流れ落ちずに保持されるからである．鉛直な壁に保持されやすいのはムースの弾性のためであるが，この性質は，ヒゲ剃りにも有利に働く．なぜなら，少量のムースで頬を完全に覆うことができ，ムースは頬に留まり続け，やがて，カミソリの刀によってせん断を加えられて十分流動化して洗い流すことができるからである．この例からは，レオロジーについての疑問が湧いてくるであろうが，これについては本書の後の方で取り上げる．ところで，より一般には，こうした製品は化粧品として多く存在する．なぜなら，ムースはものを覆う能力に優れているので，整髪ジェルやリンスをつける際に役に立つからである．髪を洗う際，シャンプーは二回目の方がより泡立ちが良くなるが，このことは，一回目のシャンプーがきちんとその役割を果たしたということを示している (訳注：本章 § 2.1 参照)．また，泡立つことで，利用者が気持ち良くシャンプーを利用できるという一面もある．泡風呂に人気があるのも，こうした快適さと楽しさのおかげである．

1.4 自然に，または意図せず生じるムース

既に見たように，ムースは液体中に気体があることによって生じる．たとえば，炭酸飲料の場合は炭酸ガスが入っているし，シェービングムースの場合はアルカンが入っている．マグマは，マグマ溜まりの中で気体を放出し，気泡が集積してムースを作る．気体の流量，気泡の大きさ，火山内の空洞の形状などの条件により，マグマのムースは徐々に崩れ落ちることもあれば，ストロンボリ式火山 (訳注：間欠的に小規模な噴火を繰り返す火山) のように，突然，目を見張るような崩壊することもあるのだ！

しかし，大抵の場合は，液体がかき混ぜられて，周りの空気が取り込まれることで，ムースが生成される．このように水がかき回されることで生じる (滝壺や打ち寄せる波に見られるような) 泡は，それを安定化するものがなければ，生成して直ちに，はかなく消えてしまう．一方，同じ泡でも，公害や植物性プランクトンに起因する界面活性剤が混ざっていると，誰しもが海岸で目にしたことのある消えにくい泡立った白い波ができたり，オーストラリアで見られるような何メートルもの高さを持つ壮観なムースの山ができたりする．したがって，ムースの有無は，界面活性剤による汚染 (産業的な，あるいは，天然の汚染) の良い指標である．

同じ理屈で，食器用洗剤をボトル数本分，公共の噴水に注ぎ込むと，凄まじい量のムースが溢れだし，そこに染料を混ぜるとさらに人目を引く事態になる (訳

注：絶対に真似してはいけません！)．映画では，ムースは特殊効果に使われており，たとえば雪を表現するのに役立っている．ブレイク・エドワーズ監督の映画「パーティー」の有名なエンディングでは，一面に溢れ出したムースが，お金持ち達のパーティーをパニックに陥れる．

意図せず生じるムースは，産業的場面でも同様に目にすることが多い．そこで，それを取り除くための製品の開発が問題になるが，これについては後でまた取り上げる．そのようなムースは，たとえば沈殿槽 (訳注：汚水処理などに利用) で生じるし，あるいは，鋼鉄，ガラス，パルプ，砂糖，水彩絵具，さらには，発酵製品 (ワインやペニシリンなど) の製造時にも見られる．強い酸性条件にある胃も，ムースを分泌している．そのため，我々が飲む錠剤には必ずムース除去剤が含まれており，それによって薬剤が胃の内壁に到達し，作用できるように調整されている．

2　ムースの正体

前節で見たように，液体ムースは我々の身の回りで普通に見かけるものである．ここではムースの性質をいくつか紹介して，ムースが極めて特異な物質であること，そして，様々な産業的用途 (本章 § 3，p. 9) に容易に活用できることを示す．また，ムースは組成や状態を精密に制御することができるため，セル固体 (訳注：すぐ後に出てくるように，ある種の多孔性材料を指す．セルは小部屋の意味．) や生体組織のモデル物質としてもしばしば役立てられている．

2.1　物理化学的な構成要素

ムースとは，液体の中に気体が分散したものである．その体積の大半を占めるのは，びっしりと詰め込まれた気泡である (図 0.1)．ムースの中の液相は，シャボン膜とそれらの接合部分を構成し，連続的に繋がっていて，ムース中の分断された気相とは対照的である．液相には特別な分子，すなわち，界面活性剤が含まれており，それが気・液界面に位置することで全体が安定化されている (第3章 § 2 参照)．

ムースの構成成分を色々と変化させれば，実に多様な性質を得ることができる．気体に関する説明から始めよう．たとえば，空気は，すぐに大量に手に入るうえ不燃性なので，消火器から噴射される水性ムースを膨らませるのに役立っている．こうして膨らまされたムースが，燃焼物を大気中の酸素から隔てる障壁を作る．また，全く別の話になるが，このようなムースの遮断特性は，一部の昆虫 (ヨコバイなど) によって利用されており，そのサナギは，ムースを分泌して繭を作ることで，乾燥と温度変化から身を守っている．気体は，ムースの老化にも影響をおよぼしている．炭酸ガスは水に非常に良く溶けるため，炭酸飲料のムースは徐々に消えていく．逆に，窒素やアルカンは水にあまり溶けないため，ビールの泡やシェービングムースの時間変化を遅らせるのに使われる (第 3 章 § 3).

ムースの液体部分もまた，老化に対して影響をおよぼしている．液体は，網目状の薄膜と接合部分を通って，多孔質中の液体のように排液され (たとえば重力の効果による)，その結果ムースは乾燥していく (第 3 章 § 4)．これにより，数えきれないほどの応用可能性が生まれる．たとえば，ムースの液体部分は，何らかの活性物質の運び手となることができる．たとえば，静脈瘤の治療のため，硬化剤を調合したムースが注入されることがある．これによって，これまでの治療方法と同じ効能が得られるうえ，液体の分量は遥かに少なくて済み，したがって活性分子も少なくて良い (副作用も少ない)．また，全く異なる分野の話になるが，硬化可能な液体がムース化すると，化学反応や温度変化を使ってセル固形材料 (たとえば金属フォームやポリウレタンフォーム) を作ることができ，液体ムースよりも遥かに長持ちさせられる．

同様に，ムースを安定化する分子に手を加えることも可能である．たとえば，ある特定の物質にのみ特に高い化学的親和性を示す分子を使って，様々な分離法 (浮遊選鉱など) や洗浄でムースを活用できる．不純物が界面活性剤と競合する場合には，液体薄膜は壊れやすくなり，ついに，破壊に至ることもある (第 3 章 § 5)．したがって，ムースの有無は，洗浄 (食器洗いやシャンプー) が良くできたかどうかの目印になる．なぜなら，ムースが現れるのは，主な汚染物質が消えた後に限られるからである．

2.2 幾何学的および物理的な性質

ムースの体積は大部分が気体で占められているため，ムースは，それを構成する液体と比べて，極めて密度の低い物質となっている．したがって，水と空気から成るムースは水の上に浮く (泡立った白い波の例や図 0.1 が示す通りである)．ムースが少量の物質しか含まないということは，より安価に，ある体積を満たしたり，ある面積を覆ったりできることを意味する．ムースが原子力発電所の除染やアスベストの除去に使われる際は，作用物質の使用量を抑えられるだけでなく，さらに重要なことには，再処理しなくてはならない水の量を大幅に減らすことができる．同じ発想で，布地の加工 (たとえば，防水処理やシワ防止処理) に通常の液体ではなくムースを用いると，製品価格を抑えられるだけでなく，布地をより速く乾かすことができる．

また，ムースは界面を大量に持つため (第2章§3)，単位体積当たりに巨大な表面積を有する．たとえば，50グラム，あるいは，100グラムの水から簡単に1リットルのムースを作ることができ，そのムースは10平米もの界面を有する！　これは表面を経由した分子輸送の能力が高いことを意味する．このことは，特に，食品に重要である．なぜなら，この性質のおかげで，ムースによって風味を強く引き出すことが可能になるからである (たとえば，チョコレートやスパイスの風味など).

さらに，ムースは数多くの界面を有するため，光の屈折と反射があらゆる方向に起こる．そのため光は一直線に進むことができずにムースに吸収される (ムースを構成する液体と気体は一般に透明であるにもかかわらず)．つまり，ムースは，霧，すりガラス，牛乳と同じように，視界を遮るのである．この光との相互作用から，ムースの平均的な構造 (静的および動的なもの) を調べることもできるが，三次元的な構造を明らかにするためには，トモグラフィーによるイメージング技術が必要になる．また，水性ムースにおける音波の伝搬は，水や空気中よりも遅い (そして，それほど遠くまで届かない)．これは，音波が液体と気体が交互に現れる媒質中を伝搬するためである．その反面，液体ムースは電流を通し，気体の割合が少なければそれだけ導電性が良くなる．こうした物理的性質はムースの構造を調べるのに活用されている (第5章§1.2).

2.3　力学的性質

ムースの固さは，その構成成分である液体と気体それぞれの固さと比べて驚くほど異なる．実は，ムースは，固体のようにも液体のようにも振る舞うのだ (第4章参照)！　ムースは，(粘) 弾性を持つ柔らかな固体として，変形が大きすぎない限りは初期の形状を取り戻すことができるし，あるいは (粘) 塑性を持つ固体として，心ゆくまで彫刻を施すこともできる．ムースは衝撃と衝撃波を和らげ，そのおかげで力学的影響を驚くほど遮断することができる．

ムースは，また，流れることのできる流体でもあり，孔に浸み込んだり，空洞一杯に溜まったり，繊維を包み込んだりする．ムースは，様々な形の容器や管の中を流れることができる．ムースは降伏液体 (流動し始める限界の閾値を持つ流体) として振る舞い，通常の流体と比べ，流れが速くなっても粘性抵抗の上昇分は小さい．これによって，負荷損失を抑えることができる．また，ムースは (小さな) 粒子を輸送し，流れが止まっても粒子を懸濁状態に保持する．これら全ての特徴が決定的な働きをして，ムースは油田において，掘削用流体として使われる．

	利用物質節約 工程廃液抑制	大空間の 高速充填	遮断 閉じ込め 被覆	物質捕獲	衝撃抑制 圧力制御	液体への 弾性付与	固体への ムース構造付与
洗浄	×					×	
表面処理	×		×			×	
建築材料							×
公害汚染対策	×	×	×	×		×	
火災対策		×	×				
天然資源の抽出				×	×	×	
化粧品	×					×	
食品農業	×					×	×
軍，警察		×	×	×	×		×

図 1.3: 液体ムースの機能をまとめた一覧表．いくつかの主要な応用分野との関連を共に示す．

3 ムースの利用法

ムースは特異な性質を色々と有する．それらの性質は，ムースの軽さや極めて大きな比表面積 (単位体積当たりの表面積) に関係し，また，固体としても流体としても振る舞う特性にも関係している．こうした性質は，また，多くの産業的用途において，しばしば矛盾した要求に答えることに役立つ．図 1.3 では，ムースが備えている有用な機能をいくつかに分類し，それぞれが係わる応用例を挙げる (重複を厭わずに，既に述べたいくつかの例を，先ほどとは異なる視点から見直す)．

3.1 種々の有用機能

様々な産業的工程において，他の流体ではなくムースが好んで用いられるのはなぜなのだろうか．これには少なくとも七つの正当な理由があり，それは以下に列挙する通りである．

1. **利用物質を節約し，工程からの廃液量を抑制する**
ポイントは，作用物質や原材料の使用量を抑えつつ，使用物質の効果は損なわないようにすることである．しばしば，産業利用の後に廃棄したり処理したりする液体の量を抑えることも課題となる．これらの点に関連し，もちろん掃除や洗濯がすぐ思い浮ぶことであろうが，より一般には，汚染除去や公害軽減のためのあらゆる処理が関係してくる．同様の考えで，今日では，(原子力施設が解体した後の) 放射性を帯びたタンクの汚染除去を行う際には，こうした目的に特化して調合された液体ムースをタンクに満たす．

2. **大きな空間を素早く満たす**
ムースの大きな膨張率 (使われた液体の体積に対する生成されたムースの体積比) は，大きな空間を素早く満たそうとする場合に，ぜひとも活用したい性質である．たとえば，消火器に使われるムースは，可能な限り速く大きな表面積を覆わなくてはならない．着陸装置が故障した飛行機は，長さ 1 km にわたって予め敷かれたムースの上に着陸するが，このムースはたった 30 分ほどの短い間で滑走路に広げられるものである．よりお気楽な例としては，「ムースパーティー」(訳注：会場に大量のムースが放出され，来場者が泡まみれで盛り上がるイベント) があるが，この場合にも，大きな体積のムースが必要となる．

3. **隔離し，閉じ込め，覆い包む**
ここでもまた消火活動のことが思い浮かぶ．火事の際は，火元を覆い，隔離する必要があるからである．ムースは体積当たりの質量がわずかであり，遮断特性も優れているため，炭化水素系物質の燃焼を，水よりも遥かに効率的に消し止めることができる．そこで，巨大な化学工場にはムースを蓄えた施設が備えられており，それによって事故が発生した区域を素早く処理できる．暴動鎮圧にもムースが使われるが，この場合のムースは粘着性と硬化性を有し，時折，治安部隊や軍隊が頼みの綱とする．この他，前述のようにヨコバイなどのある種の昆虫のサナギは泡でできた繭で乾燥と温度変化から身を守る．

4. **物質を捕獲する**
ここでは，ムースが界面に様々なものを捕獲できるという特性が問題になる．捕えることができるのは，細かく分断された固形物質 (たとえば，下水処理場の場合)，イオン (水の浄化やウラン分離の場合)，有機分子 (酵素，タンパク質，高分子)，そして小さな分子などであり，これには界面活性剤自身も含まれる．ムースのこの性質は，ものを分離するための数多くの手法の基礎となるもので，具体的には，下水処理や，本節の末尾で詳細に解説する浮遊選鉱などで使われる．捕えたいものが気体である場合，ムースを使って同様に捕えることができるが，その場合は気泡の中に捕えることになる．たとえば，炭鉱においてはこの方法でメタンが回収されて，販売される．

5. **衝撃を和らげ，圧力を制御する**
   ムースは爆発の衝撃を和らげることにも活用される(地雷除去など)．ムースはまた，岩盤やコンクリートに適切に調整されて注入され，こうした材料を破砕したり掘削するためにも用いられる．逆に，石油採掘の際の掘削管においては，圧力超過の問題を軽減するためにもムースが使われる．

6. **流体に固体のような性質を持たせる**
   流体の粘性を大きく引き上げたり，さらには流体に固体のような力学的性質を持たせたりする必要がある時は，ムースを作るとうまく解決する場合がある．これに該当する例として，ここでは化粧品と食品農業を挙げておこう．また，十分な弾性を持ったムースは，重力の影響下でも流れ出ることがない．これが役に立つのは，たとえば，鉛直な表面を覆って洗ったり処理したりする場合などである．さらに，石油採掘の際に，地下で石油を効率的に移動させる際にもムースの弾性が役立つ．

7. **固体にムースの構造を持たせる**
   最後に，液体ムースはセル固体（あるいは、ムース性固体）の原型としても役立ち，それを用いることで，ポリウレタンフォーム，ガラスフォーム，金属フォームなどのセル固体が作り出される．セル固体の構造は液体ムースの構造で決定されるが(液体ムースの構造自体は毛管現象の諸法則(第2章)で支配される)，液体ムースを十分早く固化して，排液などの老化の諸過程によってムースが不均一になることを防ぐ必要がある．同様に，コンクリートのフォームは，ペーストを脱気し，固化することで得られる．

3.2 浮遊選鉱の例

ここまで挙げてきた数多くの応用例の中から，浮遊選鉱を取り上げ，詳しく説明する．この手法はおよそ百年以上も前から存在し，世界の界面活性剤の90 %近くを消費する．浮遊選鉱では，抽出後の原材料は粉砕され，続けて行う処理によって，鉱石と脈石(訳注：鉱石と共に産出する経済価値のない鉱物)を分別する．選別方法は，安価で，極めて速くできるものでなければならない．実際，この方法による鉱石の典型的な生産速度は，一時間当たり百トン程にもなる．

浮遊選鉱の原理は，気・液界面における濡れ性に基づく．実際，(pHを調整し

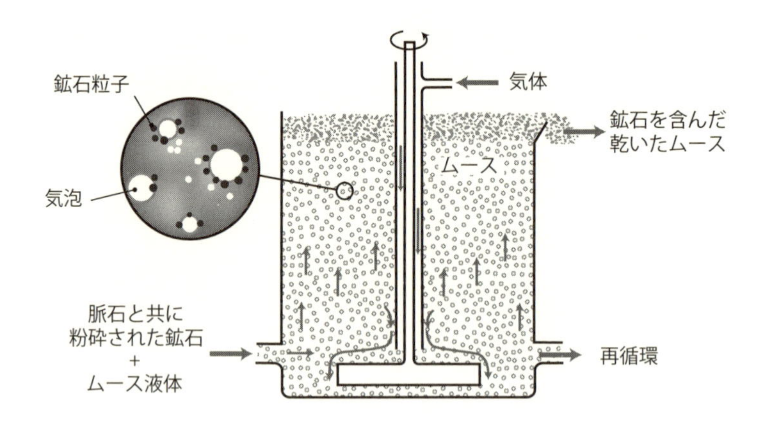

図 1.4: ムースを用いた浮遊選鉱の方法の図．この手法は，脈石から鉱石の粒を分離するために用いられる．鉱石の粒は気泡の界面に捕捉されたのち，タンク上部で回収される．

たり，界面活性剤の性質や濃度を調節したりして) 物理化学的条件を整えることで，鉱石 (銅，亜鉛，ニッケル，滑石，石炭など) の粒子が界面に固定され，かつ，脈石は液体中に留まるようにできる．といっても，この方法は，抽出した物質をひとまとめに大きなタンクの中に入れるだけのものである (タンクの高さと直径は数メートルにもなる)(図 1.4)．この選別法で必須の役割を果たすのは気・液界面であるから，液体ムースを活用し，界面の分量を増やすことは，明らかに有益である．そこで，(少なくとも) 二種類の界面活性剤を加えるが，一つは混合物をムース化し，もう一方は鉱石の界面における親和性を調整する．さらに，空気を下方から注入することで，混合物を激しく掻き混ぜ，気泡と粒子の衝突が起こりやすいようにする．このようにしてムースが続々と生成され，タンクの上面まで昇り，ついにはそこから溢れ出す．こうして，ムースは，それ自身とともに，鉱石を気泡壁 (気・液界面) に捕捉しつつ，上に移動してくる (図 1.4)．上昇に伴い，気泡間の液体の大部分は排液して流れ落ちるため，ムースは乾燥し，壊れやすくなる．気泡同士が衝突する時に，脈石の粒子は，運悪く液相中に捕捉されてしまうことがある．すると，これらの粒子は，ムースが排液する液体によって下方へと押し戻される．さらに，この現象の効果を強めることもできる．それには，タンクの上から液体を散布すればよい．さらに，その他の色々なムースの特質によって，この選別法の効率が高められている．たとえば，ムースの弾性によってタンク内の対流が抑えられ，また，ムースの密度が低いために，ムースは表面に浮遊して大きな熊手で掃き取ることができる．さらに，ムースの壊れやすさと，含有水分の少なさによって，鉱石を単体で取り出すことが容易になっている．

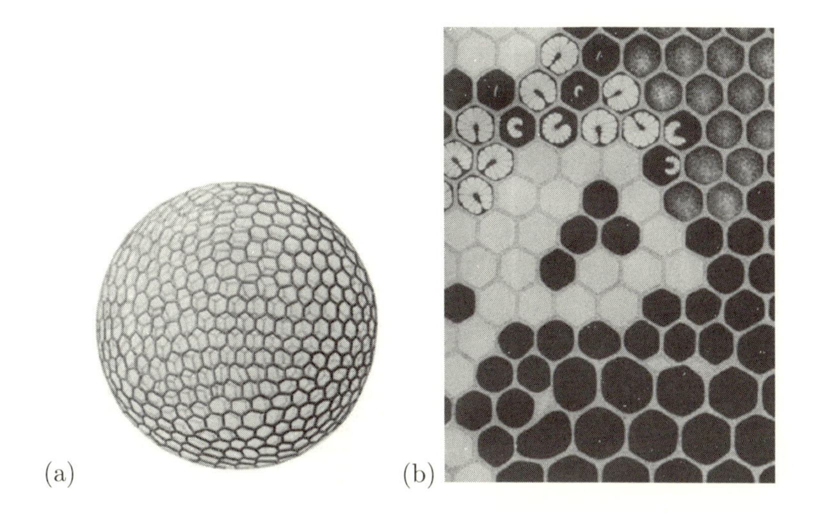

図 1.5: 自然界における固体フォームの例. **(a)** 放散虫の骨格は, 開いたセルを持った固体ムースと見なすことができる (文献 [3] による). **(b)** ミツバチの巣は閉じた固体ムースの例である. 写真上で白く見える部屋は蜜蝋で塞がっている. これらの部屋には蜂蜜か, 変態中のミツバチが詰まっている. 他の部屋は開いており, 空っぽか, 働きバチの幼虫が入っているか, 花粉 (灰色) で満たされている. 大きな部屋はオスのためのものである. © Pierre Deom, www.lahulotte.fr[4].

4 ムース性固体とその他のセル構造を持つ系

4.1 ムース性固体

閉じたムース性固体 (固体フォーム, セル固体) は, 気体の入った空隙とそれを囲む固体の仕切り壁からなる. 液体ムースと異なり, ムース性の固体は, 仕切りが部分的に開いていても (半開放フォーム), あるいは, 図 1.5 に示すように仕切りが完全に開いていても, 存在できる. 制御できると望ましい性質は, 仕切りが開いているか閉じているかという性質に加え, 気泡の平均サイズやサイズ分布, 気体の体積分率や, 材料の均一性などである. ところで, このような固体フォームの性質がどのように決定されるかを良く理解するためには, 固化する前の液体ムースをモデル化し, 理解する必要がある. これは複雑な問題で, 往々にして, 本書の様々な章で論じられるあらゆる性質, すなわち, 老化, 排液, 破壊, レオロジー, そして物理化学的性質が関わってくる.

4.1.1 天然のムース性固体

フランス語でただ単に「ムース」と言った場合，それは苔を意味するのだが，苔はとても開いた構造を持っている．苔は大きな表面積を持つがゆえに，汚染に対してとても敏感な検出器になっており，たとえばハーグ周辺では，放射能汚染の程度を測定するために使われている．天然の海綿も同様にとても開いた構造を持っており，それによって水が浸透できる．しかも，海綿は大きな表面積を持ち，浸透した水を毛管現象によって保持できる．単細胞生物の放散虫は，典型的に百ミクロン程度の大きさを持ち，海洋性プランクトンとして急激に繁殖する．放散虫の骨格 (図 1.5a) は開いたムース性固体になっており，極めて繊細で，その構造は実に様々であるが，常に規則正しくできている．同様に極めて規則的な構造を持つミツバチの巣は，完璧な結晶構造の象徴的存在になっている．ただし，実際は，ハチの巣には部屋の大きさの異なる領域がいくつかある．余談であるが，ミツバチにとって，そうした領域を繋ぎ合わせるのは一筋縄ではいかない問題である (図 1.5b).

自然界には，閉じたセル構造も見つけることができる．骨などがそうで，軽くて頑丈である．コルクは，内に含むごく小さな気泡のおかげで，軽く，しなやかで，雑音を遮断できる．軽石は，閉じた気泡を有する石である (気泡が開いていることもあり，そのような例であるレティキュライト[1]は少なくとも 95 %の空気を含む)．実際，我々は，軽石の軽さや凸凹を活用している．

4.1.2 人工的に作られたムース性固体

上で述べた性質は全て，数多く存在する人工のムース性固体でも見られるものである．たとえば，自動車産業はムースを大変好んで活用しているが，それは常に質量を軽減しようとしているからである (製造費用や燃費に係わる)．実際，自動車には，ポリウレタンフォーム (クッション)，硬質プラスチックフォーム (ダッシュボード)，アルミニウムフォーム (バンパー) をはじめ，他にも様々なムースが搭載されている．

これらの固体フォーム (ムース性固体) の中には，液体ムースを固化して得られるものがある．溶岩のように，融解した液体中に気体が絶え間なく送り込まれて発泡してから硬化することもあるし，また，液体中の内部で気泡が生じて固化する場合もある．後者は，気体を放出する化学反応が原因で，パンやケーキの発酵などがこの例に該当する．アルミニウムフォームや高分子フォームは，これらのどちらかの方法で作られる．つまり，気体を直接注入するか (物理的な膨張因

[1] 訳注：火山岩の一種で，スポンジ状になった玄武岩である．

子)，熱で分解する粉末によって気体を放出するか (化学的な膨張因子) のどちらかである．また，空気の撹拌もムースを作る手軽な方法の一つである．これに関しては，かき混ぜた後に冷やして固めるチョコレートムースや，焼き固めるメレンゲなどが思い浮かぶだろう (本章 § 1.2.2)．さらに，マシュマロ，棒状のチョコレート菓子や，スフレビスケット (訳注：生地を泡立てて作る) なども，ムース性固体からなる食品の例である．

高分子のフォームは典型的に 60 %から 90 %の気体を含む．この種のムース性固体は，人工スポンジ，フィルター，膜，ボトルの栓などに利用される．こうした固体フォームのうち，気泡が開いているものは，一般に熱硬化性の高分子から作られる．それらは膨張するにつれて重合が進むことによって固化する．産業的に最も使われているのは，恐らくポリウレタンのフォームだろう．ポリウレタンフォームは詰め物をするのに役に立ち，座席，クッション，あるいは，マットレスで使われている．建物の断熱にも使われる．このフォームは，パンクしたタイヤにも注入されることがあり，そのおかげで，自転車や自動車は再び走り出すことができる．一方，閉じた気泡を持つ固体フォームは，溶かした熱可塑性高分子 (ポリスチレン，ポリエチレン，ポリ塩化ビニル) の中に気泡を分散させることで得られる．この場合，既に重合が終わったものが使われ，冷却によってポリマーが固化する．この種のフォームは，より硬いため，軽量プラスチック製の様々な製品を作るのに役立つ．膨張したポリスチレンは断熱性に優れ，コーヒーカップを作るのに用いられる．生物分解性の高分子からなるフォームも存在し，たとえば梱包などに使われる．

金属製のフォームは，最近になって存在感を増している．アルミニウムのフォームは，優れた耐久性と共に，かなりの軽量性も併せ持つ．したがって，アルミニウムフォームは構造物の材料としての関心が高く，建物の間仕切り，レーシングカーや航空機などに使われる．この材料は緩衝材としてバンパーに使われており (非常に効果的だが，衝撃があるたびに交換しなくてはいけない)，自動車，路面電車に加え，一部の航空機の機首にも，鳥から機首を守るために使われる．アルミニウムフォームはまた，単位体積当たりの表面積が大きいため，たとえば，電子工学分野では熱交換器として使われたり，あるいは，化学分野では触媒や多孔性の電極としても使われたりする．最後に，アルミニウムフォームは様々に応用されており，中には軍事利用や航空工学での応用もあって，火器の消音や風洞内の流れの安定化 (層流化) などに使われる．鉛のフォームを作るのはアルミニウムのフォームよりも容易で，低温で済むが，柔らかすぎて実際の応用は難しい．鋼鉄のフォームは逆に，遥かに高い温度で製造するため，商業化するにはまだ割に合わない．鋼鉄のフォームは，見事な耐久性と極小の密度を併せ持ち，決して沈まない船体を作るために貴重な素材となるだろう．他に様々な金属製フォームがある中で，鋼鉄のフォームは，小さな体積内に大きな交換面積を有するため，化学反応に有利で，携帯電話のバッテリーに役立つ．

ガラスのフォームは，一般的に，ガラス製造業者にとっては悩みの種である．多くの生産工程においてムースは疎ましい副産物となるが，ガラスの場合は特に厄介で，十分均一で透明なガラスを作るためには，目に見える気泡は含まれてはならない，というのがその理由である．しかし，最近になって，製造業者はガラス中に気泡があることの利点を見出し，気泡を混ぜ込んだガラスを大量に生産し始めている．そうしたガラスはおよそ 20 %もの気体を含む．この材料は，安価で環境負荷が小さく，水を通さず，80 °C までの高温に耐える．そして，軽いながらも，信じがたいほど丈夫である．割れ目が伝搬しても，それが気泡にぶつかり次第，伝搬が止まるからである．気泡入りのガラスは家や道路の基礎工事に既に使われており，金属製のフォームと同様，建造物で良く使われるようになるかもしれない．気泡入りのガラスは素晴らしい断熱性と遮音性を持ち，繊維を含まない (ガラスウールや岩綿，アスベストと異なる)．これらの例で良く示されている数々の利点に目を付けて，今後，産業界において，気泡を含む物質の製造に力が注がれていく可能性がある．さらに，再び，建築材料の分野の話になるが，コンクリートのフォームは，機械的耐久性と重量の折り合いを上手につけていて，素晴らしい断熱性を併せ持つ．

4.2 セル構造を持つ他の系

系がセル状の構造を持っていても，セル (小部屋) に満たされているのが気体ではなく液体や固体である場合，その系はムースではない．とはいえ，そのような系は視覚的にはムースに似ている．事実，そこでは空間 (二次元では平面) がセルによって区切られており，そうした区画は重なり合うこともなければ，間に隙間を残すこともない．

4.2.1 老化過程の類似

そのような系の中には，ムースと非常に似ているために，ムースと同様に老化するものがある (老化は第 3 章で扱う)．そのような物質の例として，エマルション (液体が他の液体中に分散したもの)，多結晶体 (方位の異なる単結晶が互いに接触して組み合わさったもの)，磁性ガーネット (様々な磁区の集合体) などがある．これらについては，p. 98 でまた取り上げる．

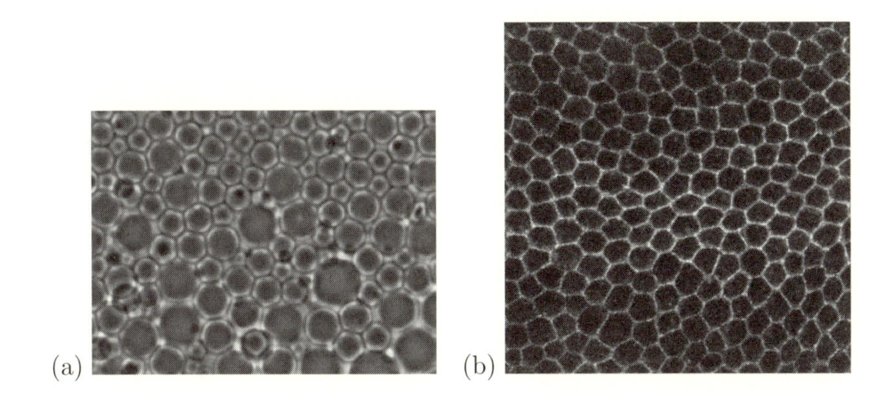

図 1.6: 柔らかな物体からなる粘弾塑性を持つ集合体. **(a)** ベシクルは水の入った小胞であり，その境界は脂質膜で仕切られる．また，大きさは 10 ミクロン程度である．ベシクルの集合体の形状はムースを連想させるが，ベシクルは吸着エネルギーと曲率エネルギーの競合の結果生じる (D. Milioni 氏撮影). **(b)** ショウジョウバエ (Drosophila) の胚形成に伴い，再配置を起こしている細胞の境界線．画像の大きさは 160 ミクロンである (P.L. Bardet 氏撮影).

4.2.2 再配置過程の類似

ベシクルは小さな袋であり，典型的に 10 ミクロン程度の大きさを持つ．そして，それは脂質からできており，中には水が入っている．ベシクルを集めると，セル構造を持つパターンが生じる (図 1.6a)．ベシクルの張力は同じとは限らないので，接触角は必ずしも 120° にはならず，その点でムースとは異なる (第 2 章 § 2.2 参照).

生体組織 (上皮) は，細胞が二次元的に配置したものである．ハエの複眼では，個々の眼面が六角格子状の配置を成しており，その格子構造は，恐らくミツバチの巣よりもさらに完璧な六角格子になっている．羽や胸部が形成される際には (図 1.6b) 不規則な配置が現れるが，成虫期に向けて発達するにつれて，次第に六角格子に近づいていく．これらの系が時間発展する際に，細胞の集団に起こる構造の再配置は，第 3 章 § 1.2 で述べるムースの再配置と非常に良く似ている．このような細胞の再配置は，上皮の再生，傷の治癒，あるいは，まぜこぜの細胞が自発的に選別される際に重要である．細胞の集合体は，エネルギー障壁に関連した閾値を伴う物質であり，障壁によってエネルギー最小状態への緩和が妨げられる場合がある．その点において，この物質は液体よりもムースにより近いのである．

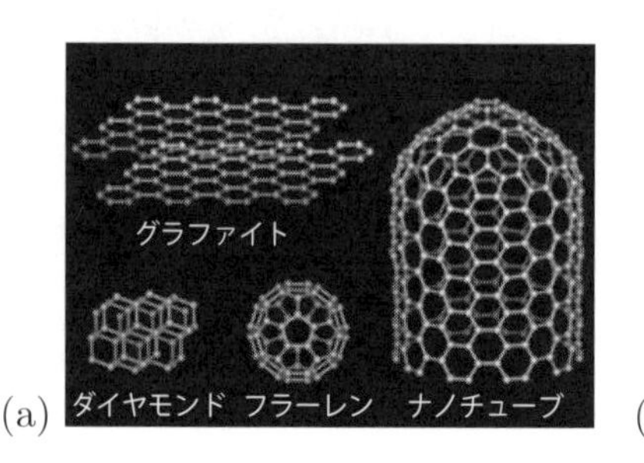

(a)

(b)

図 1.7: 色々な大きさのムース．**(a)** 炭素原子は規則的な六角格子状に集合する．その網目の大きさは 10^{-10} m 程度であり，グラファイト，フラーレン，ナノチューブの基本配置になっている．**(b)** 宇宙規模 (10^{23} m) の観測結果の数々は，宇宙が十二面体の集合体として構成されるものと仮定して解釈可能である．これらの十二面体は，曲率一定の面を持ち，それらの面が 120° の角度を成して接続していて，ムースと良く似た周期的な構造を成している (図 2.21a 参照)．本画像は，J. Weeks 氏のソフトウェア *Curved Spaces* を用いて作成した [8]．カラー口絵 2 参照.

4.2.3 構造の類似

最後に，もう少しムースから離れた例をいくつか挙げてみよう．複数の物体が，反発し合いながらも領域境界によって閉じ込められると，時には自発的に，六角格子状に占有場所を分かち合う．これが見られる系として，静電荷を帯びたコロイド粒子や，より小さなスケールでは，液体ヘリウムの表面に閉じ込められた電子などがある．これはまた，たとえば，超伝導体における渦格子にも関係する．このような点状の物体は空間を敷き詰めるわけではないが，各点の周りを「ボロノイ (Voronoi) 領域」で区切ることが可能である．

同様に，ガラスを構成する原子や分子は不規則な集合体を形成しており，一方，結晶の原子や分子は規則的な集まり方をしているが，どちらもムースと類似性がある．実際，同じ大きさの気泡を水面に並べて集めたものは (気泡の筏．図 2.25 参照)，ブラッグ (Bragg) 以来，六角格子状の配置やその中での転位を可視化するモデル実験系として役立てられている．グラファイト相における炭素原子は，平坦な六角格子状の配置を形成する．それが空間内で閉じた形状を取ることがあって，その形は円柱だったり (「カーボンナノチューブ」，図 1.7a)，サッカーボールを思い起こさせるような球形だったりする (「バッキーボール」)．

液体が固化すると，密度が変わってひび割れるが，その際にできるパターンはしばしばセル状になっている．こうした現象が起こるのは，塩湖，玄武岩 (北アイルランドにおけるジャイアンツ・コーズウェーなど) や，単なる泥沼などである．

宇宙論によると，宇宙を満たす銀河の分布は，巨大な空隙を伴ったボイド構造を有している．この構造は，しばしば，ムースと比較されるものの，何らかの関係を立証するのは簡単ではない．現状では，より根拠が希薄な推論ではあるが，宇宙線の最近の測定結果から，宇宙の大きさは有限だが，境界はないと示唆されている．それに対する一つの解釈では，宇宙は十二面体に似たセルが周期的境界条件の下にあるものと考える．この周期境界条件では，十二面体の向かい合った面どうしがそれぞれ同一の面であると見なす (図 1.7b)．別の言い方をすれば，正面にまっすぐ進む人は，決して境界に到達することなく出発点に戻ってくるということである．(これは，地球上で，常に西向きに移動することに類似している．その場合でも，最後は出発点に戻ってくる．) このセルは面の間の角度が 120° を成すと考えられる．したがって，そのようなセルで敷き詰められるということは，空間はユークリッド的ではあり得ない．つまり，空間は必然的に正の曲率を持つのである [5].

5 実験

5.1 三通りのムース生成法

1) 卵白を激しく撹拌することによる雪状ムースの生成

難易度：	材料費：€
準備時間：5 分	作業時間：15 分

観察ポイント：激しい撹拌によるムースの生成過程，ムース性，液体分率，安定性，不透明化，気泡の大きさ，弾性の発生．

材料：

- お椀
- ボウル
- 卵 3 個
- 泡立て器
- (お好みで) 塩ひとつかみ

1. 卵黄を取り分け，お椀の中に入れる．
2. 卵白をボウルに入れ，体積，透明度，気泡密度，色，固さをメモする．
3. 卵白を激しく叩くように泡立て器で撹拌し，10秒毎に手を止めて，観察を繰り返す．

2) ペットボトルを振ることによるムース生成

難易度：	材料費：€
準備時間：5分	作業時間：1時間

観察ポイント：揺さぶりによるムースの生成過程，ムースの乱雑性，不透明化，気泡の大きさ，弾性の発生．

材料：

- ペットボトル9本
- 水
- 食器用洗剤

1. 空気，水，食器用洗剤をペットボトルに入れて混ぜ，良く振る．
2. これら3成分それぞれの分量が多い場合，わずかな場合，全くない場合を用意する．
3. これら9通りの場合において，生成されたムースを比較する．具体的には，体積，透明度，気泡密度，色，固さ，安定性をメモする．

3) ボウルに息を吹き込むことによるムース生成

難易度：	材料費：€
準備時間：5分	作業時間：1時間

観察ポイント：撹拌と吹き込みによるムースの生成過程，ムースの乱雑性，気泡の大きさ，幾何学構造，弾性の発生など．

材料：

- 透明なボウル
- 水

- 食器用洗剤
- ストロー

1. 食器用洗剤を水に入れる．
2. 指で掻き混ぜるか，息を吹きかけるか，ストローで息を吹き込むか，3 通りの方法でムースを作る．
3. これら 3 通りの方法で生成されたムースを比較する．具体的には，体積，透明度，気泡密度，色，固さ，安定性，乱雑性 (気泡サイズの多様性) をメモする．
4. 気泡が非常に大きい場合は，その幾何学的形状を観察する．特に，三つの気泡が 120° の角をなして面を接触させている様子を観察する (第 2 章 § 2.2 参照)．

5.2 チョコレートムース

難易度：	材料費：€ €
準備時間： 5 分	作業時間： 20–40 分 (続いて 2–3 時間冷却)

観察ポイント：撹拌によるムース生成，ムース性，液体分率，安定性，不透明化，気泡の大きさ，弾性の発生．

本書の参照箇所：本章 § 1.2.2，p. 3

材料 (6 人分):

- 卵 6 個
- チョコレート 200 g
- お椀
- ボウル
- 泡立て器

1. 卵黄を取り分け，お椀の中に入れる．
2. 卵白をボウルに入れ，かなりしっかりと撹拌する．これについては，本章 § 5.1 参照．

3. チョコレートを小さな欠片に砕き，溶かす．これには，電子レンジ，水を少々加えた鍋，または湯煎を使うのが良い．溶かしたチョコレートを熱源から離し，冷ましておく．
4. チョコレートと卵黄を混ぜ，続けて卵白と混ぜる (優しく混ぜるようにしよう．もっとも，均一に混ぜようとすれば，どのみちムースをほぼ完全に壊してしまうことにはなる．)
5. 冷蔵庫で，少なくとも2時間冷やしておく (24時間以上は冷やさないこと).

本レシピには無数のバリエーションがある．たとえば，次のようなことができる．

1. チョコレートをもっと入れる．
2. 濃厚なコーヒーまたはアルコールを溶かしたチョコレートの中に入れたり，砂糖を撹拌終了時の卵白に加えたり，生クリームを卵黄に加えたり，アーモンドを最後に飾り付けたりする．
3. 卵黄を二つ減らし，代わりにバターを150 g入れる (溶かしたチョコレートに卵黄を入れる前にバターを一生懸命混ぜる) など．
4. あるいは，また，卵白と卵黄を取り分けないで作ってみよう！　卵白と卵黄を粉砂糖やラム酒と一緒に激しく撹拌し，そこに溶かしたチョコレートを加える．

参考文献

[1] J. AUBERT, A. KRAYNIK, P. RAND, *Pour la Science*, **105**, 1986.

[2] P.-G. DE GENNES, *Revue du Palais de la Découverte*, **18**, 43, 1990.

[3] S. HILDEBRANDT, A. TROMBA, Mathéatiques et formes optimales, Belin. Pour la Science, Paris, 1986.

[4] *La Hulotte*, 28-29 号 (1997 年第 1 期号), p. 67(冊子内の口絵).

[5] J.-P. LUMINET, J.R. WEEKS, A. RIAZUELO, R. LEHOUCQ, J.-P. UZAN, *Nature*, **425**, 593, 2003.

[6] M. VIGNES-ADLER, F. GRANER, *Pour la Science*, **293**, 48, 2002.

[7] D. WEAIRE, *La Recherche*, **273**, 246, 1995.

[8] www.geometrygames.org/CurvedSpaces/index.html.fr

第2章　平衡状態のムース

この章では平衡状態にあるムースを扱う．具体的には，ムースの様々な階層での構造，安定性，そして特性について扱う．はじめに非常に定性的なアプローチでムースの物理を議論した後に，非常に乾いたムースの構造について取り上げる．続いて，ムースの平衡時の特性が，どのようにして液体相から無視できない影響を受けるかを示す．さらに，そのような場合のムースの中の液体の再分配についても議論する．

1　あらゆる大きさのスケールでの記述

ムースには少なくとも四つの階層の構造が絡んでいる (図 2.1).

- 図 2.1a：我々のスケール (大きさの尺度)，つまりメートルの程度の大きさではムースが持つ外観は柔かい固体のようで不透明である．
- 図 2.1b：ミリメートル程度の大きさ (考察するムースによってはそれより小さい場合もあり得る) では，(一つ一つの) 気泡を認識できる．これらの気泡が従っているのは，ごく少数の局所的で幾何的な規則であり，この法則は**プラトーの法則**と呼ばれる．この法則によって，一つの気泡はもう一つの気泡に隣り合って配置され，ムースの骨格が逐次的に構成される．
- 図 2.1c：マイクロメートル，あるいは，それより小さい大きさの尺度では，液体が気泡の間でどのように分配されているかが分かることがある．
- 図 2.1d：最後に，ナノメートル程度の大きさでは境界面の分子の構造が現れる．石鹸のような特別な分子が水と空気の境界面に存在するが，このことは境界面の形成と安定性を理解するために本質的である．

この節では，図 2.1 の順序と逆，つまり，小さいスケールから大きいスケールへと進む．定性的にではあるが，基礎的な物理特性によって，シャボンのムースが 1 時間から数日にわたる時間スケールで保持されることを説明する．この節 (本章 § 1) で紹介する事項，特に太字で書かれた用語は，後で，この章もしくはそれ以降に，定量的に定義し検討する．

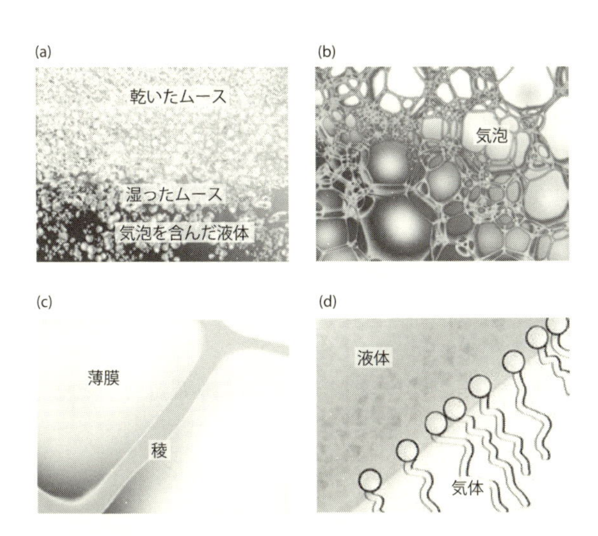

図 2.1: ムースの連続的階層構造．各図はその前の図のある部分を拡大したものである．スケールはとても大まかである．**(a)** ムースの下部は湿っていて上部は乾いている．典型的なスケールは 10^{-2}–1 m 程度．**(b)** 乾いたムースの中にある気泡．スケールは 10^{-4}–10^{-2} m 程度．**(c)** 10^{-6}–10^{-4} m 程度の稜 (プラトー境界) と，10^{-8}–10^{-6} m 程度の気泡の壁となっている石鹸水の膜．**(d)** 石鹸水と空気の境界面，長い疎水性の尾が空気の側にあり，親水性の頭が水の側にある．スケールは 10^{-10}–10^{-8} m 程度．

1.1 水・空気の境界面のスケール

表面張力とラプラスの法則 水と空気の間に境界面を作るにはエネルギーが必要である．この過剰なエネルギーは，境界面の単位面積当たりのエネルギー γ に作られた境界面の面積を掛けたものになる．このエネルギーにより，境界面はその面積を減らす傾向を持つ．つまり，境界面はぴんと張った状態にある．これが γ が**表面張力**と呼ばれる理由である．我々はこれを**表面的な張力**とも呼ぶ．この**表面的な**という語句がここで表しているのは表面であり，重要性を持たない何かということではない．それどころか，この張力は今後とても重要になる．なぜなら膨大な量の境界面がムースの中に存在するからだ (1 リットル当たり数千平方メートルにもなる．これは本章問題 7.1 で議論する)．

液体・液体の境界面，または，液体・気体の境界面の形状はこの張力の存在によって決定される．したがって，幾何学的拘束が許すのであれば，境界面は平らになる．また，境界面がある量の液体をすっかり取り囲むのであれば，表面は球形になる (ただし，これは重力が無視できる場合の話)．**ラプラスの法則**は，一般的に，**境界面の両側の圧力差の値は，境界面の平均曲率にその表面張力を掛けた**

ものであることを示す (本章 § 2.1.3 参照)．このとき，圧力がより高くなるのは凹面の内部である．いわば，張力は表面を平らにする傾向を持つが，圧力差は表面を凹面にする傾向を持つ．

界面活性剤　ムースを作るときに使う試薬に含まれる分子は極性基と長い炭素鎖を持っている．極性基のエネルギーは，水分子に取り囲まれる場合に下がる．つまり，極性基は**親水性**である．語源的には**水を好む**という意味である．炭素鎖は反対に水分子に囲まれるとエネルギーが上がる．つまり，炭素鎖は**疎水性**である．こうして，この分子に関して言えるのは，この分子は水を「好む」と同時に「好まない」ということである．つまりこの分子は**両親媒性**である．水に溶けると，このような分子は，空気・水の境界面に吸着する傾向を持つ．このとき極性基は水中にあり，炭素鎖は空気中にある (図 2.1d)．これら分子は境界面に分子一つ分の厚さの層を形成する．この層は単分子膜と呼ばれる．これらの分子は，それらが吸着した境界面の表面的張力に変化をおよぼすため，**界面活性剤**または同じ意味で**表面活性剤**と呼ばれている (後者は,「表面で作用する」という意味)．

これらの分子の表面への吸着は，表面がすっかり覆われるまで続く．さらに，余剰な両親媒性分子を加えると，分子は溶液状態で水中にとどまり，もはやムースの境界面の性質に特別な役割を果たさなくなる．

薄膜の境界面：界面活性剤の役割　滝壺に見られる川の泡や，炭酸水の入ったボトルを振ったときのボトル内のムース．これらはどちらも同様に，1 秒以内に気泡が壊れてしまう例である．個々の気泡は表面まで上昇し，数マイクロンの厚みの水薄膜に囲まれた少量体積の気体となる．一般的にこの種の薄い仕切りは不安定である．なぜなら，ファンデルワールス力の影響下では [21]，二つの水・空気の境界面同士の距離は自発的に減少する傾向を持つ．このため，この種の仕切りは薄くなっていき，最終的には壊れる．

数滴の洗剤を水の入ったボトルの中に加えてから振ってみよう．すると，同じくムースが形成される．しかし，この場合には，ムースは長持ちする．なぜだろう？この理由は，この種の両親媒性の分子は帯電しているからである．たとえばドデシル硫酸ナトリウム (英語略語は「SDS」，商品名は「ラウリル硫酸」) は負の静電的電荷を持っている．これは**陰イオン性界面活性剤**であり，たとえば洗剤のラベルにもこの語が記されている．したがって，この場合，二つの水の表面を覆っているのは帯電した単分子層である．単分子膜同士は反発するため，水の膜を安定化させる．膜の厚さは静電気的な斥力とファン・デル・ワールス力の引力が相殺するように決まる (本章 § 4.1.3 参照)．境界面同士の斥力は**分離圧**と呼ばれる (図 2.2a 参照)．第 3 章 § 2.3 で分かるように，この斥力は膜の安定性を保証するには十分ではないが，安定性に寄与している．

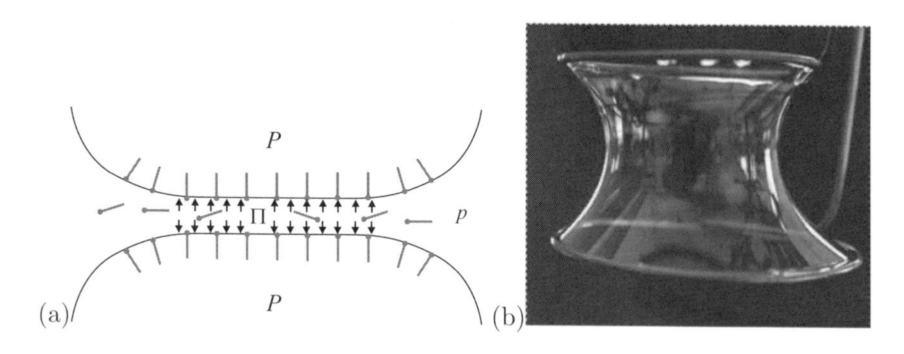

図 2.2: **(a)** 薄膜から離れた場所での液体の圧力は気体に比べ低くなっている：$p < P$. 力学的平衡を保証しているのは，一つには表面張力であり，これは境界面が曲面になっている場所 (プラトー境界) で作用する．もう一つは境界面間の斥力であり，これは境界面同士が非常に接近している場所 (薄い薄膜) で働く．この斥力を保証しているのは矢印で示された圧力 Π であり，分離圧と呼ばれている．**(b)** シャボン膜により得られた最小表面．薄膜の両面間での干渉によって生じた彩色から薄膜の厚さがマイクロメートルの程度と分かる．F. Elias 氏撮影．カラー口絵 3 参照．

1.2 薄膜のスケール

日常的な表現である**シャボン膜**は二重の意味で言葉の誤用である．まず，シャボン (固形石鹸) はあまりムース性を持っておらず，良く使われるのは (液体の) 食器用洗剤である．それでは**食器用洗剤膜**と言うべきだろうか？答えはノーである．なぜならシャボン膜が含んでいるのはごく少量の両親媒性分子である．実際のところ，シャボン膜は本質的に水で構成されており，いわば，水の薄膜が問題になっているのである．

最小表面　薄膜を一つだけ作るのは簡単である．なぜなら，枠をムース性の溶液に浸すだけで十分だからである．枠を溶液から引き上げると，液体は，枠と二つの液体・気体の境界面の間に捕らえられる．この系はその表面をできる限り減らすが，その際，次の拘束条件を満たす．すなわち，二つの境界面はお互いに触れてはならず，それらに孔が開いてはならず，さらに，それらは枠からはずれてはならない．なぜなら，表面活性剤が境界面にいて，これらを妨げるからである．余剰な溶液は素早く流れ出し，二つの境界面は，互いに近付いて同じ形状になる．その結果，厚さがほぼ均一な**薄い膜**ができるが，とりわけ，その厚みは枠 (あるいはシャボン玉) の大きさよりもとても小さい．そのため，薄膜は厚さのない表面として記述される．その形状は，まるで一枚の境界面であるかのようにしてラプラスの定理に従って決まる．しかし，その表面張力は，二つの境界面が存在するために2倍になる．その結果，その境界面の面積はできる限り小さくなる．つまり，**最小表面**が問題となるのである (図 2.2b 参照)．二つの境界面は外気にさらされているので，圧力の差はゼロで薄膜の平均曲率も同様にゼロである[1]．これは最小表面の一つの特徴である．

薄膜の厚さ 新しく作られた膜は，たいていの場合は平衡状態にはない．薄膜は数マイクロメートルの厚さになり，美しい虹色を見せる．薄膜が壊れてしまわな限り，薄膜は重力または**毛管吸引**(本章 § 1.3 参照) によって薄くなっていくのである．それは厚さが数十ナノメートル程度になるまで続く．この程度の厚みになると，分離圧のおかげで，薄膜がさらに薄くなることが妨げられ，力学的平衡が保証される (図 2.2a 参照)．

気泡を囲む薄膜 気泡はシャボン液の薄膜が閉じたものである．したがって，気泡はある程度の量の気体を含む．気泡中に捉えらえた気体の存在が薄膜の形状に追加の拘束条件を課すため，薄膜は本来の意味で最小表面ではなくなる．つまり，気体の体積を含んだ上でのできる限り小さい表面が実現する．したがって，この表面が孤立している場合には，表面は球形になる．この時，気泡中の圧力は大気圧に比べてわずかに大きくなるが，その圧力は気体を著しく圧縮するには十分ではなく，気体の体積は一定と見なせる．孤立した気泡が球形でなくなるのは，気泡が十分に大きくなり他の外力の影響を受けるようになった時である．実際，気泡が数十センチメートルにもなると風や重力の影響で変形する．

空気中に漂う二つの気泡が接触した場合，気泡は即座に変形し共通の境界を作ることによって，境界面の全体量を減らす (図 2.8 参照)．この最終的な形状は二つの気泡が妥協しあった結果であるが，この時，当然ながら二つの気泡が同時に球形を保つことはできない．一般には，気泡の体積保存と総表面の最小化からいくつかの単純な法則を導くことができ，それらが気泡の形状を局所的に支配する．これらの法則が本章 § 2.2 で説明する**プラトーの法則**である．

いくつかの気泡が水中にある場合には，二つの気泡の接触は反対に全体の表面積の増大をもたらすので，そのような接触は自発的には起こらない[2]．接触した二つの気泡の間にできた薄膜の表面積は，**浸透圧**と呼ばれる閉じ込めの圧力が働くときに徐々に増えていく (本章 § 4.2 参照)．

---

[1]訳注：後述のように，薄膜内部を表面に対する内部と考えると，薄膜を仕切る二枚の表面の曲率は大きさが同じで符号が逆であることから分かる．

[2]訳注：空気中の気泡の場合，接触により，二つの気泡で共有される部分では気・液界面が四枚から二枚になる．しかし，液体中の気泡の場合には，接触場所で，もともと気・液界面が二枚しかない．

1.3 気泡のスケール

気泡，薄膜，プラトー境界 ムース中にあるいくつかの気泡を考えてみよう．それぞれの気泡は，近接する気泡が存在することによって，多面体の形になっている．すなわち，薄膜によって多面体の面が構成されているが，それぞれの面はわずかに湾曲している．湾曲している理由は，気泡間に圧力差があるからか，あるいは，単純に面の縁が平らでないからである．これらの**面**は三つずつ**稜**で交差する (図 2.3b 参照)．稜の部分の気体・液体の境界面の曲率は有限の値を取る必要があるが，これはラプラスの法則を満たすためである．この法則によって，稜はゼロでない厚みを持つことを余儀なくされる (図 2.3a 参照)．稜の断面は辺が内側にへこんだ小さな三角形になる．この液体でできた流路は**プラトー境界**と呼ばれ，その名前は物理学者で数学者でもある**プラトー**(Joseph Antoine Ferdinand Plateau，1801-1883) にちなんでいる．四つのプラトー境界は多面体の気泡の頂点で交わり，この**結節点**は**頂点**とも呼ばれる．

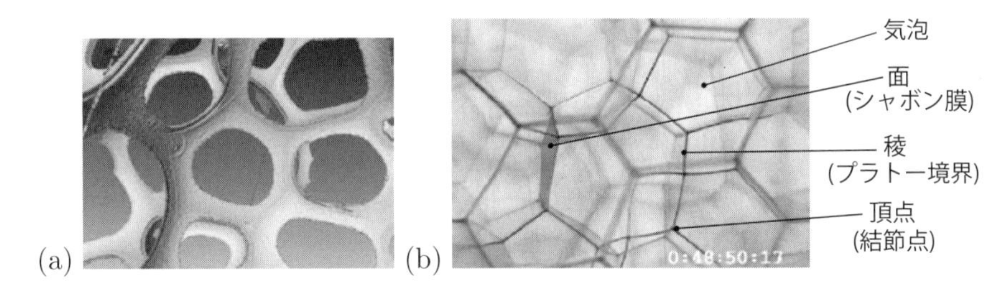

図 2.3: 気泡のスケールでのムースの構造．**(a)** 湿ったムースのプラトー境界の網目．この構造は ESRF(European Synchrotron Radiation Facility，第 5 章 § 1.2.4 参照) にて X 線トモグラフィーにより得られた (R. Mokso 氏撮影)．薄膜は可視化できないほど薄い．**(b)** 乾いたムースの写真と構造の要素の定義 (F. Elias 氏撮影)．

ムース中の気泡 ムースに含まれる液体の量を記述する際に使われるのは**液体分率** $\phi_l = V_l/V_m$ である．これは液体 (l) とムース (m) 全体の体積の比である．この量はムースの密度 ρ と関連していて $\rho = \rho_l\phi_l + \rho_g(1-\phi_l) \approx \rho_l\phi_l$ の関係がある．ただし，ここで ρ_l と ρ_g はそれぞれ溶液 (l) と気体 (g) の密度である．

次のように，液体分率に応じて異なる種類の構造ができる (図 2.1a 参照)．

1. $\phi_l^* < \phi_l$：気泡は球形で液中に漂い，互いに接触していない．系は気泡を含んだ液体である．
2. $0.05 \lesssim \phi_l < \phi_l^*$：気泡が互いに接触し，気泡間の全ての接触部がつぶれた球状の形となる．系は**湿ったムース**となる．

3. $\phi_l \lesssim 0.05$：気泡は多面体になりプラトー境界の断面は無視することができる．系は**乾いたムース**となる．

気泡を含んだ液体がムースに遷移するのは，液体の体積分率が ϕ_l^* で表される特定の値になったときで，それは三次元ではおよそ0.3である (図4.17参照)．この値に相当しているのは，たとえば，山積みになったオレンジのように，硬い球の堆積物があるときに，その内部にある隙間の体積分率である．この値は，秩序だったムースの構造の場合，無秩序な構造の場合よりも若干小さくなる．なぜなら，オレンジを一つずつ規則的に積み上げていく方が，でたらめに置いていくよりも，与えられた体積の中に，より多くのオレンジを置くことができるからである．一方，湿ったムースと乾いたムースとの遷移はより曖昧にしか定義されていない．乾いたムースと見なせるのは，液相が存在していることが，観測している現象に全く影響をおよぼさなくなったときである．許容する精度にも依ってくるが，ムースが乾いていると見なせるのは，液体の割合が0.05もしくは0.01を下回ったときである．

ムース内の液相はつながっている．つまり，液体は薄膜とプラトー境界の間を自由に循環する．そのため，液体の圧力は平衡状態では一様である．液体の割合が少なくなってくると，プラトー境界の断面が小さくなり，その曲率が重要になってくる．液体は，気相に比べ強い減圧状態になるのだ．(プラトー境界とは) 反対に，薄膜の曲率はわずかで，それぞれの境界面で符号が逆になる．分離圧がない場合，つまり，薄膜が少なくとも100ナノメートルの厚みを持つ場合には，薄膜内部における圧力は気泡の圧力程度になる．そのため液体がプラトー境界に吸われる．これは**毛管吸引**と呼ばれる．この現象が停止するのは薄膜の厚さが十分に薄くなった時で，その結果，分離圧が無視できなくなり，それが平衡を保証する．それゆえに，薄膜は必然的に平衡状態では薄くなり，プラトー境界と頂点にほぼ全ての液相がある．

1.4 ムースのスケール

1.4.1 重力下のムース

ミリメートル以下のスケールでは，気泡圧力と表面張力だけが力として存在する．それより大きなスケールでは，重力が液相に働き，液相内の液体はプラトー境界の網目を介して流れる (第3章 § 4参照)．平衡状態では，液相の圧力は静水圧の法則により決まる．つまり，ムースの上部では圧力が減少する．一方，気泡は重力の影響を受けないため，気体は平均して均一な圧力になる．したがって，液相と気相の圧力の差は，高さに応じて線形に増えていく．この結果，プラトー境界の曲率半径と液体の体積分率は高いところでは減少する．つまり，平衡状態では，多くの水があるのはムースの上部よりも下部になる (図 2.1a 参照).

1.4.2 境界面の量

気泡のスケールでは，すでに見てきたように，液体・気体の境界面の量は条件付きで可能な限り小さくなる．その条件は，気泡中の体積の保存，そして場合によっては，さらに，液体の体積もしくは圧力の保存である．しかし，ムースのスケールでは，気泡を積み重ねる多数の方法が存在する．そのため，気泡は決して最適な配置に並ぶことはない．気泡は一体どうやって最適な配置を見つけるのだろうか？多くの解があり，しかも，気泡が動くことはとても稀であるにもかかわらず... 実際には，ムースは，エネルギーの局所的最小の状態にある．したがって，ムースがわずかに動くだけで，ムースのエネルギーは確実に増す．しかし，ムースがさらに変形すれば，ムースは，よりエネルギーの低い形状を見つけることもできる．

2 局所的平衡の法則

平衡状態にあるムースの構造は，境界の面積を最小化しようとして決まる．そして，この最小化は，いくつかのシンプルな法則に帰結して，薄膜と数個の気泡のスケールでの構造を決める．この節では，これらの法則とそれらが有効に使える範囲について議論する．

2.1 流体境界面の平衡

2.1.1 表面張力

境界面の面積を dS だけ増やしたときの，表面エネルギー E_{suf} [3]の変化は次式で与えられる．

$$dE_{suf} = \gamma dS, \tag{2.1}$$

ここで γ は表面張力と定義される値である [21].

γ はあらゆる液体と気体の間の境界に対して定義できる．より一般的には，二つの混ざりあわない流体間の境界あるいは液体と固体との境界に定義できる．また，溶液の表面張力とは，正確性を犠牲にしていえば，空気と接触している溶液の表面張力を意味する．表面張力は正の値を持つ．もしそうでないとしたらその

[3]より正確には自由エネルギーであるが，以下では単にエネルギーという．

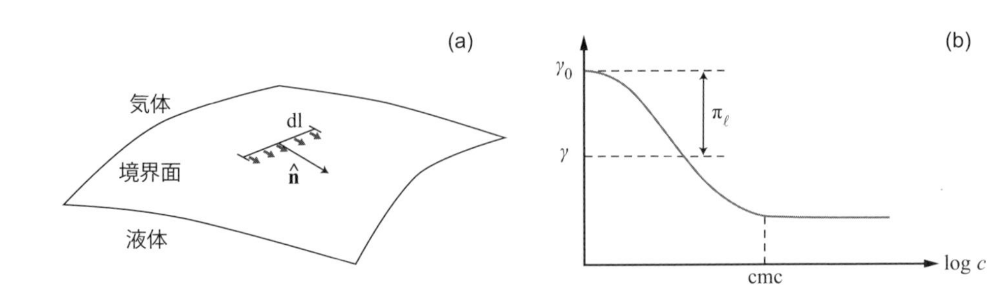

図 2.4: **(a)** 表面張力は単位長さ当たりの力であり，境界面内に働く．**(b)** 界面活性剤を含む溶液の表面張力の変化．勾配の変化によって，境界面において界面活性分子が飽和していくことが示されている．この飽和濃度は臨界ミセル濃度 *cmc* と呼ばれている．

境界面は不安定である．また，表面張力は分子よりも大きいスケールにおいてのみ定義できる．このようなときには境界面を連続した表面として扱うことができる．この本の中で，これ以降，常に仮定しているのは，境界面にある分子の大きさが，境界面の特徴的な大きさ，特にその曲率 (図 2.6 の定義参照) に比べ十分小さく，無視できるということである．この場合，エネルギーは境界面の面積にのみ依存し，それは同じ面積の平らな表面のエネルギーと同じである．つまり，表面形状による影響は無視できる．ただ，液薄膜の厚さが十分に薄いとその効果が表れることがある (本章 § 4.1.4 参照).

張力 γ は単位面積当たりのエネルギー ($\mathrm{J/m^2}$) と見なすこともできる．また，単位長さ当たりの力 (N/m) と見なすこともできる．境界面に線分 dl を描いてみよう (図 2.4a 参照)．線分の一方の側は他方の側に $\gamma\, dl\, \hat{\mathbf{n}}$ の力をおよぼしている．ここで $\hat{\mathbf{n}}$ は，この線分に直交する単位ベクトルである．ただし，このベクトルは薄膜の面内にある．

微視的にみれば，液体の分子は引力相互作用をしている．したがって，境界にさらされているとき，つまり別の液体 (または固体) と接触していることは好ましくなく，周りに同じ液体があるのがより好ましい [21]．この二つの状況がどのくらい違うかによって，問題にしている流体のペアが特徴付けられ，表面張力が生じる．純水の場合，常温空気中での表面張力は $\gamma_0 = 0.0727\ \mathrm{J/m^2} = 72.7\ \mathrm{mN/m}$ である．

表面張力は温度に依存し，液体に含まれているものにも依存する．一般に，表面張力は，温度が上昇すると低下し，不純物がある場合にも低下する．特に，その値が大きく低下するのは，界面活性剤または両親媒性物質 (第 3 章 § 6 参照) が

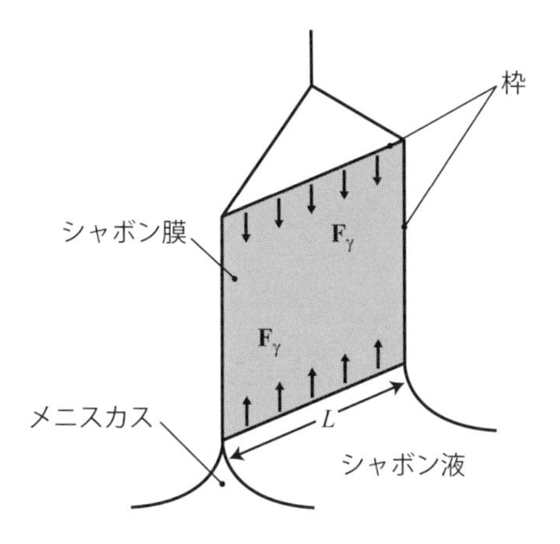

図 2.5: シャボン膜を作るために石けん液から枠を引き抜いた様子．膜が液槽につながった状態になり，両者の間に液体のメニスカスが生じる．枠を平衡に保つために必要な力 F_γ を計測することによって，表面張力を決めることができる．(第 5 章 § 1.1.1 参照)

存在する場合である．両親媒性分子をより加えると表面張力はそれだけ下がり，**臨界ミセル濃度 (cmc)** と呼ばれる濃度の限界値まで達する．その濃度を超えると，表面は両親媒性の分子で飽和し，表面張力はもはや変化しない．このような界面活性剤の濃度による γ の変化の一例を図 2.4b に示す．**表面圧力**や**ラングミュア圧力**は π_l と表記されるが，この量は純粋な液体の表面張力と溶質を含む液体の表面張力の差を表す (第 3 章 § 2.2.1 参照)．

2.1.2 膜張力

図 2.5 に示した薄膜は，ムースになりやすい溶液の槽から枠を引き抜くことで生じている．この薄膜を仮想的に水平面で切ってみよう．薄膜の断面は長さ L で厚さは $h \sim 10^{-7}$ m $\ll L$ である．その周長は $2L + 2h \sim 2L$ でその面積は hL である．切断面の高さで，その下部から上部におよぼされる力は，張力の項と圧力の項に分解ができ，それぞれ $\mathbf{F}_\gamma = -\gamma\, 2L\, \mathbf{u}_z$ と $\mathbf{F}_p = p\, hL\, \mathbf{u}_z$ となる．ここで $\mathbf{u}_z$ は鉛直上向きのベクトルで p は液体中の圧力である．同じ断面にかかる基準圧力 (一般的に P_{atm}) による力は $\mathbf{F}_{ref} = p_{ref} hL\mathbf{u}_z$ である．したがって，薄膜の存在による超過分の力は $\mathbf{F} = [-2\gamma L + (p - p_{ref})hL]\mathbf{u}_z$ となる (本章問題 7.2)．ここで $\gamma \sim 5 \times 10^{-2}$ N/m，$p - p_{ref} < 10^4$ Pa (p. 64 参照), $h \sim 10^{-7}$m とすると，二つ目の項は無視できる．このような切断された膜の単位長さ当たりの超過力は**膜**

張力と呼ばれ，次式で良く近似できる．

$$\gamma_f = 2\gamma. \tag{2.2}$$

この式に対する 1000 分の 1 の程度の補正に関する議論を本章 § 4.1.4 で取り上げるが，その際には，圧力差，さらに，厚さによる表面張力の微小な変化も考慮する．

最後に，枠を高さ方向に dx 変位させてみよう．これに付随するエネルギーの変化は式 (2.1) によれば，$2\gamma L dx$ である．この量は仕事 $F dx$ とも見なせる．

2.1.3 ラプラスの法則

境界面が平坦でない場合に表面張力によって生じるのが境界の法線方向の力であり，それによって面の両側の圧力の平衡が保証される (図 2.6b 参照)．圧力，張力，境界面の形の間には一つの関係がある．その関係は，p. 37 の囲み欄で一つの泡の場合に確認するが，さらに，以下に述べるように任意の曲線の表面の場合にも一般化ができる．

ここで，領域 (A) と領域 (B) の境界の面積を S，張力を γ，境界面を構成する任意の点を M で表し，また，$\mathbf{n}(M)$ を点 M において (A) から (B) に向かう法線ベクトルとする．この境界面を局所的に特徴付けるのは**主曲率半径**であり，それらを R_1 と R_2 とし，その定義を図 2.6a に示した．慣習的に，曲率半径が正の値を持つのは曲率中心が (A) の側にある場合とし，負の値を持つのは曲率中心が (B) の側にある場合とする．ここで，以下に規定する変形に伴う面積と体積の変化を考えてみよう．境界面上の各点 M が移動し，その変位の大きさが dx でその向きが法線ベクトル $\mathbf{n}(M)$ の向きであるとする．したがって，(A) の体積の変化は $dV = S dx$ であり，面積の変化は $dS = HS dx$ となる[4]．ここで $H = 1/R_1 + 1/R_2$ は表面の**平均曲率**である．

平衡にあるとき，この仮想変位によるエネルギー変化はゼロである．これより $-\Delta P dV + \gamma dS = 0$ が導かれる．ここで，$\Delta P = P_A - P_B$ は領域 (A) と領域 (B) の圧力差である．つまり，境界面の曲率 (に表面張力を掛けたもの) とその境界面で分けられた二つの領域の圧力差はお互いに釣り合っているということを表した次式を得る．

$$\Delta P = P_A - P_B = \gamma H = \gamma \left(\frac{1}{R_1} + \frac{1}{R_2} \right). \tag{2.3}$$

この式は**ラプラスの法則**とよばれ，その名前は**ラプラス** (Pierre-Simon de Laplace, 1749-1827) にちなんでいる．この式が意味しているのは，張力は境界面を平らに

[4]訳注：この式を確認するには，面積要素 S の 2 辺の長さを l_1 と l_2 とし ($S = l_1 l_2$)，角度 θ_i を導入して $l_i + dl_i = (R_i + dx)\theta_i$ に注意して，$dS = (l_1 + dl_1)(l_2 + dl_2) - l_1 l_2$ を計算すればよい．

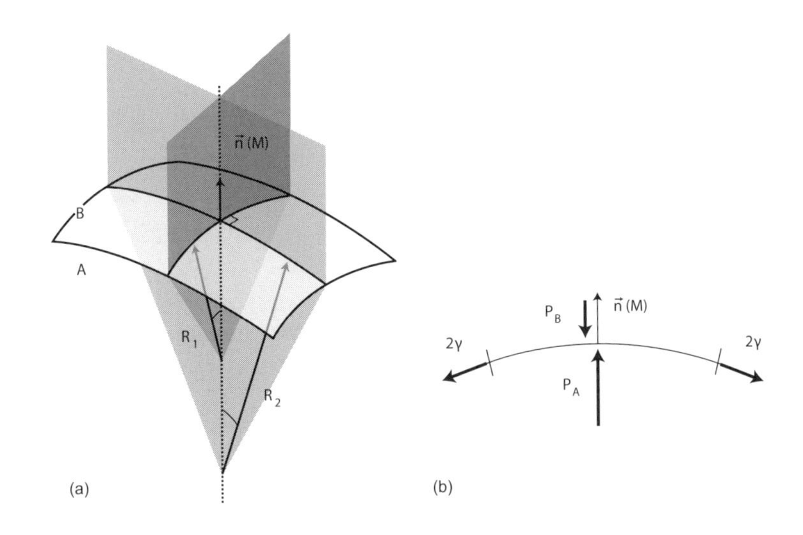

図 2.6: 境界によって空間を A と B に分け，それぞれの圧力を P_A と P_B とする．この境界面の法線を含む一平面が一つの線分に沿って境界面を切断している．この線分の曲率半径は R で，これがこの切断平面によって定義される境界面の曲率半径になっている．慣習的に，この符号は中心が (A) の側にある場合は正で，そうでなければ負と約束する．曲率半径は様々な値をとり得る．切断面を法線まわりに回転すると値が変わるのである．この半径が極値を取るのは，二つの特別な切断面の時であり，その二平面は直交している．このときの二つの半径は主曲率半径 R_1,R_2 と呼ばれる．**(b)** 断面図を見ると，表面張力の $\mathbf{n}$ 方向の成分が面要素に働いていることが分かる．この力との釣り合いを保証するのが圧力差 $P_A > P_B$ である．

して曲率を解消しようとする傾向を持ち，それによって，境界面に丸みを持たせようとする圧力差を相殺しているということである．

2.2 プラトーの法則

プラトーの法則は 1873 年に**プラトー**(Joseph Antoine Ferdinand Plateau) によって述べられたが [46]，証明されたのは 1976 年頃で，この証明はアルムグラン (Almgren) とテイラー (Taylor) [2, 51] によってなされた．これらの法則は一つのモデルに立脚しており，それを**理想ムース**モデルと呼ぶが，これについては後で定義を与える．このモデルはムースに関する物理および化学の詳細を全て考慮に入れているわけではない．したがって，本章 § 2.2.2 で明確に述べる法則が実際のムースについて有効であるのは，実際のムースがモデルの仮定からかけ離れていない場合のみとなる (本章 § 4 参照).

2.2.1 理想ムース

理想ムースは次の簡略化によって定義される．

1. ムースは**非常に乾燥**している．
液体が占める体積はムースの全体積のうち無視できる程度でしかないので，液体の体積分率 ϕ_l はゼロと仮定する (p. 29 の定義参照)．実験的には，$\phi_l \sim 10^{-4}$ から 10^{-2} 程度になり得る．
2. ムースは**力学的平衡状態**にあり，したがって，静的である．
ムース中の力は釣り合い，ムースは静止し，エネルギーは極小となっている．気泡の大きさ程度のミリメートルのスケールでは，熱揺らぎは完全に無視できる．しかし，他の現象はムースを変化させることがある (第3章 § 1 参照)．したがって，この近似が正しいのはそのような他の変化の特徴的時間がとても長く，それに比べ，ムースが力学的平衡状態に戻るまでにかかる時間 (石鹸ムースの場合典型的にはミリ秒) がとても短い場合のみである．
3. ムースは**気泡の総表面積に比例したエネルギー**を持つ (ただし，単層ムースの場合には，その周長に比例する．二次元のムースに関する本章 § 5 参照)．
気泡の間で動けなくなっている薄い膜は厚さを持たない境界として振る舞い，その膜張力は 2γ と見なせる (係数 2 はそれぞれの膜が二つの境界を持つことによる．本章 § 2.1.2 参照)．つまり，薄膜は，**理想膜**と見なせる．これが示唆しているのは空気・水の境界面が至る所で同じ表面張力を持っているということである．実際の平衡状態のムースにおいても，もし界面活性剤の単層自体が平衡状態になっていれば，このようなことは実現する (第3章 § 2.2 参照)．理想膜という言葉は，また，エネルギーに対する他の寄与 (たとえば重力) が無視できるということを意味しており，実際，ムースが非常に乾いていればそのように見なしてよい．
4. ムースは**非圧縮**である．
それぞれの泡の体積 V は一定の値となる (単層ムースの場合には面積 A が一定値．二次元ムースに関する本章 § 5 参照)．この近似がムースに対して有効なのは，十分に短い時間においてのみで，気泡中の気体の壁面通過を無視できる程度に短い時間においてのみ有効となる (第3章 § 3 参照)．このことは加圧されている場合でも正当化できる．実際，加圧力が大気圧に対して小さければ，体積は大きくは変化しない (第4章問題 7.8 ，および p. 37 の囲み欄参照)．

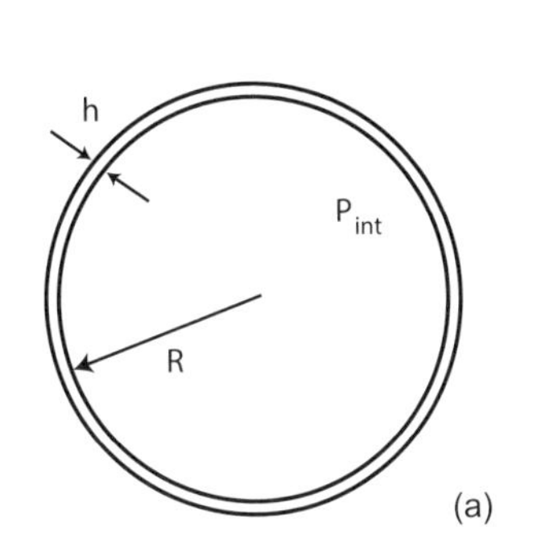

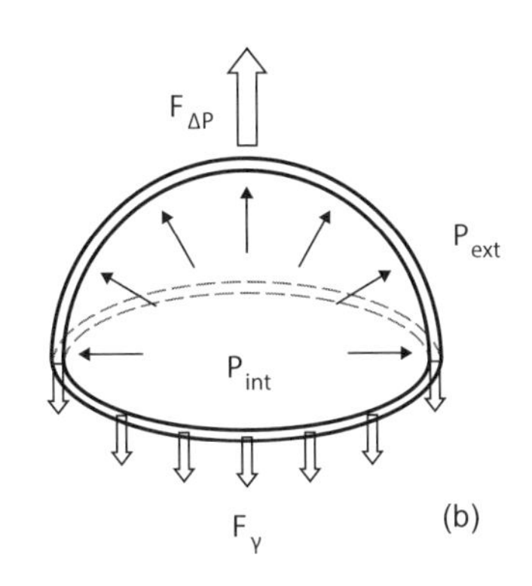

図 2.7: (a) 半径 R 厚さ h のシャボン玉. (b) 泡の上半分にかかる色々な力.

2.2.2 理想ムースの局所的な構造

ただ一つの境界面に対して与えられているラプラスの法則 (式 (2.3)) は膜張力 2γ を持つ理想膜にも適用できる (本章 § 2.1.2 および本章問題 7.2 参照).

二つの泡 i, j が面 S_{ij} によって分けられ, その主曲率半径が $R_{1,ij}(M)$, $R_{2,ij}(M)$ だとしよう. ただし, ここで主曲率半径が正の値になるのは M を表面上の任意の点として曲率の中心が i の側にある場合とする. 薄膜の平均曲率 $H_{ij} = 1/R_{1,ij} + 1/R_{2,ij}$ は式 (2.3) を満たすので, この平均曲率は場所 M によらない量である.

$$P_i - P_j = 2\gamma H_{ij}. \tag{2.4}$$

したがって, 薄膜は平均曲率一定の表面となる. これが**プラトーの第一法則**である. 一つの孤立した泡が球面形状を持つのはこの例である (p. 37 参照).

この法則から導けるのは, 重なり合う三つの面の曲率の総和がゼロになるということである. ある泡から別の泡へ通過することを考え, 壁を通過するたびに圧力の差を足していってみよう. 泡 i から出発してまたそこへ戻ってくると, 明らかに, 圧力差の合計はゼロとなる. なぜなら $(P_i - P_j) + (P_j - P_k) + (P_k - P_i) = 0$ となるからだ. これは次式のように言い換えることもできる.

$$H_{ij} + H_{jk} + H_{ki} = 0. \tag{2.5}$$

これは平衡状態にあるムースの構造を決める強い拘束条件となる.

気泡の平衡

ラプラスの法則が予測するのは気泡の超過圧で，それは気泡の半径の関数として与えられる (式 (2.4) 参照)．ここで，この法則から与えられる二つの直接的な帰結を示そう．

a – 半球の気泡にかかる力の平衡

系として考えるのは半球の気泡 (気体は含まない薄膜の部分) で図 2.7 で示したように半径 R とする．この気泡を区切っている薄膜は無視できる厚さ h ($h \ll R$) と張力 2γ を持つ．この気泡の力学的な釣り合いが意味するのは次の二つの力の総和が同じ大きさを持つことである．一方は圧力の総和で，表面の内側と外側に作用する力の和を考え $F_{\Delta P} = \pi R^2 \Delta P$ となる．他方は表面張力による力の総和 $F_\gamma = 4\pi R\gamma$ であり，これは気泡を半球に切ったときの周長に作用している (図 2.7b 参照)．この二つの力の総和の方向は半球の気泡の断面に対して垂直となる．これから求めるべき超過圧は次式となる．

$$P_{int} - P_{ext} = 4\frac{\gamma}{R}. \tag{2.6}$$

b – 気泡全体の自由エネルギーの平衡

気泡および内部と外部の気体で構成される系の自由エネルギー E を最小化するために，その変化を R の関数として記述すると，温度 T は一定として次式が得られる[5]．

$$\begin{aligned} dE &= -P_{int}\,\mathrm{d}\left[\frac{4}{3}\pi R^3\right] - P_{ext}\,\mathrm{d}\left[-\frac{4}{3}\pi R^3\right] + 2\gamma\,\mathrm{d}\left[4\pi R^2\right] \\ &= 4\pi R\left[R(P_{ext} - P_{int}) + 4\gamma\right]\mathrm{d}R \end{aligned} \tag{2.7}$$

理想気体においては，P_{int} は半径 R と $nR_{GP}T$ の関数として記述できる．ここで R_{GP} は理想気体の気体定数である．すると，前述の式は次式のように積分できる．

$$E = -nR_{GP}T\ln R^3 + P_{ext}\frac{4}{3}\pi R^3 + 2\gamma 4\pi R^2 + \text{定数}$$

この自由エネルギーは，R がとても大きくなると増大する．なぜなら，外圧が半径の増大に対抗し，表面張力も同様に対抗するからである．また R がとても小さくなったとしても自由エネルギーは増加する．なぜなら，内圧が気泡が小さくなるのに対抗するからである．このような理由から，曲線 $E(R)$ は確かに最小値を持ち，それは $dE/dR = 0$ で特徴付けられる．このようにして，式 (2.6) の結果を再確認することができる．

気泡半径が約 10 マイクロメートル程度までならば，超過圧は気圧に比べてとても小さく気体は非圧縮と考えられる．たとえば，半径 2 mm，張力が 50×10^{-3} N/m のとき $4\gamma/R \approx 100$ Pa $= 10^{-3}$ atm となる．

プラトーの第二法則が対象とするのは稜に沿った三つの薄膜の交わり部分である．たとえば，二つの気泡が同じ体積 V を持ち互いに接触しているとしよう

[5] 訳注：ここで考えているのは，温度一定，体積一定での平衡であり，したがって，ヘルムホルツの自由エネルギーを考えている．体積が一定なので，気泡の内側の体積が増えた分，外側の体積が減る．ただし，内外の気体のエネルギーは温度だけの関数であるためエネルギー増分には寄与がない．別の見方として，液体薄膜に着目して，内外の気体は，外界であると考えることもできる．なお，熱力学的な表面エネルギーのより詳しい取扱いについては，小野周著「表面張力 (共立出版)」を参照．

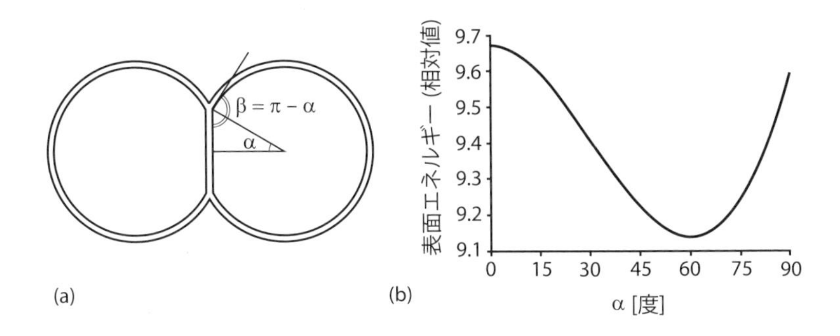

図 2.8: 接合した二つの気泡. **(a)** 二つの気泡は薄膜を共有し表面積を最小化する. **(b)** 二つの気泡で構成される系の表面エネルギーを角度 α を関数として表したグラフ. 唯一の平衡状態の解はエネルギーの最小値より求められる.

(図 2.8a). 系がそのエネルギーを大きく減らすのは境界の一部を共有する時である. 対称性により薄膜はこの場合, 半径 a の環状の稜で区切られる. 両方の気泡が丸い形を保ち, その一部が欠けて球形帽の形になっているとしよう (これこそが現実の状況である). この系を特徴付けるのは丸い部分の半径 R と球形帽の縁の半径 a である. この二つのパラメータを結び付けるのは気泡の体積保存である. このため, a が増大すれば R も同様に増大しなくてはならない. なぜなら, 平坦になったために追い出される部分の体積を収容しなくてはならないからである. 境界面の面積を最小化することが意味するのは, 境界面を共有することによる得分と, 球の半径の増大 (による損失) の折り合いをつけることである. 体積に関する拘束条件を考慮すればただ一つの変数で構造を記述できる. このパラメータとしては, R や a よりもむしろ角度 α が便利である. この角度は図 2.8 に定義してある (R, a はこの角度から導ける). 面積あるいは系の全体のエネルギーは関数 α の関数として解析的に得られる. 結果は図 2.8b に示した. これによれば (エネルギーの) 最小は $\alpha = 60°$ のときに得られる.

三つの薄膜の接触角は $\beta = 180° - \alpha$ であるから 120° となる. この値は次の別の論理からも見出せる. つまり, 稜が受けているのは三つの表面張力で, そのベクトルの総和が打ち消し合うのは薄膜の間の角度が 120° のときのはずである.

三つ目の気泡を加えると, その気泡は系の表面積を最小化するために初めからあった二つの気泡とそれぞれ膜を共有する. この三つの薄膜はやはり 120° で区切られる. **プラトーの第三法則**は系に四つ目の気泡を加えることによって得られる. 四つ目の気泡は, (三つの気泡が共有する) 稜の両端の一方に配置される. これにより, 四つの稜が一つの**頂点**で互いに接続されて, 正四面体模様を作る (図 2.9). こ

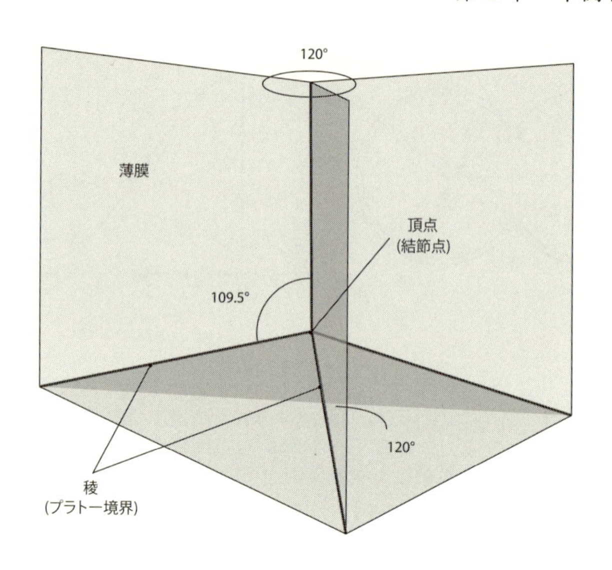

図 2.9: 四つの気泡の交差．これを形成するのは六つの薄膜，四つの稜，および，一つの頂点であり，互いにいくつかの特徴的な角度を成している．これらの角度はムース中の至る所で見受けられる．

の四面体対称性では稜の間の角度が 109.47° となり，これが薄膜間の角度を 120° に保つことのできる唯一の対称性である．この配置で得られる接合角の値はより複雑な系においても同様で，ムース内の境界面の接合に関する規則となっている．

プラトーの法則

1. 面の平衡：シャボン薄膜は滑らかで平均曲率は一定である．平均曲率はラプラスの法則 (式 (2.4)) で決められる．
2. 稜の平衡:稜では常に三枚の薄膜が接合され，薄膜間の角度は $120° = \arccos(-1/2)$ である．
3. 頂点の平衡：ムースの頂点では常に四つの稜が接合し，稜の間の角度は $\theta_a = \arccos(-1/3) \approx 109.5° \approx 1.91$ rad である[6]．

この三つのプラトーの法則によって一つの必要十分条件が構成され，それによって理想ムースの力学的平衡が保障される．したがって，この法則を満たした構造に微小な薄膜の変位を加えると，境界の面積が増え，すなわち，エネルギーが増

[6]訳注：正三角形 ABC とその重心 G を考え，三角形 GBC に対して角 BGC(α) に関する余弦定理から $\cos\alpha = -1/2$ が導ける．同様に正四面体 ABCD とその重心 G を考え，三角形 DGA に関する余弦定理を考えることで $\cos\theta_a = -1/3$ が求められる．

える．特に，四つより多くの稜が集まった頂点は常に四つの稜を接合する頂点のいくつかに分解することができ，これによりエネルギーを減じることができる．このプラトーの法則には二次元版が存在する (p. 77 参照)．

2.2.3 固体の壁での条件

この法則に付け加えなくてはならないのは固体壁と接触している場合の条件である．この場合，平衡状態では固体壁と理想ムースの薄膜の成す角度は 90° である．この結果が有効なのは，固体壁の曲率半径が，薄膜と壁の接触箇所で，プラトー境界の大きさに比べて，大きい場合のみである．

3 乾いたムース

ムースは，化学成分，表面張力，気泡のサイズといった多様な特性を持つにもかかわらず，どれも似通った外観を持ち，この点は非常に濃い乳化液さえも例外ではない．実際には，気泡が空間を無秩序に満たし，それによってフラストレーションが生まれる．このことからいくつかの規則が示唆され，その規則によって，気泡の配置，隣接する気泡の数 (トポロジー)，気泡の形および大きさ (幾何学)，そしてトポロジーと幾何学の関係が分かる．一般的な特性を理解するために，まずこの章では単純化されたムース，つまり **p. 36** で定義された理想ムースを扱う．理想ムースは非常に乾いていて力学的な平衡状態にあり，そのエネルギーは境界面の量に比例している．二次元で考えた方が簡単な場合には，二次元のムースを考える (本章 § **5** 参照)．

3.1 隣接気泡数：トポロジー

3.1.1 隣接気泡数の平均

空間の分割とは，空間を領域に切り分ける仕方のことで，その際，切り分けられた領域は，空いた空間を間に残すことも重なり合うこともない．数学者にとって，乾いたムースとはこのような空間の分割に通じる．同様に平面の分割という問題も存在する．国のなかで，自治体の境界は領土の分割に通じる．どの場所も，たった一つの自治体の所属している (二つの自治体に所属する場所はないし，どの自治体にも所属しない場所もない)．方眼紙上では，小さな升目は紙の分割に通じる．同じように気泡の単層 (二次元のムース) とは平面を分割したものである．

空間内の気泡，面[7]，稜と頂点の総数の間には次の**オイラーの関係式**が存在する．

[7]ここで，面とは，二つの気泡を仕切る理想的な表面のことである．つまり，ムースの中ではシャ

$$-N + N_{面} - N_{稜} + N_{頂点} = \chi_{Euler}\ (= 定数). \tag{2.8}$$

この定理は数学者の**オイラー**(Euler, 1707-1783)によるものである．ここに述べられている結果はトポロジー的なもので，気泡の形状に依らない．この定理は，ムースが平衡状態にない場合にさえ有効である．

式(2.8)の定数 χ_{Euler} は整数であり，また，極端に大きな数ではない(単純な例をとってこれを確かめてみよ)．典型的な定数の値は通常の場合は1である．また，0か2になることもあるが，これは，たとえば，ムースが閉じた箱の中にある場合，あるいは，ムースが自由表面を持つ場合かに応じて決まる(p. 56の囲み欄参照)．ここで留意すべきことは，気泡もしくは面を加えても除去しても定数が不変なことである．たとえば，p. 101の図3.4において，変形の後には，気泡の数は保存され，面は一つ増え，また，稜は二つ増え(一つが消え，三つが現れる)，さらに，頂点は一つ増える(二つが消え，三つが現れる)．式(2.8)における収支バランスは $-0+1-2+1=0$ となる．

二次元の場合． この場合，オイラーの定理が示すのは次式である．

$$N - N_{辺} + N_{頂点} = \chi_{Euler}. \tag{2.9}$$

たとえば，p. 99の図3.3において，失われるのは一つの気泡，三つの面あるいは辺(五つを失い，二つを得る)，そして二つの頂点であるので，$-1-(-3)-2=0$ となる．同様にこの定理をp. 101の図3.5およびp. 103の図3.8において確認できる．

p. 43の囲み欄では，この二次元版の定理のエレガントな結果の一つを紹介している[24, 54]．これによれば，理想ムースが多数の気泡を持つ場合，隣接気泡数 n の平均 $\langle n \rangle$ を取ると，その値は常に6に近くなる[8]．さらに正確に言うと，n の値は6から微小な修正値を引いたもので，その修正値はムースの稜と気泡数 N の影響を受けて決まり，次式のように表せる．

$$\langle n \rangle = 6 - \frac{定数}{N}. \tag{2.10}$$

理想ムースでない場合，他の修正が加わる．修正が生じるのはたとえば液体分率がゼロでない場合である．ただし，液体分率は一般的に小さい．当然ながら，オイラーの定理が決定するのは各々の気泡の辺の数ではなく，実際，その数は3から数十までを取り得る．単に平均値が6になるだけである．したがって，もし，

ボン膜と同数の面がある．

[8] この章を通し，ブラケット記号は，ムース内の全ての気泡について平均を取ることを示す．ただし，もし添え字が示されている場合には，特定の気泡集団についての平均を示す．

3，4 または 5 個の辺を持つ気泡があるのなら，必然的に 7，8 もしくはそれ以上の辺を持つ気泡が存在しなくてはならない．

六角形からのずれを記述するために，量 $q_t = 6 - n$ を定義する．これは気泡の**トポロジー荷**と呼ばれる．気泡の数が大きい場合には，ムース全体では，トポロジー荷の平均はゼロであると見なせる (その値は $1/N$ の程度である) [23]．

二次元におけるオイラーの定理とプラトーの法則の帰結 [24, 54].
二次元の場合において，一つの気泡の辺の数を n としよう．これは気泡の頂点の数と同じである．そして，$\langle n \rangle$ は一つの気泡当たりの辺の数の平均値とする．この平均は気泡の全体数に N について取ったものとする．それでは計算をしてみよう．

もし，N が十分に大きくムースの縁の影響を無視できるのであれば，一つの辺は二つの近接する気泡に共有されているため，$N\langle n \rangle = 2N_{辺}$ となる．一方，一つの頂点は三つの隣接気泡に共有されている (p. 77 のプラトーの法則参照) ため，$N\langle n \rangle = 3N_{頂点}$ これらをまとめると，次式が得られる．

$$N = \frac{2}{\langle n \rangle} N_{辺} = \frac{3}{\langle n \rangle} N_{頂点}.$$

さらに，二次元の場合のオイラーの関係 (式 (2.9)) は次式を与える．

$$1 - \frac{\langle n \rangle}{2} + \frac{\langle n \rangle}{3} = \frac{\chi_{Euler}}{N}. \tag{2.11}$$

ムースが十分に大きい場合，右辺の項はゼロに近付き，$\langle n \rangle = 6$ となる．この論理を次のような分割の場合に一般化できる．すなわち，一つの頂点で交わる辺の数 $\bar{z}$ が (三つではなく) 平均として任意の数となる分割の場合である．この場合，$1/\langle n \rangle = 1/2 - 1/\bar{z}$ となることが分かる．実際に，たとえば，方眼紙の升目のように，全ての頂点が四つの辺を持っている場合には $\langle n \rangle$ と $\bar{z}$ はともに 4 であるから，$1/4 + 1/4 = 1/2$ となることが確認できる．

再び三次元の場合． 二次元の場合と同じような方法で以下のことが示せる (本章問題 7.4 参照)．各々の気泡に関して，f を面の数，$\bar{n}$ を面が持つ稜の数の平均値とする ($\bar{n} \equiv \Sigma_{面} n(面)/f$)．すると，これらの値は次式で関連付けられる．

$$6 - \bar{n} = \frac{12}{f}. \tag{2.12}$$

気泡の面の数がいくつであっても，つまり，とても小さい (四面が最少) 場合からとても大きい (数十面) 場合まで，$\bar{n}$ の値は必ず厳密に 6 よりも小さくなる．あらゆる面が六角形になっている気泡を作ることはできないのである．三つ，四つ，もしくは五つの辺を持つ面を少なくともいくつかは組み込まなくてはならないのである．サッカーボールの場合を考えてみよう．20 個の六角形と 12 個の五角形，す

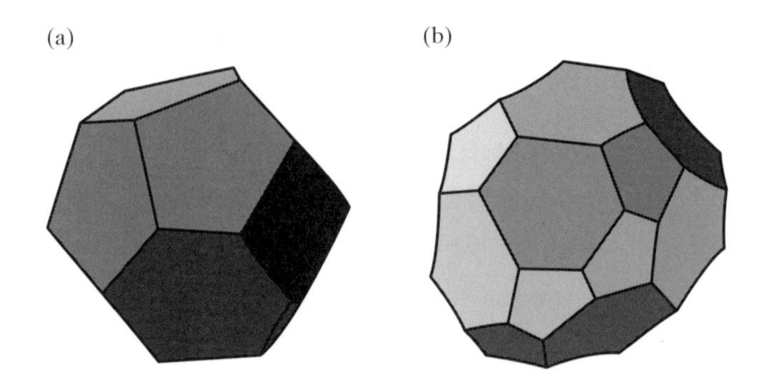

図 2.10: 三次元の気泡の例．**(a)** 面の数が $f = 13$ である気泡：四つの辺を持つ一つの面，五つの辺を持つ 10 個の面，そして六つの辺を持つ二つの面から成る．この分割はムース中において良く観察される [41]．**(b)** 面の数が $f = 26$ である気泡：全ての面は五角形もしくは六角形である．この気泡は，平衡状態にあり，かつ，拘束がないにも関わらず，不規則で横に伸びている [16]．

なわち 32 個の面があり，$\bar{n} = (6 \times 20 + 5 \times 12)/32$ となる．これは，$6 - \bar{n} = 12/32$ となり式 (2.12) に従っている．

別の例として，ケルビンの気泡を見てみよう (p. 66 の囲み欄参照)．これは十四面体と呼ばれ，空間を規則正しく敷き詰めることが可能である (六角形の気泡が平面を敷き詰めることができるのと同様である)．ケルビンの気泡は 8 個の六角形と 6 個の四角形を持つ．つまり，面の数は $f = 14$ で，$\bar{n} = (8 \times 6 + 6 \times 4)/14$, であるので，確かに，$6f - \bar{n}f = 14 \times 6 - 8 \times 6 - 6 \times 4 = 12$ となっている．

ムース中の全ての気泡の平均を取ると，式 (2.12) は次式のようになる．

$$\langle f \rangle = \left\langle \frac{12}{(6 - \bar{n})} \right\rangle . \tag{2.13}$$

つまり，ムースがより多くの自由度を持つのは二次元より三次元の場合である．なぜなら，この式は，三次元の場合に，面の数の平均値は決まった値を持たないことを示しているからである．ムースが無秩序な場合，$\langle \bar{n} \rangle$ はしばしば 5 に十分近くなり (図 2.10)，$\langle f \rangle$ の値は典型的には 12 と 15 の間になる (しばしば 13 と 14 の間になる)．その反面，ムース中における面の数の分布の分散 $\mu_2^f \equiv \langle f^2 \rangle - \langle f \rangle^2$ は非常に多様である．実は，この分散はムースの乱雑さの一つの指標である (第 5 章 § 3.2.1 参照)．一例として，f の分布を p. 137 の図 3.24 に示してある．

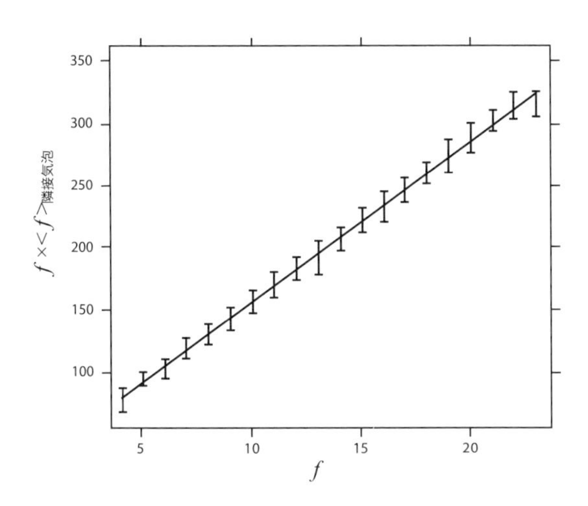

図 2.11: ムースにおける，一つの気泡の面の数 f と，f 個の面を持つ気泡に隣接した気泡の持つ面の数との関係．*Surface Evolver* [31] を用いた数値計算によって得られた．エラーバーの中心は，同じ f を持つ気泡に対する $f\langle f\rangle_{隣接気泡}$ の平均値であり，エラーバーの長さは標準偏差の大きさを表す．この結果は，この量が f に比例して変化することを明確に示している．このことは，(グラフ中で直線で示されている) **アボアフ・ウィエアの法則**(式 (5.13)) によって予測されている．

3.1.2 隣接する気泡間の相関

乱雑なムースの内部に関していえることは，一般的に多くの面を持つ気泡に隣接する気泡が持つ面の数は少ないということである．より正確に，三次元の場合において，f 個の面を持つ一つの気泡を考えてみよう．$\langle f\rangle_{隣接気泡}$ を，その周りの f 個の隣接気泡一つ当たりの面の数の平均値とする．実験とシミュレーションから分かっているのは，f と $\langle f\rangle_{隣接気泡}$ は互いに反対の方向に変化するということである．つまり，もし一方が平均を上回るのなら，他方は平均を下回る．

この傾向は一般的な法則ではない．しかし，ルイス (F.T. Lewis)，**アボアフ**(D. Aboav)，次いで，**ウィエア**(D. Weaire) らは，経験的に $\langle f\rangle_{隣接気泡} \sim A + B/f$ が成立することを示した．ここで，A は $\langle f\rangle$ より少し小さな数であり，B は正の数である (図 2.11，[1, 50]，および式 (5.13) 参照)．

3.2　気泡の形状：幾何学

3.2.1　ムースのエネルギー

各々の石鹸膜は，空気･水の間の界面を二つ持つので，表面エネルギー (式 (2.1)) の詳細な表現は次のようになる．

$$E = 2\gamma \sum_{0\leq i<j\leq N} S_{ij} = \gamma \sum_{0\leq i,j\leq N} S_{ij} = \gamma \sum_{i=1}^{N} S_i, \tag{2.14}$$

ここで，添え字 0 はムースの外側を表し，S_{ij} は気泡 (i,j) が隣接する場合にはその間の表面積 (そうでない場合は $S_{ij}=0$)，$S_i = \Sigma_j S_{ij}$ は気泡 i の表面積である．同じ式は，次のようにもっと簡潔な形で書くこともできる．

$$E = \gamma S_{int}, \tag{2.15}$$

ここで，$S_{int} = \sum_{i=1}^{N} S_i$ は，ムースの内の，空気と水の間の界面の全面積である．

式 (2.15) は，気泡の平均体積 $\langle V\rangle = \sum_{i=1}^{N} V_i/N$ を用いて無次元化することができる．

$$\frac{E}{\gamma\langle V\rangle^{2/3}} = \sum_{i=1}^{N} \frac{S_i}{\langle V\rangle^{2/3}}. \tag{2.16}$$

二次元の場合も，三次元のときと非常に良く似ており，λ を線張力，$\langle A\rangle$ を気泡の平均面積 (本章 § 5.2 参照) とすると，次式で表せる．

$$\frac{E}{\lambda\langle A\rangle^{1/2}} = 2 \sum_{0\leq i<j\leq N} \frac{\ell_{ij}}{\langle A\rangle^{1/2}} = \frac{L_{int}}{\langle A\rangle^{1/2}}. \tag{2.17}$$

平衡状態では，ムースのエネルギーは最小化されている[9]．式 (2.16) が示していることは，表面張力やムース毎に異なる気泡の平均的な大きさは，重要ではないということである．これらは，エネルギーの表現に現れる比例定数に過ぎない．エネルギーを最小化するということは，式 (2.16) の右辺を最小化することであり，したがって，気泡の形だけが最小化に関与してくる．すなわち，これは純粋に幾何学的な問題であり，その解は**普遍的**である．そのために，色々なムースの中で観察される平衡構造は，互いに良く似ていて，ムース中の気泡の平均的な大きさやムースの化学組成には依存していない (しかしながら，そうした構造は，**多分散性**，すなわち，気泡のサイズ分布の幅に依存しており，この幅は分散によって特徴付けられる．本章 § 3.2.2 参照)．この普遍性によって，専門家ならムースの写真を見ただけで，普通はそのムースが平衡状態にあるかどうかが分かる．

---

[9]訳注:各気泡の体積を一定に保つという拘束条件付きの最小化，あるいは，局所的な最小化の意味．

エネルギーの最小化をしようとして，気泡の表面積は小さくなる傾向があり，また，仮に圧力による反発がないとすると気泡の体積も同様に小さくなるであろう．この圧力は，体積が一定になるように調整され，その値は外側と比べて少し大きくなっている (p. 37 参照)．ムースが自由表面を持つ場合として，たとえばビールの泡が挙げられるが (ただし，ビンの中で完全に閉じ込められている場合ではないとする)，このような場合には次の式が証明される (本章問題 7.6 参照)．

$$E = \frac{3}{2} \sum_{i=1}^{N} (P_i - P_{\mathrm{atm}}) V_i. \tag{2.18}$$

ここで，P_{atm} は大気圧，P_i は気泡 i の内部の圧力，E は (式 (2.15)) で与えられるエネルギーである．この式は，ここでは三次元の場合に書かれているが，あらゆる次元に対して一般化することができる．

3.2.2 大域的および局所的な最小化

ムースのエネルギーを最小化しようとすると，**フラストレーション**が生じる．つまり，ほぼ球形の気泡はその表面積を最小にしているが，それによってかえって隣接した気泡の表面積が増加してしまうことがある．したがって，ムースは自発的に妥協点を見出す．たとえば外から摂動が加えられたりして，ムースが平衡状態から離れた場合には，調節可能な量 (面の曲率，頂点の位置，辺の長さなど) は全て最適化され，その際には拘束条件 (気泡の数や各気泡の体積) も満たされる．その結果，全表面積は減少していき，やがて，プラトーの法則が至る所で成り立つようになる．

しかし，このように平衡状態を探索する間に，稜が縮んでしまい，プラトーの法則を満たすには至らないこともある．つまり，稜の長さが次第に減少してついにゼロになると，その結果，その稜の両端が接触する．これによって，新たに頂点ができ，その点では六つの稜が交わる．この状況は不安定で (二次元系についての本章問題 7.3 参照)，新しい面ができる原因になる (T1 過程，第 3 章 § 1.2.2) 参照)．また，逆の過程も同様に可能である．つまり，面や稜の数は，先天的には固定されていない．

T1 過程のあるなしに関わらず，表面積が極小になるとき，すなわち，ムースがエネルギー極小になるとき，ムースは平衡状態にある．このとき，ムースは動かなくなる．すなわち，ムースが自発的にエネルギー障壁を超えて隣の平衡配置に到達することはない．特に，乗り越えるべき $\gamma d^2 \sim 4 \times 10^{-8} J$ 程度のエネルギー障壁に対して，$k_B T \sim 4 \times 10^{-21} J$ 程度の熱揺らぎは完全に無視できる程小さい

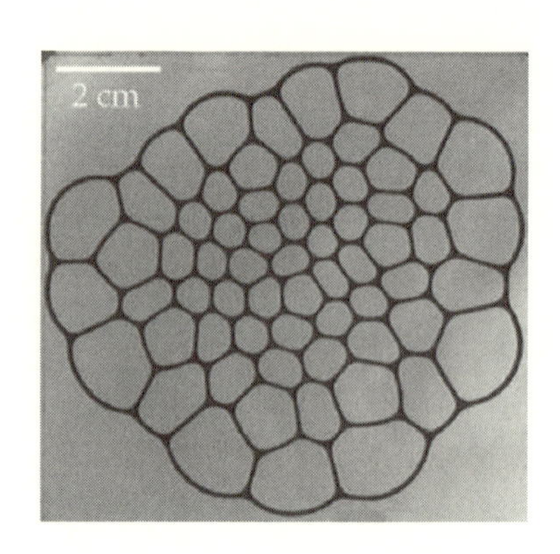

図 2.12: この二次元ムースの気泡はどれも隣に同程度の大きさの気泡を持っている．つまり，それぞれの気泡はほぼ規則的である．これは，稀 (でかつ人工的) な例であり，恐らくムースはエネルギー最小の配置に近い．E. Janiaud 氏撮影 (文献 [23] より転載)．© 2001 The American Physical Society.

ので，ムースは熱揺らぎによってその配置を変えることはできない．したがって，あるムースの平衡配置は，たとえば初期の作成法などの履歴に依存する．

特段の注意をせずにムースを用意した場合に，ほぼ起こり得ない状況は，ムースがあらゆる平衡配置の中から，最小の表面積あるいは最少のエネルギーとなる配置を自発的に選びだして実現することである (図 2.12 参照)．つまり，ムースにおいては，エネルギーは，**大域的にではなく，局所的にしか最小化されない**のである．そもそも，我々には，どれが大域的な最適配置であるかは分からない．単純でかなり人工的な，全ての気泡が厳密に同じ大きさの場合にさえも最適配置を知ることはできない (p. 48 の囲み欄参照)．

大域的最小化とウィエア・フェラン (Weaire-Phelan) 構造

ムースの表面積つまりエネルギーが**大域的**に最小とはどのような状態であろうか？これを，ムース内の気泡が**全く同じ大きさ**を持つ場合に考えてみよう．これは，エレガントな数学の問題であるが，どの気泡に対しても比 $S/V^{2/3}$が殆ど同じであるために難しい問題である[10] (本章 § 3.2.3 参照)．

三次元では，全ての気泡が厳密に**同じ形**をしているとすると，内部の圧力は全て等しく，したがって平均曲率 $H = 1/R_1 + 1/R_2$ は至る所でゼロとなる．したがって，最適な配置はケルビン気泡 (p. 66 の囲み欄参照) に対して得られる．ケルビン気泡は，面を 14 を持ち，面当たり平均 5.14 本の稜を持つ．これらの値は，p. 58 で定義する**曲率ゼロの仮想気泡**に対して得られている値 ($f = 13.4$，および，$\bar{n} = 5.1$) に非常に

[10]訳注：S と V は，気泡の表面積と体積を表す．

近い．ケルビン気泡の無次元化された表面積は $S/V^{2/3} \approx 5.306$ で，この値は周期的に空間を敷き詰めた気泡に対する極小値である．

ウィエアは，さらに表面積を減らせることを示唆した．それは，(ケルビン気泡には存在しない) 五角形の面を可能な限り導入することである．これによって，それぞれの面が，(平均値としてだけではなく) 個々に約 $n = 5.1$ の辺を持つことにより殆ど曲率を持たなくなる．しかしながら，五角形の面を持った気泡だけでは空間を占めることができないので，少なくとも 2 種類の形の気泡を混ぜなくてはいけない (ただし，今の議論の枠内では，同じ体積を持つ気泡に限る)．そこでウィエアは，良く知られている結晶構造にヒントを得て，候補となる構造を提案し，フェラン (R. Phelan) は，ソフトウェア *Surface Evolver* を用いその数値計算を行った．結果は，ウィエア・フェランの配置 (図 5.13) が最良で，この配置では $\langle S \rangle / V^{2/3} \approx 5.288$ となる．この構造は，2008 年の北京オリンピックのプールの建築に着想を与え，同じ体積の気泡からなるムースに対しては，知られている限り最も良い結果となっている．しかしながら，まだ実際に観察されてはいない．

果たして，ウィエア・フェラン構造より良い構造はあるのだろうか？また逆に，これは実際，気泡に対する最適な配置なのだろうか？これらの質問に答えるにはどのくらい時間を要するのかは見当もつかない... 期待できる最善の気泡構造は，恐らく，ゼロ曲率の仮想的気泡 (p. 58 参照) であり，この場合，$S/V^{2/3} = 5.254$ である．つまり，この実現不可能な理想構造は，ケルビンの場合と比べて 0.052，ウィエア・フェランの場合と比べて 0.034 だけ小さい．

一方，二次元では曲率のない気泡を実現することができる．それは規則的な六角形であり，それによって平面を敷き詰めることができ，六角形のネットワークが最小の周囲長を実現する (図 4.10a 参照)．このことは，2001 年になってはじめて厳密に示された [25]．しかし，ローマの Varron の養蜂に関する書物に，既に 2000 年も前に書かれているのは，ミツバチの巣においては，巣の小部屋を囲む周の長さの総和が最小になることである．

3.2.3 気泡の形

プラトーの法則 (p. 40 参照) は，気泡によって空間を埋め尽くす場合に，その構造がムースの平衡構造になるための必要十分条件である．とても多くの構造がこれらの条件を満たし，理論上は，同じ体積を持った気泡が非常に異なる様々な表面積を取ることも可能である．しかし実際には，可能な全ての状態が実現されるわけではない．通常のムースにおいては，以下のような結果が観察されており，それらは等価な 3 つの形で表現される [34]：

$$S \approx 5.3\,V^{2/3} \pm \text{数}\,\%, \qquad \frac{S}{V} \approx \frac{3.3}{R_v}, \qquad R_s \approx 1.1 R_v, \tag{2.19}$$

ここで，$R_v = (3V/4\pi)^{1/3}$ は気泡と同じ体積を持つ球の半径，および $R_s = (S/4\pi)^{1/2}$ は気泡と同じ表面積を持つ球の半径である．全ての面が等価でプラ

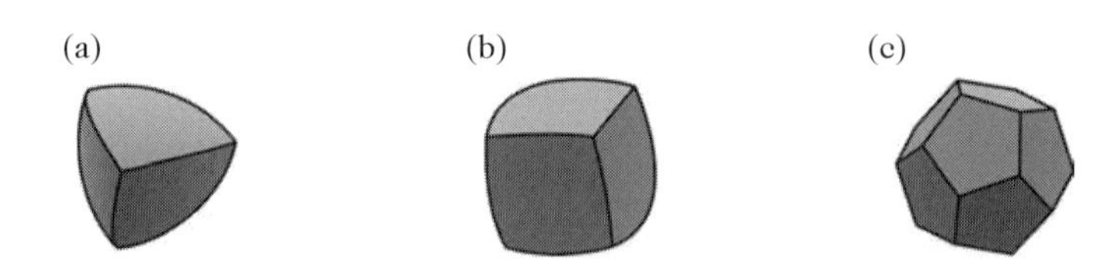

図 2.13: 三次元では，特定の面の数の時だけ正気泡を作ることができる．このようなことが可能なのは，たとえば，**(a)** $f=4$ の四面体，**(b)** $f=6$ の立方体，および，**(c)** $f=12$ の十二面体の場合である．これらの場合，表面/(体積)$^{2/3}$ の比は，f とともに減少し，5.3 (式 (2.19) に示した通常の場合) から 4.83 (球の場合) までの間の値を取る [15].

トーの法則を満たす**正気泡** (図 2.13) においては，$S/V^{2/3}$ は少しだけ小さな値を取る．その理論的な最小値は (気泡が) 球のときに現れ，$S/V^{2/3} \approx 4.836$ となる．

二次元の気泡に対しても同様で，$R_a=(A/\pi)^{1/2}$，かつ $\mathcal{P}$ を気泡の周囲の長さであるすると，以下のようになる：

$$\mathcal{P} \approx 3.72 A^{1/2} \pm 数\ \% \approx 6.6\, R_a. \tag{2.20}$$

強い程度で，変形されたり，引き伸ばされたり，ねじ曲げられたりしている気泡は殆ど観察されないが，そのような場合 (周囲の長さ/面積の平方根) の比はとても大きくなる．

図 2.14 のように全ての辺が等価である二次元の正気泡 (訳注：プラトーの法則も満たすもの) に対しては，関係式 (2.20) は同様にほぼ 1% の精度で確かめられる (本章問題 7.5 参照)．これは，ムースに固有な結果であり，たとえば，直線の辺とさまざまな角度を持った古典的な正多角形に対しては正しくない．正多角形の場合には，(周囲の長さ/面積の平方根) の比は n とともに大きく変化する．たとえば，四角形の場合は，この比は 4，六角形は 3.72，円に類似する n が極めて大きい場合には，3.5 となる．

3.3 トポロジーと幾何学

3.3.1 幾何学とトポロジーの相関

実験的には，気泡が隣接する気泡を多く持つ場合，一般的にその気泡は大きな気泡であることが分かっている．実際，気泡について，ℓ，S，そして V を，順に，稜の長さ，面積，そして体積とすると，これらの大きさを，それぞれの，ムース内

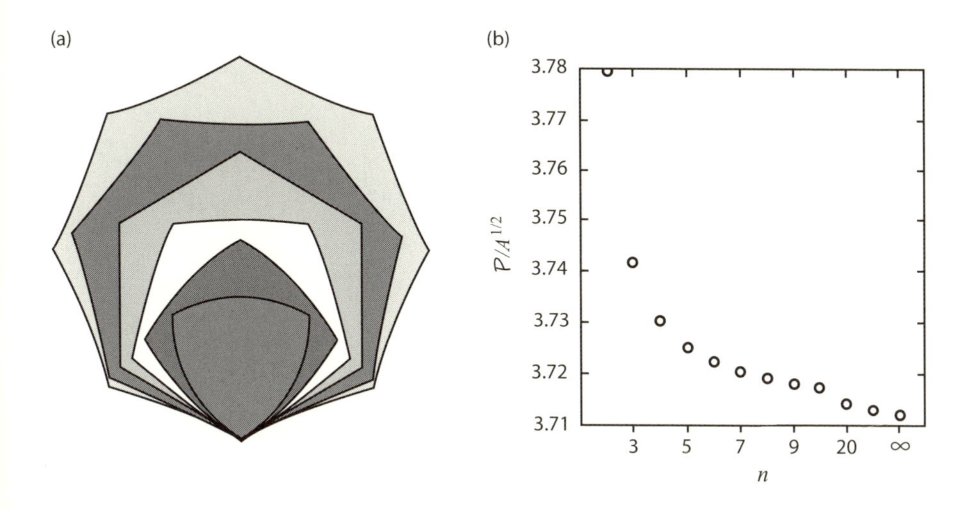

図 2.14: 全ての辺が同じ長さを持つ二次元の正気泡．**(a)** 面積や曲率を比較するため，同じ稜の長さを持つ気泡 (n = 3, 4, 5, 6, 7，および 8) が重ね書きしてある (S. Cox による数値計算)．**(b)** 周囲の長さ/(面積)$^{1/2}$ の比を，n 個の辺を持った二次元の正気泡に対して，n の関数としての計算したもの [23]．この計算の詳細は，本章問題 7.5 に述べられている．

の全ての気泡にわたる平均値で割ったものは，面の数 f と相関がある[11]．二次元の場合，この相関の特徴付けは，しばしば，Feltham の表現を基に行われる．この表現は，気泡の周囲長を隣接気泡数の関数として与える [50]．また，Lewis の表現も良く使われる．この表現では，気泡の面積を隣接気泡数の関数として与える [48]．三次元の場合，$\langle V\rangle_f(f)$，$\langle A\rangle_f(f)$，そして $\langle \ell\rangle_f(f)$ の曲線は数値シミュレーションで求めることができる．シミュレーションでの算出は実験を行うよりも容易である (図 2.15 参照)．これらの曲線は正確に線形というわけではなく，いくつかの補正が文献で提唱されている．ここで，重要な結果は，これらの曲線が決まって増加傾向を示すことである．

この結果が確認できるのはムース全体の平均を取った場合で (図 2.15)，個別の気泡に関してではない．この結果は経験的なものであり，現時点では，多くのモデルが提唱されてきているにもかかわらず，気泡の大きさとその面の数との統計的な相関を完璧に予測することはできない．この法則は，構造のエネルギーの最小化だけでは十分に理解できない．ここで思い出して欲しいのは，ムースは，大域的ではなく局所的な，最小エネルギー状態にあることである．したがって，相

[11]訳注：ℓ，S，V が幾何学的な量，そして，(隣接気泡数に等しい) 面の数がトポロジー的な量であることに注意．

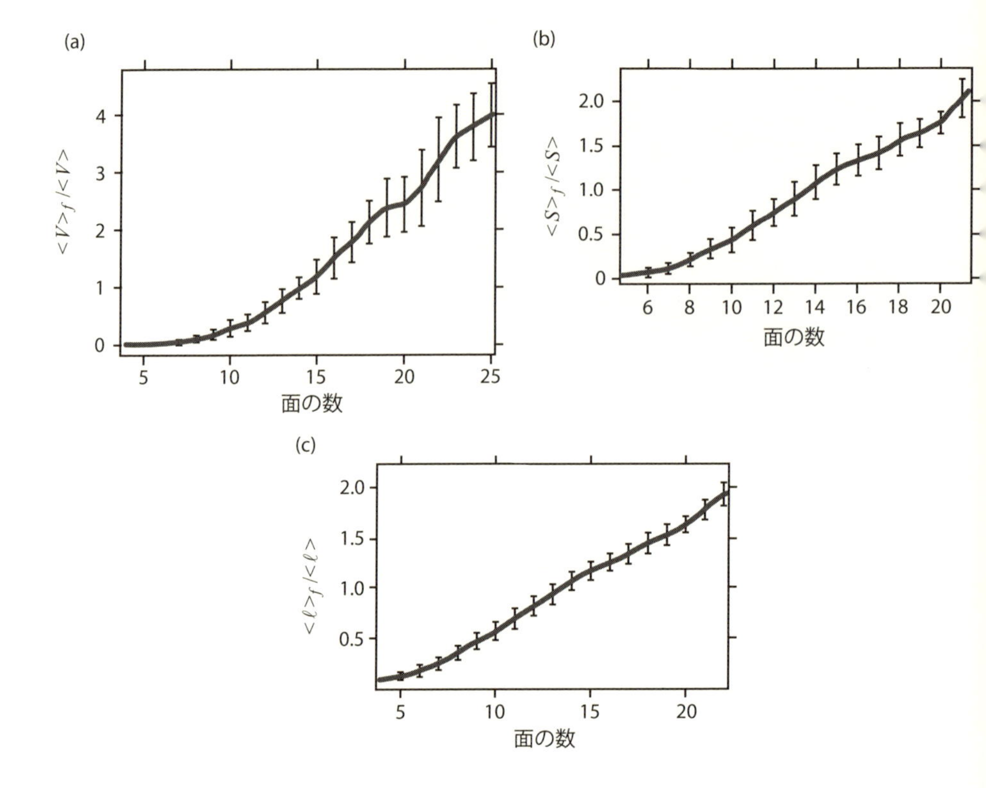

図 2.15: 三次元におけるトポロジーと気泡の大きさの相関 [31](「Feltham」型と「Lewis」型での表記). **(a)** 気泡の体積と面の数の関係. **(b)** 気泡面積との関係. **(c)** 稜の長さとの関係. 統計性を向上するため, 曲線は, 多くの老化したムースに対して平均したものである (曲線は, 老化の最中は, 殆ど変化しない, 第 3 章 § 3.2.3 参照). 曲線は, 面の数が f である気泡についての値の平均 ($\langle\cdot\rangle_f$ として表されている) を全ての気泡についての平均で無次元化したものを表す. エラーバーはそれぞれの f における標準偏差を表している.

関を予測するためには, どのような「タイプ」の局所的最小がより頻繁に現実の構造に採用されているかを探す必要があるが, そのタイプは大域的最小に相当するものではないことが分かっている. Nicolas Rivier は, 二つの仮定の下に一つの説明を提案した [50]. その仮定とは, 局所的な最小エネルギーの値はムースがその構造を採用する確率には全く影響がないこと, そしてムースが多くの立体配置を探索するにつれてムースが混合されることである. より最近では, Rita de Almeida が, 表面エネルギーの最小化と混合効果による乱雑さの最大化の両方を考慮し, ムースにおける自由エネルギーの類似の関数を定義した. そして, この

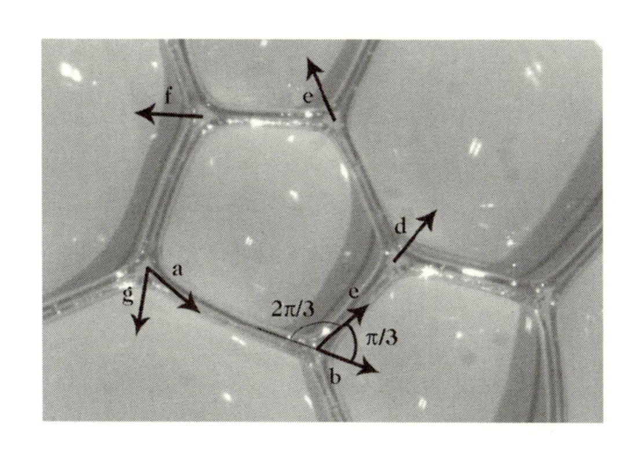

図 2.16: 一つの二次元気泡の周りの一巡．この気泡を i 番目の気泡とする．この気泡は n 個の隣接気泡を持つとする．ここでは $n = 5$ である．隣接気泡に $j = 1, ..., n$ と番号付けをする．気泡 i と気泡 j の間の壁面の長さを ℓ_{ij} とし，曲率半径を R_{ij}，そして曲率を $\kappa_{ij} = 1/R_{ij}$ とする．この例では全ての R_{ij} が正の値である (気泡 i は完全に凸形状である)．S. Courty 氏撮影 [22].

関数を最小化することで統計的に，気泡の大きさの分布，隣接気泡数 (図 3.24)，および，これらの相関を導出した [3].

ムースの**乱雑さ**には，いくつかの異なる定義が存在する．トポロジーを用いた定義をすることができ，たとえば μ_2^f が使われる (p. 262 参照)．幾何学を用いた定義も可能で，たとえば μ_2^V が使われる (面の数と体積を入れ替えることで μ_2^f と同様に定義される)．通常のムースにおいては，この二つの乱雑さは (互いに似通っていて)，相異なるムースに対して，同じように異なったものになる [48]．換言すれば，二つの乱雑さによって，観測している構造と，非常に組織化された構造との違いを測ることができる．厳密に秩序化されている網目構造，つまりその中の全ての気泡が同一である場合，この二つの乱雑さは同時にゼロになる．二次元では蜂の巣の構造が，三次元ではケルビンの配置がそれにあたる．しかしながら，二つの乱雑さが，非常に異なった値になる例を構築することも可能である．たとえば，二次元のムースにおいて，その中の気泡の大部分が六角形であるが，その大きさが非常に異なっている場合には，幾何学的な乱雑さが，トポロジー的な乱雑さに比べ非常に大きくなる．それとは逆に，単分散性の二次元のムースを，七角形と六角形の組で構成できるが，この場合には，幾何学的な乱雑さが，トポロジー的な乱雑さに比べ非常に小さくなる．

3.3.2 二次元における，隣接気泡数，曲率，そして圧力

図 2.16 のように，二次元の気泡の一つに着目し，その輪郭に沿って歩いていくとしよう．その際，道筋の方向は，絶えず変化していく．まず，a から b まで円弧の部分を歩く際には，R をその半径，ℓ をその長さとすると，角度は (ラジアンの定義により)ℓ/R だけ回転する．続いて，頂点に到達した時には，その点での内角が $2\pi/3$ なので，b から c にかけては角度 π に対する補角分だけ回転する．補角は，外角とも呼ばれ，この場合，$\pi - 2\pi/3$ を計算することで，$\pi/3$ となる．

さらに，歩みを続けると，c から g にかけて回転が加算されていく．つまり，角度 $\ell_{ij}/R_{ij} = \kappa_{ij}\ell_{ij}$ が，壁面 ij(気泡 i と気泡 j の間の壁面) に沿って歩くことで加算される．ここで，半径 R_{ij} と稜 (ij) の曲率 κ_{ij} の符号は，曲線の中心が i の側にあるときに正，そうでなければ負と約束する (図 2.16 参照)．したがって，$R_{ij} = -R_{ji}$ であり $\kappa_{ij} = -\kappa_{ji}$ である．最終的に，出発地点 a に戻ってきて，完全に一周したことになる．これらの全ての小さな方向の変化の合計は 2π なので，次式が得られる．

$$\sum_{j=1}^{n} \ell_{ij}\kappa_{ij} + n\,\frac{\pi}{3} = 2\pi. \tag{2.21}$$

ただし，$\pi/3$ が n 個の頂点を通過する度に付け加えられることを用いた．次式の値はある一つの角度を表している．

$$q = \sum \kappa_{ij}\ell_{ij} \tag{2.22}$$

より正確にいうと，この角度の和は，多角形の辺が頂点で成す角が全て $120°$ となり，かつ，多角形が閉じたものとなるために，多角形の辺で回転しなくてはならない角度の量である．これは**幾何学荷**とも呼ばれ，これはトポロジー荷 $q_t = 6-n$ に ($\pi/3$ の係数を伴って) 比例している．トポロジー荷 (本章 § 3.1.1 参照) も，秩序化された網目構造からの乖離の度合いを示す．これは別の状況に利用でき，たとえば，結晶中の欠陥 (**回位**(disclination)) や空間の曲率を記述することができる．

この大きさを使って，関係式 (2.21) は，次式の形に書き直すことができ，この表現では，幾何学 (左辺) とトポロジー (右辺) が関係付けられている．

$$q = 2\pi - \frac{n\pi}{3} = (6-n)\,\frac{\pi}{3} = q_t\frac{\pi}{3}. \tag{2.23}$$

この式は，辺の数と気泡の形の間には関係があることを示唆している．たとえば，(この式によれば，) ある気泡が二つ，三つ，四つまたは五つの辺を持つ場合，平均的には，その曲率は正となるので，その辺はより凸状になる (図 2.14)．二つの辺を持つ気泡は稀であり，それらが生じるのは，一般的には，ある気泡が三つの

隣接気泡を持っている場合に，そのうちの一つが壊れた時である．そこで，二つの辺を持つ気泡は，これより後は無視することにする．また，一つの頂点しか持たない気泡はプラトーの法則により禁じられている．なぜなら，その唯一の辺は，その辺自身と 120° で交わらなければならない．ところが，一つの円弧でこの条件を満たすことは不可能だからである．

これとは反対に，$n > 6$ の辺を持つ気泡においては，長さを掛けた辺の曲率の合計は負の値になる (図 2.14)．これが意味しているのは，全ての辺が凹状になっているということではなくて，その大多数が凹状になっているということである．なお，n の上限はなく，時には約 40 に達する．

全ての辺が平らな気泡も存在可能であり，この時，気泡の曲率はゼロである ($\kappa_{ij} = 0$)．この気泡は，規則的であろうがなかろうが，(上式によれば) 必然的に，六角形でなくてはならない ($n = 6$，$q = 0$)．ただ，この逆は正しくはない．六角形は凸状の辺と凹状の辺を持つことができる (この時も，$\kappa\ell$ の合計はゼロのままである)．

全ての気泡の幾何学荷を足し合わせると，総和 $\sum_i q = \sum_{i,j=1}^{n} \kappa_{ij}\ell_{ij}$ の中で，それぞれの辺は (ij) と (ji) とで二度現れる．一方，$\ell_{ij} = \ell_{ji}$ で $\kappa_{ij} = -\kappa_{ji}$(p. 54 参照) であるから，項は二つずつ打消しあう (ただし，ムースの縁に位置する気泡は除いた場合．囲み欄 p. 56 参照)．この議論から，p. 43 の結果を再確認できる．つまり，二次元の乾いたムースが十分に大きく，縁を考慮に入れなくて良いなら，幾何学荷 (もしくはトポロジー荷) の平均はゼロになる．

言い換えれば，三つ，四つまたは五つの辺を持つ気泡は，その荷 (幾何学荷，または，トポロジー荷) が正の値であるために，(ムース中に) 十分に沢山なくてはならない．なぜなら，六より多くの辺を持つ気泡の全ての負の荷を打ち消して，平均荷をゼロにしなくてはならないからである．このようにして，一般的に乱雑なムースにおいて，辺の数の平均は $\langle n \rangle = 6$ であるにもかかわらず，一番代表的な値が $n = 5$ であることを (定性的に) 理解できる[12]．

さらに，二次元の場合に限定した議論を進めよう．辺にかかる圧力差 $P_i - P_j$ と辺の曲率 κ_{ij} は釣り合っている (ラプラスの法則，式 (2.50))．このことから，二次元のムースに本質的な一つの式が得られる．この式は，1952 年に数学者の**フォンノイマン**(John von Neumann，1903-1957) により発見された [44, 50]．この式は，気泡内部の圧力 (つまり，力) を，その形状 (曲率，長さ) とその隣接気泡数

[12]訳注：n が 6 よりも小さい場合には取り得る n の値が数個に限られている一方，n が 6 より大きい場合には取りうる値が沢山あるから．

に関係付けるもので，次式で与えられる．

$$\sum_{j=1}^{n} \frac{e}{2\lambda}(P_i - P_j)\,\ell_{ij} = \sum_{j=1}^{n} \kappa_{ij}\ell_{ij} = (6-n)\,\frac{\pi}{3} = q, \qquad (2.24)$$

ここで，e は二次元ムースの厚さであり，λ はその線張力である (p. 76 参照)．つまり，正の荷 (三つ，四つまたは五つの辺) を持つ気泡が持つ圧力は，隣接気泡の平均[13]よりも上になる．これとは反対に，多くの辺を持つ気泡は，むしろその周囲の気泡にくらべ減圧状態になる．この事実は，ムースの熟成において重要な役割を持つ (第3章 § 3 参照)．ある意味で，圧力は静電ポテンシャルと類似している．つまり，圧力が最大になるのは正の荷を持つ気泡においてであり，最小の圧力を持つのは負の荷を持つ気泡においてである．曲率は，圧力の差を視覚化しているのである [23]．

ここで，圧力，幾何学荷，曲率の中で，どれか一つが他の二つの原因となっているということは難しい．なぜなら，この式が表しているのは，これら三者の間の平衡条件，つまり整合性条件であり，この整合性は，ムースが，各気泡面積が一定という条件下で，全周長を (局所的に) 最小にする配置を見つけた場合に相当する．

これまでに導かれた事項は全て，閉じた道のりを歩くと我々は 2π 回転するという事実に基づいている．この事実は，より一般的な定理の非常に単純な，しかも二次元の場合の一例である．数学者のガウス (J.C.F Gauss) による，この一般定理は，(二次元および三次元の) ムースに関する多くの帰結を有しており，このことは静電学に関しても同様である．N. Rivier も似たようなことを示していて [4]，多くの気泡からなる二次元のムースの一部を取ると，その領域の境界に沿った $\kappa\ell$ の和は，常にその領域に含まれる幾何学荷の和に等しくなることが示されている[14]．このことから，二次元ムース全体の幾何学荷の合計は 6 になることが示される (p. 56 の囲み欄参照)．

ムースの縁に位置する二次元気泡の幾何学荷

図 2.16 に関する議論は，壁に接する気泡に対しても同様に適応できる．この場合，気泡の辺のうちの二つが壁と直角に交わっている (p. 41 参照)．以下に見るように，式 (2.23) は，壁面を二つの面と数えることにするという慣習に基づく条件を付けることで再生される [23]．この慣習に基づくと，気泡が $n-2$ 個の自由な面を持っている場合には，その気泡は n 個の面を持つと見なされる．この時，$n-3$ 個の自由な頂

[13] ここでの平均は，共有する稜の長さの加重計算をしたものである．

[14] 訳注：二つの隣接気泡からなる領域を考えてみれば明らか．実際，式 (2.22) で定義される幾何学荷の和を，これらの隣接気泡に対して取れば，これら気泡が共有する一辺についての寄与が相殺し，領域の外周の辺に沿って $\kappa\ell$ の和を取ったものになる．

点が $\pi/3$ の外角を持ち (p. 54 参照)，壁に接触した二個の頂点が $\pi/2$ の外角を持つので，式 (2.21) は次式となる[15].

$$\sum_{j=1}^{n-2} \frac{\ell_{ij}}{R_{ij}} + (n-3)\,\frac{\pi}{3} + 2\,\frac{\pi}{2} = 2\pi. \tag{2.25}$$

したがって，ある気泡が四つの自由な辺を持ち，一つの辺が平面壁に触れている場合 (つまり気泡は五角形になっている)，その幾何学荷はゼロになる．そのため，その気泡の辺は全て直線になり得る．気泡が五つの自由な辺を持ち，一つの辺が平面壁に触れている場合 (つまり気泡は六角形になっている)，その幾何学荷は負の値となり，全体的に窪んだ形状を取る．

上の慣習に従って壁面に接する気泡の幾何学荷を定義すると，箱に閉じ込められたムースに対しては，ムース全体にわたり幾何学荷の和 (式 (2.22)) を取ると，その値は 2π となる (図 5.12b 参照) [16]．拘束されていないムースに対しても，同じ値が得られる (図 2.12 参照) [23] [17]．このことは，ムース全体のトポロジー荷は 6 であることと等価である[18]．したがって，トポロジー荷の平均は $6/N$ となり，式 (2.9) の定数 χ_{Euler} の値は 1 となる[19].

3.3.3 三次元における，隣接気泡数，曲率，および，圧力

式 (2.22) によって，二次元の場合に定義された幾何学荷を，三次元へ一般化すると次式となる．

$$q = \sum_{j=1}^{n} \frac{H_{ij} S_{ij}}{V_i^{1/3}}. \tag{2.26}$$

[15]訳注：左辺第一項は式 (2.22) に定義された q に相当するため，残りの項を右辺に持っていくと，慣習に基づいて決められた n に対して式 (2.23) が再生される (壁面に属する一辺 (直線) の $\kappa\ell$ はゼロと考える)．なお，壁面に属する一辺が直角に曲がっている時には (気泡が箱の四隅に接する場合)，その一辺の $\kappa\ell$ を $\pi/2$ と定義することで，同じ慣習のもとに式 (2.23) が成立する．この慣習は，壁に接する気泡が，壁を一辺と見なしたとき n 角形ならば，式 (2.23) の n を $n+1$ として用いるということで，つまり，通常より $\pi/3$ 小さく q を定義することに相当する．

[16]訳注：上述のように，ムース全体にわたる幾何学荷は，領域の外周に沿った (つまり，箱の壁面に沿った)$\kappa\ell$ の和となる．この和は，式 (2.21) を導いた時と同様に箱の壁面に沿って一周してみると 2π になることが分かる．ただし，この結果は，壁面上にある頂点（のうちの一つ）での $\pi/3$ の回転を行わないとした場合で，これは，壁面にある辺に対して上の慣習に従って式 (2.23) を使うことに相当する．

[17]訳注：もし，自由境界に接した気泡を特別扱いしなければ，ムース全体にわたる幾何学荷は自由境界に沿った $\kappa\ell$ の和となり，この和は式 (2.21) を導いた時と同様に自由境界に沿って一周してみることで，$2\pi + (\pi/3)M$ になることが分かる (図 2.12 参照．M は境界に接する気泡の数)．したがって，境界に接する気泡の幾何学荷を (壁に接する気泡の場合と同様の慣習に従って) 通常よりも $\pi/3$ だけ小さく定義しておけば，ムース全体にわたる幾何学荷は 2π となる (この場合，外周に沿って一周する時には，境界上の辺の交点での $\pi/3$ の回転は行わないと約束する)．

[18]訳注：上述の慣習により，式 (2.23) が常に成立するため，(同じ慣習に基づいた) トポロジー荷は，$q_t(\pi/3) = q$ を満たす．

[19]訳注：トポロジー荷の平均が $6 - \langle n \rangle$ で表せること，および，式 (2.11) から導かれる．

ただし，上式では，気泡の面が一定の平均曲率 ($H = 1/R_1 + 1/R_2$，p. 37 参照) を持つ曲面になることを考慮に入れている．つまり，H_{ij} は，面 (ij) を特徴付ける値である．慣用的に，曲率 $1/R_{ij,1}$，および，$1/R_{ij,2}$ の符号は，曲面の中心が気泡 i の側にある場合に正とする (p. 39 参照)．積 $H_{ij}S_{ij}$ は，長さの次元を持ち，気泡体積 V_i に 1/3 乗じたもので無次元化されている．

このように定義された幾何学荷は，二次元の場合と同様の役割を，厳密に果たすわけではない．二次元と三次元の重要な違いは以下に列挙してある．特に，ある気泡の曲率とその気泡に隣接する気泡の数に関するフォンノイマンの関係式 (式 (2.24)) は，三次元へ一般化しようとしても，厳密な形では行うことはできず，近似的にしかできない．

- $H_{ij} = -H_{ji}$ であり $S_{ij} = S_{ji}$ であるが V_i と V_j は等しくない．その結果として，たとえ，稜の影響がとても少ない，非常に乾いたムースの場合でさえも，式 (2.26) の項のうち，隣接する気泡ごとに二つずつ組になって打消し合うものはない (ただし，(全ての V_i が等しい) 単分散性のムースにおいては例外的に相殺が生じる)．

- 三次元では，全ての面が平らな気泡は存在せず，二次元の場合の六角形のような参照となる気泡の形はない．実際のところ，三次元においては，稜は，互いに，$\theta_a \approx 109.5° \approx 1.91$ ラジアンで交わる (p. 40 参照)．この事実は，n 本の稜を持つ平らな面に次の条件を課す．その条件とは $n(\pi - \theta_a) = 2\pi$ であり (p. 54 の二次元に対する理由と同様の理由による)，つまり $n = 2\pi/(\pi - \theta_a) \approx 5.104...$ である [29, 5]．つまり，一つの面が，非整数個の稜を持たなくてはならないのだ！　これは実現不可能であるが，ゼロの曲率の仮想的な気泡の持つ特徴を見出すことができる．面当たりの稜の数の平均を $\overline{n}$ と気泡当たりの面の数 f には関係があり (式 (2.12))，この式は，$f = 12/(6 - \overline{n}) = 13.4$ 面，となる．この数字も，また整数ではないが，実際のムースにおいて観測される面の数の平均に非常に近いものになっている (p. 44 参照) [5].

- 気泡の幾何学荷は，面の数だけで決まっているのではない．つまり，二つの気泡が同じ f を持っていたとしても，必ずしもそれが同じ q をとるわけではない．この第三の違いは最も深刻で，特に，気泡の熟成に対する影響が大きい (第 3 章 § 3 参照)．しかし，実用的には，この違いは小さいと言える．なぜなら，平均してみると，面の数が 12 個以下の気泡は凸形状 ($q > 0$) になりやすく，15 個以上の気泡は凹形状 ($q < 0$) になりやすく，f 個の面を持つ気泡の幾何学荷の値が $q(f) = \langle q \rangle_f$ から大幅にかけ離れるのは稀である．ここで，$\langle q \rangle_f$ は，f 個の面を持つ気泡に対して，q の平均を取ったものとし

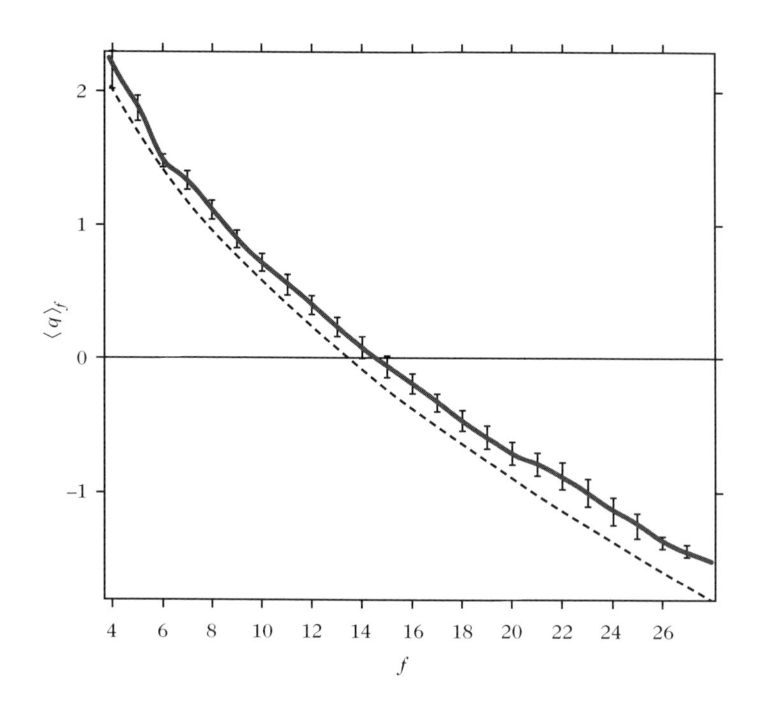

図 2.17: 三次元の乾いた気泡の幾何学荷の平均を面の数の関数として示したもの．この図は，500 個の気泡に対する *Surface Evolver* を用いたシミューションより得られた [31]．気泡の幾何学荷 q とは，平均曲率を表面で積分し $V^{1/3}$ で無次元化し得られるものであり (式 (2.26) 参照)，$\langle q \rangle_f$ は，この量 q の平均を，f 個の面を持つ気泡に対して取った量である．エラーバーは得られたデータの標準偏差であり，点線は正気泡の場合の理論値である．この理論は，マリンズの法則 (式 (2.27) および [43]) をより正確なものへと発展させた研究 [15, 26] を基にしている．

て定義されている (図 2.17 参照)．とはいえ，もし気泡の各面が持つ辺の数と各面の形がほぼ揃っている場合には (**疑似的な正気泡**)，その気泡の q は，同じ f を持つ非対称な気泡のそれよりも小さくなると言える (つまり，正気泡に近いほど，より凸形状になる)．

- 関数 $q(f)$ は，二次元の場合の $q(n)$ とは異なり線形ではない (図 2.17 参照)．**マリンズ**(V. Mullins) は，気泡が正気泡に近く，その面は殆ど平面になっていることを仮定し，この単純な仮定から，完全に解析的な計算によって，次の近似式を得ることができた [43].

$$
\begin{aligned}
q_{Mull}(f) &\approx -\left(\frac{3}{4\pi}\right)^{1/3} G_1(f)\, G_2(f), \\
\text{ただし,}\quad G_1(f) &= \frac{\pi}{3} - 2\arctan\left[1.86\,\frac{(f-1)^{1/2}}{f-2}\right], \\
\text{および,}\quad G_2(f) &= 5.35\, f^{2/3}\left(\frac{f-2}{2\,(f-1)^{1/2}} - \frac{3}{8}\,G_1(f)\right)^{-1/3} \qquad (2.27)
\end{aligned}
$$

この式は，$f = 13.3$ の時，ゼロになり符合が変わる．面の数が大きくなると，値 (絶対値) が面の数 f の平方根のように増えていく.

ムースの熟成の理解において，q は，中心的役割を果たし，q を表す単純な式を導くことが，盛んに研究されてきている (総説 [31] を参照)．理論的な計算は，正気泡に集中している [27]．数値解析による研究は，ムースが平衡状態で取る形を，詳細に再現しようとしてきている [35] (あるいは，計算時間の節約のために，厳密には，単一の気泡の形について計算がなされることもある [15])．一般的には，数値解析には，ソフトウェア *Surface Evolver* が用いられる (第5章 § 2.1.2 参照)．これらの様々なアプローチによって，三次元の乾いたムースにおけるマリンズの法則が確認されている (式 (2.27) および図 2.17 参照)．さらに，2007 年に，P. Mc Pherson と D. Srolovitz による大きな前進があり，次式が示された [45].

$$
\sum_{j=1}^{n} H_{ij} S_{ij} = 2\pi \mathcal{L} - \pi \frac{\mathcal{A}}{3}, \qquad (2.28)
$$

ここで，$\mathcal{L}$ は気泡の形に依存する量であり，その値は大体直径の 2 倍程度である．また，$\mathcal{A}$ は稜の長さの和である．幾何学荷は，この式から導くことができる (式 (2.26) 参照).

4 湿ったムース

本節では，ムースの平衡状態での構造を扱うが，特に，ムースが無視できない量の液体を含む場合を考える．この場合，理想的なムースの構成要素 (薄膜，稜，そして頂点) は，どれもムース性溶液を含んで膨らんだ状況になる．ムース中の液体の分布を，本章 § **2** で扱った平衡状態の法則をもとにして決定する．さらに，この平衡状態はたとえ重力が存在していても維持されることを示す.

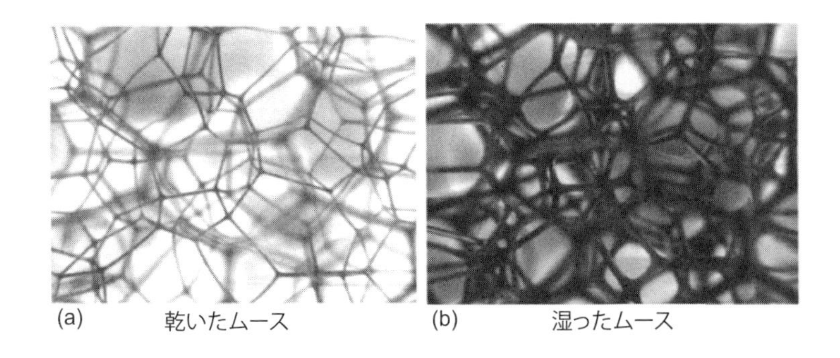

図 2.18: 乾いたムースへの液体の追加．ムースが湿っていくと，液体は，主に，頂点とプラトー境界に配置される (F．Elias 氏撮影)．

4.1 理想ムース構造からの変化

ムース中の液体の量を特徴付けるのは，ムース中の液体分率 $\phi_l = V_l/V_m$(p. 29 参照) である．作られたばかりのムースが含んでいるのは一般的に $\phi_l \simeq 1$–10 % の量の液体であり，その体積分率は排液により減少していく (第 3 章 § 4 参照)．湿ったムースの構造を理解するためにこの過程の逆を考えよう．つまり，乾いたムースの構造を考え，そこに溶液を加えてみよう．

図 2.18 に示されているのは，液体が，どのようにして初期構造を変化させるかである．ϕ_l が小さい場合，典型的には $\phi_l \simeq 1$–5 % の場合，湿ったムースを以下の要素で記述できる．

- **気泡**．気泡の体積は元々の乾いた構造に比べて変化していない．
- **シャボン膜**． 表面積は ϕ_l が増えると減少する．しかし，厚さ h と，したがって，体積は，依然として無視できる．
- **プラトー境界**．この薄膜の間に形成される液体の流路が，湿ったムース中では，乾いたムースの稜に置き換わる (図 2.3 および図 2.19 参照)．その長さを ℓ とし，その特徴的な幅を r_{BP} とする (図 2.19)．
- **頂点**．頂点は四個のプラトー境界の結節点であり，その特徴的な体積は r_{BP}^3 となる．これは乾いたムースの頂点にあたる．

液体分率が大きい場合，つまり $r_{BP} \sim \ell/2$ のとき，頂点は互いに接触しプラトー境界が明確に定義できなくなる．したがって，ムースの構造はほぼ球形の気

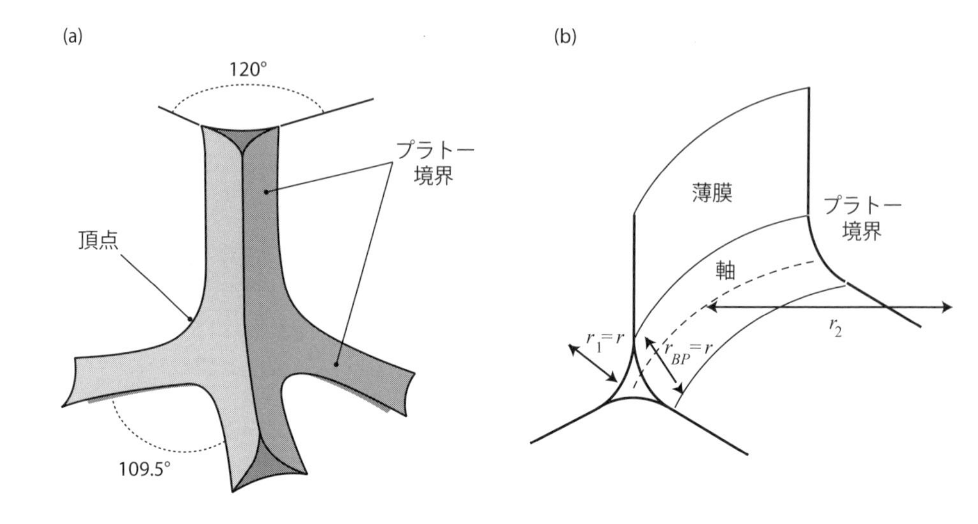

図 2.19: **(a)** 頂点近傍における湿ったムースの構造. **(b)** プラトー境界の構造と文中で使われている表記法. 長さ r_1 と r_2 はプラトー境界における気・液界面の曲率半径であり, r_{BP} はプラトー境界の断面の辺の長さである. 文中で $r_{BP} = |r_1|$ であることを示し, その後の文中では r と表記している.

泡の積み重なりになる. その気泡はお互いの接触箇所においてわずかに変形するだけである.

液体分率がある臨界値 ϕ_l^* に達すると, 気泡同士が互いの接触を失う. $\phi_l > \phi_l^*$ の場合には, ムースとして見なすことはできず, 気泡の懸濁液もしくは気泡性液体となる. ϕ_l^* の値は気泡の積み重なりの構造に依存する (図 4.17 参照).

4.1.1 プラトーの法則の妥当性

以下では, わずかに湿ったムースで, 条件 $h \ll r_{BP} \ll \ell/2$ (順に, 薄膜の厚さ, プラトー境界の幅と長さ (の半分) を表す) を満たすものを考えよう. このとき, プラトーの法則は近似的ではあるが, まだ適用可能である (図 2.19a 参照). 一つのプラトー境界を共有する三つの薄膜を (プラトー境界内部に) 伸ばしていくと, それらは二つずつ交わり, その交角はほぼ 120° になる. 三つの交差線は事実上一つの線と見なせるので, この線を**プラトー境界の軸**と呼ぶ (訳注:この長さを ℓ とする). また, 四つのプラトー境界の軸はほぼ一点に集まるので, その一点を**頂点の中心**と呼ぶ. この四つの軸はほぼ 109.5° で交差する. したがって, わずかに湿ったムースの構造は理想的なムースの構造に非常に近く, 稜の厚みが単純に増している点が異なっている．二次元の場合，この結果は正確である (p. 79 の修飾定理参照)．三次元の場合，角度は正確には異なってくる．これを，より正確に求めるには，プラトー境界の軸に沿って作用する線張力を考慮するが，その結果得られる角度の値は液体分率に依存する [20, 33]．

4.1.2 プラトー境界の幾何学

液体は境界面の間に閉じ込められている．その一方で，ラプラスの法則 (式 (2.3)) が局所的な曲率を決め，さらに，プラトー境界や頂点を形成する．重力を無視すれば，液体の圧力 p は一様であるが，それは液相がつながっているからである．この場合，ラプラスの法則は次式となる．

$$-P_c = p - P = \gamma\left(\frac{1}{r_1} + \frac{1}{r_2}\right), \tag{2.29}$$

ただし，ここで P は気泡中の気体の圧力である．r_1 と r_2 は曲率半径であり，それぞれプラトー境界の軸に垂直な平面に対するものと平行な平面に対するものとで定義している．r_1 は負の値を持ちプラトー境界のスケール r_{BP} の程度の大きさである．そして，r_2 は気泡の曲率半径の程度である．二つの相の圧力差は毛管圧 P_c で表される．ここで考えている ϕ_l の値では，プラトー境界が十分に長く $|r_1| \ll |r_2|$ が成り立つので，$r = |r_1|$ と表すと，式 (2.29) は次のように簡略化される．

$$P_c = P - p \simeq \frac{\gamma}{r}. \tag{2.30}$$

一方，気泡の曲率は最大でも $1/\ell$ の程度である．したがって，ある気泡と他の気泡の圧力の変化の程度は $\gamma/\ell \ll \gamma/r$ となる．ここから導かれるのは重力のない状況では，わずかに湿ったムースでは，プラトー境界の曲率半径 r はムース中で一様ということである．さらに，液体と気体の間の圧力差は気泡間のそれよりも大きくなるということである．液体分率がより少なくなると，より液相が減圧状態になる．$r = 0.1$ mm および $\gamma = 50 \cdot 10^{-3}$ N/m の状態では，$P - p = 500$ Pa となる．

プラトー境界の表面は，薄膜に接するように接合し[20]，薄膜の間の角度は 120° であり，さらに，三つの曲率半径は等しくなっている．これらの条件によって，プラトー境界の断面を内部にはめ込んだ三角形は，正三角形になり，その辺の長さ r_{BP} は境界の曲率半径 r に等しく (図 2.19b 参照)，断面の面積は次式で表される．

$$s = \left(\sqrt{3} - \frac{\pi}{2}\right) r^2. \tag{2.31}$$

[20] より正確な結果は本章 § 4.1.4 に示す．

4.1.3 薄膜の幾何学

薄膜の曲率は，プラトー境界の曲率よりも小さくなる．したがって，プラトー境界は薄膜に比べ減圧状態になる．このため，毛管吸引と呼ばれる現象が生じ，ほぼ全ての薄膜内の水がプラトー境界に吸引される．

しかしながら，それでも平衡状態はなくてはならない．その平衡状態の由来を理解するためにはより小さいスケールに着目しなくてはならず，薄膜の厚さのスケールである数十ナノメートルのスケールを考える必要がある．このスケールでは境界面同士が相互作用をし始める (第3章§2.3.1，p. 117参照)．この相互作用は，境界面に関する応力を新たに生み出す．この応力は境界面に対し垂直な方向を持ち**分離圧**と呼ばれる [8, 30]．その値，特に，その符号から，二つの境界面がどのように相互作用しているかが分かる．たとえば，分離圧が正の値を取る場合には，境界面は，互いに反発し合っている．以下で議論するように，この圧力こそが，安定な薄膜 (したがって，ムース) が形成されるための必要条件となる．

薄膜の曲率を無視すれば，気相の圧力 P は薄膜の至る所で同一となる．ある境界面に対し，法線方向の力の釣り合いを取ってみると次式となる．

$$\Pi_d(h) = P - p. \tag{2.32}$$

ただし，ここで p は薄膜中の圧力で Π_d は分離圧である (図 2.2a 参照)．

平衡状態に達した時の薄膜の厚みを h とすると，上の境界面での圧力差が，プラトー境界に対して定義された圧力差 (式 (2.30)) に一致する．このことから次式が得られる．

$$\Pi_d(h) \simeq \frac{\gamma}{r}. \tag{2.33}$$

厚みによる Π_d の変化は，第3章§2.3で説明する．平衡状態の厚みは非常に小さく，数十ナノメートルの程度である．したがって，大部分の液相は，プラトー境界の網目の中に存在する．つまり，液体分率によって r(p. 66の囲み欄参照) が決まり，このことから，h が式 (2.33) によって導かれる．

4.1.4 薄膜とプラトー境界の接合部

薄膜の表面張力 γ_f とはその表面積を増やす際に，単位面積当たりに必要なエネルギーである．ここまでは，その値が 2γ であると見なしてきた (本章§2.1.2参照)．しかし，より厳密な熱力学的な計算によれば，γ_f はわずかに分離圧に依

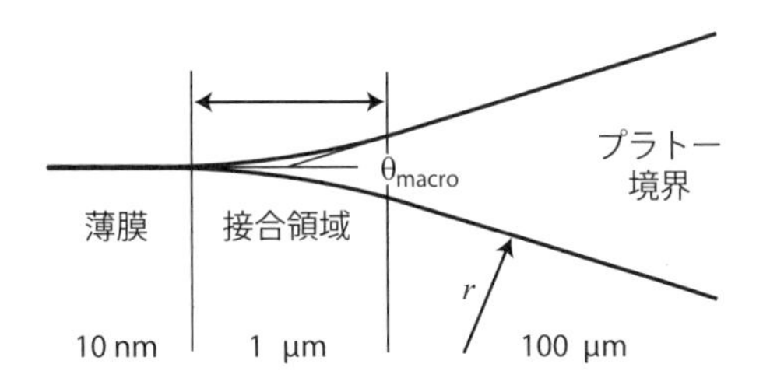

図 2.20: 薄膜とプラトー境界の接合．遠くから見ると，プラトー境界は無限大の曲率半径 r を持ち，接触線に沿って角度 θ_{macro} で薄膜と交差している (訳注：ここで「遠く」とは，曲率半径 r を持った面が平面に見える程度のスケールで見ることを指す)．より詳しく接触線の近傍を見ると**接合領域**の存在が明らかになり，そこでは分離圧の影響によりプラトー境界の曲率が急激に変化している．局所的に見るとプラトー境界は薄膜と接するように接続している．

存し，次の関係で与えられる[21]([8, 30] 参照)．

$$\gamma_f(\gamma, h) = 2\gamma - \int_h^{\infty} \Pi_d(h')\, dh' + h\Pi_d(h). \tag{2.34}$$

この補正は，薄膜の厚さが大きい場合には消えるが，薄膜の厚さが小さい場合には，薄膜の表面張力 γ_f が 2γ よりわずかに小さくなる．補正の大きさの程度を見積もるために，$\Pi_d \sim \gamma/r$ が $h_{max} \sim 10^{-7}$ m 程度の場合に成り立つと仮定する．すると，$r \simeq 10^{-4}$ m 程度では $(2\gamma - \gamma_f)/\gamma \simeq h_{max}/r \simeq 10^{-3}$ となる．したがって，γ に対する補正は非常に小さい．そのため，本書では (この節を除いて)，γ_f と 2γ は区別しない．

しかしながら，この二つの値の差は，薄膜境界面とプラトー境界境界面の接合部分に，観測可能な角度 θ_{macro} を生み出すのに十分である．力学的平衡を調べるために，薄膜とプラトー境界の間の液体の小さな領域を描いてみよう．この部分は，図 2.20 では，**接合領域**と呼ばれている．薄膜は，この図において，左向きに (薄膜の接線方向かつプラトー境界の軸と垂直な方向) 張力 $\gamma_f(h)$ で引張っている (プラトー境界から十分離れているので薄膜の厚さが上述の一定値 h と等しくなっている)．一方で，プラトー境界は，合計 $2\gamma \cos\theta_{macro}$ で (右向きに) 引張っている (この部分での薄膜の厚さは十分に厚く Π_d は無視できる)．これらのことから $\cos\theta_{macro} = \gamma_f(h)/(2\gamma)$ が導かれる．前述の数値を使うと $\cos(\theta_{macro}) = 0.999$ となり，$\theta_{macro} \sim 3^\circ$ となる．

プラトー境界と薄膜の間の接合領域では，曲率も境界面同士の相互作用も無視することはできない．前述の系の内部を拡大すれば，薄膜とプラトー境界は接す

[21] 訳注：「表面張力の物理学 (吉岡書店)」第 4 章参照．

るように接合している．この接合部の広がり ξ を次元解析によって見積もってみよう．この部分では，曲率のスケールは h/ξ^2 となり，また，この値はプラトー境界の曲率 $1/r$ と等しくなくてはならない．ここから導かれるのは $\xi \simeq \sqrt{hr}$ であり，この値はマイクロメートルのスケールの長さとなる．つまり，h よりも大きく r よりも小さい値である．

ケルビンのセル構造：秩序化したムースの例

規則正しく並んだ単分散性ムースの液体分率が 6.3 % を超えない場合，ムースはケルビン構造 (体心立方構造) を取る．それより上の値では，気泡の堆積は面心立方になり，その表面エネルギー密度は $\phi_l > 0.063$ のときのケルビンのセル構造よりも小さくなっている．

乾いたケルビンのセル構造は 8 個の六角形の面，6 個の四角形，36 本の稜を持ち，それぞれの長さは ℓ である (図 2.21 および本章実験 6.4 参照)．その表面積と体積は次式で与えられる．

$$S_K = 8\frac{3\sqrt{3}}{2}\ell^2 + 6\ell^2, \qquad V_K = 8\sqrt{2}\ell^3. \tag{2.35}$$

したがって，同じ体積を持つ球の半径は次式となる．

$$R_v = \ell(6\sqrt{2}/\pi)^{1/3}. \tag{2.36}$$

ケルビンのセル構造がゼロではない液体分率を持つ場合の特徴は，乾いた場合の特徴とプラトー境界の大きさ r から得られる．

プラトー境界の体積は $s\ell$ である．ただし，$s = (\sqrt{3}-\pi/2)r^2$ はプラトー境界の断面積である (図 2.19b 参照)．気泡一つに対して 12 のプラトー境界がある (36 本の稜が三つの気泡に共有されている)．そのためプラトー境界の全体の体積は $V_{BP} = 12s\ell = 1.935r^2\ell$ となる．

頂点の体積を近似的に求めるために，頂点では，半径 r の球が四つ四面体的に集まっていると考えよう．この四面体は，四つの球の中心が頂点になっていて，辺の長さは $2r$ であり，体積は $2\sqrt{2}r^3/3$ である．それぞれの球の 1/24 の体積，つまり $\pi r^3/18$ が四面体に重なっている．したがって，四つの球の間の空隙の体積は差を取ることで計算でき，結果は $2\sqrt{2}r^3/3 - 4\pi r^3/18$ になる．ケルビンのセル構造の 6 個の頂点分の寄与を足し合わせると，全体の空隙体積の値は (ケルビンセル一つ当たり)$V_n = 1.467\,r^3$ となる．一方，*Surface Evolver*(第 5 章 § 2.1.2 参照) により求められた気泡の幾何をもとに数値計算をするとプラトー境界と頂点の体積が求まり，その結果は $V_{BP} + V_n = 1.935\,r^2\ell + 2.2627\,r^3$ となる．この結果は，前述した計算結果よりも少し大きくなるが，この理由は，頂点の表面は厳密に半径 r の球の表面ではないからである．

薄膜の体積を大雑把に評価するために，プラトー境界の大きさがゼロではないことに起因する表面積の減少を考慮しないことにすると，薄膜の体積は $V_f = hS_K/2$ となる．$r \gg \sqrt{h\ell}$ の場合，この体積はプラトー境界の体積にとって無視できる．したがって，液体分率は近似的に次式で与えられる．

$$\phi_l \simeq (V_{BP} + V_n)/V_K \simeq 0.171\frac{r^2}{\ell^2} + 0.2\frac{r^3}{\ell^3}. \tag{2.37}$$

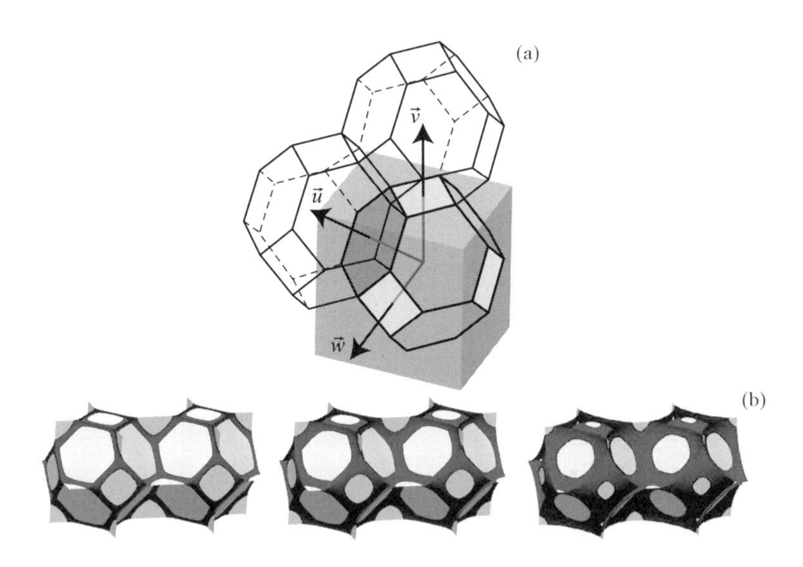

図 2.21: ケルビンのセルは規則正しく並んだ単分散性ムースの基本格子を構成する．**(a)** 乾いたケルビンのセル構造．矢印が表しているのは体心立方の周期構造に対する三つの基底ベクトルである．各セルは立方体の中に内包されている．一つのセルは，六つの辺を持った面を八つの最近接セルと共有しており，これらの最近接セルは (たとえばベクトル $\vec{u}$ の方向にある) 立方体の頂点に配置されている．さらに，この一つのセルは (立方体の面上に配置された) 四つの辺を持った面を六つの第二近接セルと共有していて，これらの第二近接セルは (たとえば，ベクトル $\vec{v}$ や $\vec{w}$ の方向にある) 近接立方体の中心に配置されている．**(b)** 液体分率が増加していく場合のケルビンのセル構造．液体分率が 1 %，3 % そして 9 % の場合を *Surface Evolver* を用いて求めたものを示している．

$\phi_l < 1$ % の場合，$r \ll \ell$ となり前式の第二項を無視することは合理的であるため，次式を得る．

$$\phi_l \simeq 0.171 \frac{r^2}{\ell^2} \simeq 0.33 \frac{r^2}{R_v^2} \quad ; \quad r = R_v \sqrt{\phi_l / 0.33}. \tag{2.38}$$

これらの結果と実際の乱雑なムースにおいて数値解析的に求めた結果とは十分に近くなるため，本書全体を通して上式を参照する．

4.2 浸透圧

溶液 (たとえば砂糖水) がその純溶媒と半透膜によって隔たれている場合，溶媒は純溶媒側に流入しようとする．この流入を防ぐために加えなければならない圧力のことを，溶液の浸透圧と呼ぶ．ムースは，水中における気泡の溶液であるか

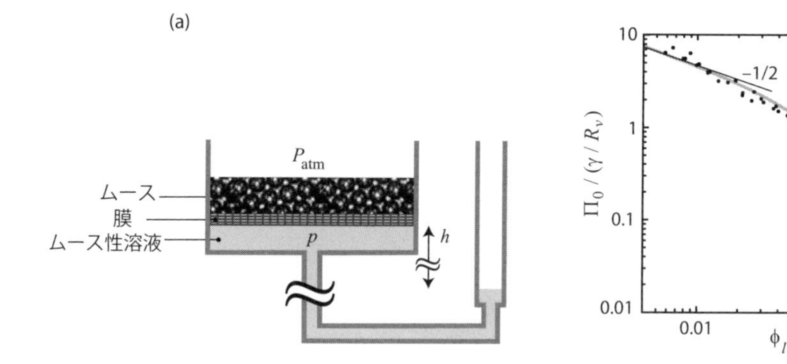

図 2.22: **(a)** ムースの浸透圧 Π_o の存在を確認するための実験の概念図．この計測には U 字管を使い，この管を溶液を貯めた貯水槽に接続して行う ($\Pi_o = \rho_l gh$)．**(b)** グラフが示しているのは Π_o の変化と液体分率の関係で，単分散性ムースが秩序化している場合のもの (気泡の半径 $R_v = 150\ \mu$m，$\gamma = 37$ mN/m，$\phi_\ell^* = 0.26$(図 4.17 参照)．点は計測値を示している．実線が示しているのは関係式 (2.46) であり，−1/2 の傾きの線が示しているのは乾いたムースの極限である (式 (2.45))．データは [28] による．

ら，ムースにおいて似た現象が生じるのではないかと推測できる．本節で，明らかにするように，まさにその通りなのであるが，全く別の理由から生じる．

プリンセン(H. Princen) が初めて明らかにしたのは，濃い乳濁液およびムース中に浸透圧が存在することである [47]．通常の溶液では浸透圧が溶質のエントロピーに起因しているのだが，ムース中では，これとは異なり，境界面が浸透圧の原因となる．なぜなら，湿ったムースは乾いた多面体的なムースよりも少ない面積を持つからである．

ここであるムースが半透膜を介して石鹸水を貯めた水槽に接触しているとしよう．半透膜は液体を通すが，気泡は通さない (図 2.22a)．ムースによる液体の吸引を妨げるために，圧力差 Π_o を貯水槽 (圧力 p とする) とムースの上の大気 (圧力 P_{atm} とする) の間に課さなくてはならないため，次式を得る[22]．

$$\Pi_o = P_{atm} - p. \tag{2.39}$$

浸透圧を Π_o を求めるために，ムース中の境界面のエネルギーが (重力のポテン

[22] ここで留意すべきなのは，気泡中の気圧 P は気圧と近く，Π_o は p. 63 で定義された毛管圧 P_c と非常に近いことである (訳注：ムース層とその下のムース性溶液層の厚みは十分に薄く，重力の影響は受けずに，ムース中の圧力とムース性溶液層内の圧力は深さに依らず一定で，それぞれ，P_{atm} と p に保たれている)．

シャルエネルギーと気体の圧縮を無視すると) 系が外界からされた仕事分だけ変化することに着目すると，液体が dV_l だけ変化する場合には次式が得られる (訳注：ムースとムース性溶液の系に着目すると，この系は，ムースと空気の界面で $P_{\rm atm}dV_l$ の仕事をし，溶液と空気の界面で pdV_l の仕事をされる).

$$-\Pi_{\rm o}\, dV_l = \gamma\, dS_{int}, \tag{2.40}$$

ここで S_{int} は境界面の全面積である．ここで，変化量 dV_l は液体分率の変化量 $d\phi_l$ と次式のように対応している[23].

$$d\phi_l = d\left(\frac{V_l}{V_l+V_g}\right) = \frac{(1-\phi_l)^2}{V_g}dV_l, \tag{2.41}$$

ここで，V_g はムース中に含まれる気体の体積である． このことから，$\Pi_{\rm o}$ が，次式のように，ϕ_l に応じて変化することが導かれる．

$$\Pi_{\rm o} = -\gamma\,(1-\phi_l)^2\,\frac{d}{d\phi_l}\left(\frac{S_{int}}{V_g}\right). \tag{2.42}$$

稠密な堆積における液体分率 (ϕ_l^* で表される．図 4.17 参照) では，気泡は球形になる．この場合には，境界面でのエネルギー密度 $\gamma S_{int}/V_g$ が最小になるので，結果として $\Pi_{\rm o}(\phi_l^*) = 0$ となる．液体分率がより少ない時，気泡は変形するので ($\phi_l \to 0$ のとき多面体になる) その時の表面積は同じ体積の球体よりも大きくなる．つまり，ムースは貯水槽から吸引しプラトー境界を厚くし気泡を丸くしようとし，このことに伴い圧力 $\Pi_{\rm o}$ が現れる．だから，浸透圧は，ムースがより乾いているとき (ϕ_l が小さい場合) ほど強くなる (図 2.22b 参照).

4.2.1 浸透圧の液体分率依存性

ここで，単分散性ムースが平衡状態で秩序化している場合を考えてみよう．液体分率が数パーセントを超えない場合，ムースはケルビンの構造をとる (p. 66 の囲み欄参照)．これ以上の分率になると，気泡の堆積は面心立方になる．ムースの構造を知ると，与えられた気泡の大きさと液体分率から浸透圧を予言できる．

乾いたムース 乾いたムースの場合，気泡内の気体とその周囲の液体の圧力差は，単にプラトー境界の曲率半径 r によって決まるので (本章 § 4.1.2 参照)，次式が得られる．

$$P - p = \frac{\gamma}{r}. \tag{2.43}$$

[23]訳注：ϕ_l が 1 より十分小さいときに成り立つ近似式である．

乾いたムース中では，$r \ll R_v$ と見なせるので (訳注：$\gamma/R_v \ll P_{\mathrm{atm}}$ と見なせる)，気泡の超過圧は大気圧と比べて無視できる．その結果，$P \cong P_{\mathrm{atm}}$ となるので，浸透圧は単純に次式となる．

$$\Pi_{\mathrm{o}} = \frac{\gamma}{r}. \tag{2.44}$$

関係式 (2.38) を使い r を ϕ_l の関数で表すことで，最終的に次式が得られる．

$$\Pi_{\mathrm{o}} = \frac{\gamma}{R_v} \sqrt{\frac{0.33}{\phi_l}}. \tag{2.45}$$

たとえば，表面張力 30 mN/m，気泡の半径 $R_v = 150$ μm，そして体積分率 $\phi_l = 0.01$ の場合，$\Pi_{\mathrm{o}} = 1150$ Pa となる．この値は水の高さにすると $h = \Pi_{\mathrm{o}}/\rho_l g$，つまり，11 cm に相当し，図 2.22a の装置により簡単に計測することができる．注目すべきなのは，式 (2.44) は乾いたムースの極限 ($\phi_l \lesssim 1$ %) で実験データと良く一致することである (図 2.22b)．さらに，この関係式からは，気泡が小さくなればなるほど，ムースの境界面の特性が顕著になり，そのため，Π_{o} が大きくなることが分かる．

湿ったムース 湿ったムースの浸透圧を予測するために知らなくてはならないのは，境界面のエネルギー密度が ϕ_l に応じてどのように変化するかということであるが (式 (2.42))．これについては，数値シミュレーション (*Surface Evolver*，第5章 § 2.1.2 参照) による計算がなされている．その結果によると，ϕ_l^* の近くでは浸透圧が急激に落ち込み，図 2.22b に示されているように，ϕ_l が 2 倍になると Π_{o} は 10 分の 1 程度になる ($\phi_l \sim 0.1$ 付近の場合)．この原因は，この液体分率付近で，気泡同士の接触がなくなっているからである[24]．平衡状態では，単分散性の湿ったムースは面心立方の構造をとり，その結果，液体分率は $\phi_l^* = 0.26$ になる．$\phi_l \leq \phi_l^*$ のとき，浸透圧の実験結果とシミュレーション結果は，図 2.22b に描かれている，次式の経験的法則によって良く記述されている．

$$\Pi_{\mathrm{o}}(\phi_l) = 7.3\,\frac{\gamma}{R_v}\frac{(\phi_l - \phi_l^*)^2}{\sqrt{\phi_l}}. \tag{2.46}$$

この式を用いれば，気泡の大きさ，表面張力，そして，Π_{o} の測定値が分かれば，ムースの液体分率が分かる．この法則は濃い乳濁液の浸透圧も記述することにも注意しよう．この時，ϕ_l は連続相の体積分率である [40, 47]．

[24] これには，気泡間の相互作用ポテンシャルエネルギーの非調和性も関係している (p. 250 の囲み欄参照)．

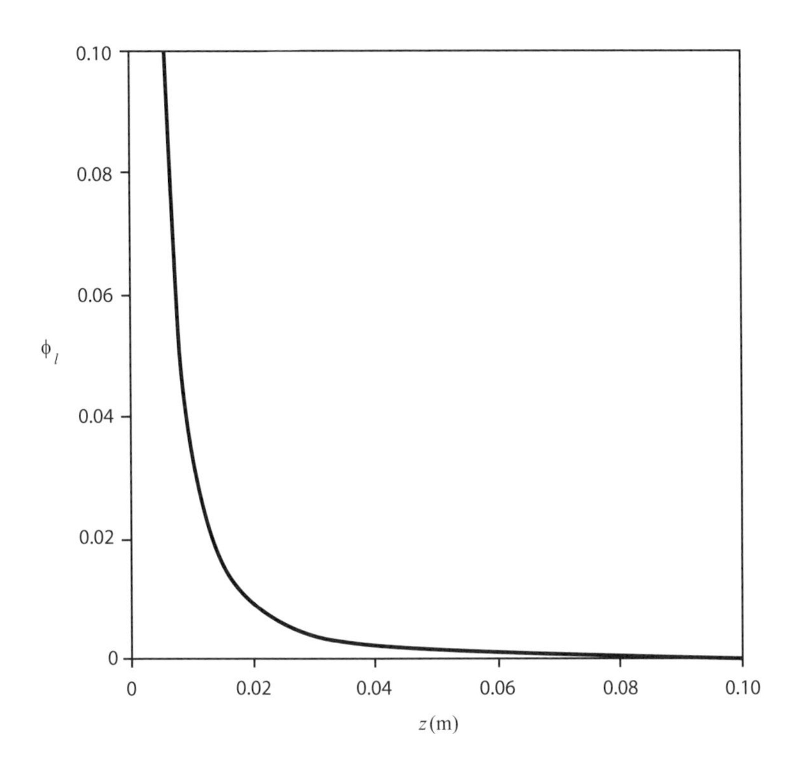

図 2.23: 平衡状態にあるムースの液体分率の分布 (図 0.1 の写真参照)．この液体分率は式 (2.48) より得られたもので ($\gamma = 40$ mN/m, $d = 2$ mm)，その値は，ムース下部 ($z = 0$) の ϕ_ℓ^* からムース上部のゼロに近い値まで変化している．

4.3 重力の役割

液体を含んだムースの構成要素の幾何学は，液体の圧力に影響されることをこれまでに見てきた．一方で，ここまでの考察では，ムース中では液体の圧力が一定だと見なしてきた．しかし，実際は，この圧力は静水圧の法則によって決まり，高さ z の関数として $p(z) = p(0) - \rho_l g z$ となる．これとは対照的に，薄膜の曲率は液体の存在によって修正はされない．重力があろうとなかろうと，気泡中の圧力は，液体分率に対して敏感ではなく，その値は，平均値が定数 P に等しく，その揺らぎは $P - p$ に比べれば小さい．

式 (2.30) は液体の圧力とプラトー境界の曲率を関係付けており，この式によれば，高さに伴う曲率半径 r の変化は次式で与えられる．

$$\frac{\gamma}{r(z)} = P - p(0) + \rho_l g z = \frac{\gamma}{r(0)} + \rho_l g z. \tag{2.47}$$

曲率半径 r と液体分率の関係は式 (2.38) で与えられるが，この式から次式が得られる．

$$\phi_l^{-1/2}(z) - \phi_l^{-1/2}(0) = \frac{\sqrt{3}z\,R_v}{\lambda_c^2} \simeq \frac{zd}{\lambda_c^2}, \tag{2.48}$$

ここで，$d \sim 2R_v$ は気泡の直径の特徴的な値であり，$\lambda_c = \sqrt{\gamma/\rho_l g}$ は境界面の毛管長である[25]．$\phi_l(0)$ はムースの底の液体分率の値であるが，この値は球形の気泡が堆積した場合の値である ϕ_l^* に等しくなる (図 4.17 参照)．式 (2.29) が有効なのは殆ど湿っていないムースに対してであるので，この式をムースの下部に対して使うのは本来は正しくないが，誤差が生じるのはムースの下部に液体分率の分布に限られる．式 (2.48) より得られた液体分率 $\phi_l(z)$ は図 2.23 に示されている．実際には，平衡状態にあるムースの最大の高さは，プラトー境界での減圧の影響を受けた薄膜の分離圧によって決まる．

5 二次元あるいは疑二次元のムース

この節には，気泡の単層 (疑二次元のムース) に特化した情報を集めた．そして，この単層ムースについての，三次元構造 (§ 5.1)，二次元モデル，そして，平衡状態での特性 (§ 5.2，§ 5.3) を取り上げる．また，レオロジーに関する，疑二次元に特有の側面も本節で触れる (§ 5.4)．

ムースは一般的に空間の三方向に広がっている．しかし，ムースが極端に多分散性でない場合は，気泡をたった一つの層に配置することが可能である (図 2.24)．このような気泡の単層を作るには，気泡を，強制的に，一つの表面上 (一般的には平らで水平な表面)，もしくは，二つの表面の間に配置する．このようにして得られる三つの構造を図 2.25 に示す．ここで問題にしているのは**単層ムース**あるいは**疑二次元のムース**であり，これらの中では各気泡が同時に上部境界と下部境界に接触している．

水平に配置することで，ムースには排水が生じない (第 3 章 § 4 参照)．また，蒸発から守られているならば (図 2.25a および 2.25b 参照)，ムースの気泡同士の融合も殆ど生じない (第 3 章 § 5 参照)．つまり，この種のムースは三次元のムー

[25] 訳注：「表面張力の物理学 (吉岡書店)」第 2 章参照.

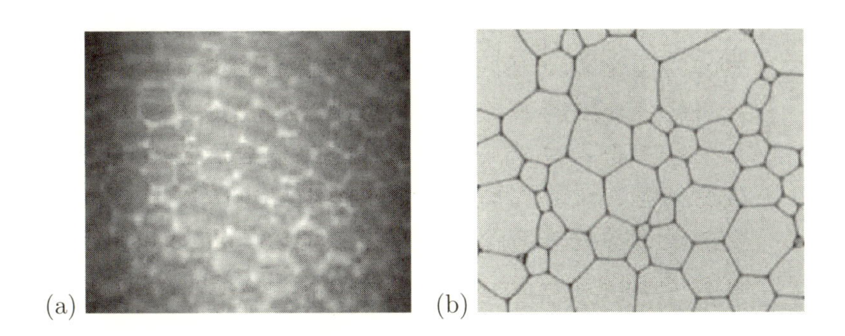

図 2.24: 疑二次元ムース **(a)** ラングミュアのムース (ペンタン酸を水の表面に置いたもの) を偏光でブリュースター角から観察している (気泡はだいたい 50 μm である). こうすると, 反射光の強さは裸の水の表面では打消しあうので, 密度が非常に低い (より水に近い) 二次元の気泡が, 連結した密度の高い相よりも暗く見える (p. 75 の囲み欄参照). S. Courty 氏撮影 (文献 [13] より転載). **(b)** 二枚の板の間の乾いたムースを上から見た画像 (気泡は数 mm). O. Lordereau 氏撮影 [36].

スよりもずっと安定していて, また, 可視化することもずっと簡単である. したがって, この種のムースは, 研究上非常に有用である. 二次元で得られる数々の結果は, 三次元の場合についても少なくとも定性的には有効だからである.

上方から撮った画像では (図 2.24 参照), 二つの気泡間の境界しか確認できない. これらの境界は, 曲線で連結した網目を形成しているので, 容易に画像解析に利用できる (第 5 章 § 3.1 参照). こうした構造の情報は純粋に二次元の情報であるが, この情報さえあれば, 観測している現象の大部分を解釈できる. しかし, この二次元の画像を深く理解するためには, 疑二次元のムースの全体の構造, つまり, 三次元的な構造を良く知ることが必要になる.

以下では, 最も単純な, 二つの板に挟まれたムースの三次元形状の詳細を説明する. なお, 液体と板に挟まれた一つの気泡の形が図 2.25d に示されている.

5.1 二枚の板に挟まれた単層ムースの三次元的な構造

二枚の板の間にある乾いたムースを構成するのは二種類の薄膜である. 板の表面全体を濡らす薄膜と気泡間を隔てる薄膜 (今後, こちらを単に薄膜と呼ぶ) である. 後者の薄膜は, 斜めから撮影された図 2.26 に明確に現れており, 小さな長方形として写っている. 精確な観察から, 薄膜は上から見るとわずかに曲率を持っていることが分かる. 二枚の板の間に一つの乾いた気泡があるとき, その気泡は円柱形を取る場合に表面エネルギーが最小となる. このことから, 気泡の間

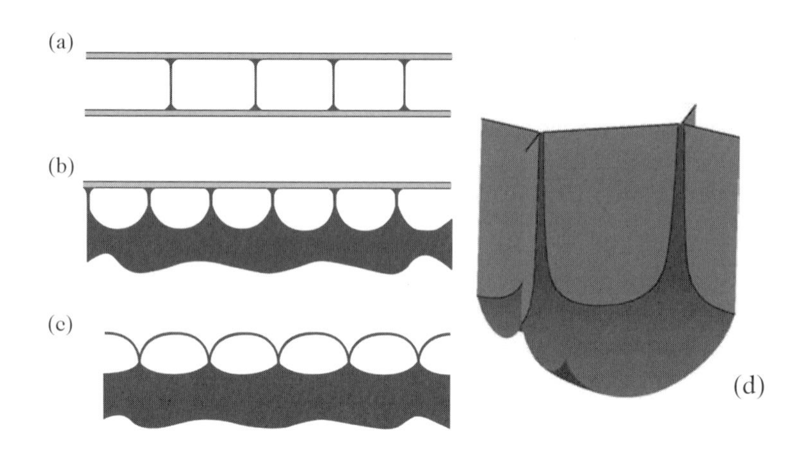

図 2.25: 二次元のムースが取り得る三つの状態．**(a)** 二枚の固い板の間 (ヘレ・ショウのセル), **(b)** 液体表面 (ムース性溶液) と固い板の間，**(c)** 液体の表面 (**気泡の筏**)．**(d)**(b) のタイプのムースの詳細．気・液界面の形状を数値解析 (*Surface Evolver*) により求めたもの [49].

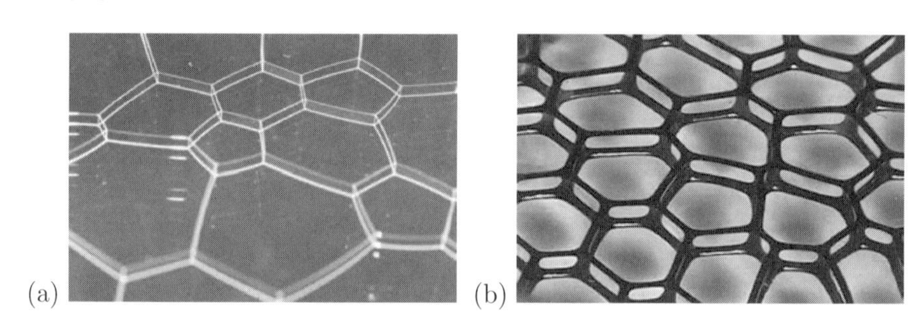

図 2.26: **(a)** 斜めから見た二枚の板の間のムース．文章中で定義した準プラトー境界とプラトー境界を確認することができる (I. Cantat 氏撮影)．**(b)** わずかに湿った磁性流体のムースを下から照らした画像 (E. Janiaud 氏撮影).

の壁は円柱の一部で，その軸は板に直交することが類推できる．つまり，横から見た場合の曲率はゼロであるものの，上から見た場合の曲率は，近接する気泡の間の圧力差に合わせて調節されている．この特徴はとても重要であり，このおかげで気泡の内部の圧力と画像から測定できる薄膜の曲率を結び付けることができる (式 (2.50) 参照).

プラトー境界は二種類に分類できる．一つ目は三つの薄膜の交差部分である．交差部分は，三次元のムースの場合と同じ断面を持ち，その軸はまっすぐで板に垂直になっている．もう一つは，板の表面を濡らす薄膜と気泡の壁の交差部分である (今後，**準プラトー境界**と呼ぶ)．これらは画像を上から見たときに観察できるもので，板の上面に接触している準プラトー境界の網目は，板の底面の網目と正確に重なり合っている (図 2.24b 参照)．準プラトー境界の断面は図 2.25a に見ることができる．画像上での準プラトー境界を構成する線の太さは，準プラトー境界の曲率半径に関する定性的な情報を提供する．しかし，単純で定量的な関係は存在しない．準プラトー境界の曲面で光が曲げられるからである (第 5 章 § 1.2.3 参照)．液体分率が大きい場合，もしくは，二枚の板がとても近い場合，上面と底面の準プラトー境界は接触する．つまり，薄膜が消える．

二枚の板の間を素早く流れるムースの構造はさらに複雑なものになる．この例として，第 4 章 § 3.3.3 と第 5 章 § 2.2.3 では，準プラトー境界が板の上を動く場合と，板と直交する面内における薄膜の曲率がもはやゼロではなくなっている場合を扱う．この場合，近接する二つの気泡間の圧力差はもはや画像から計測した曲率とは関係がなくなる．

単層ムースは，二つの板が大きく離れていない場合に安定である．二枚の板の距離 e を増やしていくと，第一段階として気泡が引伸ばされる．そして最終的には，板の間隔がある値 e_{max} を超えた距離になると，ムース中の一番小さな気泡が，二枚の板の一方から離れ，二次元の構造がなくなる．たとえば，一つの気泡が体積 V であり二枚の板に挟まれているとすると，乾いた極限では，$e_{max} = (\pi V)^{1/3}$ となる[26]．それ以上になると，円筒形が不安定になり，どちらか一方の板と接触している一つの半球の方が有利になる [14]．この安定性の限界は準プラトー境界の大きさとともに減少していく．

厳密な二次元ムース：ラングミュア (Langmuir) のムース

ラングミュアのムースはどんなムースよりも二次元的なムースの名称が相応しい．ラングミュアのムースは単分子の厚さしか持っていないからである [37]．

水に溶けない界面活性剤をまずクロロホルムに溶かし，それを液体の表面におくとラングミュア膜と呼ばれる分子単層膜を形成する．すると，界面活性剤は様々な相を成す．つまり，二次元の気体 (分子は離れていて乱雑)，二次元の液体 (分子は近づいているが乱雑)，二次元の液晶 (分子がある程度の規則性を持つ．これは中間層とも呼ばれる)，二次元の固体 (面内のせん断に耐える)，そして二次元の結晶 (分子が完全に規則正しく配置されている) といった相を実現する．なお，圧力が高すぎると，不可逆的に三次元相へ戻ってしまう．さて，表面圧力 (あるいは，ラングミュア圧力)$\Pi_l \equiv \gamma_{水} - \gamma$ は分子当たりの面積 a_m による．この依存性を表す等温曲線 $\Pi_l(a_m)$ は表面を柵で圧縮することで求められるが，この曲線には二相共存を表す平坦域が現れる．とは言っ

[26]訳注：e_{max} は，間隔 e の二枚の板に挟まれた半径 r の円柱の表面積 $2\pi re$ と，半径 e の半球の表面積 $2\pi e^2$ が等しくなる時に相当する．この時，$r = e$ であり，円柱の体積は $V = \pi e^3$ となる．

ても，この平坦域は三次元の場合程は目立ったものではない．この液・気共存領域では, 単層の構造は自発的に二次元のムースになり，気相である気泡とそれらを隔てる連結した液相から構成される (拘束条件によってはその逆になる)．観察していると，気泡は熟成していくことにも気づく [7].

このムースの特徴的な性質の一つは，液体の壁を安定化させるのに，化学的な要素を補足的に付け加える必要がないことである．界面活性剤分子間に働く，静電的な双極子間相互作用で十分だからである．この特徴は磁性流体のムースにも見ることができ，この種のムースは磁気的相互作用で安定化している (第3章 § 6.4 参照).

このラングミュアのムースの構造は，顕微鏡でブリュースター角から観察したり，あるいは，蛍光物質を加えることで濃い相と薄い相のコントラストを付けて観察したりして，直接見ることができる.

5.2 乾いたムースの二次元モデル

平衡状態にある二次元のムースのエネルギーは，線からなる網目を上から見たときの形状だけで決まる．つまり，この性質によって，単層ムース (もしくはラングミュアのムース) の二次元のモデルの構築が可能になる.

エネルギーと線張力 限界まで乾いた状態では，二枚の水平な板に挟まれた二次元のムースの構造は鉛直方向の並進に関して不変である．その不変性は二枚の板を隔てる距離 e にわたって有効である.

並進による不変性が失われるのは，図 2.25 の (b) と (c) の形状になったとき，あるいは，(a) において，準プラトー境界が無視できない大きさになったときである．しかし，頂点の役割が無視できる限りは，準プラトー境界の気液境界面の曲率は，網目全体にわたって一定であると考えられる．したがって，準プラトー境界の単位長さ当たりの境界面の量は一定であり，その値は準プラトー境界の断面の正確な形状によって決まる．この場合のエネルギーは次式で与えられる.

$$E = 2\lambda \sum \ell_{ij} = \lambda L_{int}, \tag{2.49}$$

ここで λ は線張力で，表面張力と同様に一つの境界面について定義されている．ここで L_{int} は上から見たときの境界面の全長である．単純な近似では，$\lambda \approx \gamma(e+r(\pi-2))$ となり[27]，λ は γe よりわずかに大きい．したがって，二枚の板間の非常に乾いた限界では $\lambda \approx \gamma e$ となる.

[27]訳注：準プラトー境界が半径 r の半円で構成されると考え，板の間隔が e であるとしている.

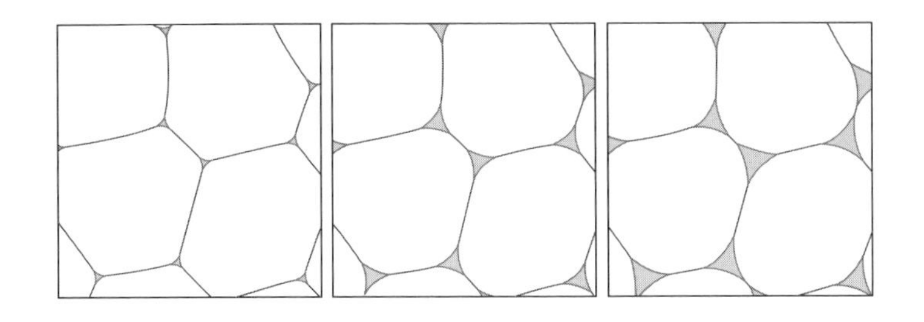

図 2.27: 異なる液体分率における，二次元の単層ムースの**理想表現** [17]．この数学的なモデル化をもとに，二次元ムースに関する数多くの理論的予測や数値解析が行われた．この三枚の図から修飾定理が理解できる．つまり，液体分率が高くなっても，ムースの構造は不変なままである．特に，プラトー境界同士が接触しない限りは，薄膜の曲率は変わらない．

乾いた二次元のムースの構造と二次元の場合のプラトーの法則　二次元のムースの挙動の大部分を理解するための，適切なやり方は，単層ムースの水平断面を見ることであり，そのような**理想表現**の例が，図 2.27 に示されている．薄膜は線で表され，プラトー境界はへこんだ小さな三角形となり，準プラトー境界は考慮されていない．この表現方法を使うとムースを完全に特定することができ，この場合，二次元的な用語が相応しくなる．すなわち，表面張力は線張力 λ(単位は N) に置き換えられ，エネルギーは辺の長さに結び付けられ，そして，気泡の体積の代わりにその面積が使用される．

まず始めに考えるのは理想ムースの場合である (定義は p. 36 を参照)．エネルギーの最小化から，次のような二次元のプラトーの法則が導かれるが，これは三次元のプラトーの法則に対応する (p. 40 参照)．

- 稜は円弧である．
- 頂点では三つの辺が交差する．
- 頂点での角度は 120° である．
- 辺は 90° で平らな固い壁と接触する．

第一法則は，二つの気泡間の境界に沿った圧力の平衡から直接帰結する．実際，P_i と P_j を二つの近接気泡 i と j の圧力，e をムースの厚さ，そして R_{ij} を曲率中心が i の側にある場合を正とする固有曲率半径とすると，圧力差は次式で表される (訳注：本章 § 2.1.3 に示した訳注と同様にして導くことができる)．

$$P_i - P_j = \frac{2\lambda}{eR_{ij}}. \tag{2.50}$$

ここで，$P_i - P_j$ は二つの気泡 i と j 間で一定であり，辺の曲率半径も同様に一定である．つまり，辺は円弧になる．

第三法則は，頂点での力の釣り合いを表す．つまり，頂点に，三つの同じ大きさの力が加わり，これらの力が辺に接する方向に働いている状態で釣り合っている．これらは線張力に他ならない．四つの辺を持つ頂点の不安定性は本章問題 7.3 で扱っている．

三次元の場合のように，一つの頂点で交差する三つの辺の曲率の合計はゼロになる [38]．同様に，該当する三つの曲率中心は直線上にあることも示せる [42]．

5.3 二次元の液体分率

液体分率とは，液体体積のムース全体積に対する比率である．液体分率が曖昧さなく定義できるのはムースが二枚の板に挟まれている場合である．しかし，次の場合には意味を持たなくなる．それは，ムースがムース性の溶液の上に浮いている場合である (図 2.25b および c 参照)．この場合には，系の下限は明確でなくなり，そのため液体分率はもはや定義できなくなる．つまり，このような場合には，二次元のムースの液体分率は意味のある量ではなくなってしまう．そこで，**二次元液体分率**$\phi_{l,2D}$ を定義する．これは，単層ムースの水平断面において，流体が占める面積の割合である (図 2.27)．残念ながら，この値は断面の位置によって変わる．なぜなら，ムースが湿っている場合，プラトー境界の断面積が高さに応じて変わるからである．そこで，次の規則に基づいて断面を選ぶ．すなわち，T1 過程 (p. 100 参照) が始まる直前に辺の長さが最小となるが，この最小長さが，実際のムースの場合と (数値的に求められる) 理想表現の場合とで，一致するように選ぶ [49]． この単純な規則は，二次元液体分率に対して，曖昧さのない定義を与え，この規則によって，実験結果と理論および数値解析との間の明確な比較を行うことが可能になっている．

二枚の板に挟まれたムースの三次元の液体分率は，二次元液体分率よりも，常に大きな値を持つ．なぜなら，三次元の体積分率は準プラトー境界内の液体の存在を考慮に入れているからである．以降では，単層ムースの液体分率は二次元の分率を示し，$\phi_{l,2D}$ を単に ϕ_l と表す．

ムースとして存在し得る最小の液体分率は，形状に強く依存する．また，三次元でムースが存在可能なあらゆる液体分率は，二枚の板に挟みこむ場合にも実現できる ((a) の場合)．この実現は，所望の液体分率を持つ三次元のムースを挟み込むだけで可能である．このようにして，$\phi_l \sim 10^{-4}$ という低い分率まで得られる．図 2.25 の (b) の場合，つまり，溶液と板で挟んでいる場合，溶液の表面と板の間の距離を増していくと，液体分率を減らすことが可能である．限界に到達するのは，気泡が板から離れ始める時で，その値は $\phi_l \sim 10^{-2}$ である．気体と液体に挟まれている場合 ((c) の場合)，分率が減るのは，気泡の側面にかかる圧力が増した場合である．しかしながら，圧力が上がりすぎると気泡が他の気泡に滑り上がり，構造が三次元になってしまう．したがって，小さい分率を得るのは難しく，$\phi_l > 10^{-1}$ となる．

修飾定理 液体分率がゼロではない場合，構造には液相が反映されなければならない．修飾定理は，湿ったムースは，乾いたムースの各頂点にプラトー境界が修飾されたものであるということ言い表している [53]．特に，このことが暗に示しているのは，一つのプラトー境界を共有する三つの辺 (稜) を (曲率を考慮しつつ) 頂点に向かって延長すると，三つの延長線は (プラトー境界の中心の) 一点で交わり，それらが成す角は 120° になるということである．三次元では，この性質は，近似的にしか確認できない (本章 § 4.1.1 参照)．

二次元のプラトー境界は，三次元のプラトー境界の断面となっているが，その形状は既に本章 § 4.1.2 で議論した．すなわち，二次元のプラトー境界は小さな三角形で，その辺は凹んでいる．その曲率半径 r を決めるのは液相圧力 p および辺に接触した気泡圧力 P であり，これらには $P - p = \gamma / r$ の関係がある．近接した三つの気泡が同一の圧力を持つ場合，プラトー境界の面積 s は，式 (2.31) で与えられる．この式に加えて，六角格子中では一つのセル当たりに二つの完全なプラトー境界が割り当てられるということに注意すると，六角形の網目の液体分率が導ける．この結果は，六角セルの面積を A_h として次式で与えられる．

$$\phi_{l,\,\text{六角}} = \frac{2s}{A_h} = \left(2\sqrt{3} - \pi\right) \frac{r^2}{A_h}. \tag{2.51}$$

プラトー境界が互いに接触することになるのは，臨界液体分率 9 % の時である (図 4.17 参照)．

二次元のムースの場合には，完全な六角格子ではなくても，気泡の数が十分に多い場合，一つの気泡当たりのプラトー境界の平均数は 2 となる (式 (2.10) 参照)．また，乱雑なムースにおいても，プラトー境界の面積 s は式 (2.31) で与えられる値とほぼ等しい値になる．したがって，式 (2.51) は近似的には有効であることから，次式が得られる．

$$\phi_l \approx \left(2\sqrt{3} - \pi\right) \frac{r^2}{\langle A \rangle}, \tag{2.52}$$

ここで，$\langle A \rangle$ は，ムース全体の面積を気泡数で割ったものである．

5.4 二次元のムースの流れ

二次元と三次元の**準静的**な流れは原則としては強い類似性を示すため，二次元での研究によって，三次元の振る舞いに関する基礎過程を単純な方法で明らかにできる．その一方で，**速い**二次元の流れは三次元での速い流れのモデルとはかなり異なってくる．これは，板との摩擦 (二枚の板がムースを挟む場合，もしくは液体と板が挟む場合) が引起こす特有の散逸のためであり，このような摩擦は三次元の場合には存在しない (p. 241 参照)．液体と気体に挟まれている場合には，この種の摩擦は存在せず，速い流れは不安定になりムースは単層に留まらなくなる．しかし，閉じ込められたムースの流れが，興味深いことに変わりはなく，たとえば，この種の流れは，マイクロ流体力学の分野や石油工業 (多孔質で裂け目を持つ岩の中の流れ) への応用に関係する．

二次元のムースは，幾何状況のおかげで，直接的な可視化 (第5章 § 3.1 参照) が可能で，それによって，数多くの流れの性質を得ることができる．すなわち，画像処理技術を用いて，個々の気泡の輪郭を特定し，それらの変位を追うことができる．こうして，応力，ひずみ，ひずみ速度などをテンソル場として得ることができ，さらに，速度，圧力 (第5章 § 3.3 参照)，T1 密度 (p. 100 の定義参照) 等の時間平均も取得できる．以下では，いくつかの例を示すが，注意すべきなのは，これらの量を三次元で得るのは非常に難しいということである．

障壁まわりの準静的な流れ 図 2.28 には，画像解析で決定できる諸量が示されている [19]．この実験では，水とガラスで挟まれたムースが，流路に沿って流れていて，その流路の真ん中に障害物が配置してある．個々の気泡は変形し弾性エネルギーを貯えている (図 2.28a 参照)．これらの画像から，テクスチャテンソル (第5章 § 3.2.4 参照) を取得できる．このテンソルテクスチャからは，障害物の後方にある気泡の流れ方向の伸びと，障害物の前方にある気泡の流れに垂直な方向の伸びが定量化できる (p. 317 参照)．速度場と圧力場は図 2.28b と図 2.28c に示した．図 2.28d には，T1 過程の密度 (単位時間および単位面積当たりのその数) とその方向の平均を示した．したがって，この図は流れの塑性場を表す．この実験データを使って，この場の値を，テクスチャテンソルと速度勾配テンソルの関数として予測するようなモデルの有用性を確認できる [39]．上流と下流で T1 密度の非対称性があることにも留意しよう．

二枚の壁の間のせん断 二次元ムースが二つの同心円柱の間にあり，一方の円柱が固定されていて，もう一方が回転していて，準静的な流れが起きている場合 (クエット流 [18])，この流れは，均一な場合もあればそうでない場合もある (三次元の

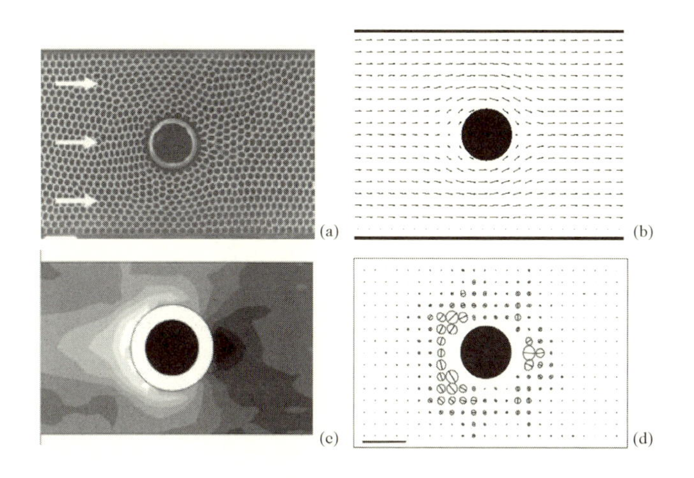

図 2.28: 単分散性の単層ムースの準静的な流れ．ムースは液体と板に挟まれ，円柱障害物の周囲を流れている [19]．三次元の場合については図 4.34 を参照．**(a)** 流れの写真 (B. Dollet 氏撮影)．**(b)** 速度場分布．**(c)** 圧力場分布 (明るい部分：高い圧力，暗い部分：低い圧力)．**(d)** T1 密度分布．この密度は楕円により表現されており，これらの楕円の二軸は，T1 過程以前と以後の，隣接気泡を隔てる辺の方向に一致する (図には T1 過程以前の方向の楕円軸のみが示されている)．軸の長さは，その方向で起きる T1 過程の頻度に比例する．

ムースも同様．第 4 章 § 4.3.2 参照)．なぜなら，応力が不均一だからである [11]．この場合，動いている方の境界の近くに局所化したせん断帯 (シアバンド) が生じることがある．一方，二枚の平行・平面板の間のせん断では，原則としては，応力は均一であるが，ムースを閉じ込める方法が決定的に結果を変える [11]．実際，ムースを閉じ込めているのが二枚のガラス板もしくは水とガラス板の場合には，流れは障壁の近くに局所化するが，その一方で，ムースが水と空気の間にある場合には，流れは均一になる．図 2.29 [52] はこのことを説明する．この場合，構造的乱雑さが挙動を決める役割を持っている [32]．

大きな気泡の移動　ムースの中で一つの大きな気泡が小さな気泡に囲まれていて，このムースが二枚のガラス板の間を流れる場合を考える．この場合，流量が少ない時は全ての気泡が同じ速度で進むが，流量が上がると，流路の下流に向かって，大きな気泡の方が他の小さな気泡よりも速く移動するようになる．この移動は，板との摩擦が大きな気泡の方が小さくなることに起因し，大きな気泡の前後で，T1 の遷移が，薄膜の破壊を伴わずに，局所化して生じる [10]．この現象は，大きな気泡がまわりの小さい気泡よりも速く進むことを意味するので，多分散性の

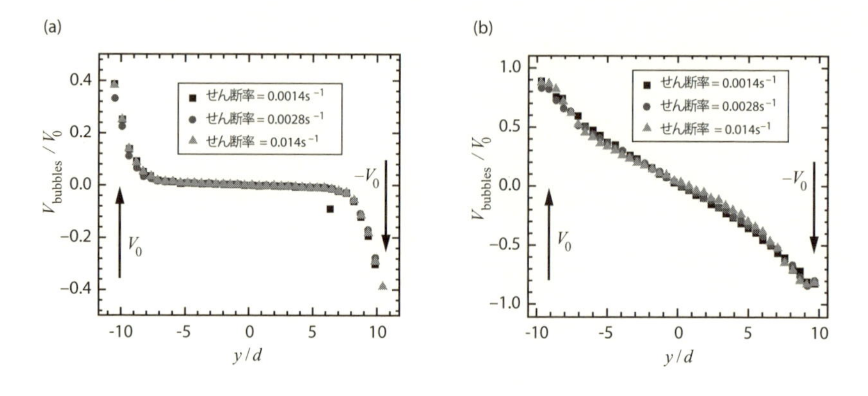

図 2.29: 単純ずりが加えられている単分散性の二次元ムースの速度分布 [52]．直径 d の気泡から成る単層ムースを二つの壁の間に置き，二枚の壁を $-V_0$ と V_0 の速度で動かした．**(a)** ムースが水とガラス板に挟まれている場合．**(b)** 水と空気に挟まれている場合．(a) では，壁のそばの気泡だけが動いているが，(b) では，ほぼ線形の分布になっている．

ムースの速い流れのモデル化を複雑にする可能性がある．

6　実験

6.1　表面張力と界面活性剤

1) シャボンに追われるコショウ

難易度：	材料費
準備時間：5 分	作業時間：10 分

観察ポイント：水面に広がる界面活性剤の分子．
本文中の参照箇所：第 3 章の § 2.1.1 と § 2.
材料：

- お椀
- 水
- 少量の食器用洗剤を溶かした水 (約 5 %)
- 黒コショウ

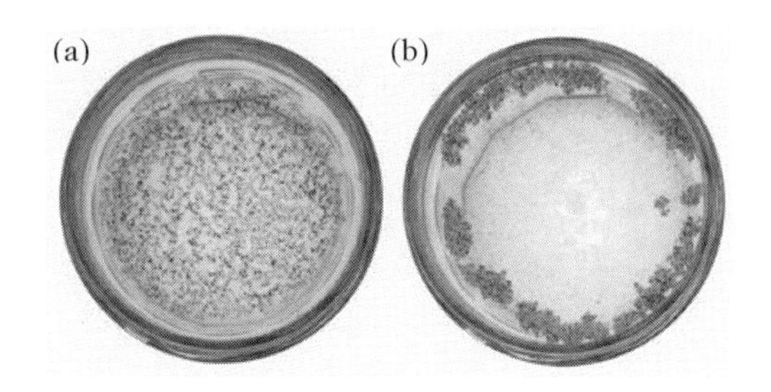

図 2.30: シャボンに追われるコショウ. **(a)** コショウが均一に水の表面に撒かれている. **(b)** 一滴の洗剤を中心に垂らすとコショウが縁に突進する (F. Elias 氏および F. Rouyer 氏撮影).

1. お椀に水を注ぐ.
2. コショウを均一に撒いて, 水の表面に薄い層をつくる (図 2.30a).
3. そっと一滴のシャボン液を水面の真ん中に垂らす.

コショウが縁に向かって進んでいく (図 2.30b). コショウは界面活性剤に追われて, 水面に広がっていく.

2) コップをあふれさせるシャボン液の滴

難易度：	材料費 €
準備時間：5 分	作業時間：5 分

観察ポイント：界面活性分子の付加による表面張力の低下.
本文中の参照箇所：第 3 章 § 2.1.1 と § 2.
材料：

- 透明なプラスチックコップ
- 水
- 少量の食器用洗剤を溶かした水 (約 5 %)

1. コップの縁まで水を満たし, 液体表面がコップの高さを越え, 界面が膨らむようにする (図 2.31a).
2. そっと一滴のシャボン液を水面の真ん中に垂らす.

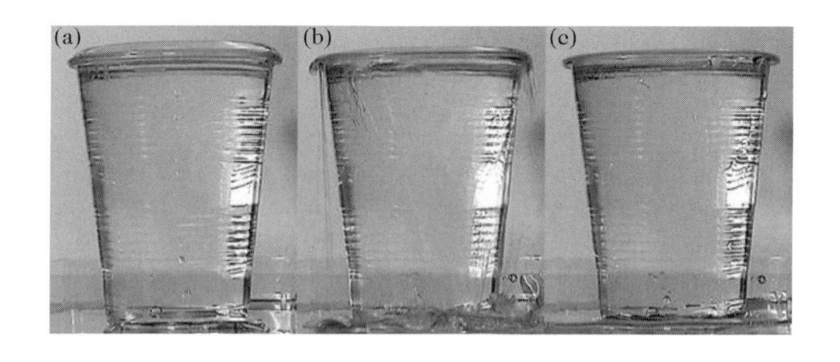

図 2.31: 一滴の石鹸水がコップをあふれさせる．**(a)** 高い接触角のため，水の界面が張り出している．**(b)** 一滴の石鹸水を垂らすと，接触角が下がり，水があふれだす．**(c)** コップから張り出していた水がなくなっている (F. Elias および F. Rouyer 氏撮影).

水がコップからあふれだす．界面活性分子が表面張力を下げ，液体とコップの接触角を変える．その結果として，液体がより濡れるようになり，界面が平らになる．縁から張り出した余剰分が逃げ出ていく (図 2.31b と 2.31c).

6.2　二次元あるいは疑二次元のムースの形成と観察

難易度：	材料費：€€
準備時間：10 分	作業時間：長くても 30 分

観察ポイント：二次元のムースの構造．つまり，六角形の配置やプラトーの法則．
本文中の参照箇所：本章 § 2.2，§ 3 および § 5.
材料：

- 大きく開いた面を持つ透明な容器 (たとえば，サラダボウル).
- 水
- 食器用洗剤
- ストロー
- 透明な板 (たとえば，透明な底を持ったガラスの皿).
- 完全に空の CD ケース (CD を支える部分も取り除く).

1. 少量のシャボン液を容器に溶かす．容器には予め水を満たしておく．ただし，水面が縁から数ミリメートルのところまで達するようにしておく．以下の三つの項目は，二次元のムースを形成する三つの方法を示す (図 2.25 参照).
2. **気泡の筏** ：ストローを通じて空気を吹き込む．その際にストローの端は水面の下にあるようにする．気泡が上がってきて，表面に広がり配置されていく．
3. **液体と固体の板の間にあるムース**：事前に濡らした (つまり，あらかじめシャボン液に浸した) 透明な平面で，上のようにして作成したムースを覆う．ムースが固体の面に閉じ込められ，個々の気泡が多角形になる．
4. **二枚の固体の板の間にあるムース**：閉じたCDケースを鉛直にしながら，ケースの一辺をシャボン液に浸していく．このとき，CDを支えていた部品を取り除いたためにできた穴が，シャボン液の水位より下にくるまで沈める．ストローの一端をシャボン液に浸かった穴の中心に合わせて沈め，もう一方の端から，閉じたCDケースの中に空気を吹き込む．こうすると，CDケースの中に，二枚の固体の平面の間に拘束された二次元のムースが生成される．個々の気泡は多角形となり，液体分率は非常に良く定義できる．

全ての場合において，強く吹き込めば吹き込むほど，気泡は大きくなり多分散性になる．吹き込みを，より静かに，そして，より一定速度にすると，ムースはより単分散性になり，より秩序化したものになる．運が良ければ，蜂の巣のパターンを持った単分散性のムースや，ムースがある程度の不完全性を持つことによって生じる欠陥の出現を確認できる (配置のずれ，埃との結合など). 反対に，多分散性のムースができると，隣接する気泡を隔てる薄膜の曲率が確認できるだろう．いずれの場合においても，プラトーの法則を確認できる．

<u>コメント</u>：

1. 二次元のムースは以下の方法でも作ることができる．シェービングムースを二枚の透明の板で挟みつぶすのである．この場合，気泡はより小さく，大きさにはばらつきがでる．
2. 二次元のムースが作られたならば，適切な照明と良いカメラを用いて，本書の中で示されているムースの性質を説明することができる．たとえば，プラトーの法則を含む構造に関する諸性質 (本章 § 2.2)，トポロジー (本章 § 3.1, § 3.3)，熟成とフォンノイマンの法則 (第 3 章 § 3.1.1)，そして二次元の流れ (§ 5.4) などである．

6.3　シャボン液のカーテン

難易度： ◎◎	材料費： €€
準備時間： 30 分から 2 時間	実験時間：30 秒

観察ポイント：水の流れ，膜圧，虹彩，シャボン膜の高い安定性とその破壊
本文中の参照箇所：第 5 章 § 1.2 および § 1.1.3.
材料：

- 忍耐力
- 十分に高い所に設置してある引掛け (天井にあるフック，もしくは手で支えてもよい)．汚れても構わない床の上にあること (屋内が望ましい).
- 釣り糸 (もしなければ縫い糸).
- ひも
- ペットボトル (容量 2L 程度).
- バケツ，あるいは，たらい.
- 数リットルの水
- 品質の良い食器用洗剤 (下記のコメント参照).
- 重りとなるもの (100g または 200g)．ただし，これも汚れても構わないもの.
- クリップ
- 錐 (あるいは，コルク抜きあるいは太い針).

1. 錐 (きり) を使ってペットボトルの蓋にとても小さな穴を開ける．後で，ボトルにシャボン液を入れたときに 1 秒間に数滴程度しか落ちてこない程度にする.
2. 2 本の釣糸を (より良いのは 1 本の糸を二つに折ったものである) 蓋の穴に通しクリップで止める (クリップは容器の側にあるようにする).
3. ペットボトルの底に数センチの大きさの穴を二つ開け，そこにひもを通し天井に吊るす．このとき蓋を付けたボトルの口は下を向いていること.
4. 2 本の釣糸のもう一方の端を重りに結び付け，しっかりと取り付けられていることを確認する (図 2.32a)．ここでバケツあるいはたらいを下に置く.

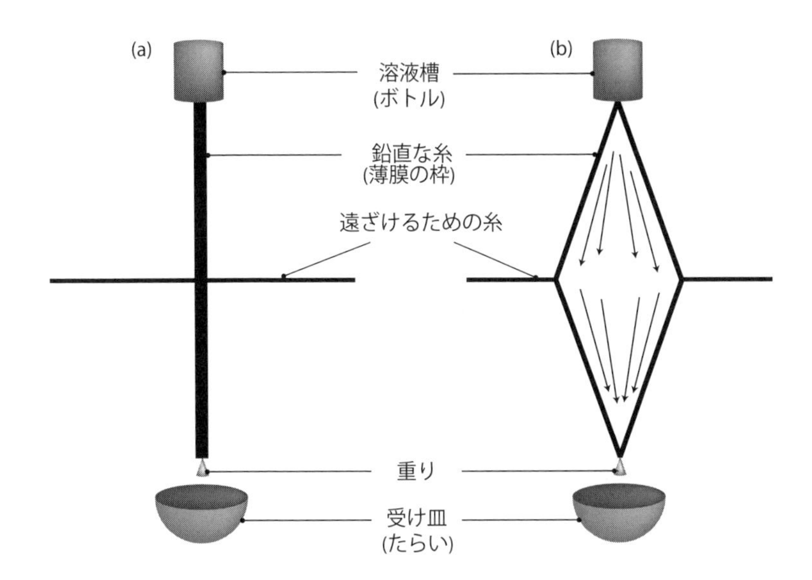

図 2.32: シャボン液のカーテン：**(a)** はじめは二本の糸が接触している．**(b)** これらの糸を引き離してカーテンを作る．

5. 鉛直に伸びたそれぞれの釣り糸に，水平に引張るための釣糸を結び付ける (もう一方の端は適宜固定し，絡み合わないようする).
6. ペットボトルにシャボン液 (5 %に薄めた食器用洗剤) を注ぐ (底に空けた穴の一方を使う).
7. 鉛直な釣糸全体が良く湿ったら，これらを引き離すために付けた糸を引張る (図 2.32b).

シャボン液のカーテンは数秒，あるいは，数分しか持たないが，数時間にわたって繰り返すことができる．シャボン膜の虹彩を観察してみよう．それは薄膜の厚みが数マイクロメートルである印である (第 5 章 § 1.1.3 参照)．つまり，もし薄膜が 10 メートルの高さと 1 メートルの幅であったとしても，この薄膜が含んでいるのは数センチリットルの液体だけなのだ！ また，そっと息を下から吹きかけて，薄膜の大きな可変形性も観察しよう．シャボン膜には，予めシャボン液で濡らした物体を通過させることができる．そのような物体を，物体が薄膜を横切っている状態で，固定すると，虹彩のおかげで，後流と呼ばれる流れを，薄膜中の二次元的な流体力学的な流れとして観察できる．このカーテンを使って，乱流を観察することもできるし，また，色々な形の物体を使って (たとえば飛行機の翼の形)，物体の形状が流れにおよぼす影響を可視化することもできる [12].

図 2.33: Dreft(洗剤の商品名) のおかげで 18 m の高さに達したカーテン．その色彩は目を見張るものである．F. Mondot 氏撮影 (文献 [6] より転載)．カラー口絵 4 参照．

コメント：

1. より詳しい説明は文献 [6] を参照すること．
2. この実験において，今のところ格段によい食器用洗剤は Procter and Gamble(P & G 社) により Dreft，Dawn もしくは Fairy の商品名で売られているものである．これらは色々な国，たとえば北欧では，一般商店で売られている．一方，たとえば，フランスの場合には，専門の問屋でしか見つけることができない．この洗剤を使えば，10 m 以上のカーテンを作ることもでき，しかも，10 分以上も保持できることもしばしばである．
3. カーテンの複数の個所へシャボン液を補給することで寿命をさらに伸ばすことができる．

6.4 ケルビンセル

難易度：	材料費：€
準備時間：15 分から 2 時間	作業時間：いつまでも

観察ポイント：ケルビンセルの三次元での可視化．

本文中の参照箇所：p. 66 のケルビンセルの囲み欄．

材料：

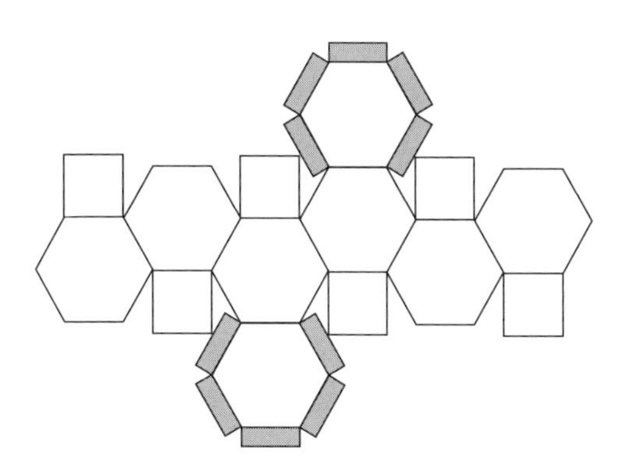

図 2.34: ケルビンセル．切り抜いて，折って，組み立て，張り合わせてから，あなたの机の隅に置こう (組立図は E. Janiaud 氏の学位論文より抜粋).

- ハサミ
- のり
- コピー機 (もしくはデッサン用具).

1. コピー機もしくはデッサン用具を使って図 2.34 を複製する．
2. 周りを切り取る．
3. 折る．
4. 面の縁同士をのりしろ部分で貼合わせる．

コメント：

1. 図 2.34 を拡大すれば取扱いがより簡単になる．
2. もっといたずらしてみよう．たとえば，いくつものセルを作って，セル同士がどのように組み合わさるかを確かめて，いつまでも楽しもう．

7 問題

7.1 ムース中の境界面の面積

1) p. 66 に与えた結果を使って，乾いたケルビンセルの単位体積当たりの境界面積の量を，ケルビン気泡の半径 R_v の関数として求めよ．そして，その結果を同じ半径を持つ球形の気泡の立方充填の場合と比べてみよう．ただし，以下の問題は，この違いを無視し，大きさの程度の決定を目的とする．

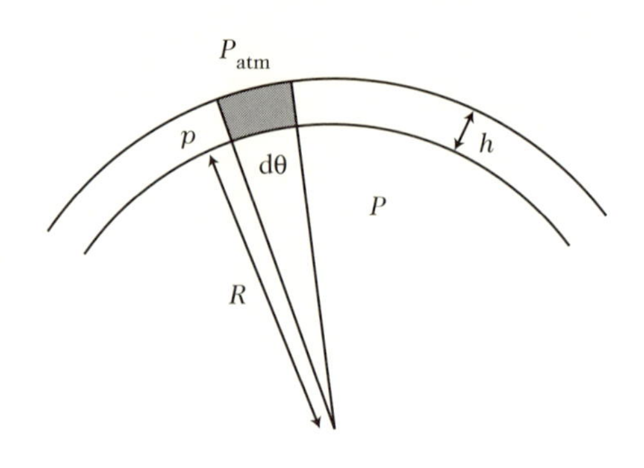

図 2.35: 膜張力の決定.

2) 直径 1mm の気泡から成るムースを SDS 溶液から作るとする (p. 26 参照). SDS の単分子膜はおよそ 1.5 nm の厚さである. 1 リットルのムースを作るためには, どの程度の体積の SDS が必要であろうか? ただし, SDS は純粋で単分子膜の中での密度と同一だとする.

3) ムース化する前の SDS 溶液の濃度を $8 \cdot 10^{-3}$ mol/L とし, ムースの液体分率を 5 % とする. このようなムースを 1 リットル作るためには, どれくらいの量の溶液が使われるのだろうか? この界面活性剤はムースの液相と表面のどのような割合で分配されているのだろうか? ただし, 表面における, 単分子当たりの面積は 0.20 nm^2 とする.

7.2 膜張力とラプラスの式

この問題では, 式 (2.3) と (2.4) について説明する.

1) 図 2.35 において影で塗られた薄膜の要素にかかっている力の釣り合いを書け. ただし, 表面張力, 薄膜の厚さ h, 液相内部の一定圧 p, 薄膜外部の気圧 P_{atm}, 薄膜内部の圧力 P を考慮に入れよ. ただし, 図の薄膜は円筒の一部であり, その内側の半径は R で外側の半径は $R + h$ である.

2) 膜張力を $\gamma_{film} = 2\gamma - (p - P_{atm})h$ で定義し, 内部の曲率半径を考慮することで, ラプラスの式 (式 (2.3)) が得られることを示せ. このことから, 本章 § 2.1.2 (p. 33) に示した, 膜張力の式を正当化できる. 大きさの程度を見積もり, $\gamma_{film} \sim 2\gamma$ であることを示し, 式 (2.4) を再確認せよ.

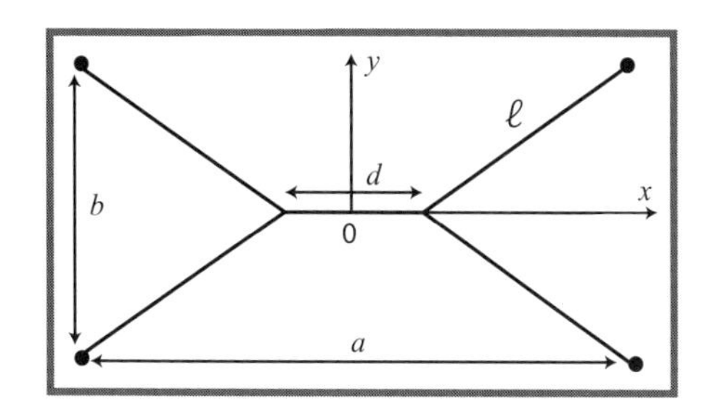

図 2.36: プラトーの法則．四つの黒い点は糸を上から見たものである．

7.3 二次元のラプラスの式

この問題では，p. 40 で与えられたプラトーの法則について説明する

二枚の平行な板と四本の糸から成る系を考える．糸は長方形 $a \times b$ の頂点に配置され，板に垂直であるとする．それぞれの糸からシャボン膜が張られている．それぞれのシャボン膜は，糸，二枚の板 (板の上ではシャボン膜は自由に滑る)，そして，図 2.36 の中央に描かれた薄膜 (長さ d) を境界に持つ．それぞれの薄膜の両側の圧力は P_{atm} であるため，上から見ると薄膜は直線の一部になっている．

距離 a と b を固定し，与える自由度はただ一つとし，これを中央の薄膜の長さ d に取る．ただし，中央の薄膜は x の方向にも y の方向の向きにもなるとする．

1) 稜の長さの合計を，d の関数として，中央薄膜の二つの方向に関し，計算せよ．さらに，四つの薄膜が中心で交わっている特別な場合のエネルギーを計算せよ．この結果より，a/b の値によって，四つの薄膜が重なる頂点は一方向で不安定になるか，もしくは二方向で不安定になる，つまりは，常に不安定になることを示せ．

2) 求めたエネルギーを基にして，a/b の値によって，一つまたは二つの平衡な位置があることを示せ (二つある場合には，どちらが安定でどちらが準安定か調べよ)．この安定構造の場合，薄膜の間の角度は $120°$ になることを確かめよ．

7.4 オイラーの定理

1) 一つの三次元気泡は，それ自身で閉じた二次元ムースに類似している．この場合，式 (2.9) の χ_{Euler} の値は 2 になる．疑似的な二次元ムースの気泡の数を三

次元ムースの面の数に替えることで式 (2.12) を示せ[28].

2) 式 (2.12) を基にして，三次元の気泡全体の平均を取ることにより，式 (2.13) を導け.

3) 式 (2.9) を基に，p. 43 の囲み欄の二次元の説明を三次元について行ってみよ．このことから，三次元のムース中での，気泡一つ当りの平均の面数と，面一つ当たりの平均の稜数の関係を求めよ.

7.5 二次元の気泡の周長

二次元の一つの気泡を考える．この気泡は n 本の辺を持ち，それらが全て同じだとする．つまり，同じ長さで，かつ，同じ曲率を持っており，したがって，互いに角度 120 度を成す．辺の長さを b とする.

この気泡の面積を以下の手順で計算しよう．まず，気泡の中心点と気泡の隣り合った二つの頂点の三点からできている三角形の面積を計算する．この際，(凸形状もしくは凹形状) になっている一辺の曲率による補正も考えよ．このようにして，気泡の面積 A，さらに，周長 $\mathcal{P}$ を，b と n の関数として導け．次に，無次元の比 $\mathcal{P}/\sqrt{A}$ を n の関数として計算し，その値が殆ど n の値に依らないことを示せ.

7.6 エネルギーと圧力

平衡状態にあるムースを考え，その境界が自由であるとしよう (つまり容器の壁には触れていない)．そして，全ての長さを k 倍してみよう (圧力と気泡形状は保たれているとする)．気泡 i の面積 A_i と体積 V_i はどのように変化するだろうか？

このことを用いて，長さが増やされていない場合 ($k = 1$) に，ムースが平衡状態にあることを表現せよ．つまり，ムースに対する適切に熱力学関数を導入することによって，このポテンシャルが $k = 1$ で最小化されることを表現せよ．この過程から，ムース全体の表面エネルギーと各気泡の圧力を関係付ける式 (2.18) を

[28]訳注：三次元ムースの中にある一つの三次元気泡は，多面体である．この三次元気泡の面を二次元気泡と見なせば，一つの三次元気泡は，それ自身で閉じた二次元ムースと見なせる．実際，一つの三次元気泡についてみれば，その多面体を構成する面は，稜では二つ出会い，頂点では三つ出会う．トポロジー的には，これは二次元ムースと全く同様である.

導け[29]．また，そこからムースの状態方程式を導け[30]．さらに，これらの式は二次元のムースについても一般化できることを示せ．

参考文献

[1] D.A. ABOAV, *Metallography*, **3**, 383, 1970.
[2] F.J. ALMGREN Jr, J.E. TAYLOR, *Sci. Am*, **235**, 82, 1976.
[3] R.M.C. DE ALMEIDA, J.C.M. MOMBACH, *Physica A*, **236**, 268, 1997.
[4] T. ASTE, D. BOOSTE, N. RIVIER, *Phys. Rev. E*, **53**, 6181, 1996.
[5] J.E. AVRON, D. LEVINE, *Phys. Rev. Lett.*, **69**, 208, 1992.
[6] P. BALLET, F. GRANER, *Eur. J. Phys.*, **27**, 951-967, 2006.
[7] B. BERGE, A.J. SIMON, A. LIBCHABER, *Phys. Rev. A*, **41**, 6893, 1990.
[8] V. BERGERON, *J. Phys : Cond. Matter*, **11**, R215, 1999.
[9] B.P. BINKS, *Curr. Opin. Colloid Interface Sc.*, **7**, 21, 2002.
[10] I. CANTAT, C. POLONI, R. DELANNAY, *Phys. Rev. E*, **73**, 011505, 2006.
[11] I. CHEDDADI, P. SARAMITO, C. RAUFASTE, P. MARMOTTANT, F. GRANER, *Eur. Phys. J. E*, **27**, 123, 2008.
[12] Y. COUDER, *J. Phys. Lett.*, **45**, 353, 1984.
[13] S. COURTY, B. DOLLET, F. ELIAS, P. HEINIG, F. GRANER, *Europhys. Lett.*, **64**, 709, 2003. B. DOLLET, F. ELIAS, F. GRANER, *Europhys. Lett.*, **88**, 69901, 2009.
[14] S. COX, D. WEAIRE, M. FÀTIMA VAZ, *Eur. Phys. J. E*, **7**, 311, 2007.
[15] S. COX, M.A. FORTES, *Phil. Mag. Lett.*, **83**, 281, 2003.
[16] S. COX, F. GRANER, *Phys. Rev. E*, **69**, 031409, 2004.
[17] S. COX, *J. Non-Newtonian Fluid Mech.*, **137**, 39, 2006.
[18] G. DEBREGEAS, H. TABUTEAU, J.-M. DI MEGLIO, *Phys. Rev. Lett.*, **87**, 178305, 2001.
[19] B. DOLLET F. GRANER, *J. Fluid Mech.*, **585**, 181, 2007.
[20] J.-C. GÉMINARD, F. CAILLIER, P. OSWALD, *Phil. Mag. Lett.*, **84**, 199, 2004.
[21] P.-G. DE GENNES, F. BROCHARD-WYART, D. QUÉRÉ, *Gouttes, bulles, perles et ondes*, Collection Échelles, Belin, 2002.（訳注：日本語訳,「表面の物理学」（吉岡書店）がある）
[22] F. GRANER, Two-dimensional fluid foams at equilibrium, *Morphology of Condensed Matter - Physics and Geometry of Spatially Complex Systems*, K. Mecke and D. Stoyan eds., pp. 187-214, *Lecture Notes in Physics 600*, Springer, Heidelberg, 2002; S. Courty, PhD dissertation, University of Grenoble (2001).
[23] F. GRANER, Y. JIANG, E. JANIAUD, C. FLAMENT, *Phys. Rev. E*, **63**, 011402, 2001.
[24] W.C. GRAUSTEIN, *Annals of Mathematics*, **32**, 149, 1931.

[29]訳注：長さを k 倍する場合に，式 (2.7) に相当するものを気泡 i について考えると，表面積 $4\pi R^2$ は $k^2 A_i$，体積 $4\pi R^3/4$ は $k^3 V_i$ と置き換えられる．ただし，式 (2.7) の 2γ は，γ としておく (後で和を取るときに二重カウントを防ぐため)．これらをムース中の気泡について足し合わせたものが当該の熱力学関数 (ヘルムホルツの自由エネルギー) の全微分を与える．

[30]訳注：式 (2.15) を用い，個々の気泡の体積で重み平均をした圧力 $\langle P_{int} \rangle = \sum_{i=1}^{N} P_i V_i$ がムースの全体積 V を用いてどのように表されるか考える．

[25] T.C. HALES, *Disc. Comp. Geom.*, **25**, 1, 2001.
[26] S. HILGENFELDT, A.M. KRAYNIK, S.A. KOEHLER, H.A. STONE, *Phys. Rev. Lett.*, **86**, 2685, 2001.
[27] S. HILGENFELDT, A.M. KRAYNIK, D.A. REINELT, J.M. SULLIVAN, *Europhys Lett.*, **67**, 484, 2004.
[28] R. HÖHLER, Y. YIP CHEUNG SANG, E. LORENCEAU, S. COHEN-ADDAD, *Langmuir*, **24**, 418, 2008.
[29] C. ISENBERG, *The Science of Soap Films and Soap Bubbles*, Dover, New York, 1992.
[30] I.B. IVANOV, *Thin liquid films : fundamentals and applications*, Surfactant Sciences Series Vol. 29. CRC Press, 1988.
[31] S. JURINE, S. COX, F. GRANER, *Colloid Surf. A.*, **263**, 18, 2005.
[32] G. KATGERT, M.E. MÖBIUS, M. VAN HECKE, *Phys. Rev. Lett.*, **101**, 058301, 2008.
[33] N. KERN, D. WEAIRE, *Phil. Mag.*, **83**, 2973, 2003.
[34] A.M. KRAYNIK, D.A. REINELT, F. VAN SWOL, *Phys. Rev. E*, **67**, 031403, 2003.
[35] A.M. KRAYNIK, D.A. REINELT, F. VAN SWOL, *Phys. Rev. Lett.*, **93**, 2083010, 2004.
[36] O. LORDEREAU, *Les mousses bidimensionnelles : de la caractérisation à la rhéologie des matériaux hétérogénes*, thése, univ. Rennes, 2002
[37] M. LÖSCHE, E. SACKMANN, H. MÖHWALD, *Ber. Bunsen.-Ges. Phys. Chem.*, **87**, 848, 1983.
[38] M. MANCINI, C. OGUEY, *Eur. Phys. J. E*, **22**, 181, 2007.
[39] P. MARMOTTANT, C. RAUFASTE, F. GRANER, *Eur. Phys. J. E*, **25**, 371, 2008.
[40] T.G. MASON, M.-D. LACASSE, G.S. GREST, D. LEVINE, J. BIBETTE, D. A. WEITZ, *Phys. Rev. E*, **56**, 3150, 1997.
[41] E.B. MATZKE, *Am. J. Bot.*, **33**, 288, 1939.
[42] C. MOUKARZEL, *Physica A*, **199**, 19, 1993.
[43] W.W. MULLINS, *Acta Metall.*, **37**, 2979, 1989.
[44] J. VON NEUMANN, in *Metal Interfaces*, American Society for Metals, Cleveland, p. 108, 1952.
[45] R. MC PHERSON, D. SROLOVITZ, *Nature*, **446**, 1053, 2007.
[46] J.A.F. PLATEAU, *Statique expérimentale et théorique des liquides soumis aux seules forces moléculaires*, Gauthier-Villard, Paris, 1873.
[47] H. M. PRINCEN, A.D. KISS, *Langmuir*, **3**, 36, 1987.
[48] C. QUILLIET, S. ATAEI TALEBI, D. RABAUD, J. KÄFER, S.J. COX, F. GRANER, *Phil. Mag. Lett.*, **88**, 651, 2008.
[49] C. RAUFASTE, B. DOLLET, S. COX, Y. JIANG, F. GRANER, *Eur. Phys. J. E*, **23**, 217, 2007.
[50] N. RIVIER, *Disorder and Granular Media*, edited by D. Bideau and A. Hansen, Elsevier, Amsterdam, pp. 55-102, 1993.
[51] J.E. TAYLOR, *Ann. Math*, **103**, 429, 1976.
[52] Y. WANG, K. KRISHAN, M. DENNIN, *Phys. Rev. E*, **73**, 031401, 2006.
[53] D. WEAIRE, S. HUTZLER, *The physics of foams*, Clarendon Press, Oxford, 1999.
[54] D. WEAIRE, N. RIVIER, *Contemp. Phys.*, **25**, 55, 1984.

第3章　誕生，生涯，そして死

1　ムースの時間発展

本節では定性的に様々な機構を導入する．これらの機構によって，ムースの生成が説明できたり，ムースの老化，再構築，さらには消滅がもたらされたりする．つまり，ムースの安定性と寿命は，これらの作用の競合によって決まる．本章の残りの節で，これらの安定化や不安定化の機構の各々についてもう一度より詳しく触れる．

1.1　拮抗する機構の競合

全ての水溶液が同じように泡立つわけではない．ムースを作ろうとすると様々な振る舞いに出くわす．たとえば，ガラス瓶に液体と気体を適当な割合で入れて蓋をして振ると，不安定な泡ができたり，また，ムースができても壊れやすくてすぐに消えてしまったり，あるいは反対に何時間も持続することもある．

ムースの寿命や，あるいはそれが存在するという事実すらも複数の機構の結果として決まる．それらの機構の中には，ムースを生成して安定化しようとするものもあれば (本章 § 1.1.1)，それを破壊しようとするものもある (本章 § 1.1.2，1.1.3，および，1.1.4)．これらの効果の作用は，それぞれ特徴的な時間や大きさを持っている．そして，これらの効果の競合によってムースの巨視的振る舞いと**老化**が生じる．

これから見ていくように，老化には，液体分率や気泡の大きさに依存した様々な型 (モード) がある．そして，それぞれの老化モードでは，これら物理量の時間変化の仕方が異なってくる．複雑な現象が観測される要因の一つは，これらのモード間の絡み合いである．

1.1.1　ムースの存在を可能にする機構

ムースはひとりでにできるものではない．液体の中に気体を散りばめるため，エネルギーを注入しなくてはならない．でも，それだけでは全然足りない！　溶液の**ムース性**とは，揺さぶられたり気泡を注入されたりした場合に，溶液がどの

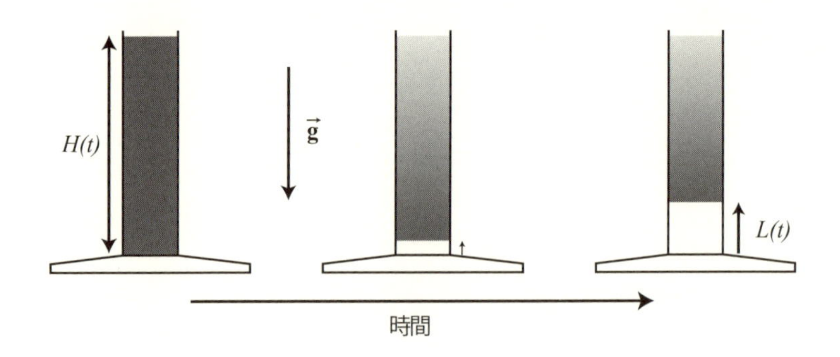

図 3.1: ムースの排液．時間の経過とともに，液体はムースの下に集まり，ムースはだんだん乾いてくる (第 3 章実験 8.2 参照).

くらいムースを生成しやすいかを表す定性的指標である．**ムース能**と言ってもよい．本章 § 2 で述べるように，界面活性剤は溶液のムース性に決定的な影響をおよぼす．吸着する際に液体界面と薄膜の性質を変えてしまう．平衡状態における界面活性剤の表面濃度も重要だが，全く同様に，界面活性剤がこれらの界面を覆う速さも重要である．界面活性剤は，混じり込むとすぐに，気泡の表面の間に様々な引力または斥力をもたらす．これらの力はとても重要で，これによって気泡の間の液体薄膜の安定性が説明できる．しかし，この場合にもまた，静的性質では全てを説明できない．なぜなら，界面活性剤に覆われた界面の粘弾性も同じように重要だからである．

1.1.2 排液

ムースを生成するということは，気・液界面の総表面積を増やすことに相当する．ところが，これら二相 (気相と液相) がよりエネルギーの低い状態となるのは，二相が完全に分離し，その間の界面の面積が最小となる場合である．したがって，より重い相である液体が気体の下に全て集まり，平らで水平な界面によって二相が隔てられるとき，熱力学的な平衡状態に到達する．こうして，重力への応答として，ムースは排液する．つまり，液体がムースを伝って流れる (図 3.1).

本章 § 4 では排液を理論的に取り扱う．それには，多孔質中の流れの記述との類似性を用い，ムースを実効的な浸透性を持った連続体と見なす．しかしながら，ムースには多孔質固体にはない特性がいくつかある．その特性の一つは，孔の大きさ (つまり，ムースにおけるプラトー境界の断面積) は液体分率に依存し，したがって，流れによって変化すること．もう一つは，これらの孔の表面 (つまり，ムースにおける気・液界面) は粘弾性を持つことである (本章 § 2.2 参照).

排液の強さは，気体と液体の単位体積当たりの質量差に依存する．エマルション (**油性**の液体が**水性**の液体の中に分散したもの，またはその逆) では，排液効果はあまり顕著でなく，はるかに遅い．これは，単位体積当たりの質量差があまりない場合が多いからである．このような場合は，むしろ**乳化**と言うべきである．

排液に関して注意したいのは，それがムース性固体の生成にも関係し，均質なムース性固体の生成を妨げる大きな問題になっていることである．なぜなら，ムース性固体の場合でも，生成の初期段階では排液が生じるからである．その段階では，大抵の場合，ムースはまだ固まらずに液体状態を保っている．

1.1.3　熟成

ムースの一生には，排液のほか，熟成という過程も関わってくる (本章 § 3 参照). 気体はみな，程度の差こそあれ，どのような液体にも溶ける．したがって，液体薄膜は気泡の中の気体の流出を止めることはできない．気体は，気泡の間の圧力差によって，気泡から気泡へと液相を通って拡散する．この気泡から気泡への気体の拡散により，ムースの熟成が起こる．熟成により気泡の総数が減少し，その平均サイズは増加する．

第 2 章で導出した平衡状態における諸法則は，気泡の体積が一定であることを仮定している．熟成によって気泡の体積は変化するが，その速度は十分遅く，前章の結論は成り立つと考えて良い．つまり，熟成は制御変数 (気泡の体積) をゆっくりと変えているだけであり，それによってムースの構造が少しずつ変化していく．言い換えれば，ムースはゆっくりと熟すので，殆ど全ての瞬間で力学的平衡にとても近いのだ.

本章 § 3 では，気泡の体積変化の諸法則を取り扱う．ここで述べる法則は，気泡のトポロジーや大きさが体積変化におよぼす影響を，二次元と三次元の場合について論じたものである．定式化の際に現れる物理化学的パラメータや液体分率の影響もそこで議論する．その際，特に，泡立った液体の場合とムースの場合とを区別して取り扱う．前者では気泡は一つ一つきちんと分離している．この場合は，気体の拡散が気泡と溶液の間で起こり，溶液は気体の貯蔵庫として働く．気泡の圧力はその半径に直接依存する．つまり，一番小さな気泡は他の気泡よりも大きな超過圧力を液体にかけており，入ってくるよりも多くの気体を失うことになる．逆に，最も大きな気泡には逆に，他の気泡に漏れ出るよりも多くの気体が入ってくる．そして最終的に，小さな気泡は空になって消えてしまい，大きな気泡はさらに大きくなる．この領域では気泡の平均半径が $t^{1/3}$ で成長し，**オストワルト (Ostwald) 熟成** (または，リフシッツ-スリオゾフ-ワーグナー (Lifshitz-Slyozov-Wagner) 熟成) と呼ばれているが，我々のテーマとは直接の関係がない．

もう一方の極限である乾いたムースの場合では，気体は気泡から気泡へ直接やりとりされるものと考えなくてはならない．この領域は**フォンノイマン・マリンズ (von Neumann-Mullins) 熟成**と呼ばれる．これについては本章 § 3 で詳しく述べる．二次元ムースに関しては，気泡の隔壁の曲率が隣接気泡数に直接依存するので，熟成を理論的に扱うのが簡単になる．この場合は体積変化の仕方も隣接気泡数で決まって，オストワルト熟成とは異なり，サイズには依存しなくなるからである．任意の液体分率における一般の場合では，ムースの振る舞いはこれら二つの極限の間を取ることになる．

ムースのような内部の仕切り構造を持つ媒質は他にもある．これらの媒質では，系の大半を占める相がセル状のドメイン構造をなし，少量ながら途切れのない第二の相の中に，分散してできている．このような媒質でもムースと同様，もしドメインが物質をやりとりすることができるなら (一般には拡散による)，その媒質は熟成する．つまり，一部のドメインが消えて，残ったドメインの平均サイズが大きくなる．こうして様々な系が揃って熟成を示すが，実はそれを引き起こすのはたった一つの物理過程である．エネルギー的に代償の大きい界面が収縮するという過程である．

いくつか例を挙げてみよう．エマルションは構造がムースと似通っており，同じように老化する (これがマヨネーズが緩くなってくる理由である[1])．結晶は，結晶粒と呼ばれる小さな単結晶領域からなっており，結晶粒ごとに結晶の向きが異なる (図 3.2)．**結晶粒界**と呼ばれるその境界面は，その表面積に比例したエネルギーを有する．結晶は，したがって，とても乾いたムースと同じように熟成する．実は，冶金学者のスミス (Smith) こそが，1952 年にムースの物理学に関する現代的な研究を始めた人である．スミスが結晶のドメイン構造に関する講演をした後，フォンノイマンが二次元での成長法則を確立した (本章 § 3 参照)．磁性ガーネットの薄膜も，熟成を示す系である．この系は同じ磁化を持ったドメインに分かれていく．各ドメインは典型的に 10 ミクロン程度の大きさをもち，仕切りで隔てられている (ブロッホ (Bloch) 壁)．ある条件下ではドメインはセル状の構造をなし，したがって，それらが熟成することがある．最後の例として，一次相転移，たとえば気液転移や液固転移では，同じ物質の二相のドメインが共存し，ここでも熟成を目にすることができる．

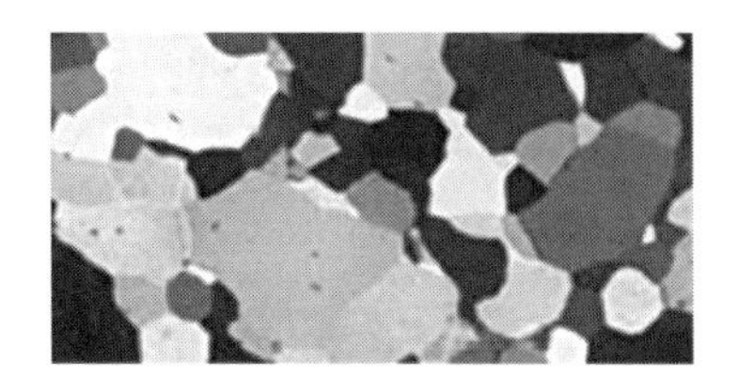

図 3.2: 氷の多結晶の結晶粒を直交偏光板の間で観察した様子．この結晶粒構造は南極大陸における氷の蓄積の過程で再配置が起こり，その結果，作られたものである．各色は結晶格子の向きに対応する．乾いたムースの場合と同様，結晶粒は熟成し，変形していく．G. Durand 氏撮影 (文献 [17] より転載)．原図は 5×2.5 cm．カラー口絵 5 参照．

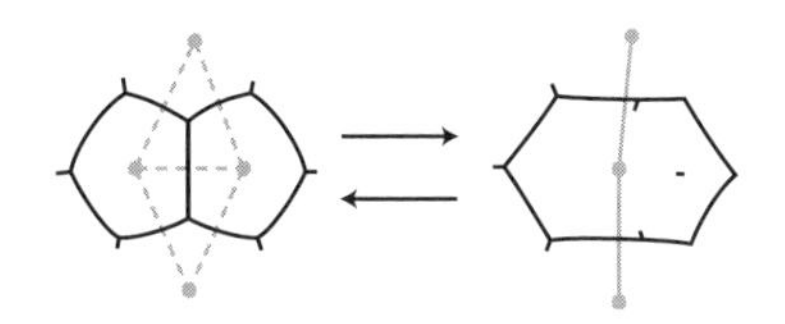

図 3.3: 左から右へ，二つの二次元の気泡が融合する様子．これにより，二つの気泡を隔てる薄膜が破れる．このときの結合線 (隣接する二つの気泡の中心を結ぶ仮想的な線分) の消滅と生成が，それぞれ破線と実線で描かれている．右から左への過程は，一つの気泡が二つに分裂する様子を表す．

1.1.4 液体薄膜の破裂

ムースを壊そうとする過程もある．ここで問題にするのは，二つの気泡を隔てる薄膜の破裂を引き起こすあらゆる効果である．(本章 § 5 参照)．薄膜の厚み (<1 μm) をその表面積 (mm 程度) と比較すれば，気泡の間の薄膜がいかに壊れやすいものか分かるだろう．つまり，ムース中の二つの気泡を隔てる薄膜は簡単に破れてしまう．この様子を，二つの気泡の**融合**という (図 3.3)．融合の結果，気泡の総数は減少する (結果は熟成と同じだが，二つの機構は完全に異なる)．

薄膜が壊れるのは，薄膜を安定化する機構が欠けていたり弱すぎたりするときである．第一に，動的な効果によって，特に薄膜が平衡状態の厚みに向けて薄くなっていくときに，薄膜が破れることがある (本章 § 5 参照)．しかし，仮に平衡状態に到達し，それが表面間の斥力で安定化されていたとしても，薄膜が限りなく安定になることは決してない．厚みや密度が平衡状態近傍で自発的に揺らぎ，それが破裂を引き起こすことがある．この揺らぎは，薄膜が薄く大きいときは，

[1]訳注：フランスではマヨネーズを家庭で作ることがあり，それは食事をしている間にも成分が分離してきてしまう．

いっそう決定的なものとなる．他方で，ムース外部と接している薄膜はさらに壊れやすい．これは主に，ほこりが外からやってきて付着するため，また液体が外に向けて蒸発するためである．このような破裂を引き起こすのは外部からの刺激であり，ムースは気体を失って，完全に消えてしまうまで体積が減少する．

一枚の薄膜の破裂の考察(薄膜の大きさや液体分率に対する依存性)と，いくつもの破裂が重なって起こる効果(ムースの問題ではとても重要)は，本章§5で扱う．この段階で指摘しておきたいのは，排液や熟成と比較して，破裂はムースの時間発展の機構のうち最も理解が遅れているということである．本章§5.3で見るように，我々は時としてムースを壊そうとしたり，それができるのを妨げようとしたりする．このように外から誘発する破裂は，ムース除去剤を用いることで可能である．

1.2 トポロジー変化の基本的過程

1.2.1 乾いたムースにおけるトポロジー再配置の分類

トポロジー再配置とは，ムースを構成する気泡の面の数(あるいは隣接気泡数)が変わるような過程の総称である．熟成により気泡の大きさが変わる．この大きさの変化の際に，気泡は変形し，プラトー境界の中には長さがが伸びたり縮んだりするものがある．同様の変化は，ムースを変形させたり，流したりする場合にも起こる．そしてその間もプラトーの法則(p. 40参照)が常に成り立っているため，必然的に気泡の移動，すなわち，トポロジー再配置が起こる．それを詳しく調べてみると，先に取り扱った融合・分裂に加えて，たった二つの基本的過程しか存在しないことが分かる．その基本的過程はそれぞれ，T1，T2 [78]と呼ばれ，T1は熟成や流れによって生じるのに対し，T2は熟成によってのみ起こる．気泡のあらゆる再配置は，この三つの過程の組み合わせに帰着できる．

1.2.2 T1過程：気泡の個数が一定に保たれる変化

三次元ムースのプラトー境界が消滅しそうなくらい縮むと，四本より多くのプラトー境界が一点で接触することになる．この配置は不安定なので，気泡の再配置が起こり，T1と呼ばれる変化によって，よりエネルギーの低い，新たな配置へと変化する(第2章問題7.3参照)．この新たな配置へと移り変わる際に，隣接する気泡の交換が起こる．起こりうる二種類の変化が図3.4に描かれている．左から右への過程では，鉛直なプラトー境界が消滅して新たな面が作られ，三つの気泡が離ればなれになって二つがくっついている．右から左への過程はその逆の

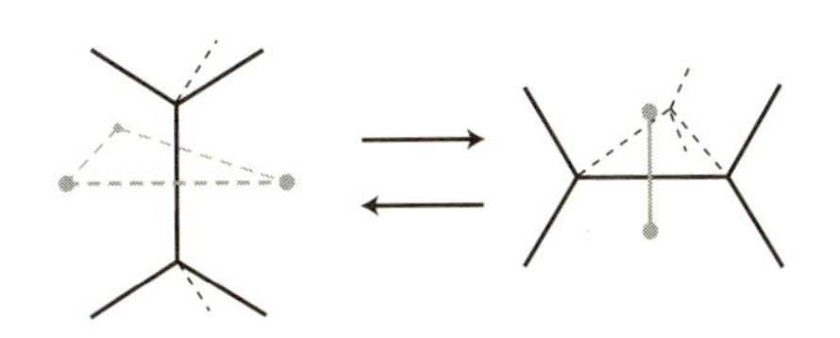

図 3.4: 三次元空間における，気泡の T1 型再配置．黒い線はプラトー境界を表し，灰色の線は T1 過程前後の隣接気泡間の結合線を示している．

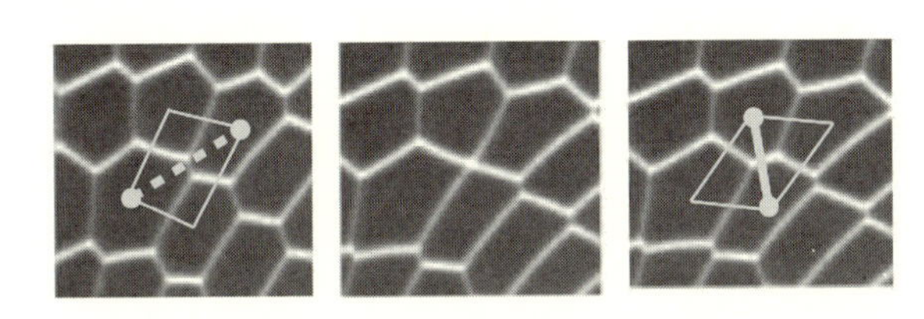

図 3.5: 二次元空間における，気泡の T1 型の再配置．結合線 (または最隣接関係) が太線で描かれている (左から右への過程において，消滅する結合線が点線，新たに生じる結合線が実線で描かれている)．C. Raufaste 氏，P. Marmottant 氏撮影 (文献 [31] 参照)．

変化である．なお，T1 過程にはより複雑な第三の型があることが知られている [63] (訳注：これについては原論文 [63] 参照)．

二次元では，T1 過程で四つの気泡が関わり合う (図 3.5)．二つの気泡が離れて二つがくっつき，二つの気泡の間の結合線 (または最隣接関係) が一つ消えて，代わりに一つ作られる．(この図から分かるように) 二次元では逆の変化も同様の性質を持ち，したがって，二次元の T1 過程には一つの型しかない．しかし，T1 とその逆過程は，それぞれがきちんと区別できる (空間的な) 方向を持つ．

T1 はトポロジカルな過程である．つまりこの過程では，6 本のプラトー境界 (二次元では 4 本の薄膜) が接触するとすぐに変化が生じて，その結果，隣接関係に変化が生じる．これは非平衡状態に相当し，続いて散逸過程を伴った緩和が起こる．これについては本章 § 3.2.3 で議論する．一連の過程 (T1 とそれに伴う緩和) により気泡の移動が起こるが，その影響は，多少とはいえ，隣接関係に変化のない気泡にまでおよぶ．図 3.6 では，過程の前後の気泡の位置を重ね描きすることで，その影響のおよぶ範囲を図示している．T1 過程の影響がおよぶ範囲に液体分率がどのように効いてくるかはまだ良くわかっていない．

自発的な T1 と外因性の T1

我々がここまで考察してきた T1 は，熟成や流れの結果として，ムースの中で自発

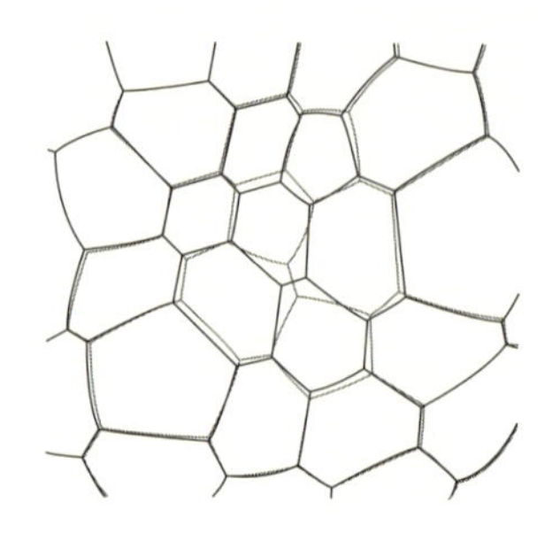

図 3.6: T1 過程の影響がおよぶ範囲．T1 前後の状態が重ねて描かれている．交換が起こった仕切り周辺にある数個の気泡だけが変換による影響を受けている．ここでは，図 3.7 に描かれたムースの骨格を用いている (囲み欄参照)．文献 [22] より Taylor & Francis Ltd の許可を得て転載．

的に起こるものであった．この場合，T1 の直前にムースが取る構造は (変形が遅いという条件のもとでは) 平衡状態の構造であり，とても短い稜を 1 本，あるいは，複数本持つ．そして，さらなる変形や体積変化によって，初期のトポロジーに対応する平衡構造がもはや存在しなくなる．そこで，T1 が起こらなければならなくなるのである．

T1 を無理やり起こすことも可能である．そのためには，ムース中の頂点一つに局所的な外力を加えれば良い．これは特に，二次元の磁性ムース (本章 § 6.4 参照) において実現可能である．金属ピンを使って磁場を集中させ，二つの頂点を近付けていって，4 価の頂点を作り出す (図 3.7)．ここでピンを取り去ると，ムースは，目下の非平衡状態から二通りの平衡状態へと行くことができる．初期状態に戻ることもあるが，トポロジー変化によって得られる新たな状態に行く場合もあるのである[2]．T1 によって隔たれたこの二状態間のエネルギー障壁 (つまり，初期の構造と 4 価頂点を持つ構造の間のエネルギー差) は熱励起のエネルギーよりはるかに大きく，T1(この場合は「外因性」のもの) が熱揺らぎの影響で自発的に生じることは決してない．事実，このエネルギー障壁は $\gamma \times$ (三次元中の 1 枚の面の面積) の程度で，気泡がセンチメートル程度の大きさの石鹸ムースでは，およそ 10^{-5} J に相当する．もし気泡が非常に小さく，ミクロン程度の大きさだったら，エネルギー障壁は 10^{-14} J にまで減少し得る．最も小さいエネルギー障壁はラングミュア (Langmuir) のムースの場合で，pN $\times$ μm，つまり 10^{-18} J の程度である．これは非常に小さいが，依然として，熱揺らぎと比べると何桁も大きい．なぜなら，熱揺らぎはボルツマン定数 k_B を用いて $k_B T \approx 4 \cdot 10^{-21}$ J の程度だからである．しかし，(平衡状態の) 稜の長さが縮み，消滅すると，このエネルギー障壁も消滅する．これが先ほどの，自発的な T1 である．

[2] この第二の状態は存在しないこともある．第 2 章問題 7.3 参照．

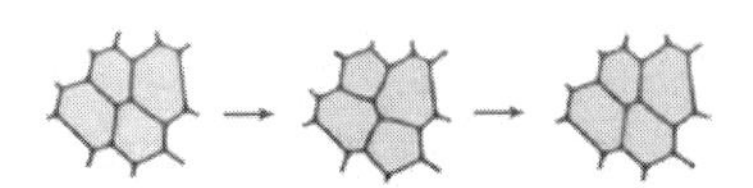

図 3.7: 二次元磁性ムースにおける，外因性の T1 再配置とその逆過程．左：初期状態．中央：T1 の誘起後に得られる状態．このときエネルギーはより低く，気泡はより整った形状をしている．右：先の T1 の逆過程を起こすことによる，初期状態への回帰．F. Elias 氏，C. Flament 氏，F. Graner 氏撮影 (文献 [22] 参照)．

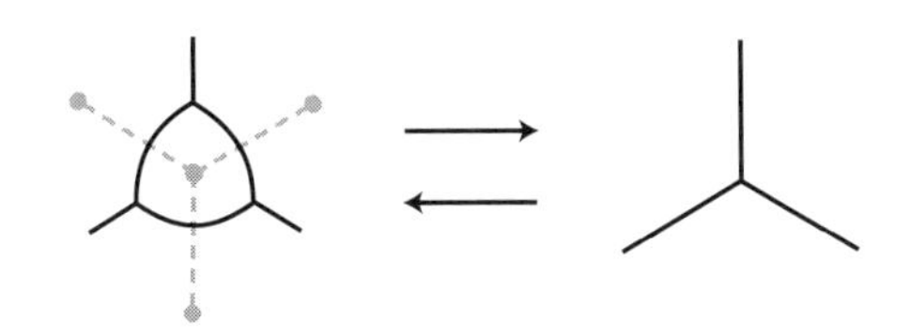

図 3.8: 左から右へ：二次元における気泡の T2 再配置．右から左へ：二次元の気泡の核生成．

1.2.3 気泡の個数が変化する過程

T2 過程と呼ばれる，トポロジー変化における第二の基本的過程は，気泡の消滅である．消えるのは，三次元の場合は面を四つ持つ気泡で，二次元の場合は辺を三つ持つ気泡である (図 3.8)．ムースにおいて，T2 は気泡の体積が変化する場合にしか起こらない．したがって，これは熟成の典型的過程である．この逆過程は核生成で，気泡がもともとなかった場所に一つ付け加わる過程である．これが起こるのは，泡立ててムースを作ろうとする時である．

トポロジー変化における第三の過程は融合であり (図 3.3)，本章 § 1.1.4 で既に紹介した．この場合は，二つの気泡の間の仕切りが消滅する．気泡の融合は，形式的には，一つの T2 と複数の T1 に分解できるが，物理的にはこれらの過程は何の関係もない．融合の逆過程は分裂で，一つの気泡が二つの気泡に変化する (図 3.3 を右から左に見た場合に相当)．これも，核生成と同様，ムースを生成する段階で見られる．T2 と T2 の逆は等方的だが，融合と分裂にははっきりとした指向性がある．

最後に，トポロジーの観点からいうと，これらの過程は全てオイラーの定理に従い，和 $N - N_{\text{面}} + N_{\text{稜}} - N_{\text{頂点}}$ は保存している．これを確かめてみると面白い (p. 43 参照)．また，これらの過程は全てムースのトポロジー荷を保存する．消されるのと同数のトポロジー荷が新たに作られるからである．

2　ムースの誕生

本節では，安定なムースを作ることができる理由について解説する．まず詳しく取り扱うのは，界面活性剤が界面の静的および動的性質に対して果たす役割と，それらが液体薄膜におよぼす影響である．続いて，溶液のムース能と，界面や薄膜の性質の関係について議論する．これらの相関がはっきりしている場合もある一方で，多くの問題が未解決のまま残されている．

2.1　ムース性：界面活性剤の役割についての基礎

あらゆる液体が同じようにムースになるわけではない．つまり，液体がムースに成り易いかどうかはそれぞれに違っていて，したがって，p. 95 で定義したムース性が異なる．ある溶液をムースにしようとする場合には，二つの極限的な場合が考えられる．一つはムース性が皆無な場合で (この場合，滝壺に立つ泡のように，いくつか気泡ができても数秒で消えてしまう)，もう一方は最適なムース性を持つ場合である (食器用洗剤の濃縮溶液やシェービングムースなど)．後者の場合では，ムースは少なくとも数分は維持され，ムースは見たところ安定していて，気泡は直ちに壊れたりはせず，ムースを作るために使われた気体は全て，ムースができるや否や，その中に閉じ込められている．これら二つの極限的な場合の中間に，あらゆる不完全なムース性の場合が存在する．この場合，気泡が生じて液面上に数センチのムースができるものの，できたムースはとても不均一で，安定とは言い難く，しまいには壊れてしまう (炭酸水やビールの泡の場合)．

安定なムースを得るために最初に確認すべきことは，言うまでもなく，液体に，「シャボン液」や食器用洗剤，つまり界面活性剤 (p. 26 参照) を数滴必ず加えなくてはいけないということである．本章でこれから詳しく解説する通り，界面活性剤が存在することで，液体界面のスケール，そして薄膜のスケールにおいて，様々な変化が生じる．これを理解することで，界面活性剤による様々な効果のうち，どれがムースの存在と関係するのか探ることができるだろう．

2.2　界面の性質とムース性

2.2.1　静的表面張力

界面活性剤は気・液界面に吸着し，それによって表面張力 γ(第2章 § 2.1) を変化させる．したがって，γ，表面圧力 $\Pi_l = \gamma_0 - \gamma$ (ここで γ_0 は純粋溶媒の表面張力)，界面活性剤の溶液中濃度 c と表面濃度 Γ がどう関係しているかを理解するのが重要である (図 3.9)．

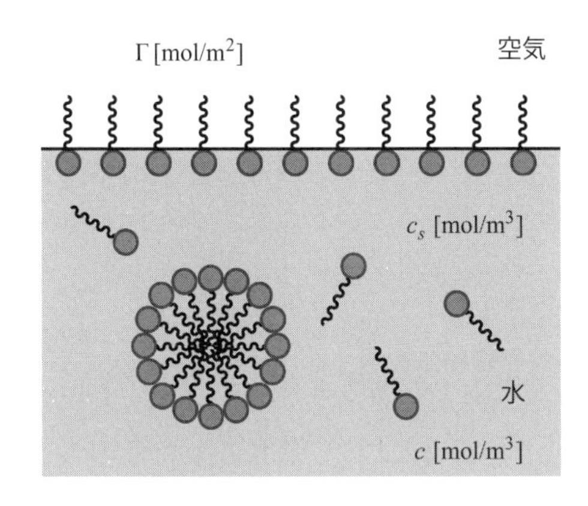

図 3.9: 平衡状態における，溶液表面および溶液中での界面活性剤の分布．ここで，c は界面から離れた溶液中での界面活性剤濃度，Γ は表面での濃度，γ は表面張力，c_s は界面のすぐ下における界面活性剤の体積濃度である．ここでは，ミセル，界面にできる層，自由な界面活性剤分子を区別している．

十分に体積がある系と同様，界面についても状態関数を用いた理論体系が存在し，平衡状態における様々な熱力学的量の間の関係を導くことができる．まず，界面における熱力学的釣り合いの式を書き，次にギブズ・デュエム (Gibbs-Duhem) の式 (体積を面積に，体積圧力を界面圧力に置き換えたもの) を用いると，一定温度の下では次式を得る [1, 27] [3]．

$$d\gamma = -\sum \Gamma_i d\mu_i. \tag{3.1}$$

ここで，μ_i は成分 i の化学ポテンシャルである．(相互作用のない) 理想的な溶液の場合，化学ポテンシャルは $\mu = \mu_0 + k_B T \ln c$ (k_B はボルツマン定数) と書け，単一成分からなる溶液では，最終的に次式を得る．

$$d\gamma = -\Gamma k_B T d(\ln c). \tag{3.2}$$

[3] 訳注：式 (3.1) を導出しておく．界面が存在するときの全ヘルムホルツ自由エネルギーの等温変化は，圧力 p，体積 V，および，界面の面積 A を用いて $dF = -pdV + \gamma dA + \mu_i dN_i$ と書ける。界面が全系を体積 V_1 と V_2 の二つの相 (1,2) に分割しているとして ($V = V_1 + V_2$)，それぞれの相の粒子数を $N_{i,1}$ と $N_{i,2}$ とし，界面には，$N_{i,s} = N_i - N_{i,1} - N_{i,2}$ の余剰な分子が吸着しているとして，表面濃度 Γ_i を $\Gamma_i A = N_{i,s}$ と定義する。それぞれの相が界面までの空間を均一に満たしているとしたときの自由エネルギーの等温変化は，$\alpha = 1, 2$ として $dF_\alpha = -pdV_\alpha + \mu_i dN_{i,\alpha}$ と書ける。ただし，(簡単のため界面は平面であるとし)p と μ_i は平衡状態では二つの相で同じ値とする。これらのエネルギーの等温変化の式から，界面の自由エネルギー $F_s = F - F_1 - F_2$ の等温変化 dF_s は $dF_s = \gamma dA + \mu_i dN_{i,s}$ となる。一方、斉次関数に関するオイラーの定理を用いると，等温変化の式は，それぞれ，$F = -pV + \gamma A + \mu_i N_i$，$F_\alpha = -pV_\alpha + \mu_i N_{i,\alpha}$ と積分できる。これらより，$F_s = \gamma A + \mu_i N_{i,s}$ となり，この式から求めた dF_s と上で求めた dF_s を比べて，$\Gamma_i A = N_{i,s}$ に注意すると式 (3.1) を得る。詳しくは，小野周著「表面張力 (物理学 one point)」(共立出版) 等参照．

この関係 (ギブズの式) は，界面のあらゆる物理モデルの出発点となる．この式は表面における吸着の等温線を表している．

ラングミュア (Irving Langmuir，1932 年ノーベル化学賞) は動的モデルを提案し，系がどのように平衡状態に収束するかを予言した．そのモデルで仮定するのは，吸着は表面で局所的に起こるということ，界面活性剤は吸着したり脱離したりするということ，および，分子間の相互作用は無視できるということである．すると，界面に向かう物質流は次式のように表される．

$$\frac{d\Gamma(t)}{dt} = ac(\Gamma_\infty - \Gamma(t)) - b\Gamma(t). \tag{3.3}$$

ここで，飽和表面濃度 Γ_∞ を導入した．飽和表面濃度とは，吸着と脱離との平衡が保たれずに，吸着だけが恒久的に起こるとした場合に達成される濃度のことである．

式 (3.3) において，右辺第一項は吸着，そして，第二項は脱離に対応し，a と b は動的な係数である．その比 $c_a = b/a$ はシコフスキー (Szykowski) 濃度と呼ばれ，吸着と脱離の競合の指標と見なすことができる (10^{-1} gm^{-3} の程度)．

平衡状態では，Γ がもはや変化しないことから，次式を得る．

$$\frac{\Gamma/\Gamma_\infty}{1-\Gamma/\Gamma_\infty} = \frac{c}{c_a}. \tag{3.4}$$

これにより $dc/d\Gamma$ を計算することができ，それにギブズの式 (3.2) を用いることで，表面圧力 Π_l の値が次式のように得られる．

$$\Pi_l = \gamma_0 - \gamma = k_B T \Gamma_\infty \ln\left(\frac{\Gamma_\infty}{\Gamma_\infty - \Gamma}\right). \tag{3.5}$$

これは，式 (3.4) で与えられる濃度 c を再び使って，次のように書き直すことができる．

$$\Pi_l = \gamma_0 - \gamma = k_B T \Gamma_\infty \ln(1 + c/c_a). \tag{3.6}$$

これらの式によって，表面張力 (または圧力)，体積濃度，表面濃度が，互いにどのように関わり合って変化していくか知ることができる．実験的には，もしこれらの量のうち二つ (多くの場合は体積濃度と表面張力) が分かっていれば，第三の量は，これらのモデルから求めることができる．かなり単純ではあるが，ラングミュアの状態方程式 (式 (3.4)，(3.5)，(3.6)) は実験的に測られる量を正しく記述しており，その誤差は数パーセント程度である．

界面の状態方程式は他にも存在する [38]．それらはより複雑で，特に表面における分子間相互作用を取り入れている．実際のところ，表面では，吸着された分子は様々な形で相互作用し得るからである．その相互作用には，静電相互作用，立体障害や，排除体積などがある (たとえば，本章問題 9.2 参照)．

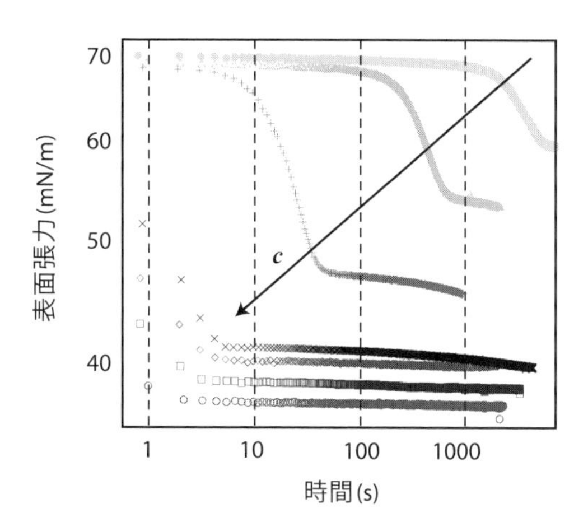

図 3.10: $t = 0$ に，陽イオン界面活性剤の溶液中に界面が急に作られる．すると，表面張力は時間の関数として変化するが，それを様々な濃度 c に対して示した (p. 33 で定義される臨界ミセル濃度を cmc として，$c = \frac{cmc}{100}$ から $c = cmc$ まで)．矢印は濃度が増える向きを表す．表面張力は懸滴法 (第 5 章 § 1.1.1 参照) で測定されている．濃度が増大するに従って，吸着時間は減少し，平衡に達した時の表面張力の値も小さくなる．

2.2.2 吸着の動力学

$t = 0$ に界面活性剤を純粋溶液に入れると，表面張力が平衡状態の値まで減少するのが観察されるが，これは瞬時に起こるわけではない (図 3.10)．同様に，気体と界面活性剤溶液の間の界面面積を急に増やすと，表面張力は増大し，その後，元の値に緩和する．このような表面張力の時間発展の曲線は，溶液の種類によってまちまちで，時には大きく異なることが分かっている．たとえ，平衡時の表面張力の値が近い場合にもそのようなことがある．この曲線は，特に体積濃度によって大きく変わり，このことが図 3.10 に示されている．この $\gamma(t)$ の時間発展にはいくつもの過程が関わっている．なぜなら，分子は溶液中から界面まで (溶液中より濃度が薄い層を通って) 拡散しなければならないし，続いて，その分子は，吸着に伴うエネルギー障壁を越えて，界面に定着しなければならないからである．この動力学を支配するのは，これらの過程のどちらかである．

なお，どんな場合でも，Γ と γ を関係付ける平衡状態方程式 (ラングミュアの式 (3.5) やそれに代わるものであり，系によって変わってくる) は常に成り立つ．したがって，$\gamma(t)$ を知るためには $\Gamma(t)$ の表式を得れば十分である．

拡散が律速する過程 界面に活性剤が流入する動的過程においては，脱離より吸着の方が多く起こる．拡散により律速される場合は，界面近傍の領域は溶液中に比べて界面活性剤が枯渇しており，その局所的な濃度 c_s は c に比べて非常に小さい．この時，この領域の厚み ζ は典型的には Γ/c の程度である．ゼロ次近似では，c_s を無視することで，吸着の典型的な時間スケールが $t_{\mathrm{diff}} = \Gamma^2/(D_v c^2)$ であることが次元解析的に求められる．ここで D_v は界面活性剤の溶液中での拡散係数である．ここで求めた時間は，距離 ζ を拡散するのに必要な時間に他ならない (訳注：$\zeta^2 \sim D_v t_{\mathrm{diff}}$)．したがって，この時間は体積濃度に非常に敏感に依存することが分かる．ここで，大きさの程度を与えておこう．分子量の小さい通常の界面活性剤 (本章補遺 6 参照) の場合，Γ は mg/m^2 程度で，$D_v = 10^{-10}$ m^2/s である．$c = 10^{-2}$ g/L とすると，$t_{\mathrm{diff}} = 20$ s を得る．$c = 1$ g/L では，$t_{\mathrm{diff}} = 0.002$ s を得る．

定量的な記述は，溶液中の拡散方程式を解けば得られる．吸着・脱離の過程は拡散の典型的時間に比べて非常に速いと仮定すると，Γ は界面直下の層と平衡状態にある．すなわち，界面下方の体積濃度 c_s は表面の状態方程式 (式 (3.4)) によって与えられる．すると，表面濃度 $\Gamma(t)$ は時間の関数として次式のように得られる [77]．

$$\Gamma(t) = \Gamma_0 + \sqrt{\frac{D_v}{\pi}} \left[2c\sqrt{t} - \int_0^t \frac{c_s(\tau)}{\sqrt{t-\tau}} d\tau \right]. \tag{3.7}$$

この式は陽な表現を与えていない．これは，$c_s(t)$ 自体が Γ に依存するためである．しかし，短時間領域では (そして $c_s \ll c$ ならば) この式は単純化されて $\Gamma(t) - \Gamma_0 \sim \sqrt{t}$ となる．同様に，長時間領域では漸近的な解が存在し，平衡状態の値からのずれは $1/\sqrt{t}$ で減衰する．

吸着・脱離のエネルギー障壁が律速する過程 ここで述べる第二の場合とは，たとえば濃度が高く，拡散が速い時に見られるものである．この場合の状況は先程と異なり，体積濃度 c は一様だが，Γ は，界面下方の相と，もはや平衡状態にない．一般的に，吸着の際のエネルギー障壁を作るのは，静電力か立体構造による力である．逆に，界面から脱するのにもエネルギーが必要になる．たとえば，タンパク質をはじめとする一部の分子は，吸着する際に立体的形状を変化させ，両親媒性としての性質を最適化しようとするため，下層に戻るのがより難しくなる．

この時の $\Gamma(t)$ を得るためには，吸着と脱離の速さを考慮した微分方程式 (3.3) から再出発しなくてはならない．この式から，たとえば，$\Gamma(t)$ の最終的な値からのずれは $\exp(-t/\tau_b)$ の形に従い，$\tau_b = 1/(ac+b)$ となることが直接示される．

複雑溶液の場合 ミセル溶液 ($c > cmc$, p. 33 参照) では，いくつもの特徴的時間を考慮しなければならない．それらは，個々の界面活性剤分子の拡散，ミセルの拡散，界面活性剤やミセルの吸着，および，ミセル化や脱ミセル化に関わるあらゆる作用にかかる時間である [11] (ミセル化や脱ミセル化の作用は，イオン性の界面活性剤では ms 程度で速いが，非イオン性の場合は秒の程度になる)．同様に，通常の界面活性剤より複雑な分子 (本章 § 6 参照) では，場合により，界面における分子の形状再構成 (たとえば，タンパク質の折り畳み解消) や，分子間の界面結合の形成も考慮に入れなければならないだろう．しかしながら，これらの効果が作用するのは，長時間領域に対してだけ，つまり，平衡状態への最終的漸近に対してだけである．

表面と直交する方向にできる濃度変化や表面張力の時間変化の他，表面に沿って γ の勾配ができることもある．次節では，このような空間上の勾配に界面がどう応答するか，界面活性剤による界面粘弾性の発生を通して，見ることにしよう．

2.2.3 界面粘弾性

個々の界面には二次元粘弾性があり，それによって，せん断および圧縮・膨張の応力に対して表面がどう応答するかを特徴付けられる．複雑流体と同様，これらの界面の性質は，小さな変形に対しては線形レオロジー的であるが，大変形に対しては流れの様子によって変わってくる．

吸着された界面活性剤の層が表面にあり，溶液中の界面活性剤槽と接していると，界面粘弾性は実に特徴的な性質を示すようになり，(界面活性剤が存在しない) 裸の界面の性質とは全く異なったものとなる．こうして生じる粘弾性の性質は，界面活性剤の水への可溶性と水中濃度に依存するだけでなく，界面にかけられる力学的負荷の特徴的時間スケールにも依存する．

本節で紹介するのは，界面レオロジーの一般的概念であり，気・液界面，特に界面活性剤に覆われた界面に適用できる [18]．第 5 章 § 1.1 には，ここで述べる界面レオロジーの諸性質の測定方法がいくつか記述されている．

巨視的な界面上を通る線要素 dl を考えよう．三次元での記述 (式 (4.14)) を二次元に書き換えれば，第 2 章 § 2.1.1 で示した表面に働く力をより一般的にした表現が，次のように得られる．

$$df_i = \sum_j \sigma^s_{ij} \hat{n}_j dl. \tag{3.8}$$

ここで，$\hat{\mathbf{n}}$ は，界面に接する平面内において，線要素 dl に直交した単位ベクトルである．添字 i と j はベクトル量およびテンソル量の成分を指す．表面の全応力

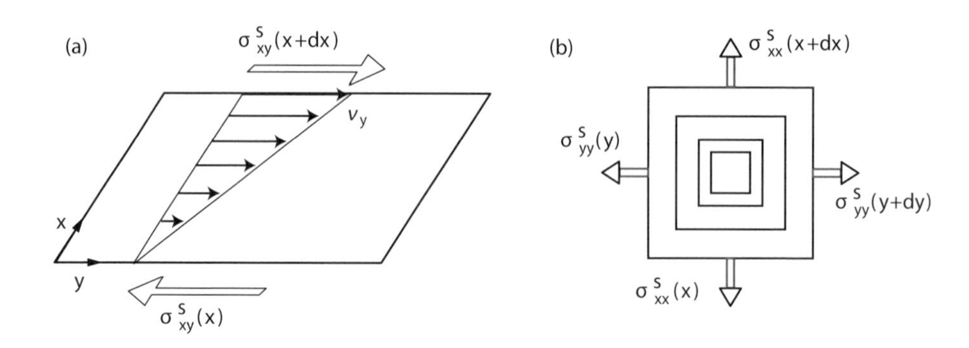

図 3.11: 界面の **(a)** せん断と **(b)** 膨張．(b) においても，(a) で定義したものと同じ座標系を用いている．

テンソル σ^s_{ij} には，次式に示すように，表面張力による等方的な寄与 (γ は三次元での圧力と反対の役割をする) に加えて，成分 $\bar{\sigma}^s_{ij}$ がある．これは単位長さ当たりの力と同じ次元を持っていて，粘性項と場合によっては弾性項を含んでいる．

$$\sigma^s_{ij} = \gamma\delta_{ij} + \bar{\sigma}^s_{ij}(\varepsilon, \dot{\varepsilon}) \tag{3.9}$$

ここで，γ は表面張力であるが，その値は，界面遠方での界面活性剤の体積濃度に対応した平衡値とする[4]．これらの粘性項および弾性項は，それぞれ，界面のひずみ速度およびひずみと，構成法則によって関係付けられている．

膨張・圧縮に対する応答　液体界面に起こり得る変形としてまず考えられるのは，面積の変化である．それにより，液体界面は圧縮していたり膨張していたりする．

面積 A の純粘性界面が膨張率 $A^{-1}dA/dt$ で膨張すると (図 3.11b)，界面は (図に示した表記法を用いて) 次式のような表面応力を受ける．

$$\sigma^s_{xx} = \sigma^s_{yy} = \gamma + \eta_d \frac{1}{A}\frac{dA}{dt}\,, \quad \sigma^s_{xy} = 0. \tag{3.10}$$

係数 η_d は，応力を膨張率と結び付け，表面膨張粘性率と呼ばれていて，$\mathrm{kg{\cdot}s^{-1}}$ の単位で表される．定量的な例を後でいくつか示す．

界面の圧縮・膨張についてさらに続けると，界面活性剤は，先に述べた粘性効果に加えて，表面の膨張に対する弾性も引き起こす．界面を局所的に面積 δA だけ引き延ばすと，界面活性剤の表面濃度 Γ が変化し，それが表面張力の局所的な値を変える．この変化は動的な項 $\bar{\sigma}^s$ の中に含まれている．

[4] ここではこのように定義したが，等方的応力の項は γ に含めても $\bar{\sigma}^s$ に含めても構わない．

吸着された界面活性剤の総量が変わらない場合 (たとえば，界面活性剤が不溶性の場合)，変形によりもたらされる濃度変化 $\delta\Gamma/\Gamma$ は $\delta\Gamma/\Gamma = -\delta A/A$ となる[5]．すると，それに対する弾性的応答は，次式のように定義される**ギブズ・マランゴニ (Gibbs-Marangoni) 弾性率**E_{GM} と関係付けられる．

$$E_{GM} = -\left.\frac{d\gamma}{d\ln\Gamma}\right)_{eq}. \tag{3.11}$$

この値は式 (3.5) を用いて計算できる．この値を測定するには，ラングミュア槽という装置を使い，不溶層の等温圧縮曲線を用いる．上の E_{GM} を用いると，界面応力は次式で与えられる[6]．

$$\sigma^s_{xx} = \sigma^s_{yy} = \gamma + E_{GM}\frac{\delta A}{A} \quad , \quad \sigma^s_{xy} = 0. \tag{3.12}$$

一方，可溶性の界面活性剤の場合，膨張に対する応答は複雑になり，力学的励起の周波数に依存する．試料表面が振動数 ω で振動するときには，三次元液体の場合 (式 (4.9)) と同様にして複素表面膨張率 E^*_s が定義でき，それは以下の形に分解できる．

$$E^*_s(\omega) = E'_s(\omega) + iE''_s(\omega) \tag{3.13}$$

この実部 (弾性率) は，変形と同位相の応力を記述する．虚部 (損失率) は，変形に対して位相が $\pi/2$ ずれた応力を記述する．後者は単に表面粘性率と関係しており，$E''_s = \omega\eta_d$ で結ばれる (第 4 章参照[7])．

ここで述べておきたいのは，係数 E_{GM} に対して**弾性**という語を使うのは，ここで考えている過程が，レオロジー測定において同相の応答を生むという事実を反映している，ということである．とはいえ，この係数は，単分子層の持つ**弾性固体**のような性質に伴うものではない．三次元で正確に対応する現象は気体の圧縮・膨張であり，これはたとえば音の伝搬において引き起こされるものである．

せん断に対する応答　続いて，せん断的な変形に対する応答を考えてみよう．せん断的な変形とは，界面の面積を変えることなく，形状を変化させるということである．まず，平面的な界面に加えられた単純なせん断流を考えよう (図 3.11a)．この時，表面せん断率は次式で与えられる．

$$\dot{\varepsilon}^s_{xy} = \frac{\partial v_y}{\partial x}. \tag{3.14}$$

---

[5]訳注：$\delta(\Gamma A) = 0$ より分かる．
[6]訳注：式 (3.12) の第二項は，$(d\gamma/d\Gamma)\delta\Gamma$ を書き換えたものである．
[7]訳注：式 (3.10) に $A = A_0e^{i\omega t}, \sigma^s = \sigma_0 e^{i\omega t}$ を代入すると分かる．

ここで，v_y は，界面における速度のせん断方向の成分を表す．すると，表面のせん断応力は，変形率 $\dot{\varepsilon}^s_{xy}$ と次の関係式によって結ばれる．

$$\sigma^s_{xy} = \eta_s \dot{\varepsilon}^s_{xy} \quad , \quad \sigma^s_{xx} = \sigma^s_{yy} = \gamma. \tag{3.15}$$

η_s は表面せん断粘性率であり，界面活性剤に強く依存する (本章§6で議論するように，界面活性剤の濃度と分子の種類に依存する)．ニュートン流体の場合は，せん断粘性率はせん断率によらず一定である．これは分子量の小さな界面活性剤に多く該当するケースである．一方で，より複雑な場合も存在する．界面がタンパク質や高分子で覆われている場合がそうで，粘性率がせん断率に依存するようになったり，時には流れが生じるための閾値や，さらに破壊が生じるための閾値さえ現れることがある (第4章§2.1で，せん断率依存性や流れが生じる閾値といった概念を再び取り扱う)．

界面活性剤の単分子層では，時に，せん断に伴って表面に弾性が見られることもある．「弾性」という術語が使われるのは，ここでは完璧な根拠があってのことであり，固体特有の挙動，すなわち，せん断に対して同位相の応答を示すからである．事実，二次元でも三次元と同様，固相，液相，気相があり (第2章§5参照)，二次元固体もせん断に対して抵抗を示す．

圧縮・膨張の場合と同様に，せん断応答に対する二次元複素率 G^*_s を導入し，三次元流体 (式 (4.9)) との類似性で次式のように定義する．

$$G^*_s(\omega) = G'_s(\omega) + iG''_s(\omega). \tag{3.16}$$

ここでも，変形と同位相の応力は G'_s で与えられ，変形に対して位相が $\pi/2$ ずれた応力は $G''_s = \omega\eta_s$ で与えられる．

粘弾性率の値　弾性率と粘性率が存在し，それらが周波数に依存するのは，界面活性剤のスケールで起こる二つの寄与の結果である．その寄与とは，一つは界面内部に起因し，吸着した分子間の流体相互作用や摩擦によるものである．もう一つは外的な要因で，表面とその下方にある液体との間で界面活性剤が絶え間なく行き来することに起因するものである．

実は，せん断応力に対する応答 (面積一定のもとで形状だけを変える場合) は，その大部分が表面における分子間の相互作用によって決められている．一方，圧縮・膨張の応力に対する応答は，界面活性剤が界面と液体の間で行き来ができるかどうかに強く関係しており (図 3.12)，それは界面活性剤の溶液中の拡散と，界面における吸着・脱離の過程によって決まる．しかし，この場合の応答には，界面内部の作用に関係した内的な寄与の影響もあり，したがって，圧縮や膨張の際に働く様々な寄与を分離して考えるのは非常に難しい．

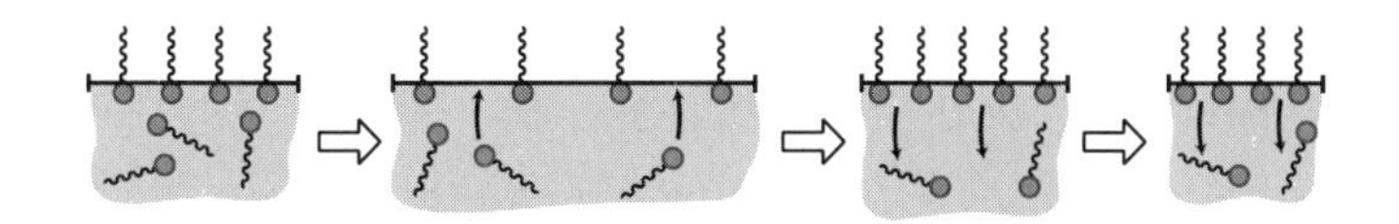

図 3.12: 圧縮・膨張の周期的な繰り返しにさらされた界面の概略図．振動に対する応答として，界面活性剤は，表面と溶液内部の間を行き来することができる．それにより，界面の粘弾性に特徴的な性質が現れる．

しかしながら，こうした圧縮・膨張に対する応答についても，二つの極限的な場合は簡単に理解できる．もし振動の周波数が非常に低ければ，界面には，界面活性剤が自在に行き来して，界面濃度を調整するのに十分な時間がある．すると，表面張力に変化は起こらず，圧縮に対する応答としての応力も生じない．つまり，$E'_s = E''_s = 0$ である．逆の場合，つまり ω が大きい場合は，層が応答する時間がなく，表面と溶液内部が界面活性剤を十分速くやり取りすることができなくなる．したがって，界面は不溶性物質の層のように応答し，$E'_s = E_{GM}$ と $E''_s \approx 0$ を得る．

両極限の中間的な場合については，最も単純なモデルがルカッセン (Lucassen) とファンデルテンペル (Van der Tempel) によって考案された [46]．そのモデルでは，表面と溶液内部の間の界面活性剤の行き来は拡散によってのみなされると考えて，吸着や脱離に伴うエネルギー障壁はないものとする．この場合は，次の式を得る．

$$E'_s = E_{GM} \frac{1+\Omega}{1+2\Omega+2\Omega^2} \tag{3.17}$$

および，

$$E''_s = E_{GM} \frac{\Omega}{1+2\Omega+2\Omega^2}. \tag{3.18}$$

ここで，

$$\Omega = \sqrt{\frac{D_v}{2\omega}} \frac{dc}{d\Gamma} \tag{3.19}$$

であり，界面活性剤の溶液中における拡散係数 D_v と，表面および溶液内部における濃度を式中に含んでいる．このモデルをさらに改良したものも存在し，表面における拡散の効果を考慮したモデルや，吸着に伴うエネルギー障壁を考慮したモデルがある．しかしながら，一般的な界面活性剤を用いた系では，元のモデルで割合良く記述できることが多い．このことから，圧縮・膨張においては，界面内部に起因する効果は殆ど働かないことが分かる．また，濃度を変えながら実際に測定してみると，臨界ミセル濃度 (p. 33 参照) よりわずかに低い濃度で弾性率が最大になる場合が多い．これが意味するのは，ミセルの存在によって表面との分子交換の機構が複雑になる，ということである．

定量的には，せん断率は常に圧縮率より十分小さい．加えて，せん断の際の弾性項は，可溶性の界面活性剤の場合は，通常，ゼロである (そうならないのは表面に固体の層が存在する場合だけであり，たとえば，硬い網目や，互いに繋がり合った複雑な構造がある場合が該当する)．圧縮の際の弾性率は，典型的に，1 mN/m の数分の一から 100 mN/m 程度までの値を取る．

せん断の際の粘性率 η_s は，モル質量の小さな界面活性剤で覆われた表面の場合は典型的に 10^{-8} から 10^{-7} kg/s 程度の値をとり，一方で，たとえばタンパク質に覆われた表面の場合には 10^{-5} kg/s に達することもある．前者の場合，そして，その際に挙げた粘性率の値を持つ場合は，**可動性**の界面を扱うことになる．一方，後者の場合は界面は**不動性**である．また，膨張の際の粘性率 η_d は典型的に η_s より一桁か二桁程度大きい．本章補遺 7 では，引き伸ばされた定常薄膜の表面膨張粘性率に対して，様々なモデルを取り扱う．

2.2.4　界面のスケールで起こる諸現象とムース性

表面張力に関して，安直に，まず言えるのは，γ の値が小さければ，エネルギー的により労せずして界面を作れる，ということである．ムースを作るということは気・液界面の面積 S_{int} を劇的に増やすことであるから，小さな表面張力はムース性にとって望ましいはずである．なぜなら，界面エネルギー E は γ に比例するからである ($E = \gamma S_{int}$，式 (2.15))．

小さな表面張力が望ましい…とはいえ，それだけでは確実に足りない！　実は，重要なのは吸着の動力学であり，平衡状態における値はそれ程重要ではない．たとえ γ の最終的な値が小さくても，それが長時間の遅い吸着の結果として得られるものである場合，その溶液はあまりムース化しないことが実験的に分かっている．

良いムース性のためには，できたばかりの気泡は極力速く界面活性剤に覆われなければならない．つまり，十分に高い表面濃度に達していて，はじめて，気泡どうしが接触，変形，再配置し，互いに押しつぶしあって，ムースの内部構造となる薄膜を作ることができる．この点を理解するには，吸着の典型的時間 t_{ad} (あるいは，表面張力減少の典型的時間) と，気泡一つの生成に要する特徴的時間 t_{exp} を比較する必要があるが，後者は生成法によって変わってくる．たとえば，t_{exp} が長いときには，速い吸着は必要なく，界面活性剤の体積濃度が小さい場合にもムースを作ることが可能になる．一方で，t_{exp} が短いときは，表面張力が非常に速く減少する系だけがムース化できる．

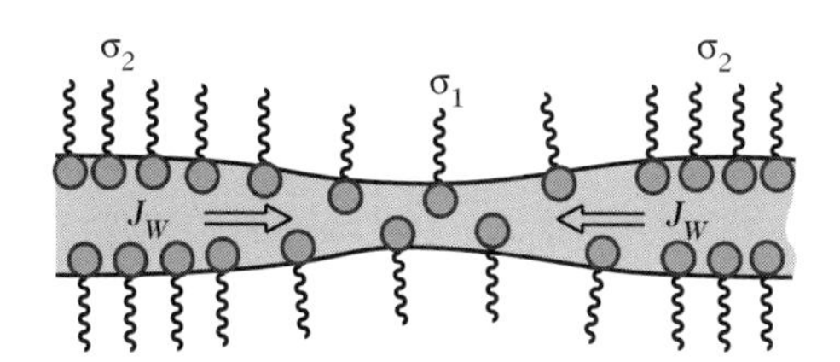

図 3.13: 弾性的な界面を持つ薄膜の場合．局所的な引き伸ばしによって表面密度の勾配が現れるとともに，膜厚が減少している．表面と溶液中に誘起される流れが組み合わさることで，膜厚と濃度の揺らぎが修復される．液体が流束 J_w で薄膜の中を流れ，界面活性剤を界面に引き戻して，薄膜を元の厚さに膨らませる．

吸着の動力学とムースの生成法の間のこのような相関をより良く理解するには，適切な装置を用いて，面積が膨張し続ける界面の表面張力を測ってみれば良い．様々な膨張率に対して実験を繰り返すことで，膨張率がどの値を超えると，界面活性剤が，もはや不動性界面のようには高密度で表面を覆わなくなり，表面張力を下げることができなくなるのかが分かる [48].

これまでの結果から分かっているのは，良いムース性を得るためには，一般に，界面活性剤が素早く表面に吸着することが必要だということであり，その結果，表面には高密度の層ができる．しかしながら，こうした層が，なぜ，どのようにして必要で，ムースが生成されるのかということは，これだけでは分からない．

本章では，界面活性剤が界面に吸着することによって引き起こされる主な結果として，界面が (膨張・せん断の双方に関し) 粘弾性的性質を帯びることが分かった．ムースを作るということは，界面を生成し，変形させることであるから，二次元のレオロジー的性質が一定の役割を果たすものと考えられる．今日はっきりしているのは，ムース性と表面粘弾性の関係は，解明からは程遠い課題だということである．つまり，定量的に，正確な基準や何らかのパラメータの臨界値を与えて，ムース生成の可能性を制御することはできていない．

しかしながら，E'_s と E''_s で特徴付けられる圧縮・膨張の際の界面粘弾性は，ムース性やムースの安定性にとって重要な界面パラメータとして認識されているようである．

一定の応力下では，界面の弾性が大きくなる程，最終的な変形はより小さくなる．つまり，薄膜はより引き伸ばされなくなり，したがって，それだけ壊れにくくなる傾向にある．この効果に加えて，弾性にはもう一つ，界面を**元に戻す**という役割がある．膨張が一様でなかったり，表面密度に揺らぎがあったりすると，界面活性剤の乏しい領域が生じ，表面張力の勾配が現れる (図 3.13)．E'_s が大きいと，この勾配は一層大きくなる．そして，この勾配は弾性的な復元力を界面の面内にもたらし，それによって，生じた揺らぎが**修復**されて消える．これは，界面活性剤が引き戻され，また，界面の引き伸ばしが制限されることによって起こる．つまり，弾性率 E_s' さえ分かれば，ある決まった大きさの揺らぎあるいは界面の局所的な引き伸ばしが生じた場合に，それが表面張力の勾配をどの程度もたらし，したがって，どの程度の復元力，そして修復をもたらすのかが決まる．さらに，界面の勾配が修復されるこのような仕組みは，界面内の輸送だけが関わっているわけではない．表面張力の勾配と界面下部の液体に生じる流れは互いに関係していて，この相互作用は**マランゴニ効果**として知られている．下部の相で生じるこの流れによって，とりわけ，界面活性剤がより速く引き戻され，界面揺らぎが「修復」される．さらに，ムースにとって一層都合の良いことに，薄膜のスケールで見てみると (図 3.13)，マランゴニ効果によって界面活性剤が表面に引き戻されるだけでなく，液体が薄膜の中で引き戻されてもいる (体積流束 J_w)．液体薄膜の場合，表面張力の勾配は，しばしば，(図 3.13 に描かれているような) 膜厚の揺らぎを伴う．このことに注意すると，一石二鳥になっていることが分かる．つまり，もし薄膜界面が弾性的ならば，先ほど述べた修復の仕組みが働いて，マランゴニ効果を介して，濃度の揺らぎと膜厚の揺らぎが同時に修復されて消える．これによって，薄膜が壊れる危険性も抑えられている．

また，この界面粘弾性は，表面が作られる際の膨張率と関係している．たとえば，複素率 E_s^* が小さいと，表面の引き伸ばしが容易になる．しかし，もしその表面があまりに速く引き伸ばされてしまうと，界面活性剤の吸着の動力学が問題になるかもしれない．これは，先ほど議論した通りである．もう一方の極限，つまり，圧縮の際の弾性が強すぎる場合は，界面は固体的な振る舞いをすることになり，そのため表面が壊れてしまう可能性がある．

一方，界面の圧縮・膨張の際の弾性は，せん断の際の表面の粘性と全く同じように，薄膜やプラトー境界の内部で起こる排液の流れに影響をおよぼす．なぜなら，このような弾性や粘性に支配されている表面の流れは，溶液中での流れと関わり合っているからである (本章 § 4 参照)．さらに，界面弾性によって左右されると考えられるもう一つの現象として，薄膜があまりに速く作られた場合に見られる，薄膜内での鐘形の液滴の出現があげられる (**ディンプル (えくぼ状の窪み)** と呼ばれ，薄膜を不安定化させる) (本章 § 5 参照)．

それでは，最適なムース性をもたらす，一番良い弾性とはどのようなものであろうか？　良く観察される事実としては，中くらいの膨張弾性率，つまり，大きすぎも小さすぎもせず，およそ 10 mN/m 程度の弾性率が，ムース性にとって最適だということである．これは，先ほど述べた，弾性が決定的な影響をおよぼす様々な効果の全てが釣り合った結果である [43]．通常の界面活性剤では，これはしばしば臨界ミセル濃度付近の濃度に対応する.

ここまでで，望ましい界面とは，粘弾性的で，界面活性剤に直ちに覆われるようなものだということは明らかである．しかし，これらたった二つの基準だけでは，まだムースの存在を理解することはできない．薄膜のスケールにおける界面の間の相互作用が，本章 § 2.3 で述べるように，決定的な役割を果たす.

2.3 液体薄膜の性質とムース性

2.3.1 二つの界面の間の相互作用

ムース化の段階においては，界面活性剤は気泡一つ一つの表面に吸着する．では二つの気泡が近づくとき，どのような力が二つの界面の間に働くだろうか？ この問題が決定的に重要となるのは，ムースを成す気泡の間を隔てる，薄い液体薄膜の安定性を理解する場合である．そこで，まず，液体薄膜を考え，その表面となる二枚の界面は無限に大きくて，距離 h だけ離れているとしよう．歴史的には [54]，この問題の取り扱いには，分離圧 Π_d (単位面積当たりの力であり，第2章 § 4.1.3 で導入された) が良く用いられてきた．ここでは，これに倣って，液体に隔てられた二つの界面の間に生じる分離圧に，どのような引力的・斥力的な寄与があるか説明する [4, 71].

界面活性剤に覆われた二つの表面は，双極子的な力によって引き付けあう．この力は，分散力，またはロンドン・ファンデルワールス (London-van der Waals) 力と呼ばれており，誘起双極子の間の双極子相互作用に対応している．微視的には，距離 r 隔てた二分子間の相互作用ポテンシャル $V(r)$ は $1/r^6$ に比例する．一方，巨視的な物体，たとえば二つの平面の場合には，この相互作用は分離圧 Π_{vdW} として現れ，距離 h に応じて次式に従って変化する (真空に隔てられた二枚の平板の場合) [8].

$$\Pi_{vdW} = -A_h/6\pi h^3. \tag{3.20}$$

ここで，A_h はハマカー (Hamaker) 定数であり，引力の場合に正の値をとる [36].

考慮に入れるべき寄与にはもう一つ，静電相互作用がある．実際には，静電相互作用が最も重要なことが多い．この理由は，多くの界面活性剤がイオンとして働くため，界面は一般に帯電しているからである (本章 § 6 参照)．そのような帯電面は互いに反発し合うのだが，実はそう聞いて感じるほど話は単純ではない．二つの帯電面の間の静電相互作用を考慮に入れなければならないのは確かだが，

[8] 訳注：この式は，一方の板の微小体積ともう一方の板の微小体積のペアに含まれる分子間の相互作用 $V(r)$ を (積分として) 足し合わせた単位面積当たりのエネルギーを距離 h で微分することで得られる．詳しくは，「コロイドの物理学」や「表面張力の物理学」(共に吉岡書店) 等参照.

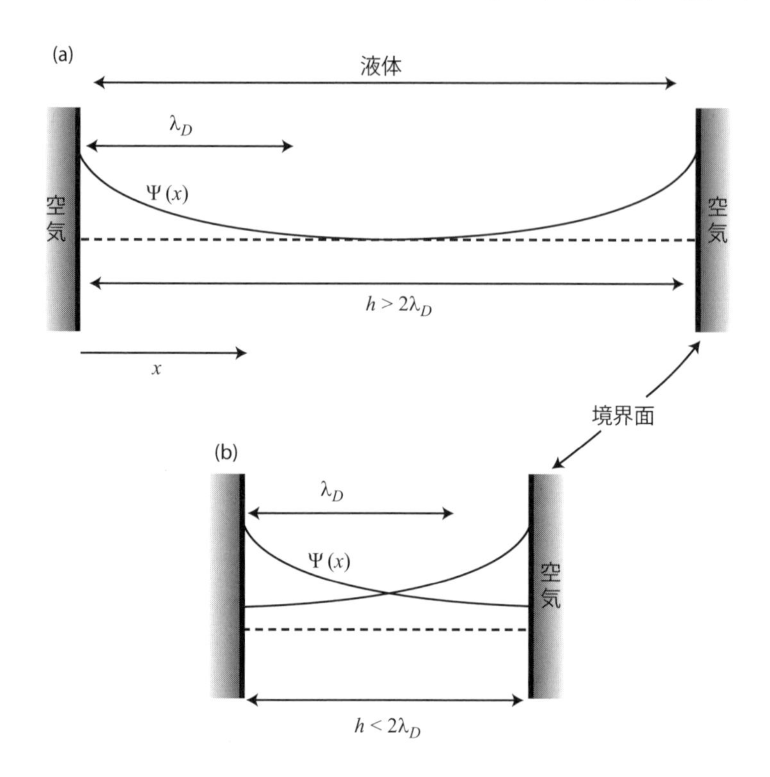

図 3.14: 電荷を帯びた二つの表面が距離 h 離れている場合の静電ポテンシャル $\psi(x)$．λ_D は静電ポテンシャル ψ の有効作用距離に相当する．**(a)** $h > 2\lambda_D$ である限りは斥力相互作用が働かない．薄膜の中心では，(界面から無限に離れた) 溶液中における静電ポテンシャルの値が現れる (破線)．**(b)** 逆に，$h < 2\lambda_D$ の場合，薄膜内部の静電ポテンシャルは，もはや無限遠の溶液中におけるポテンシャルと等しくはならない．この場合の対イオン濃度は，無限遠の溶液中における濃度よりも高くなる．そして，この過剰な対イオンが薄膜内に閉じ込められていることにより，表面の間に斥力が働く．

それらはイオン性の溶液で隔てられている，すなわち，その溶液自体がイオンを含んでいるのである (表面の電荷と同符号の共イオンと，逆符号の対イオン)．このような場合は，デバイ長 λ_D を用いる．これは，静電ポテンシャル ψ の，帯電界面からの有効作用距離に相当する (図 3.14 参照)．デバイ長は実際の有効作用距離である．なぜなら，デバイ長の見積もりには溶液中の対イオンの効果が考慮に入れられており，これが静電ポテンシャルの「遮蔽」現象を起こすからである．

この距離 λ_D は以下のように書かれる[9].

$$\lambda_D = \sqrt{\frac{\epsilon k_B T}{8\pi n e^2}}. \tag{3.21}$$

式 (3.21) において，ϵ は流体の比誘電率，n は電荷の数密度，e は電気素量である．λ_D はまた，帯電面によって誘起されたイオン雲が広がる典型的な距離でもあり，そのようなイオン雲内部のイオンの分布は，遠く離れたところにあるイオンの分布とは異なっている．以上のように，二つの帯電面が近づくと，隔たり h が $2\lambda_D$ に達したところで相互作用が始まる．距離がより小さくなると，そこをイオン雲が覆い尽くし，それによって斥力相互作用が生じる．したがって，この斥力相互作用はエントロピー由来のものである．

一般的になされる仮定として，イオン雲による被覆がわずかで，またポテンシャルが一定だとすると，静電分離圧 Π_{el} は以下のように書かれる．

$$\Pi_{el} \sim \exp(-h/\lambda_D). \tag{3.22}$$

これら二つの相互作用 (静電相互作用と双極子相互作用) を足し算の形で考慮したものが DLVO モデルと呼ばれるものであり (DLVO は Derjaguin(デルヤーギン)，Landau(ランダウ)，Vervey(フェルウェー) と Overbeck(オーバービーク) を指す)，多くのコロイド系の安定性を記述する [25].

しかし，DLVO モデルの相互作用はムースの場合を記述するのには十分でない．非常に短い距離では，界面に吸着された界面活性剤の層が，立体障害による斥力を介して相互作用する．これは，界面活性剤の層が互いに重なり合えないことによるものである．分子量の小さな界面活性剤の薄膜の場合，この斥力は，界面活性剤と結び付いた水分子の立体的な閉じ込め効果によるものである．

図 3.15 に描かれているのは，静電相互作用，ファンデルワールス力，立体障害による分離圧 (それぞれ $\Pi_{el}, \Pi_{vdW}, \Pi ste$) を表す典型的な曲線である．この薄膜における分離圧の総計は次式で与えられる．

$$\Pi_d = \Pi_{el} + \Pi_{vdW} + \Pi_{ste} \tag{3.23}$$

まず注意すべきは，気泡の間にこうした相互作用が働くのは，気泡がわずかな距離しか離れていない場合だけであり，そのような距離は一般的に 100 nm を下回る．図 3.15 で描かれているのは，静電相互作用が双極子相互作用に比べて十分に強く，それによって曲線に正の極大領域が現れている場合である．同様に，わ

[9]訳注：この式は，静電ポテンシャルの満たすポアソン方程式に現れる荷電粒子の数密度をボルツマン分布と仮定して得られるポアソン-ボルツマン方程式を線形化することで導かれる．この節の記述の詳細に関しては，イスラエルアチヴィリ著・大島広行訳「分子間力と表面力」(朝倉書店) も参照.

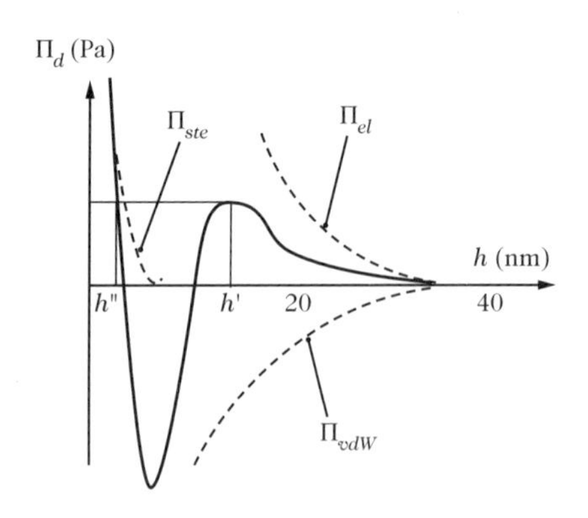

図 3.15: 二つの界面の間の分離圧を，界面間の距離 h の関数として表したもの．分離圧における様々な寄与，すなわち，静電相互作用 (el)，立体障害 (ste)，そしてファンデルワールス力 (vdW) による寄与が，それぞれ破線で示されている．実線はこれらの寄与の和を表す．ここで示しているのは寄与の和が単調ではない関数として振る舞う場合であり，その結果，一つ，または二つの安定な膜厚が，同じ分離圧を与えることがある (本文参照) [4].

ずかな距離においては，立体障害による相互作用が双極子相互作用を上回り，そのために Π_d は再び正の値をとる．このような単調でない曲線は，良く使われる界面活性剤にありふれたものである．

静電，双極子，そして立体障害による相互作用に加えて，もう一つ，界面活性剤溶液やムースにとって重要な役割をするのが，**超分子**相互作用である．ムース化した流体においては，溶液中にしばしば組織化した構造が見られ，それは分子よりもはるかに大きなスケールを持つ．そうした構造には，たとえばミセルや二重層があり，それらは高濃度の界面活性剤によって作られる．こうした構造が薄膜内に閉じ込められることによって分離圧に新たな寄与が誘起される。この寄与は，長距離にわたって作用し，また，距離の関数として振動する．(図 3.16)

薄膜においては，閉じ込めの結果として，互いに平行な層が重なった層状組織が観察される．これは古典的な現象で，**層状化**と呼ばれている．このとき，薄膜内の濃度変化は，薄膜に対して垂直な方向に見ると振動している (図 3.16).

薄膜の中に液体が流れることによって動的な圧力が生じることもあり，その場合は，それが分離圧の他の諸項に付け加わって，より厚い薄膜が安定化する．しかしながら，この寄与が効果を持つのは流れが非常に速い場合だけであり，しかもその流れは，薄膜の中と，隣接するプラトー境界内部で同時に起こる必要がある．そして，そのためには大きな曲率半径が必要である (本章 § 4 参照)．これは，センチメートル程度の大きさの気泡や高い液体分率を持つ場合が該当する．

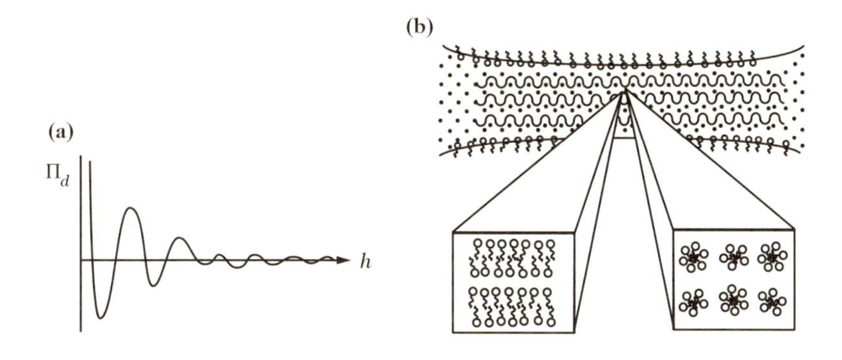

図 3.16: **(a)** 分離圧 Π_d が膜厚 h の関数として振動している場合．こうした振動は，薄膜における超分子構造の閉じ込めと自己組織化 **(b)** の結果として起こる．具体的には，多重化した二重層やミセルの層が例として挙げられる．

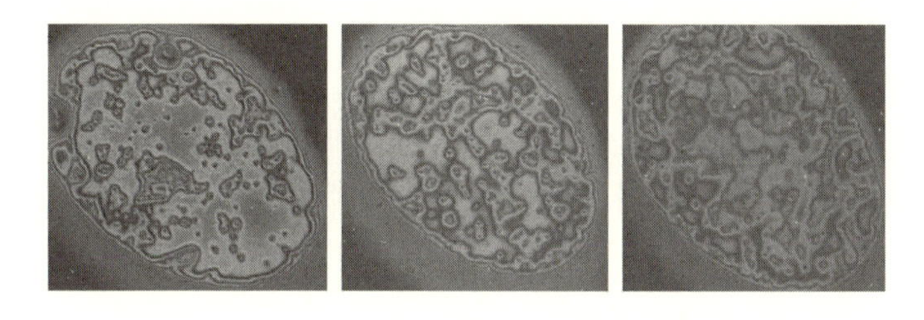

図 3.17: 不均一な薄膜の写真．これらの写真は薄膜平衡法によって得られたものである (第 5 章 § 1.1.4 参照)．左から右へ，タンパク質の体積濃度が増大している．薄膜は左の図では不安定，右の図では安定である．写真に写っている範囲のうち，薄膜の面積は 3 mm^2 である．A. Saint-Jalmes 氏撮影．カラー口絵 6 参照．

最後に触れておきたいのは，(分子の) 閉じ込めや相互浸透の抑制に起因した立体障害の効果である．この効果は，膜厚が百ナノメートルよりも大きい場合に生じることがある．たとえば，タンパク質，吸着された高分子，または界面に吸着された固体粒子の場合には，時に，数百ナノメートルの膜厚において，立体障害に特徴的な斥力相互作用が観測される．そのような場合，薄膜はもはや，一様の膜厚を持つとは限らない．すなわち，薄膜は見るからに凸凹しており，一種の凝固ゲルが表面の間に閉じ込められた状態になることがある．図 3.17 が示すのは，牛乳のタンパク質 (カゼイン，p. 189 参照) の溶液を用いた薄膜を上から見た様子である (薄膜平衡法を使用，p. 287 参照)．この薄膜においては，干渉で様々な色が生じることから，膜厚が数百ナノメートルの程度であり，また一定ではないことが分かる．

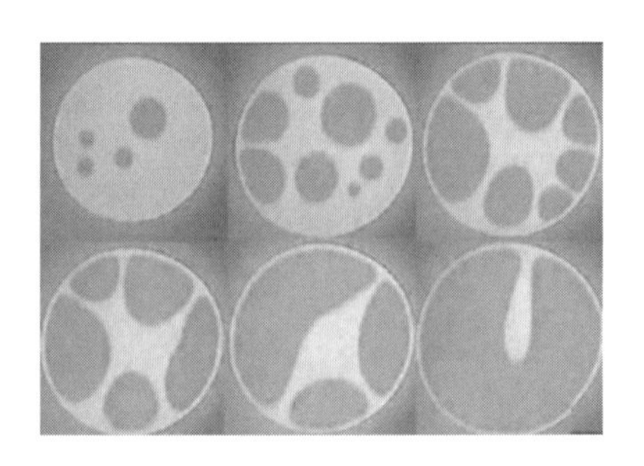

図 3.18: 単一の薄膜を上から見た様子．膜厚は不連続な飛びを示しており，より厚い薄膜 (明るく見える部分) と，より薄い薄膜 (より暗く見える部分) が見られる．異なる写真は別々の瞬間に対応しているが，薄膜にかけられた圧力は一定である．写真の大きさは図 3.17 のものと同じである．A. Saint-Jalmes 氏撮影．カラー口絵 7 参照.

分離圧曲線が非単調であるという事実からは，一つの重要な結果がもたらされる．すなわち，分離圧曲線において，$d\Pi_d/dh$ が正の部分は熱力学的に不安定であることを考慮すれば[10]，その部分に該当する膜厚は実現不可能になることが分かる．

図 3.15 に記された単純な場合を考えてみよう．もし，$\Pi_d = 0$ から始めて，分離圧を増大させていくと (あるいは，同じことであるが，二つの界面を近付けていくと)，h は，まず連続的に減少し，臨界点 h'(分離圧曲線の極大点) まで到達する．そして，そこから**直接**，一定の圧力を保ったままで，第二の安定領域にある，より小さな値 h'' へと飛ぶのである．

薄膜の膜厚における，この不連続な変化は，**薄膜平衡法**(図 3.18) (第 5 章 § 1.1.4 参照) によって可視化できる．具体的には，初期の膜厚が一様で h' より大きい薄膜に十分に強い圧力を加えると，時間が経つにつれて，薄膜内に色の暗い領域が現れる．そうした領域はより薄い膜厚に対応している．そして，そのような領域は少しずつ融合していき，平衡状態では，薄膜は，はじめより小さな値で一様な膜厚を持つようになる．この二つの膜厚の間の厚みは，どの厚みも実現不可能だったわけである．同じことが，内部に層状の構造を持った薄膜についても当てはまる．つまり，図 3.16 のように振動する分離圧曲線の場合は，薄膜を薄くしていく際に，膜厚の不連続な飛びが何度も見られるのである．

[10]訳注：式 (2.34) に示唆されているように，分離圧は，薄膜の単位面積当たりの自由エネルギーを厚み h で一階微分したものに負号を付けたものである．したがって，$d\Pi_d/dh$ が正の部分は，自由エネルギーの二階微分が負，つまり，上に凸になる場所であるためこのことが言える．詳しくは,「表面張力の物理学」(吉岡書店) 等参照.

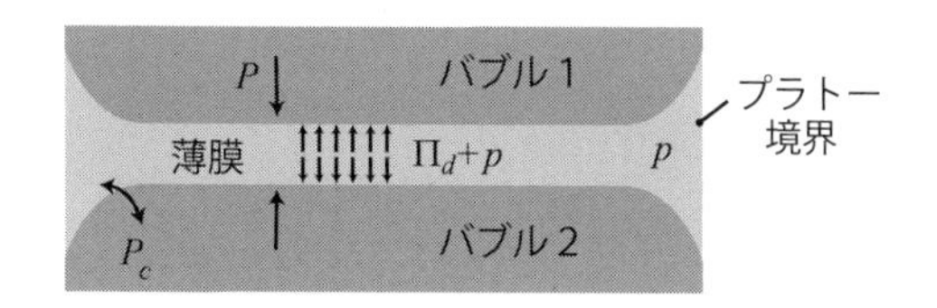

図 3.19: 圧力の局所的な釣り合い．気体の圧力と釣り合いを保ち，プラトー境界からの毛管吸引に抗するためには，界面の間に斥力がなくてはならない．これによって，分離圧 Π_d が誘起され，安定な薄膜の存在が可能になる．

2.3.2 局所安定条件とムース性

ここでムースに話を戻そう．ムースのどのような性質から分離圧が定まり，よって薄膜の厚さが決まるのだろうか．それを理解するためには，平坦な薄膜とそれに隣接したプラトー境界の間の圧力の釣り合いをもう一度考える必要がある．これは，第 2 章 § 4.1.3 で既に扱った内容である．

プラトー境界は湾曲しているため，接する薄膜の液体を常に吸い出そうとする．これが既に述べた毛管吸引であり，至る所に存在する．なぜなら，毛管吸引は，単に，プラトー境界が普遍的に持つ形状に由来するからである．

平衡状態において平坦な薄膜が存在するためには，付加的に，正の圧力，具体的には分離圧が薄膜の中に生じる必要があり，これが液体の圧力 p に付け加わる．平衡状態では，分離圧は毛管圧力 P_c と正確に一致し，したがって，$\Pi_d = P - p = P_c$ となる．これは，薄膜の安定性 (そしてムースの存在！) を理解するうえで最も重要な関係である．この分離圧が気体の圧力との釣り合いを正確に保ち，必然的に生じるプラトー境界への吸引に対抗することによって，薄膜は安定化され，有限の膜厚が実現して，最終的にムースが存在できるようになる．

毛管圧力 P_c はムースの性質に依存し，実験条件によってその値が決まる．また，毛管圧力は，プラトー境界の曲率半径 r に反比例する (式 (2.30))．この曲率半径は，気泡の直径 d と液体分率 ϕ_l に依存する．したがって，d と ϕ_l の値に応じて，毛管圧力は非常に幅広い範囲の値を取ることになる．具体的には，ムースが湿っていて気泡が大きい場合には毛管圧力は小さいが (数 Pa)，反対に，気泡が小さかったりムースがとても乾いていたりする場合には (プラトー境界の曲率半径が小さく，$r < 0.1$ mm の場合に対応する) 毛管圧力は大きい (数百 Pa の程度から，数千 Pa になることさえある)．

ここで，あるムースを考え，それを構成する気泡の大きさと液体分率が一様で，時間に依らず一定だと仮定しよう．これにより，毛管圧力は一定に保たれ，薄膜に対するプラトー境界からの吸引力にも変化が起こらない．圧力の釣り合いから

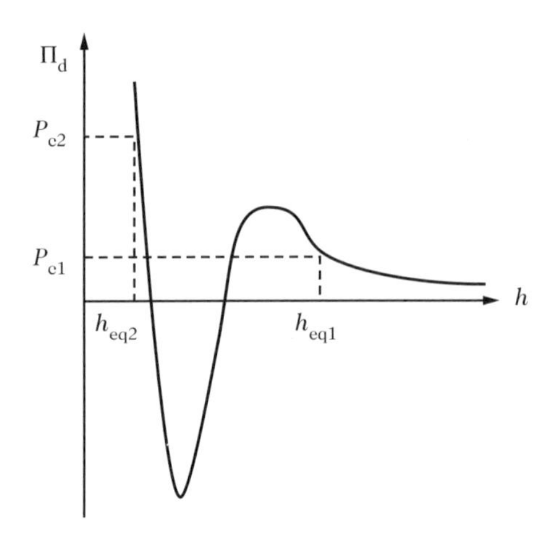

図 3.20: 二つの毛管圧力の値 P_{c1} と P_{c2} に対する平衡膜厚 h_{eq1} と h_{eq2}．薄膜が厚い場合は**通常黒薄膜**(CBF) が安定となり，厚みがナノメートル程度の場合は**ニュートン黒薄膜**が安定となる．

示唆されるのは，このムースが存在できる状況は限られているということである．すなわち，薄膜の中に斥力が存在し，それによって $P_c = \Pi_d$ となる分離圧 Π_d が生じているような場合だけムースが存在できる．この時，平衡膜厚 h が一つ決まって，ムースの存在が可能となる．したがって，どのような場合にせよ重要なのは，ムースの中に現れる毛管圧力の取り得る値の範囲と，薄膜に生じる分離圧の値の範囲を比較することであり，この比較によって薄膜の安定性の限界を評価することができる．ムース性は，Π_d がもたらす斥力相互作用が，強ければ強い程，また，長距離に働けば働く程，一層良くなる．

ここでもう一度，図 3.15 に示した場合について考えよう．この場合，複数の範囲の膜厚において，静電相互作用による力と立体障害による力が，双極子的な力を上回る．図 3.15 のような形状の曲線は，分子量の小さな通常の界面活性剤を使った場合に対応する．この時，小さな毛管圧力 ($P_c = P_{c1}$) に対しては，何十ナノメートルもの厚い膜が安定になることがある (図 3.20)．このような，静電相互作用による力と双極子的な力の釣り合いによって安定化した薄膜は[11]，**通常黒薄膜**と呼ばれる (あるいは，*Common Black Film* の意で CBF とも表記する)．このような薄膜の典型的な厚みは，10 から 80 nm の範囲にあり，数百パスカル未満の毛管圧力によって作られる．

一方，十分大きな圧力 ($P_c = P_{c2}$) に対しては，立体障害による力と双極子的

[11]訳注：この領域では，図 3.15 に示唆されているように，立体障害による力は殆どない．

な力の釣り合いによって決まる状態[12] が唯一の平衡状態であり，ナノメートル程度の液体薄膜に対応する．極めて壊れやすいものの，このような薄膜は，界面活性剤のムースにおいては観察可能であり，**ニュートン黒薄膜**という名前を持つ (*Newton Black Film* の意で NBF とも呼ばれる)．その膜厚は 2 から 4 nm ほどであり，界面活性剤の分子鎖の長さに応じて変化する．これら薄膜を**黒い**と表現する理由は，このような膜厚では，もはや光を殆ど反射しないからである (干渉による光の弱め合いが起こるだけである) (第 5 章 § 1.1.3 参照)．

2.4　ムース性の微視的起源についてのまとめ

溶液が持つムース性の起源は，微視的には多岐にわたる．しかしながら，ここまで学んできたように，巨視的なムース性に関わっているのは，界面固有のいくつかの性質と，二つの界面の間に生じる力である．つまり，我々は既に，明快な視点を持っていて，分子量の小さな界面活性剤を用いた単純な系であれば，その視点は広く適用できる．

溶液がムース化するためには，まず表面の界面活性剤が大量に，**素早く吸着する**ことが必要である．次に，こうしてできた界面活性剤の層が，**十分大きな正の分離圧**を生まなければならない．つまり，孤立した薄膜の安定性とムースの安定性は関わり合っているのである．そして最後に肝要なのが，**膨張時の表面弾性**が大きすぎも小さすぎもしないということである．その場合，特にマランゴニ効果によって，様々な揺らぎが修復され，界面と薄膜の色々な動的不安定性が制限される．

既に見たように，界面活性剤の濃度 c を上昇させると，吸着の動力学が加速され，γ の平衡状態の値が減少し，粘弾性率と斥力の大きさが増大する．したがって，ムースを安定化しようとするあらゆる作用が最大限に活用されることとなる．つまり，c を増大することで，よりムース化しやすい溶液ができ，より安定なムースが得られるだろう．しかしながら，濃度だけに手を加えているようでは，ムース性を限界まで最適化することはできない．まず，濃度が臨界ミセル濃度に達すると，表面は飽和し，表面濃度はもはや体積濃度に依らなくなる．したがって，この臨界濃度を大幅に超えるようなことをしても意味がない (薄膜内の成層作用を強めるためでないとしたら，であるが)．一方，界面活性剤としての働きが弱い (性質上，界面に殆ど吸着しない) 分子の場合，その濃度を増大させても，界面に分子を送り込むことは殆どできないが，とりわけ溶液中に構造を作ることにはなる．

[12]訳注：この領域では，やはり，図 3.15 に示唆されているように，立体障害による力が静電相互作用による力をはるかに上回る．

ところで，液体界面に対して (吸着の動力学の) 測定をし，単独の薄膜に対して (安定性を調べるための) 測定をすれば，溶液のムース性について知り，予言をするのに十分なのだろうか．これは正しくもあり，そうでない部分もある．実際，大きさに関して様々なスケールで得られる結果を関連付けようとする時は，慎重になる方が理に適っている．なぜなら，下位構造についての測定では三次元ムースの実態を捉えられない場合があるからであり，特に化学的組成が複雑な場合はそうである (複数の界面活性剤の混合物，界面活性剤と高分子の混合物，タンパク質の場合など)．

ある場合には，自由界面に対する吸着の動力学 ($\gamma(t)$) の測定がムース性とあまり相関しないことがある．たとえば，ある系では，ムース化が起こるような濃度であっても，気・液界面が一つだけあるようなスケールで $\gamma(t)$ を測ると，ほんのわずかな物質しか吸着せず，しかもその吸着過程はゆっくりとしたものである場合がある (これらはふつう，ムース性が芳しくないことを意味している)．この場合は，単独界面の測定が，ムースの実態を反映したものになっていない．こうした測定が見落としてしまうこととして，たとえば，何らかの吸着現象が強制的に加速されている場合などがあり，このような現象は，ムース生成の際，気泡が互いに接触する時に起こる．

そして，ここにこそ大きな問題がある．つまり，実験では様々な制約があるために，ムースが持つ下位構造の中には，ムース化の際とは異なる時間スケール (あるいは周波数，振幅，大きさのスケール) でしか調べられないものがあり，したがって，測定に使われたスケールは必ずしも有用なものとは限らないのである．同様に，多くの場合では線形領域でしか各種性質は測れないが，そうした線形領域はやはり，必ずしもムースの生成に主要な役割を果たしているわけではない．さらに，孤立した下位構造について用いられる殆どの測定方法では，協同的な効果，つまり，閉じ込め，または動力学に関連した効果が無視されることが多い．そのため，中間的なスケールで得られる情報は，どのような場合でも有用であるにもかかわらず，大抵の場合は不十分であり，そこから導き出される結論も不適切なものに終わってしまう．

したがって，今日でもなお多くのことが理解されずに残されており,「なぜムース化するのか？」という疑問に，どんなに簡単な場合でも確実に答えることはできない．

3 熟成 (粗大化) [13]

隣接気泡を少ししか持たない気泡は，他の気泡より大きな圧力を持つ (フォンノイマン・マリンズの法則)．したがって，もし中の気体が仕切りを通り抜けることができれば，その気泡は小さくなっていく (§ **3.1**)．すると，隣接する気泡の数はさらに減っていくので，その気泡はますます速く小さくなっていくことになる．こうして気泡は次々と消滅していくので，残された気泡の平均サイズは大きくなっていく．そして最終的にはたった一つの大きな気泡しかなくなり，気体は全てそこに収められる．この機構と，その結果生じるムースの構造は，一般的なものである (§ **3.2**)．一方，この過程が起こる速度は，考えている系が持つ個別の特徴的性質に依存している．ここでいう特徴的性質とは，ムースの場合，液体分率，気泡の平均サイズ，そして，ムースを成す気体と液体の物理化学的性質である (§ **3.3**)．

3.1 非常に乾いた気泡の成長率

ここでは，乾いた気泡の成長に限って話を進める．この問題に関する文献の殆どは，実は気泡の曲率の研究に行きついている．この気泡の曲率については，既に第 2 章 § 3.3.2 で扱った．

3.1.1 非常に乾いた二次元ムース：フォンノイマン熟成

二次元の理想ムース (p. 36 参照) を考えよう．つまり，非常に乾いていて，薄い薄膜からなるムースである．もし気体の拡散が，気泡 i から，その隣接気泡 j へ，仕切り ij を介してのみ起こるものだとしたら，一方から他方への流束は $\ell_{ij}\,(P_i - P_j)$ に比例する．これはすなわち，駆動力 (ここでは $P_i - P_j$) と，やりとりのなされる領域の大きさ (ここでは仕切りの長さ ℓ_{ij}) の積である．この流束が正ならば，気泡 i に含まれる気体の質量は減少し，その気泡の面積 A_i も小さくなる (気体の密度は大体一定に保たれる)．より正確には，気泡 i の面積変化 dA_i/dt は，全ての隣接気泡 j への流束を足し合わせることで得られ (図 3.21)，次式のように表される．

$$\frac{dA_i}{dt} = -a_1 \sum_{j=1}^{n} (P_i - P_j)\,\ell_{ij}. \tag{3.24}$$

ここで，a_1 は係数であり，その値は同じムース内では全ての薄膜で同一としている．この係数の物理的解釈は本章 § 3.3 で明らかになる．

[13] 訳注：粗大化とされることも多いが，この本ではフランス語の言語に近い熟成を主に用いる．英語では coarsening である．

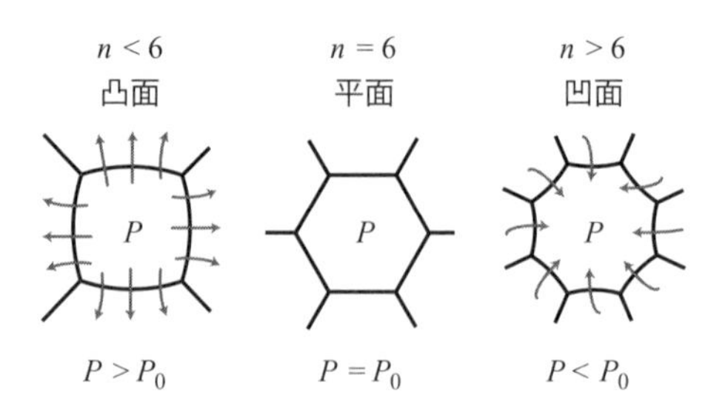

図 3.21: 辺の数が5本以下の気泡は，主として凸状の辺を持つ．したがって，この気泡は隣接気泡の平均圧力 P_0 と比べて過剰圧力状態にあり，そのため気泡はしぼんでいく．辺の数が六本の気泡については，辺に平均的な曲率がなく，したがって，この気泡の圧力は隣接気泡の平均圧力と同じである．辺の数が七本以上の気泡は，主として凹んだ辺を持つ．したがって，この気泡は低圧力状態にあり，そのため気泡は成長する．

ところで，驚くべきことに，式 (3.24) の右辺は式 (2.24) にも現れており，そこでは圧力がトポロジーや曲率と結び付けられている．そこで，式 (2.24) と (3.24) を組み合わせることで，次式を得る．

$$\frac{dA_i}{dt} = -\frac{2a_1\lambda}{e}\sum_{j=1}^{n_i}\kappa_{ij}\ell_{ij} = -\frac{2a_1\lambda\pi}{3e}(6-n_i). \tag{3.25}$$

この関係式は，トポロジー，幾何学的形状，力，そして気泡 i の時間発展を結び付けている点で驚異的であり，**理想ムース**モデル (第2章 § 2.2.1 参照) の極限では厳密で，実験的に良く確かめられている (図 3.22a)．この関係式により，式 (2.23) で定義された幾何学荷が登場する．この式は，次のように，フォンノイマンによって導入された簡潔な形に書き換えることができる [56]．

$$\frac{dA_i}{dt} = D_{\text{eff}}(n_i-6) = -\frac{3D_{\text{eff}}}{\pi}q_i. \tag{3.26}$$

比例定数 D_{eff} はここでは正であり，拡散係数のように m^2/s の単位で表される．したがって，これは**有効拡散係数**と呼ばれる．この量は，気泡内部の気体がムース化した液体を通り抜ける際の拡散係数に関係しているが，その他いくつもの効果も取り入れたものである (本章 § 3.3 参照)．

以上のことから，正の幾何学荷を持つ気泡 (辺が3本，4本，または5本ある気泡，第2章 § 3.3.2 参照) の圧力は，隣接気泡の平均圧力 (各隣接気泡と共有する辺の長さで重み付けして求めた平均値) より高く，したがって，7本以上の辺を持つ気泡に気体を分け与えつつしぼんでいく (図 3.21)．つまり，(気泡の大きさや

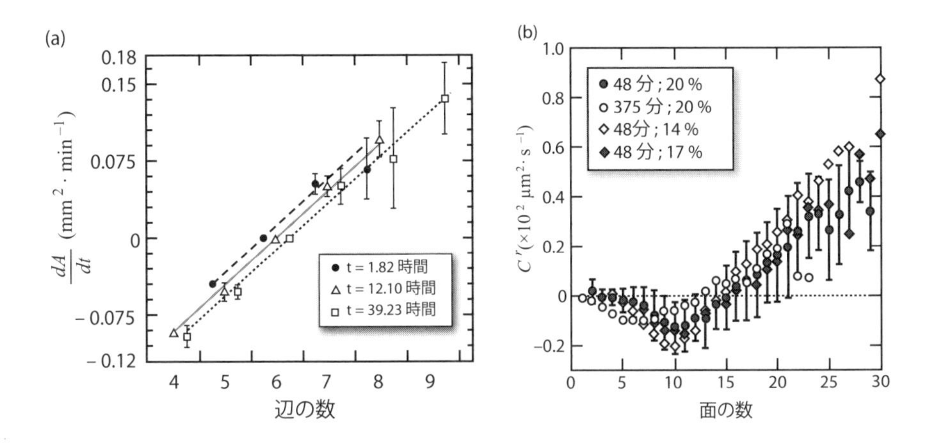

図 3.22: 気泡一つの成長率を，その隣接気泡数の関数として表したもの. **(a)** 二次元で，乾いたムースに対して，気泡の面積変化を辺の数の関数として表したもの [28]. 図中のデータは，異なる三つの時刻において測られたものであり，見やすいように横に少しずらして記されている (ずらさずに表せば，式 (3.26) から期待される通りに，データは $n = 6$ で確かに縦軸のゼロ点を通る). 示されたデータは同じ傾きをもち，$D_{\text{eff}} = 4.57 \pm 0.38 \times 10^{-2}$ mm^2/min が得られる. **(b)** 三次元における，液体分率が 14 から 20 %の，三つの湿ったムースの場合 [41]. データは X 線トモグラフィーによって得られたものである (第 5 章 § 1.2.4 参照). このグラフは，符号を逆にすれば図 2.17 と直接見比べることができ，式 (3.30) の通りになっている. 面の数が少ないところで振る舞いが異なっているのは，恐らく，液体分率に起因する補正のためであろう (本章 § 3.3.3 参照). 図 2.17 と異なり，ここでのデータは動的な実験によって得られたものであり，それによって係数 D_{eff} を測ることができる.

形などの) 幾何学的形状の詳細は，何ら特段の役割を果たしておらず，トポロジーだけが重要になる. この結論は，実験で確かめられるより先に理論的に予言されたものであり [69]，これによって二次元での熟成の研究は非常に簡明になった.

もしムースに自由表面があり，それを介して外部の媒質と空気をやり取りできる場合は，境界にある気泡は膨らみを持ち (図 2.12)，ムースの圧力は外部圧力よりも大きくなって，全体として，ムースは徐々に内に含む気体を失っていく.

一方で，総面積 $A_{total} = \sum_{1=1}^{N} A_i$ が一定に保たれたムースの場合 (箱に入ったムース，さらには周期境界条件でシミュレーションされたムースもこの場合にあたる)，一つの気泡から出た気体は他の気泡を満たすために使われる. また，どの瞬間をとっても，ムースにおける dA_i/dt の平均値はゼロになっているため，次式が成り立つ．

$$\frac{1}{N}\sum_{i=1}^{N}\frac{dA_i}{dt}=\left\langle\frac{dA_i}{dt}\right\rangle=0. \tag{3.27}$$

式 (3.26) と (3.27) は，ムースにおける n の平均値が 6 であるという事実と両立するものである (p. 43 参照).

3.1.2 非常に乾いた三次元ムース：マリンズ熟成

気泡の曲率と隣接気泡数を結び付けるフォンノイマンの関係 (式 (2.24)) は，厳密な形で三次元に一般化することはできず，ただ近似的な形が存在するに過ぎない (式 (2.27))．したがって，気泡の成長率に関しても事情は同じである．つまり，二次元における成長率は厳密に隣接気泡数の関数だった (式 (3.25)) のに対し，三次元ではそうはならない．

三次元では，仕切りを通る気体の流束は，この仕切りの両側の圧力差に仕切りの面積 S をかけたものとなる．より正確に言えば，dV_i/dt は，全ての隣接気泡 j への流束を足し合わせることで得られる．式 (3.24) に現れたものと同じ定数 a_1 を用いれば，次式を得る．

$$\frac{dV_i}{dt}=-a_1\sum_{j=1}^{n}(P_i-P_j)\,S_{ij}=-2\gamma a_1\sum_{j=1}^{n}H_{ij}\,S_{ij}. \tag{3.28}$$

ここで，ラプラスの法則 (式 (2.4)) を用いて，仕切り ij の平均曲率 H_{ij} を導入した．この方程式の右辺にある項 $H_{ij}\,S_{ij}$ は，曲率 (m^{-1}) に面積 (m^2) をかけたものであり，したがって，これは何らかの長さを表す．異なるムースについての実験でこの量を比較するには，式 (3.28) を何らかの長さで割るのが自然であり，その場合，除数には $V_i^{1/3}$ を用いる．これにより，気泡 i の**相対成長率**C^r と呼ばれる量が次式で定義される．

$$C_i^r=\frac{1}{V_i^{1/3}}\frac{dV_i}{dt}=\frac{3}{2}\frac{d\left(V_i^{2/3}\right)}{dt}. \tag{3.29}$$

二次元の場合と同様 (本章 § 3.1.1)，式 (3.28) の比例係数の次元は m^2/s で表され，これは有効拡散係数で，D_{eff} と書かれる．最終的に，C_i^r は次式のように簡潔な形で表され，無次元量である幾何学荷 q_i(式 (2.26)) が現れる．

$$C_i^r=-D_{\mathrm{eff}}\sum_{j=1}^{n}\frac{H_{ij}S_{ij}}{V_i^{1/3}}=-D_{\mathrm{eff}}\,q_i. \tag{3.30}$$

気泡の成長と面の数　二次元の場合 (式 (3.26)) と同様，気泡の体積変化は，その気泡の形状にのみ依存する．したがって，気泡の成長率を表す際に，その気泡を取り巻く環境のことを気にかける必要はない．しかしながら，この成長率の計算に関わる幾何学的特徴というのは，二次元の場合ほど単純ではない．

何よりもまず注意すべきは，C_i^r(式 (3.30)) は相対的な成長率に過ぎないということである．本当の成長率は $dV_i/dt = C_i^r V_i^{1/3}$ であって，これは V_i に顕わに依存している．

ここで，同じ体積の気泡をいくつか比較してみよう．図 3.22b と式 (3.30) を組み合わせると，面の数が少ない気泡 (典型的には $f < 11$) の殆どは，時間と共に気体を失っていくことが分かる．逆に，面を多く持つ気泡 (たとえば $f > 16$) の場合は，f が大きければ大きいほど一層速く成長していく．面の数が 12 から 15 の気泡は殆ど定常的である．つまり，気体を失ったり獲得したりすることが殆どない．これと同じ結果は，幾何学荷に関する理論曲線 (図 2.17) や数値シミュレーション [72] でも得られている．しかしながら，二次元の場合 (式 (3.26)) とは異なり，気泡の成長率と面の数を結び付ける方程式は厳密ではない．つまり，その方程式は平均的にしか正しくないのである．実際，ある気泡の面が，全て，殆ど同数の辺と殆ど同じ形状を持っている場合には，この気泡は，同じ面数を持ちながらより非対称な気泡よりも，速く成長する (あるいは，ゆっくりと収縮する) ことが知られている (図 2.17).

気泡の成長率の符号は，面の数が 13 に近い場合，気泡の正確な形状に依存する (図 3.22)．このような気泡では，$C^r = 0$，つまり体積変化をしないという状況が実現する場合があるからである．この状況は，曲率の全くない仮想的な気泡 (13.4 枚の面を持つ気泡，p. 58 参照) においても現れることに注意しよう．

乾いたムースにおいて，単一の気泡の成長率は次式で与えられることが確認されている，ということを後のために指摘しておこう．

$$\frac{dV_i}{dt} = -D_{\mathrm{eff}} V_i^{1/3} q_i. \tag{3.31}$$

したがって，気泡の成長率に関わるのは，一つは $V_i^{1/3}$，つまり気泡の直径であり，一つは D_{eff} に関連する局所的なスケールでの様々な物理パラメータであり (本章 § 3.3 参照)，もう一つは幾何学荷 q で，これは気泡の形状にのみ依存し大きさの尺度には依らないものである (式 (2.26) 参照)．この量 q は，着目する気泡の稜の長さの総和を，その気泡の直径と比較した形の関数として厳密に表され (式 (2.28) 参照)，気泡が持つ面の数と大変良く相関している．以下，$q(f)$ という表記は，不均一なムースにおいて，同じ面数を持つ気泡全てに対して平均を取った幾何学荷を表すものとする．最後に，ムースの持つ不均一な構造においては，気泡一つの面の数は，それ自体が，その気泡の体積と非常に良く相関していることに注意しよう (p. 51 参照)．統計的に言って，大きな気泡は小さな気泡よりも面の数が多い．したがって，ほぼ確実に，成長するのは大きな気泡の方，しぼんでいくのは小さな気泡の方になる (図 5.7b 参照)．

大域的な体積の時間変化 総体積が一定のムースの場合 (外部との接触をもたない，つまり，箱に閉じ込められたムースの場合)，$V_{total} = \sum_{i=1}^{N} V_i$ が一定である．そして，気体の全量は保存している．つまり，一つの気泡から出た気体は他の気泡に入る．すると，数々の気泡から出る気体の流束は，必然的に各時刻毎の平均値がゼロとなり，次式が成り立つ．

$$\frac{1}{N}\sum_{i=1}^{N}\frac{dV_i}{dt} = \left\langle \frac{dV_i}{dt} \right\rangle = 0. \tag{3.32}$$

しかしながら，二次元での場合と異なり，三次元でのこの関係式が，直ちに幾何学荷についての関係に結び付くわけではない．事実，式 (3.30) に現れるのは $dV^{2/3}/dt$ であって，dV/dt ではない (式 (3.29) 参照)．その上，三次元では，ムース全体で平均を取った幾何学荷はゼロではない ($\langle q_i \rangle \neq 0$) のである．

では実際はどうなっているかと言うと，気泡毎のサイズ変化率 (式 (3.30)) と気体の大域的な保存則 (式 (3.32)) が両立するための条件は限られており，そのような状況とは，気泡のうち成長するものの割合に個々の気泡の成長率を乗じたものが，しぼんでいく気泡の割合に個々の気泡の収縮率を乗じたものと厳密に一致する場合だけである．より正確には，この条件を満たすことが幾何学荷の分布に課された制約であって，それによって気泡の持つ面の数と隣接気泡間の面の数の相関が決まってくる．その結果，マリンズ [53] は，実験的に得られた f の分布を表す彼の表式 (式 (2.27)) が，気体の保存則 (式 (3.32)) と確かに両立することを確認したのである．

一方，ムースが自由表面を持つ場合，たとえばビールジョッキに入ったムースの場合には，f の平均値はより小さく，境界にある気泡は膨らみを持つ．すると，ムースの圧力は外部圧力よりも大きくなって，全体として，ムースは徐々に気体を失っていく．

3.2 気泡分布の時間発展

マリンズ熟成では，T2 過程 (p. 103) が起こるため，乾いたムースの統計的性質に影響がおよぶ．つまり，気泡の平均サイズやサイズ分布が変化していく．二次元の場合 (フォンノイマン熟成) も同様であるが，ここでは詳細は割愛する．D_{eff}

は時間に対して一定で，ムース内で一様だと仮定する．これらが変化する場合については，本章 § 3.3 で議論する．

3.2.1 不可避な気泡消滅

気泡 i に隣接気泡が殆どなく，たとえば $f_i < 12$ の場合に，その気泡がどうなるかを見てみよう．この気泡はしぼんでいき，したがって，体積は減少する．ここで，この気泡は形状を変えることなく気体を失っていくと仮定しよう．これはつまり，幾何学荷が変わらないということである．この時，式 (3.29) と (3.30) から，次式が得られる．

$$V_i^{2/3}(t) = V_i^{2/3}(0) - \frac{2\,D_{\mathrm{eff}}\,q_i}{3}\,t. \tag{3.33}$$

この式から，気泡が示す個々の収縮過程の特徴的時間がわかり，それは次式で与えられる．

$$t_i = \frac{3V_i^{2/3}}{2D_{\mathrm{eff}}q_i}. \tag{3.34}$$

実際には，気泡の体積が減少する際は，T1 型のトポロジー再配置 (図 3.4) によって，気泡は少しずつ隣接気泡を失っていく (図 2.15)．気泡が隣接気泡を一つ失うたびに，q_i は増大し，気泡収縮の特徴的時間 $V_i^{2/3}/(D_{\mathrm{eff}}q_i)$ は減少する．したがって，連続する二つの T1 過程の間の時刻では，$V_i^{2/3}$ は t に対して線形に減少，すなわち，V_i は $t^{3/2}$ のように減少するのに対し[14]，各 T1 過程においては，その傾き ($t^{3/2}$ の係数) が増大する．気泡はさらに速く収縮するという悪循環である．こうした過程の果てに，この気泡は有限の時刻で消えてしまうが，最後の過程は，一般に，縮みゆく四面体のようになり (図 5.7b 参照)，すなわち，T2 型のトポロジー過程となる (本章 § 1.2.3 参照)．

次に，この小さな気泡 i に隣接していた気泡 j を考えよう．この気泡は f_j 個の隣接気泡をもっていたが，隣接気泡 i が消えてしまったため，気泡 j の隣接気泡は一つ少なくなる．つまり，f_j は一つ小さくなる．もし f_j が大きく，たとえば 15 よりも大きかったなら，そして，もし気泡 j がそれまで成長をしていたのならば，この気泡は成長を続けるものの，以降はそれまでよりもゆっくりとした成長になる．もしその気泡が安定していたなら，つまり，f_i が 13 または 14 の程度だったならば，この気泡は，しぼんでいく気泡の仲間入りとなる．最後に，も

[14]訳注：V_i は，正確には，$(t_i - t)^{3/2}$ のように減少する．ただし，t の原点は直前の T1 過程の起こった時刻．f_i が 12 に近い場合は，t が t_i に比べて小さい段階で，次の T1 過程が起こり，次々に，t_i が小さくなり (t の原点はリセットされる)，最終的には f_i が十分小さくなると，t が t_i に達して，気泡が消滅する。

しこの気泡の f_j がたとえば12よりも小さく，既にしぼんでいく最中だったなら，この気泡の収縮は加速することになる．

以上をまとめると，あらゆる気泡が隣接気泡を失っていき，その体積は刻々と減少の速度を増していき，ついには気泡は消えてしまう．体積 V，面の数 f の気泡が収縮を始めたとすると $(f < 13)$，それが消えるまでの特徴的時間の見積もりは，面の数 f の気泡が示す個々の収縮過程の特徴的時間 t_i の表式 (3.34) から，次式のように表される[15]．

$$t_{c,ind} \approx \frac{V^{2/3}}{D_{\text{eff}}\, q(f)}. \tag{3.35}$$

これは気泡の典型的な寿命である．ここで，$t_{c,ind}$ は t_i に何らかの (1 に近い) 係数を掛けたものになっており，この係数は，最後の T2 過程に至るまでに起こった f の値の変化を考慮に入れたものである．

3.2.2 個から集団へ

ここからはムース全体について議論しよう．どの瞬間をとってみても，小さくなっていく気泡もあれば，そのおかげで成長する気泡もある．そして時折，気泡が一つ消滅する (T2 過程)．すなわち，N が一つ小さくなる．すると，まさにこの瞬間に，ムースを成す気泡の平均体積 $\langle V \rangle = V_{total}/N$ は不連続に増大する．気泡が新たに生じることはないので，気泡の数 N は，いつも減る一方である．もしこの過程が乱されることなく進行すれば，その行き着く先に残るのはたった一つの大きな気泡だけであり，気体は全てこの気泡に含まれることになる．

ムースが何らかの容器に入っている場合，この熟成過程は，総体積 $V_{total} = \sum_{i=1}^{N} V_i$ が一定 (式 (3.32)) のもとで進行する．したがって，連続する二つの T2 過程の間では，$\langle V \rangle$ は一定である．その代わり，各 T2 過程においては $\langle V \rangle$ は増大し，次式が成り立つ．

$$\frac{d}{dt}\sum_{i=1}^{N}\frac{V_i}{N} = \frac{d\langle V \rangle}{dt} > 0. \tag{3.36}$$

ところで，気泡の消滅率 (T2 過程の起こる頻度) を簡潔に表すことはできないが，$f < 13$ を満たすあらゆる気泡の寿命を考慮すれば，一つの見積もりを示すことができる (f の小さな気泡はより速く小さくなっていくので，より重要な寄与をおよぼす)．面の数 f の気泡の消滅率は，そのような気泡の個数 $N(f)$ をその特徴的な寿命で割ったものであり，その寿命は式 (3.35) で与えられている．し

[15]訳注：$t_{c,ind}$ における，「c」と「ind」は，それぞれ「特徴的」と「個々の」という意味のフランス語の頭文字である．

たがって，同じ f を持つ全ての気泡に対してとった平均を $\langle\cdot\rangle_f$ と表すことにすると，次式が得られる．

$$\frac{dN}{dt} \approx -D_{\mathrm{eff}} \sum_{f=4}^{13} N(f)q(f) \left\langle V^{-2/3} \right\rangle_f . \tag{3.37}$$

ここで，N の時間発展は面の数の分布に依存してしまい，したがって，普遍的ではないことに注意しよう．

3.2.3 自己相似成長

ムースは，生成されると直ぐに熟成し始める．すなわち，ムースを成す気泡の平均サイズは時間とともに増大する．**自己相似成長**とは，無次元化された統計分布が定常的なまま不変になるような時間発展を示す領域のことを言う．ここで扱うのは，三次元での乾いたムースの自己相似成長であるが，その結果は湿ったムースにも適用できる (本章 § 3.3)．ここでの結果は，驚くことに，多くの気泡を含んだ液体の熟成 (オストワルト領域，p. 97 参照) の場合にも類似する．二次元の場合もまた似たようなものであるが，気泡を全て見ることができるので，より簡単に調べることができる．たとえば，図 3.23 は，ムースをコピー機の上に放置して得らたものである．

平均的な大きさの時間発展　ある実験 [52] の観察によれば (この実験は，以下に見るように，式 (3.39) を用いて解釈できる)，ムースは，十分な熟成時間が経過した後に最終的に漸近的な領域に到達し，平均サイズの成長の仕方が単純となる．たとえば，長時間領域では N は $t^{-3/2}$ のように変化し，気泡の平均体積 $\langle V\rangle$ は $t^{3/2}$ のように変化し，その平均表面積 $\langle S\rangle$ は t，平均直径 $\langle d\rangle$ は $t^{1/2}$ のように変化する (図 3.27)．したがって，量 $\langle V\rangle^{-1/3}\mathrm{d}\langle V\rangle/\mathrm{d}t$，$\mathrm{d}\langle S\rangle/\mathrm{d}t$，$\langle d\rangle\mathrm{d}\langle d\rangle/\mathrm{d}t$ は一定となる[16]．より正確には，以下の式が成立する．

$$\langle d(t)\rangle^2 = \langle d(t_o)\rangle^2 + K(t-t_o). \tag{3.38}$$

平均量についてのこの観察結果からは個々の気泡の成長則 (式 (3.33)) が思い出されるが，その関係は自明ではない．なぜなら，$\langle d\rangle$ の成長を決めるのは，一部の気泡の成長と他の気泡の収縮との競合だからである．つまり，平均熟成定数 K は D_{eff} に依存し，したがって，ムースの物理化学的な特性にも依存する (本章 § 3.3) が，気泡のサイズ分布にも依存する (式 (3.43))．

[16]訳注：ここでは、直径の意味の d と微分演算子の d を区別するために、一時的に、微分演算子はローマン字体 d で表わした．

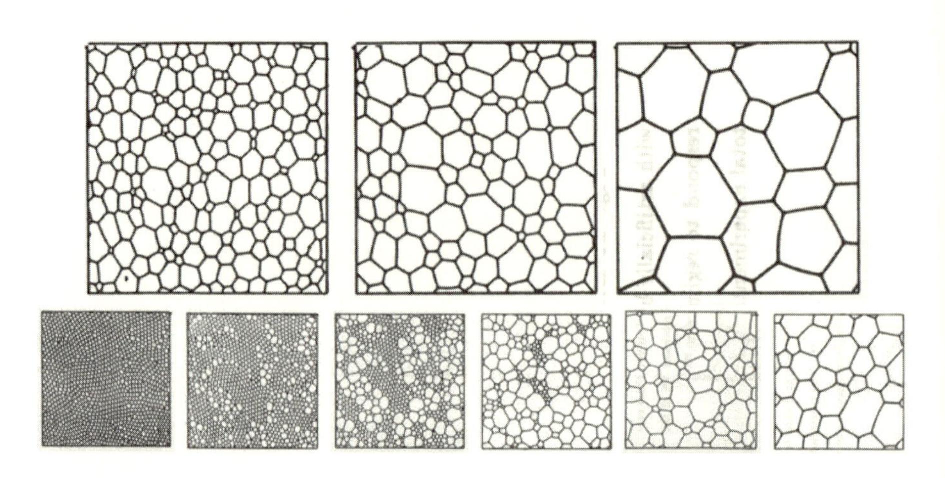

図 3.23: 二次元における自己相似成長の実験画像．上段：乾いたムースの一部分を映した三枚の連続画像．乱雑な初期分布から始めて，それぞれ，1.95，21.5，166.15 時間が経過した時点での画像である．下段：秩序立った初期分布から始めると，過渡過程がより長く続くものの，最終的な状態は上段の最後の画像と似たものになる．J. Glazier 氏撮影．文献 [28] より転載 (© 1987 American Physical Society).

分布の時間発展　実験でも (第 5 章 § 1) シミュレーションでも (第 5 章 § 2)，気泡の平均サイズの成長より，気泡の詳細な分布を調べる方が難しい．なぜなら，それには何千もの気泡を，一つ一つ，長時間にわたって観察しなくてはいけないからである[17]．しかも，ムースは，十分な時間熟成して初めて，過渡的な領域を超えて極限的な領域に到達する．その上，この極限的な領域を高い統計的精度で正確に特徴付けるためには，ある程度長い時間にわたって，十分な数の気泡が (熟成にも拘わらず) 存在しなければならない．

過渡的な領域が終わると，統計的に自己相似な成長モードが観察される [42, 72]．それがどういう意味かと言うと，この極限的な領域では，二つの異なる経過時刻におけるムースの構造が持つ (幾何学的およびトポロジー的な) 統計的性質は，その長さスケール，つまり気泡の平均サイズ (式 (3.38)) によってしか区別できない，ということである．ムースの写真を続けて二枚撮り，スケールを明示しなければ，二枚の写真は非常に似通っていることに気付く (図 3.23)．これが統計的同一性 (自己相似性) である．この相似性は多くの統計量に現れる．たとえば，面の数が f の気泡の割合 $N(f)/N$，ある瞬間の平均サイズで規格化した相対体積 $V_i/\langle V(t)\rangle$，一つの気泡の相対体積 $V_i/\langle V(t)\rangle$ と隣接気泡数 f_i の相関，さらには，

[17]訳注：分布を得るには，ヒストグラムを作る必要があり，ある程度，滑らかな分布を得るためは，当然，単に平均を得る場合より，かなりのデータ数が必要になってくる．

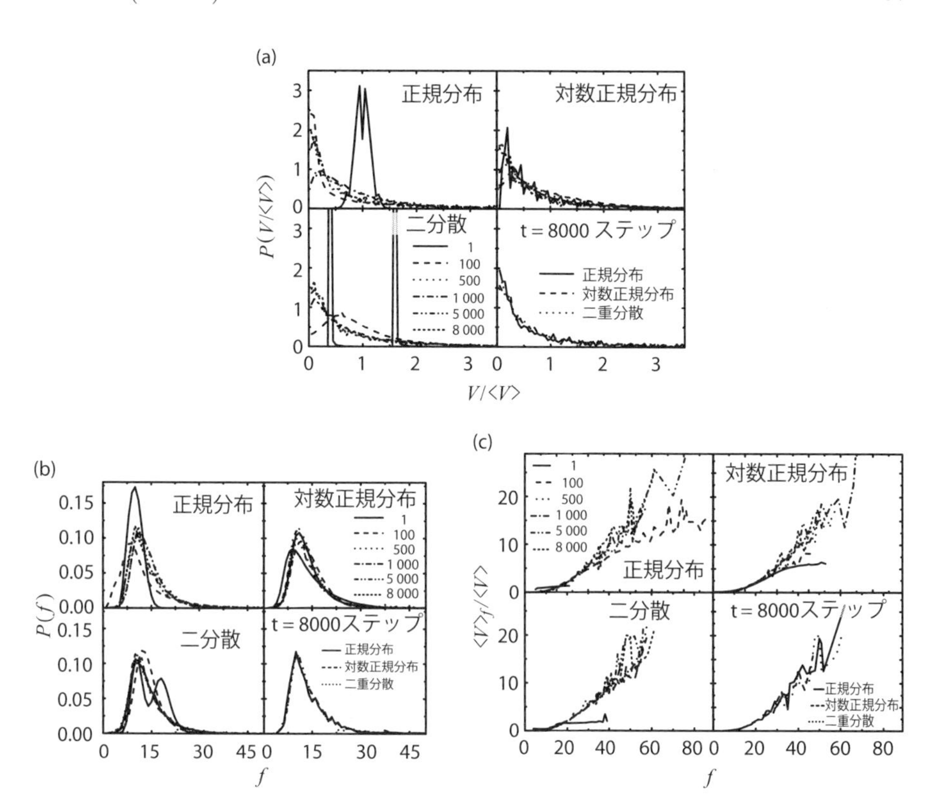

図 3.24: 三次元における自己相似成長の図．ポッツ (Potts) モデルのシミュレーション [72] による (訳注：第 5 章 § 2.1.1 参照)．**(a)** 体積分布，**(b)** 隣接気泡数分布，**(c)** 気泡サイズの隣接気泡数に対する依存性．シミュレーションは三つの異なる初期分布に対して行われており，それぞれ，正規分布 (ガウス分布)，対数正規分布，二分散型の分布 (二つの気泡サイズが混合したもの) である．過渡過程の長さは初期分布によって異なる．時間刻みが 8 000 を超えた時点で，三つのシミュレーション全てにおいて過渡過程が終わっている．つまり，この時，三つのシミュレーションは同じ分布を示しており，その分布はもはや時間が経っても変化しなくなっている．

隣接する二つの気泡の相対体積 $V_i/\langle V(t)\rangle$ と $V_j/\langle V(t)\rangle$ の相関などが挙げられる (図 3.24)．

自己相似成長と気泡サイズの時間発展との関係　マリンズ (Williams Mullins) は，次元解析に基づく推論 [52] によって，自己相似成長の領域では平均体積が $t^{3/2}$ のように成長することを示唆した．しかしここで，逆は真ではないことに注意しよう．つまり，この指数を観測したからといって，自己相似成長の領域に到達したとは限らないのである．平均体積の $t^{3/2}$ の時間発展 (式 (3.38)) は，自己相似な領域よりもずっと頻繁に観測されており (図 3.24)，歴史的に言っても遥かに前に確立したものである．

厳密な証明はグラジエ (James Grazier) によってなされている [29]．二次元の場合は本章問題 9.1 で取り扱うが，ここでもまた，気泡の平均面積は t のように，平均半径は $t^{1/2}$ のように変化する．ここでは，三次元の場合について，(近似的な) 式 (3.37) について考察するにとどめて，考えてみよう．そこで，自己相似成長の領域において不変に保たれるような諸量を取り出すために，式 (3.37) において，ムースの体積 V_{tot} を一定と見なし，平均体積 $\langle V \rangle = V_{tot}/N$ を導入すると，次式が得られる．

$$\frac{dN}{dt} \approx -D_{\mathrm{eff}} \frac{N^{5/3}}{V_{tot}^{2/3}} \sum_{f=4}^{13} \frac{N(f)}{N} q(f) \left\langle \left(\frac{V}{\langle V(t) \rangle} \right)^{-2/3} \right\rangle_f . \tag{3.39}$$

この式 (3.39) から最初に分かることが次式である．

$$\text{三次元：} \qquad \frac{dN}{dt} \propto -N^{5/3}. \tag{3.40}$$

ここで，自己相似成長の領域においては比例係数は一定である．なぜなら，この領域では，$N(f)/N$ と $\langle (V/\langle V(t) \rangle)^{-2/3} \rangle_f$ はもはや時刻に依らないからである．さて，この式 (3.40) から $N \propto t^{-3/2}$ が導かれ，したがって，平均体積が $t^{3/2}$ のように増大することが導かれる (訳注：$N\langle V \rangle$ はムースの全体積となり時間に依らないから)．そして，このことから，式 (3.38) が理解できる．つまり，平均体積が示すこの時間発展によって，系に現れるあらゆる動力学が決まってしまう．これに対応し，熟成が進むにつれ気泡の再配置は次第に起こりにくくなる．その時間間隔は $t^{2/3}$ のように変化することが実験的に知られている (図 3.25)[8]．

式 (3.39) から得られるもう一つの情報として，比例係数の値がある．この表式は，既にかなり近似的なものであるが，q と $V/\langle V \rangle$ が 1 の程度の量であるということを考慮に入れれば (図 2.17 参照)，問題の比例係数は $D_{\mathrm{eff}}/V_{tot}^{2/3}$ の程度であることが分かる．最終的に，(気泡数の) 減少法則の近似式は次式となる[18]．

$$N(t) \approx N(0) \left(1 + b\, D_{\mathrm{eff}} \, \langle V \rangle_0^{-2/3} t \right)^{-3/2} . \tag{3.41}$$

ここで，b は 1 に近い数値を取る数である．したがって，気泡の大きさは次式のように変化する．

$$d(t) \approx d(0) \left(1 + b\, D_{\mathrm{eff}} \, \langle V \rangle_0^{-2/3} t \right)^{1/2} . \tag{3.42}$$

[18] 訳注：ここで，$\langle V \rangle_0 = V_{tot}/N(0)$ である．すなわち，この量は，初期時刻における平均体積 $\langle V \rangle$ の値を示している．

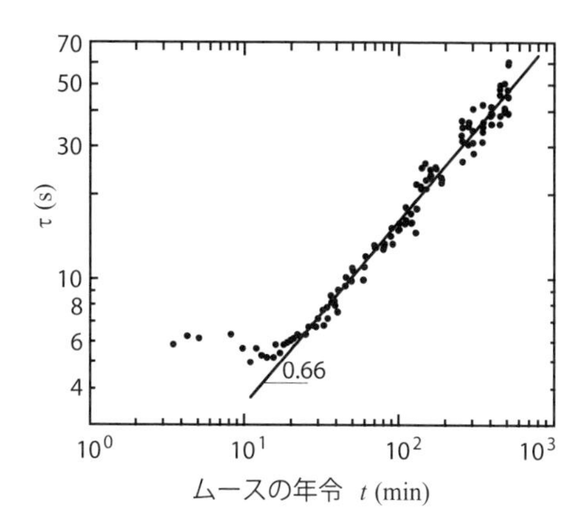

図 3.25: 熟成過程のムースにおける T1 再配置の間の平均時間間隔 τ. 測定には, DWS(拡散波分光法) で得られる多数のスペックルが用いられている (第 5 章 § 1.2.5 参照). サンプルはシェービングムース (Gillette 社) で, 液体分率は $\phi_l = 7.5$ %である. 20 分が経過した後では, $\tau \sim t^{0.66}$ が成り立つ [8].

最後に, 特徴的時間 t_c を導入し, $d(t) = d(0)\sqrt{1 + t/t_c}$ を満たすようなものとして定義すると, 次式が得られる.

$$t_c \approx \frac{\langle V \rangle_0^{2/3}}{bD_{\text{eff}}}. \tag{3.43}$$

この関係式は, 特徴的時間を有効拡散係数 D_{eff} と結び付けている. また, この関係式は式 (3.38) における比例係数 K の意味を説明している.

本節の結びに, この節で扱った自己相似成長の領域は**普遍的**に見えるという点に注意しよう [42, 72]. 実際, 気泡サイズや隣接気泡数の分布は, ムースの初期状態に依存しない (図 3.23 および 3.24). また, 過渡領域とは, 初期条件を完全に忘れるためにムースが要する時間に相当し, この領域では T1 過程と T2 過程がムースを乱雑化していく. 過渡過程の長さがまちまちなのはこのことが原因であり, 初期のムースが極限領域から遠い状態にあれば, 過渡過程は長くなることがある. 極端な場合では, たとえば, 極めて秩序だったムースの場合では, この過渡領域は実験を行う時間よりも長くなり, 自己相似成長の領域は観察されなくなる.

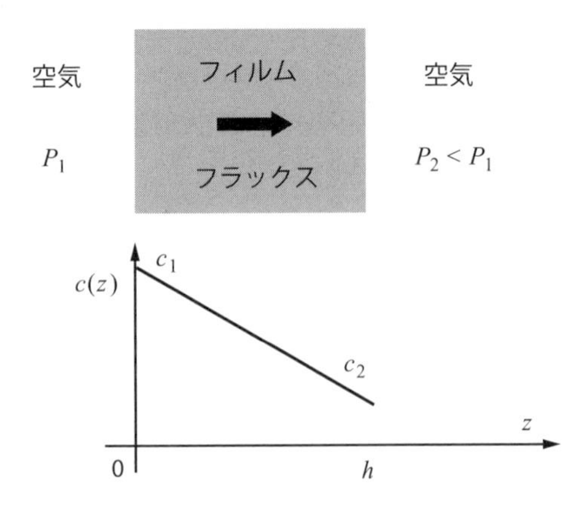

図 3.26: 薄膜に溶解した気体の膜厚方向の濃度分布.

3.3 様々なパラメータの影響

3.3.1 時間スケールと有効拡散係数

本節で関心を向けるのは有効拡散係数 D_{eff} であり，二次元の場合は式 (3.26)，三次元の場合は式 (3.30) で定義されている．これによって，熟成に伴う全ての時間スケールが決まる (式 (3.43))．これを以下の方法でモデル化してみよう [60]．

一枚の薄膜が，一方の面で圧力 P_1 の気泡に接し，他方の面で圧力 P_2 の気泡に接している (図 3.26)．界面においては，液体側の気体濃度は隣接する気泡の圧力に比例する．すなわち，$c_1 = He\ P_1$，$c_2 = He\ P_2$ である．ここで，ヘンリー係数 He は液体中の気体の溶解度を反映した量である．液体中で，気体は，これら二つの極限的濃度 c_1 と c_2 の間で拡散している．最終的な状態では，気体の濃度は z に対して線形に変化し，その勾配は，次式のように，膜厚 h によって決められる．

$$\frac{\partial c(z)}{\partial z} = -\frac{He\ (P_1 - P_2)}{h}. \tag{3.44}$$

気体の流束 (薄膜の単位面積当たり) は，液体中での気体の拡散係数 D_f によって決まる．すなわち，モル流束は $D_f\, He\ \ (P_1 - P_2)/h$ であり[19]，体積流束は $V_m\, D_f\, He\ \ (P_1 - P_2)/h$ である．ここで，V_m は，周辺の温度と圧力において，気体が一モル当たりに占める体積を表す．式 (3.29) と (3.30) から，単位面積当たりの体積流束は $D_{\text{eff}}\ H_{12} = D_{\text{eff}}\ (P_1 - P_2)/2\gamma$ だと分かる (式 (2.4) を用いる)[20]．

[19]訳注：モル流束は $j = -D_f \partial c/\partial z$ と書ける (本章 § 7 の第三番目の脚注参照)．
[20]訳注：単位面積当たりの体積流束 (単位断面を単位時間当たりに通過する体積) は，$-(dV_1/dt)/S_{12}$

諸項を対応付けることにより，次式のように D_{eff} が定義される．

$$D_{\mathrm{eff}} = D_f \, \frac{2He\gamma V_m}{h}. \tag{3.45}$$

正確には，液体分率に応じて，幾何学的な補正のための係数 (無次元) を考慮に入れる必要があり (本章 § 3.3.3 参照)，最終的に次式を得る．

$$D_{\mathrm{eff}} = D_f \, \frac{2He\gamma V_m}{h} a(\phi_l). \tag{3.46}$$

以下，この式に現れる諸項を一つずつ解説する．

3.3.2 化学的組成の影響

液体薄膜における気体の拡散係数 D_f は，一般に，十分な体積を持った液体中における拡散係数に等しく，したがって，h に依存しないと仮定される．拡散係数は液体の粘性率に反比例する．その反面，拡散係数は気体には殆ど依存しない．たとえば，純水においては，通常の気体なら D_f は 10^{-6} と 10^{-5} $\mathrm{cm^2 s^{-1}}$ の範囲に収まっている．

ヘンリー定数 He は気体と液体に強く依存する．たとえば，純水では，CO_2 に対しては $He = 3.4 \times 10^{-4}$ $\mathrm{mol \cdot m^{-3} \cdot Pa^{-1}}$ であるが，クロロフルオロカーボン (CFC) のような種類の気体に対しては高々10^{-7} $\mathrm{mol \cdot m^{-3} \cdot Pa^{-1}}$ に過ぎない (図 3.27).

界面活性剤が式 (3.46) において顕わに影響するのは，表面張力 γ を介する効果だけである．しかし，忘れてはならないのは，界面活性剤は分離圧を介して (p. 64 参照) 膜厚 h も制御するということである．膜厚は式 (3.46) の分母に現れる．したがって，薄膜が厚ければ厚いほど，熟成は遅くなる (図 3.27).

実験的な見地からは，一定の液体分率の下での三次元ムースの熟成の動力学に関する結果は未だ殆どなく，したがって，物理化学的な初期条件の影響は殆ど検証されていない．最もややこしいのは ϕ_l を一定に保つことである (本章 § 4 参照). そのための手法の一つに，たとえば，試料の鉛直方向の向きを時刻によって変えるというやり方がある．これによって排液の向きが周期的に変わり，試料の中心では液体分率を一定に保つことができる (ムースが湿りすぎておらず，気泡の直径がミリメートル未満である場合に限る).

図 3.27 のデータは指数 1/2 の表式 (式 (3.42)) で良くフィットできている．t_c の値から D_{eff} の値が得られる (式 (3.43)) が，その値は溶解度 He と拡散係数 D_f に強く依存しており，式 (3.46) と整合性を持つ．界面活性剤と界面の諸性質の影響に関しては，ラウリル硫酸ナトリウム (SDS) のムースとカゼインのムースで観察された違いが，表面張力や膜厚の違いを考えることだけで説明できる．

と表せることを使う (圧力 P_1 の気泡の体積は，表面 S_{12} のみを通して変わり得ると仮定).

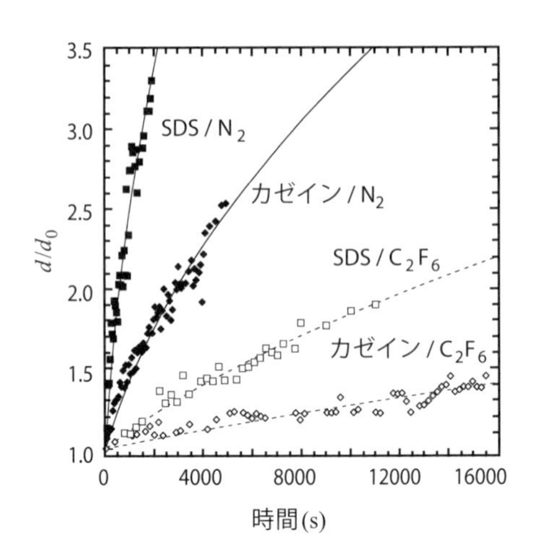

図 3.27: 様々な界面活性剤や気体が熟成時間におよぼす影響．液体分率はほぼ一定で $\phi_l = 0.15$ に保たれているが，そうするために，試料を周期的にひっくり返して排液を抑えている．気泡の平均直径が時間の関数として測られており，測定には光拡散透過法が用いられている (第 5 章 § 1.2.5 参照)．表式 $d/d_0 \sim (1 + t/t_c)^{1/2}$ (式 (3.42)) が，各データに対してフィットされている．d_0 は $t = 0$ における平均直径である (四つのムースとも同じ値を取る)．これにより，時間スケール $t_c = 190$，980，4200，19100 s が，SDS/N_2，カゼイン/N_2，SDS/C_2F_6，カゼイン/C_2F_6 の各組合せに対して得られる．このように，熟成の動力学は構成物質 (気体と界面活性剤) の物理化学的性質に強く依存する [64]．

3.3.3 幾何学的パラメータの影響

ここではムースの化学的成分を固定した場合に，ムースの動力学がどのように気泡の直径の初期値 d_0 と液体分率 ϕ_l に依存するかを見てみよう．

式 (3.43) が示すように，熟成時間 t_c は気泡の直径の初期値に強く依存する．実際，$t_c \sim V^{2/3} \sim d^2$ である．直径 100 μm の (空気で満たされた) 気泡の場合，t_c は高々数十秒に過ぎない．しかし，もし代わりに直径 1 cm の気泡を用いれば，この時間は 10^4 倍にもなる．このようなムースでは，実際上，熟成は起こらないと言っても良い．

実験的な見地からは，本章 § 3.3.2 で述べた理由により，ϕ_l 一定の下で，様々な値の d_0(気泡の初期サイズ) や様々な ϕ_l に対して熟成速度が測られたことは殆どない．なぜなら，この二つの依存性は互いに関わり合っており，D_{eff} は $a(\phi_l)$ を介して ϕ_l に依存する (式 (3.46) 参照) のに加え，h の ϕ_l への依存性も d_0 の値に応じて変化するからである．

関数 $a(\phi_l)$ は，全気泡の表面積のうち，(プラトー境界部を除いた) 薄膜に覆わ

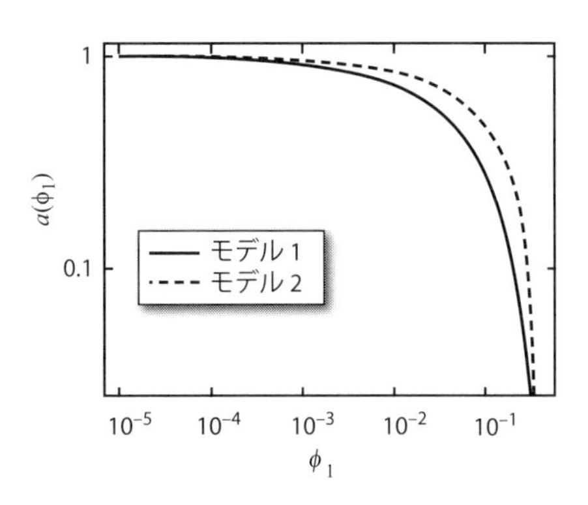

図 3.28: 気体の輸送に関わる実効表面積が液体分率にどう依存するかを表す二つのモデル．モデル 1 は $a(\phi_l) = 1 - (\phi_l/\phi_l^\star)^{1/2}$ で，$\phi_l^\star = 0.36$ である (第 4 章，図 4.17 参照)[35]．モデル 2 は $a(\phi_l) = (1 - k\phi_l^{1/2})^2$ で，$k = 1.52$ である [32].

れているものの割合である．この実効表面積を介して，気体は気泡から気泡へと容易に拡散する．なぜなら，プラトー境界を介する拡散はこれより遥かに遅いからであり，このことはプラトー境界の方が厚みが何桁も大きいことに起因する．$a(\phi_l)$ に関しては，いくつかの異なる表式が数値計算によって得られている．まず挙げられるのは $1 - (\phi_l/\phi_l^\star)^{1/2}$ という式であり (図 3.28 におけるモデル 1)，次に，$(1 - k\phi_l^{1/2})^2$ というわずかに異なる表式がより最近になって数値シミュレーションにより提案された (図 3.28 におけるモデル 2)．これらのモデルでは多分散性は考慮されていない．一つめの表式は式 (2.38) から得られたものであり，そこではプラトー境界の幅 r が液体分率の関数として与えられている．薄膜一枚の面積は，非常に乾いたムースでは $S_0 = d^2$ の程度であるが，同じ構造を持った湿ったムースの場合は $S(\phi_l) = d^2 - d\,r = d^2\,(1 - \sqrt{\phi_l/\phi_l^c})$ となる．ここから $a(\phi_l) = S(\phi_l)/S_0 \approx 1 - \sqrt{\phi_l/\phi_l^c}$ が得られる．この導出法はオーダーの評価に基づいており，ϕ_l^c の値を予言することはできないが，ϕ_l に対して $a(\phi_l)$ がどのような形で依存するかは説明してくれる．

薄膜の厚さ h は d と ϕ_l に依存するが，それはこれらの量によってプラトー境界の毛管吸引 $P_c = \gamma/r$ が変化するからである (本章 § 2.3.2 参照)．平衡状態では，薄膜の厚さを決める分離圧 Π_d は毛管圧力に等しく，$P_c = \Pi_d$ である (第 2 章 § 4.1.3 参照)．ここで関係式 (2.38) を使うことにより，最終的に $P_c = \Pi_d \approx \gamma/(d\sqrt{\phi_l})$ が得られる．

ところで，$\Pi_d(h)$ が示す典型的な曲線 (図 3.15) を見れば分かる通り，もし Π_d が大きく，数百パスカル程度の値を取るならば，(ϕ_l を変えることによって)Π_d がその範囲で変化しても，h の値は殆ど変わらない (訳注：図 3.20 とそれに対する本文中の説明も参照)．こうした状況は，気泡が小さい場合 ($d \leq 1$ mm) やムースが乾いている場合 ($\phi_l \sim$ 数パーセント) で見られ，この時 $h(\phi_l)$ は殆ど一定である．したがって，$D_{\rm eff}$ の液体分率に対する依存性は $a(\phi_l)$ だけに起因する．このことは実験の測定結果とも良く合っている．たとえば，図 3.27 のように，一定の液体分率 ϕ_l の下で熟成を測定した結果からは，膜厚は 100 nm 未満 (通常黒薄膜の範囲) であり，ϕ_l に依存しないという結論を得ることができる．

逆に，もし分離圧が弱く，数十パスカル程度しかない場合は，膜厚 h は Π_d に大きく依存し，したがって，ϕ_l にも強く依存する．これはムースが湿っている場合や気泡が大きい場合に相当するが，この時の $D_{\rm eff}$ の ϕ_l に対する依存性は $a(\phi_l)$ よりも複雑で，$h(\phi_l)$ の非自明な寄与が入ってくる．

3.3.4 熟成は制御可能だろうか？

最後に扱う興味深い問題は，熟成の動力学 t_c がどのパラメータに最も強く依存するか，ということである．たとえば，熟成を制御するためにより効率的なのは，物理的パラメータを変えることなのか，それとも，構成物質の化学的性質を変化させることなのであろうか？

つい先ほど見たように，t_c はまず気泡の初期サイズに強く依存する．同様に，液体分率を変えることで t_c に大きな変化がもたらされるということは，図 3.28 の曲線が示す通りである．気体を変えることでも動力学を比較的大きく変化させることができるが，その主な理由は溶解度 He を変えられるからである．

モル質量が小さく単純な界面活性剤は，およぼす影響がずっと小さいようである．事実，そのような界面活性剤を加えても，表面張力や薄膜の厚さはわずかな範囲でしか変化しない．

しかしながら，中には特殊な系も存在し，表面張力が気泡の大きさに依存する場合がある．もし表面に吸着された物体が**不可逆的な**吸着の仕方をしたならば，気泡の大きさが縮む際，表面濃度は増大する．このような状況は，特に固体粒子やある種のタンパク質が表面に吸着される際に起こるようである [15]．この場合，熟成が非常に遅くなるということが観察されている．このようなことが起こるのは，表面張力 γ が減少し続けるからである．そして極端な場合，熟成は完全に止まってしまう [7]．こうした諸々の振る舞いと関係するのは，圧縮の際の表面弾性である (本章 § 2.2.3 参照)．

最後になるが，熟成と同時にしばしば現れる別の現象がある．それは排液と呼ばれ，それによって液体分率 ϕ_l が時間と共に減少する (本章 § 4 参照)．このことから分かるのは，熟成は ϕ_l の影響を大きく受けるため，排液によって熟成が変化するということである．逆に，熟成が起こると気泡の平均直径が変化し，それによって排液は大きな影響を受ける．したがって，これら二つの過程は互いに強く結合している場合がある．これから見るように (本章 § 4)，排液に対しても特徴的な時間を定義することができる．そして，ムースの種類に応じて，熟成と排液にかかるこれら典型的時間を比較することによって，そのような結合を考慮する必要があるかどうかが分かる．

4 排液

本節では，ムースの中で生じる排液について説明しモデル化していく．この現象は，液体が多孔性の土の中を流れる過程に類似して見えることがある．しかし，両者には大きな違いもある．どちらも液体が流れるのは，多孔性ネットワーク中である．しかし，ムースの場合には，ネットワーク断面が液体の流れに強く依存し (気泡と気泡の間隔が広がって必要に応じてムースが強く膨張することもあれば，反対に，液体が流出するにつれて気泡と気泡の間隔が詰まってくることもある)，ネットワーク界面も液体である (界面は，部分的に流れによって引ずられる)．このような観点に立つと，排液現象は，ムース中の大きさの異なるスケールが結合する場合の典型的な例となっていることが分かる．つまり，この巨視的な現象をモデル化するためには，これから説明するように，細孔の表面を成している単分子膜，および，これらの細孔の特徴的サイズの両方の固有の特性を同時に考慮しなくてはならない．

4.1 排液現象とは何か？

排液の定義は，液体あるいは気体が，浸透性のある媒質中を通過することである．水を多く含むムースの場合には，(重力が流れの駆動力となる) 重力性排液が現象の進行機構となる．既に，本章 § 1.1 で説明したように，重力の影響下では，ムース中に含まれる液体は下へ流れ，一方で気泡は上へと移動する．この排液現象は，容易に観測できる．このため，日常生活で馴染みのあるムース，たとえば，ビールの泡を使っても観察できる．

自由排液 自由排液とは，液体の一部が重力の影響で自発的に移動することであり，初期状態が第 2 章 § 4.3 で示した平衡状態とは異なっているときに生じる．図 3.1 に示したムースは，初期時刻 $t = 0$ では，高さが H_0 で液体分率は一様な値 ϕ_{l0} である．このムースは底が閉じた容器に入っていて，時間経過と共に，不可逆な液体の流れが下方に向けて生じて，その結果，ムースは乾いていき，液体が容器の底に溜まっていく．そのため，ムースと排液された液体の境界面の位置は時間と共に上昇している (図 3.1 中の $L(t)$)．時間と共にムースが乾いていく過程は局所的なスケールでも観察できる．実際，透明な容器の側壁付近の気泡を見ていると，液体のネットワークから液体が抜け出ていき，一方で，気泡は次第に密になっていくことが分かる．プラトー境界の幅からは液体分率を推定できる (第5章 § 1.2.3 参照)。

しかしながら，現象を正確に理解するためには，ムース中の液体分率を位置の関数としてより詳しく測定する必要がある．電気伝導率の測定を行えば (第5章 § 1.2.6，および本章実験 8.4 参照)，このようなことが可能であり，ムース中の液体分率を，厚み dz のムース切片中の平均値として，様々な鉛直位置 z において知ることができる．こうして得られた液体分率曲線を，経過時間毎に示したものが図 3.29 である．その振る舞いは複雑であるが，排液の動力学に関して，二つの重要な領域が存在することがグラフから分かる．これらの領域は時間 τ により区切られる．この τ は，排液のフロント (先端) が容器の底に達する時間に相当する．

(i) $t < \tau$ では，液体分率はムース上側の一部分でのみ変動し，その領域では，液体分率は，z 軸に沿って (z の大きい方から小さい方へ)，非常に小さな値から初期値へと線形に変化する．この乾きつつあるムースの領域の終端は**排液フロント**と呼ばれる．排液フロントは一定速度で下へと移動し，それに伴ってムースが乾いていく．また，時間と共にフロントは広がっていく．つまり，液体分率のカーブの傾きがフロント近傍で急激に変化しているのが，次第により緩やかな傾きの変化へと変わっていく．フロントの下部 (湿ったムースの領域) は定常的な排液状態にあり，したがって，液体分率は一定値を取り，空間的に一様である．つまり，流れ込む液量と流れ出る液量が常に等しく，流速が一定となっている．

(ii) $t = \tau$ において，排液の第二領域が始まる．第二領域はよりゆっくりとした変化で特徴付けられ，漸近的に第2章 § 4.3 で示した最終平衡状態へと向かっていく．この排液過程の減速を説明するためには，重力だけがムース中の流れの駆動力ではないことを理解する必要がある．プラトー境界と頂点と薄膜のネットワークは変形可能である．したがって，ムースが乾けば乾くほど，気泡はより互いを押し合うようになり，それだけプラトー境界内の液体が占めることのできる断面積が小さくなっていく．さらに，これらのプラトー境界を定義する界面の曲率半径は次第に小さくなる．このため，ラプラスの法則から分かるように，毛管圧が上昇する (第2章 § 4.1.2 参照)．このような理由で，液体分率の空間的な勾配がムース中に生じることによって，毛管圧の勾配が引き起こされる．つまり，乾いた領域が液体を吸いあげ，これが重

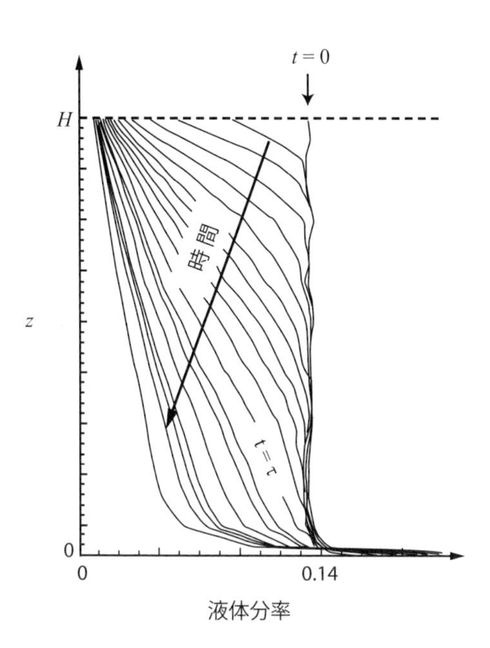

図 3.29: 自由排液の実験．液体分率の鉛直方向の分布を表す曲線が時間変化する様子．電気伝導度測定実験 (第 5 章 § 1.2.6 参照) より得られたもの．初期時間 $t = 0$ では，液体分率は高さによらず一様で，その値は一定値 $\phi_{l0} = 0.14$ である．本文中にも書かれている通り，排液の進行につれてフロントが下へと伝播していくことが分かる (図中の矢印参照)．このフロントは時刻 $t = \tau$ において，ムース液柱の底へと達する． ムース液柱の底は次第により多くの水を含むようになり，そこでは ϕ が初期値を上回るようになる．長い時間をかけ，だんだんと平衡状態の曲線へと転移していく．

力の効果とは別に生じることになる．毛管圧の勾配 (下から上に向かった) は排液に伴い大きくなり，排液を減速させ，最終的には重力の効果と完全に釣り合い，ムースを平衡状態に落ち着かせる．この最終的な平衡状態では，初期状態とは異なり，ムースは排液された液体と直接に接しており，その領域ではムースは非常に湿っている．液体との界面では液体分率は約 $\phi_l = 0.36$ であり、これは球がランダムかつ密に積み重なった構造の隙間の分率に相当する (第 4 章の図 4.17 参照)．

ここで明確にしておくべき重要なことは，液体がムースの外へ流れ出すのは，ムースの底の液体分率が $\phi_l = 0.36$ に達して始めて可能になるということである．つまり，この値に達すると，液体はムースから脱出できる．この段階までムースが湿ってくるまでには比較的長い時間を要することがあり，**自由排液の遅延**と呼

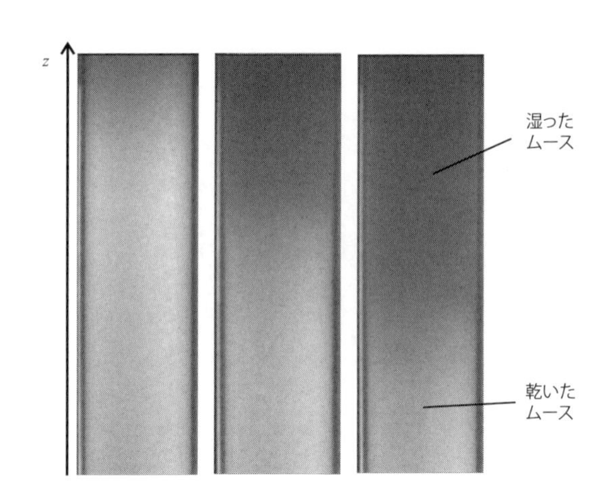

図 3.30: 強制排液実験．この実験では，ムース柱の中で，液体のフロントがあらかじめ乾かされたムース層を上部から侵略していく．その様子が三つの連続スナップショットに示されている．フロントを光拡散透過法を用いて観測することで (第 5 章 § 1.2.5 参照)，ムース中の液体速度が測定でき，ムースの浸透性に関しても知ることができる．

ばれる現象が生じることがある．さらに，もしムース中の液体総量が非常に少ない場合 (ムースが非常に乾いているか，ムースの体積が小さい場合)，ムースから全く液体が流れ出ないこともあり得る！　しかし，注意すべきなのは，たとえ液体がムースの外へ流れ出ることは無くとも，必ず排液現象が起こり，その結果，ムース中に液体分率の鉛直方向の勾配ができるということである (本章問題 9.3 参照)．

強制排液　自由排液の状況は，確かに簡単に思いつくものではあるが，排液の機構を理解しようとする場合には必ずしも最適な状況ではない．実際，自由排液の場合には，系の中には液体分率が大きく異なった領域 (非常に乾いた領域と非常に湿った領域) が同時に現れ，また実験時間が非常に長くなり得る．そのため，しばしば老化現象の様々な効果が重なり合い，研究すべき現象が非常に複雑になってしまう．さらに，ムース中の初期の液体分率プロファイルがその後の実験結果に大きく影響してしまう．これが意味することは，最終的に良い再現性を得るためには，ムース生成の際に初期液体分率が全ての高さにわたって均一でなければならないということである．

これとは別に**強制排液**という実験もある．この実験は，ムース原料の溶液を一定流量でムースの柱に注いでいく実験で，使われるムースはあらかじめ自由排液されたものである．強制排液では水平なフロントが進展していくが，このフロントは湿ったムース領域 (この場合上側) の境界であり，乾いたムース中を伝播して行く (図 3.30)．フロントは一定速度で上からムースの底へと移動していくので，その速度 u_{front} は容易に測定することができる．フロントの後部では，ϕ_l は一定であり，その値は注がれる液体の流量に依存する．このため，単純な重力の効果によって液体が流れる．実験によると，先端部の速度 u_{front} はムース中の気泡サイズに依存し，また用いられた界面活性剤にも依存することが分かっている．これらの影響についてはより詳細な議論を後に行うが，ここで留意しておくべき重要な点がある．それは，使用されている界面活性剤分子がこのフロントの速度に影響するのだが，その原因は，流れを閉じ込めている界面がある程度は持っている流動性によって説明されるということである．つまり，界面は多かれ少なかれ液体により引きずられている．したがって，界面活性剤は重要な役割を果たしている．

4.2 多孔性固体媒質中の流れに関するモデル

ムースの排液現象に関するモデルの基になっているのは多孔性固体媒質中の流れに関し発展してきたモデルである．そこで，多孔性固体媒質中の流れに関するいくつかの重要な結果を，以降の節で紹介する．

4.2.1 空孔スケールでの流れ

液体 (粘性率 η，密度 ρ_i) が円筒形の空孔中を流れているとしよう．ここで，空孔は半径 r_c，長さ ℓ であり，鉛直方向から角度 ψ だけ傾いている (図 3.31)．$\overrightarrow{e_\psi}$ は円筒空孔の軸に平行な単位ベクトルであり，上方向を向いている．液体の速度場は $\overrightarrow{u} = u(r)\overrightarrow{e_\psi}$ の形で与えられ，r は円筒の半径方向を表す座標である．圧力による力が空孔中の液体に作用し，その値は $\pi r_c^2(p(0) - p(\ell)) = -\pi r_c^2 \delta p$ である．この力を単位体積当たりで評価すると，空孔の軸に沿った圧力勾配の反対符号の値 $-dp/d\ell$ と等しくなる．一方，重力も空孔の軸方向に沿って作用し，その成分の値は (単位体積当たり)$\rho_l \overrightarrow{g} \cdot \overrightarrow{e}_\psi = -\rho_l g \cos\psi$ となる．ただし，ここでは，レイノルズ数 Re を流れの特徴的速度 u と r_c を用いて計算したときに 1 よりも十分小さくなる場合，すなわち，$Re = \rho_l u r_c/\eta \ll 1$ の場合を考える．この場合，流れを支配するのは駆動力 (圧力および重力) と流れを妨げる粘性力の釣り合いである．円筒空孔では，釣り合いは次のように記述できる．

$$\eta \frac{1}{r}\frac{\partial}{\partial r}\left(r\frac{\partial u}{\partial r}\right) = dp/d\ell + \rho_l g \cos\psi \tag{3.47}$$

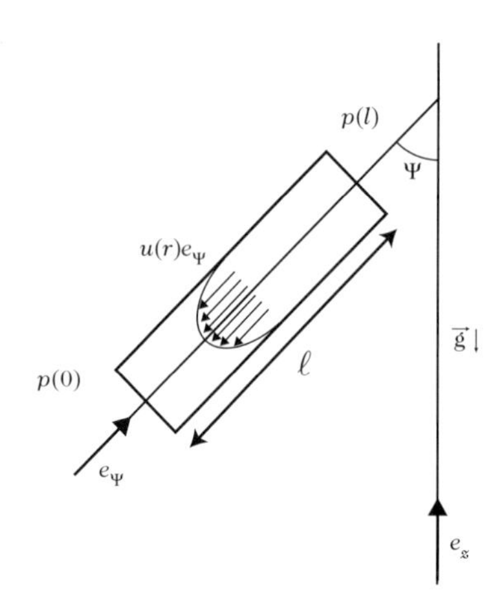

図 3.31: 長さ ℓ の円筒形空孔の図．空孔は垂直方向に対し角度 ψ だけ傾いており，空孔中を，液体が，圧力と重力の効果により流れる．空孔中の液体の速度場は $\overrightarrow{u}=u(r)\overrightarrow{e_\psi}$ である．

液体の速度が壁面でゼロである (滑りなし条件) と仮定すると，上式の解は以下の形を持つ．

$$\overrightarrow{u}=-\frac{r_c^2}{4\eta}\left(1-\frac{r^2}{r_c^2}\right)(dp/d\ell+\rho_l g\cos\psi)\,\overrightarrow{e_\psi} \tag{3.48}$$

ここで注目すべきは，流れの向きが圧力勾配の符号と値によって左右されることである．つまり，もしこの符号が正ならば，圧力の効果が重力の効果に上乗せされる形になるが，負であれば，圧力の効果は重力の効果に相反し，完全に相殺することもあり得る．液体の体積流量を空孔の一断面にわたって評価するには上式を積分すれば良く，得られた値から空孔中の流れの平均速度が次式のように求まる．

$$\bar{u}\overrightarrow{e_\psi}=-\frac{s}{\eta}K_c(dp/d\ell+\rho_l g\cos\psi)\overrightarrow{e_\psi} \tag{3.49}$$

ここで，空孔の断面積 $s=\pi r_c^2$ と幾何学的係数 K_c を導入した．K_c は円筒空孔の場合，$1/8\pi$ となる．この関係式は，液体の平均速度と流れの駆動力の間に比例関係が存在することを示している．この結果は**ポアズイユの法則**として知られている。

4.2.2 多孔性媒質スケールでの流れ：ダルシーの法則

ダルシー (Henry Darcy) の 1856 年の研究は，空孔スケールでの比例関係 (式 (3.49)) が，多孔性媒質でも成立することを示した．ただし，この場合，速度と圧力は，その媒質の典型的体積に含まれる空孔の集合体にわたって平均化されたものと見なされる．結果は以下の式で表され，彼の名を取って**ダルシーの法則**と名付けられている[21]．

$$u_m \overrightarrow{e} = -\frac{\alpha}{\eta}\left(\overrightarrow{\nabla} p - \rho_l \overrightarrow{g}\right) \tag{3.50}$$

ここで，α は媒質の浸透率，u_m は流速である．ただし，後者は，液体流量を，流れに垂直な試料断面積で割った値として定義される．また，$\overrightarrow{e}$ は，流れの平均の向きを表す単位ベクトルである．u_m は，液体の平均速度 $\langle \bar{u} \rangle$ と媒質中で液体が占めている空間の体積分率 ϕ_l と次式のように関係付けられる．

$$u_m = \langle \bar{u} \rangle \phi_l \tag{3.51}$$

ここで，ブラケット記号で表される平均は全ての空孔に対して取る．
注記：媒質中の空孔は完全に液体で満たされていると考えている (飽和した媒質)．この場合，媒質の多孔度はムース中の液体の体積分率と同じ役割を担うため，ここで用いた表記法が正当化される．

4.2.3 多孔性媒質の浸透性

式 (3.50) は，取り扱いが容易ではあるが，浸透性に関する係数 α についての知見を必要とする．この係数が意味するのは，流れ易さであり，いかに液体が多孔性媒質を通って流れ易いかを意味する．直感的には，α は ϕ_l や空孔の半径と共に大きくなると推測できる．この係数に関して，媒質の一つのモデルを考えた上で説明を試みよう．このモデルとして，先ほど議論したものと同じ円筒形空孔が，ランダムに繋がったネットワークを考える．ここでは，鉛直方向 $(\overrightarrow{e_z})$ に沿った液体の流れを考えることにして，流れは巨視的な圧力勾配 $\overrightarrow{\nabla} p = dp/dz \overrightarrow{e_z}$ と重力 $\rho_l \overrightarrow{g}$ の影響下にあるとする．空孔のスケールでは，(円筒空孔の) 傾き角が ψ の場合，微視的な圧力勾配は $dp/d\ell = (dp/dz)\cos\psi$ と書け，また，鉛直方向速度の平均値 $\bar{u}_z$ は $\bar{u}\,\overrightarrow{e}_\psi \cdot \overrightarrow{e_z} = \bar{u}\cos\psi$ となる．したがって，液体速度の鉛直成分は傾き角 ψ の空孔中では $\bar{u}_z^\psi = -(s/\eta)K_c(dp/dz + \rho_l g)\cos^2\psi$ となる．媒質中の鉛直方向に沿った液体平均速度の代表的な値を得るためには，$\bar{u}_z^\psi$ を全傾き角にわたって平均する必要があり，これによって次式を得る．

$$\langle \bar{u}_z \rangle = \int_0^{\pi/2} \bar{u}_z^\psi p(\psi) d\psi \tag{3.52}$$

---
[21] 訳注：次元解析的には，この式は，ナビエ・ストークス方程式の粘性項における二階空間微分を空孔のサイズの二乗による割り算に置き換えることで得られる。このことから α が，式 (3.56) において r_c^2 に比例することが理解できる。

ここで，$p(\psi)d\psi$ は傾き角 ψ が ψ と $\psi + d\psi$ の間の値を取る確率を表している．この確率 $p(\psi)d\psi$ を決めるために，円筒空孔の傾き角が ψ と $\psi + d\psi$ の間にあるときに空孔の末端が掃く面積 $2\pi l^2 \sin\psi d\psi$ [22] とあらゆる可能な円筒空孔の端を含む半球表面の比を計算する．この結果，確率は $p(\psi)d\psi = 2\pi l^2 \sin\psi d\psi / 2\pi l^2 = \sin\psi d\psi$ と求まり，鉛直方向速度の平均値は次のように求められる。

$$\langle \bar{u}_z \rangle = -\frac{s}{\eta}\left(\frac{dp}{dz} + \rho_l\, g\right) K_c \int_0^{\pi/2} \cos^2\psi \sin\psi d\psi = -\frac{s}{\eta}\left(\frac{dp}{dz} + \rho_l\, g\right)\frac{K_c}{3} \tag{3.53}$$

得られた式は液体が z 軸に沿ってネットワーク中を進む平均速度であり，これを流速 u_m と結び付けよう。まず，式 (3.50) と式 (3.51) から，

$$\langle \bar{u}_z \rangle = \frac{u_m}{\phi_l} = -\frac{\alpha}{\eta\phi_l}\left(\frac{dp}{dz} + \rho_l\, g\right) \tag{3.54}$$

が得られる。これを式 (3.53) と等しいとすることで，次式が得られる．

$$\alpha = \frac{sK_c\phi_l}{3} \tag{3.55}$$

上式は，媒質の巨視的な浸透率を，空孔の幾何学的・流体力学的特長と結び付けている．ここで考慮されている円筒形空孔では，この浸透率は

$$\alpha = \phi_l \frac{r_c^2}{24} \tag{3.56}$$

となる。

より複雑なモデルでは，いくつもの空孔サイズを組み合わせて，より現実的なネットワークを形成する．同様の精神で，円筒空孔モデルを拡張するには，**流体力学半径**m の概念を用いる．この流体力学的半径とは空孔の体積と表面積の比のことである．たとえば，半径 r_c の円筒空孔の場合，$m = r_c/2$ である．一般的には，m は多孔性媒質の固有面積 A_s の関数として次式のように表わされる[23]．

$$m = \frac{\phi_l}{A_s} \tag{3.57}$$

ただし，固有面積 A_s とは空孔の表面積の全体積に対する比で定められる値である．

---

[22]訳注：円筒空孔の一端が半径 l の球の中心にあると考え，他方の端がその球の表面上を動くと考えると，この球面上で後者の末端が掃く面積は $ld\psi$ と $2\pi l \sin\psi$ をかけたものになる．ただし，円筒と球の軸が成す角を ψ とする．

[23]訳注：全体積 Ω，全面積 A とすると，$A_s = A/\Omega$ より，$m = \phi_l\Omega/A$ は式 (3.57) と書ける．

ここで，α の表式が空孔の幾何学的形状が変わった時にも式 (3.56) の形を保つと仮定すると，浸透性係数は次のように書くことができる．

$$\alpha = \phi_l \frac{m^2}{C_K} = \frac{\phi_l^3}{C_K A_s^2} \tag{3.58}$$

この関係式は**カルマン (Carman)・コゼニー (Kozeny) のモデル**として知られており，式中に含まれる定数 C_K は，ネットワークの幾何学的形状を考慮した値である．円筒形毛管ネットワークの場合には，式 (3.56) と比べることで C_K が 6 であることが確認できるだろう．より複雑な形状に関してこの定数を定めるためには，式 (3.58) を実験で得られたデータに対してフィッティングしなければならない．直径 d の球が集積した構造の場合には，媒質の固有面積は $A_s = (1-\phi_l)(6/d)$ であり，C_K として決定される値はおおよそ 5 となる。このようにして，たとえば，球形粒子が集積した土に関する浸透性係数は次式で与えられる．

$$\alpha = \frac{\phi_l^3 d^2}{180(1-\phi_l)^2} \tag{3.59}$$

この関係式は，一つの基準式になっており，多孔性媒質の浸透性の研究にしばしば有用である．

4.3　ムース：特殊な多孔性媒質

ムースは，一種の多孔性媒質と見なすことができる。この場合，ムースの液体部分は多孔性物質の隙間空間に相当し，気泡は多孔性固体媒質中の粒子に対応する。とはいえ，ムースと多孔性固体媒質の間にはいくつかの重要な相違点がある。

1. ムースでは液体のネットワークは特殊である。というのも，このネットワークの要素の形状を決めるのはプラトーの法則だからである．これらの特徴については既に第 2 章に示した．特に，式 (2.38) はプラトー境界の大きさ，つまり，その断面の曲率 r と長さ ℓ を，巨視的なパラメータ ϕ_l を結び付ける．
2. 液体ネットワークを規定する界面が流動性を持つことにより，ムースは膨張したり収縮したりすることができる．このネットワーク中では，この膨張を引き起す液体の圧力 p は，次式のラプラスの法則によって，その曲率半径 r にシンプルに関係付けられている．

$$p = P - \frac{\gamma}{r} \approx P_{atm} - \frac{\gamma}{r} \tag{3.60}$$

ここで，P は気泡中の気体圧力である (訳注：P_{atm} は大気圧)．この式は，(ムースのような) 変形可能な多孔性媒質の場合において，液体圧力が流れに利用できる空間とどのように関係するかを示すものである．この式は，この種の式の中で最もシンプルであり，モデル化の観点からは代替がないほど便利である．

3. 気・液体界面が流動性を持つことによって，排液のモデルを作ることはさらに一層難しくなる。固体壁に接する液体の流れは，滑りなし条件 (壁面で流速がゼロ) によって決まる．これに対し，気泡の表面に課さなくてはならないのは，界面に接する方向の応力の条件である．各々のプラトー境界の中の流れは，本質的には一方向に向かっており，その流れは接線方向の粘性応力を (境界の) 表面におよぼす．その結果，その表面は流れの方向に引きずられる．一方，ムースは界面に吸着した界面活性剤によって安定化されている．これらの界面活性剤は，(本章 § 2.2.3 に述べたような) 様々なレオロジー的挙動を界面に引き起こす。また，これらの分子のおかげで，界面は，多かれ少なかれ，界面を流そうとする傾向に抵抗しようとする．これが表面ずり (せん断) 粘性であり，体積ずり粘性との類似性からこのように呼ばれ，この種の抗力の中でもっと重要なものであると思われる [44].

以降の節では，これらの特異性を考慮に入れることによって，液体ムースの浸透性を決定していく．

4.4 液体ムースの浸透性に関するモデル

本節では始めに，プラトー境界での流れに関し議論する．次に，本章 § 4.2.3 で説明した多孔性固体媒質に関するモデルを適用して, 液体ムースの浸透性を決定する．

4.4.1 プラトー境界中の流れ

多孔性媒質においては，媒質の巨視的浸透性は，内部にある空孔の本質的浸透性によって決定される．液体ムースの場合には，空孔はプラトー境界であり，これから我々はこれら空孔が単独にある時の浸透率を決定していく．この浸透率は，液体の流れを閉じ込めている界面に働く引きずりの効果を考慮に入れる必要がある。排液の問題に関して，この界面の流動性が考慮されたのは 1960 代であり，レオナード (R. Leonard) とレムリッヒ (R. Lemlich) によってなされた [44]．これらの研究者は，無限に長いプラトー境界を考え，その場合には，流れが (プラトー境界の軸に沿った) 一方向であり，界面活性剤分子の表面濃度も一定であると仮定できることを利用した．この場合，界面では体積粘性応力と表面ずり粘性応力

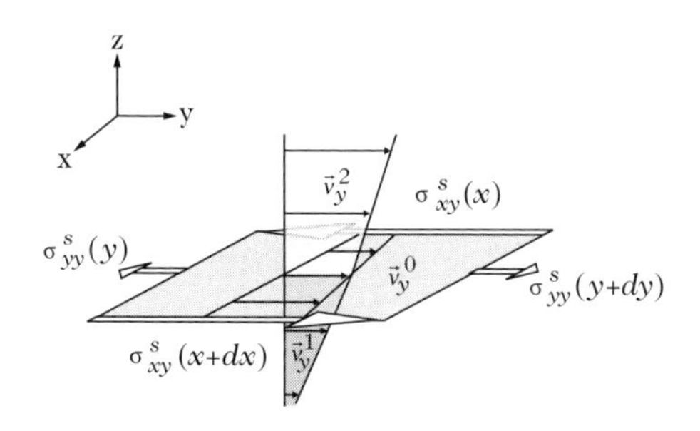

図 3.32: 表面応力が働いている (x, y) 平面内の界面要素.

が釣り合っている．この体積流れと表面流れの結合はブジネスク (Boussinesq) 数で記述されるが，この数は，表面ずり粘度 (表面せん断粘性率)η_s(本章 § 2.2.3 参照) に対して体積ずり粘度と (プラトー境界の) 曲率半径 r の積を比べた量であり (p. 155 の囲み欄参照)，$Bo = \eta_s/\eta r$ と表される．本書の著者らは，さらにもう一つの仮定を付け加えた．それは，プラトー境界の断面における三つの角 (かど)，つまり，境界が薄膜と接する部分において，液体の速度がゼロであるという条件である．

プラトー境界の界面における粘性応力の釣り合い

界面の変形を正確に理解するため，例として，二つの流体 1 と 2 の定常な平行流を考える．それぞれの流体の速度ベクトル $\overrightarrow{v_y^1}$ と $\overrightarrow{v_y^2}$ は，y 方向に向いている．これから考えるのは，面積が $dxdy$ の界面要素の釣り合いで，この要素はその縁に作用している力の影響下にある．二次元の液体要素上の議論にあたっては，単位長さ当たりの力，$\sigma^s_{xy}(x, y)$ と $\sigma^s_{yy}(x, y)$ を導入するのが有用であり，これらの力が図 3.32 に示してある．このとき，釣り合いは次のように書ける．

$$\left(\sigma^s_{xy}(x+dx, y) - \sigma^s_{xy}(x, y)\right) dy + \left(\sigma^s_{yy}(x, y+dy) - \sigma^s_{yy}(x, y)\right) dx - \left(\sigma^1_{yz}\right)_0 dxdy + \left(\sigma^2_{yz}\right)_0 dxdy = 0 \quad (3.61)$$

ここで，$(\sigma^1_{yz})_0$ と $(\sigma^2_{yz})_0$ が表しているのは，界面 $z = 0$ における体積粘性応力であり，それぞれ流体 1 と 2 から受ける力である．この釣り合いの関係式中で表面応力の勾配を使い，要素の面積で割ると，以下の式を得る．

$$\frac{d\sigma^s_{xy}}{dx} + \frac{d\sigma^s_{yy}}{dy} - \left(\sigma^1_{yz}\right)_0 + \left(\sigma^2_{yz}\right)_0 = 0 \quad (3.62)$$

これらの体積ずり応力を界面の位置で評価すると，それぞれ次のように書ける．

$$\left(\sigma^1_{yz}\right)_0 = \eta_1 \left(\frac{dv^1_y}{dz}\right)_0 \quad (3.63)$$

$$\left(\sigma_{yz}^2\right)_0 = \eta_2 \left(\frac{dv_y^2}{dz}\right)_0 \tag{3.64}$$

同様に考えて，界面が理想的であり，界面応力 $\sigma_{xy}^s(x)$ と界面速度 v_y^0 の勾配が線形関係に従う (本章 § 2.2.3 参照) と考えると，次式が成り立つ．

$$\sigma_{xy}^s(x) = \eta_s \frac{dv_y^0}{dx} \tag{3.65}$$

ちなみに，界面応力 σ_{yy}^s は表面張力 γ に他ならない (式 (3.15) 参照)．もし，膨張がせん断と結合した場合には補正項が現れ (式 (3.10) および式 (3.12))，マランゴニ効果を引き起こす (本章 § 2.2.4 参照)．ここではこの補正項は考慮しないので (表面張力は位置に依らず)，応力釣り合いの関係式は次式で与えられる．

$$\eta_s \frac{d^2 v_y^0}{dx^2} + \eta_2 \left(\frac{dv_y^2}{dz}\right)_0 - \eta_1 \left(\frac{dv_y^1}{dz}\right)_0 = 0 \tag{3.66}$$

ここで，流体2を空気のようなものと考えて $\eta_2 \cong 0$ とし，また $\eta_1 = \eta$ とおく．さらに，特徴的長さ r，および特徴的速度 $\frac{r^2 \left|\frac{dp}{d\ell}\right|}{\eta}$ を導入すると，前式は次の形に無次元化される．

$$\frac{d^2 \tilde{v_y^0}}{d\tilde{x}^2} \frac{\eta_s}{\eta r} = \left(\frac{d\tilde{v}_y^1}{d\tilde{z}}\right)_0 \tag{3.67}$$

このようにして無次元数であるブジネスク数を次式のように導入する．

$$Bo = \frac{\eta_s}{\eta\, r} \tag{3.68}$$

この数が記述するのは，流路中の体積流が界面ずりに対する抵抗力とどのように結合するかである．

これらの仮定と共に，流体の運動方程式の解を用いることで，液体の速度分布を求め [13, 40]，平均速度，さらには，プラトー境界の浸透性 K_c(式 (3.49)) を定めることができる．このことは，様々な Bo の値に対して可能である．

この解より得た速度分布，および K_c の値を，図 3.33 と 3.34 にそれぞれ示す．これらの図から，Bo がプラトー境界中の液体流れにおよぼす影響が明確に分かるようになる．

- $Bo \ll 1$ の場合には，得られる速度分布は**栓流**型となり (つまり，断面の殆どの部分で分布が平坦になっている)，速度勾配は本質的に断面の角に存在する．この状況が相当するのは，流路壁面が強い流動性を持ち，体積流の影響下にある場合である．この強い流動性に伴って，液体の平均速度と係数 K_c は上昇する．

- $Bo \gg 1$ の場合には，反対に，界面が殆ど引きずられず，流れに対し十分に抵抗するので，大きな液体速度勾配が断面全体にわたって生じる．このタイプの流れは，かなり**ポアズイユ流**型の流れに近い (壁面で速度がゼロ)．

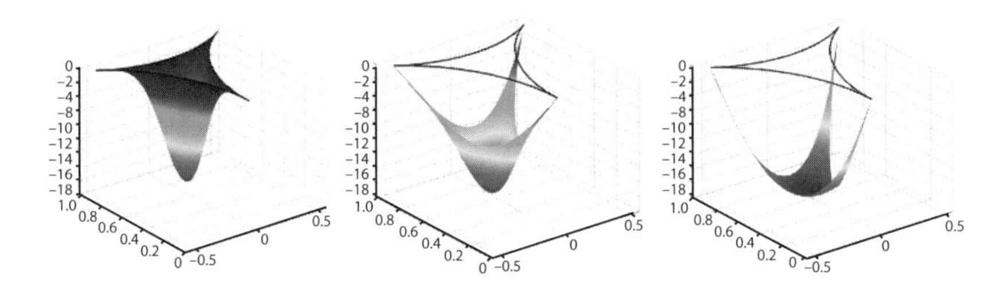

図 3.33: プラトー境界の液体の流れの速度分布を三つのブジネスク数の値に対して示す．それぞれ Bo は 10，1，0.1 である．プラトー境界の角は仮定に基づき固定されている．Bo が大きくなるとともに，界面はより流れに抵抗する．W. Drenckhan 氏によるシミュレーション結果．カラー口絵 8 参照．

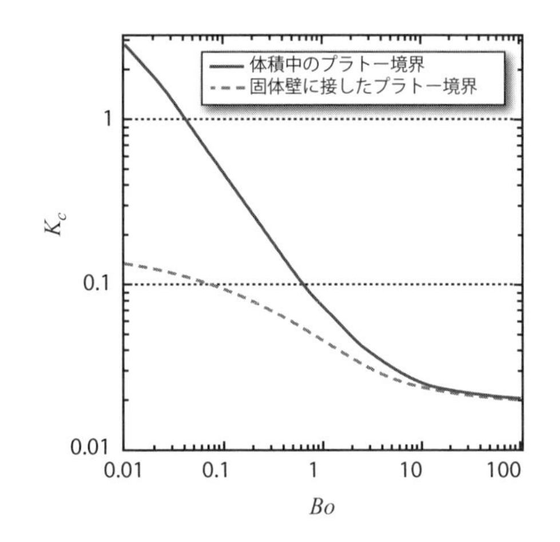

図 3.34: 係数 K_c のブジネスク数に対する変化．プラトー境界がムース中 (実線) および壁面 (点線) にある場合について示してある．

- ブジネスク数の値がこれらの中間の場合，流れは，当然ながら，上の二つの極限値で見られるそれぞれの特徴を同時に持つ．

注記： 研究者によっては，$M = 1/Bo$ がある [70, 64] を使うことをより好むが，この値は，**界面流動性**に相当する．したがって，M は界面が流動的な時には大きくなり，逆も同様である．

より定量的には，$Bo \gg 1$ となる時の K_c の最小値が 0.02 であることを指摘しておく．この値が相当するのは，プラトー境界中の流れがポアズイユタイプの場合であり，この値は，円筒状の流路の場合に得られる値，$1/8\pi \simeq 0.04$ と比較的近い．係数 K_c が，円筒上の流路の場合の方が大きくなるように両者で異なっている理由は，液体の単位体積当たりでは，壁面に接する表面はプラトー境界の場合の方が大きくなるために，流れがより強く抑制されるからである．より Bo が小さい場合には，K_c の変化は次式の解析的な表現に近づく．

$$K_c = \frac{3}{25} + \sqrt{\frac{2}{Bo}} \arctan \sqrt{\frac{1}{8\,Bo}} - \arctan\left(\frac{1}{2\pi\,Bo}\right) \tag{3.69}$$

K_c の変化を示した図3.34上には，プラトー境界が固体の壁に接している場合(「壁プラトー境界」と呼ばれる．第2章§5参照) も示した．この場合もまだ，K_c は Bo が小さくなるにつれ増加するが，自由な流路に比べると増加は緩やかである．この理由は，あらゆる Bo の値に対し，速度ゼロの条件が，壁面と接している表面全域に課せられるからである．これらの曲線から，壁プラトー境界がムースの浸透率におよぼす影響を見積もることができる (本章問題 9.4 参照)．ムースの浸透率が，(「体積プラトー境界」での流れを基に計算された)「体積浸透率」に近い値となるためには，(壁に接していない)「体積プラトー境界」を通って流れる液体の流量が全流量に対し大きな比率を占めていなければならない．ちなみに，円柱直径の中に約 30 個の泡があれば，この流量比は $Bo = 10$ で 80%，$Bo = 0.1$ では 95% に達する．

4.4.2 プラトー境界極限のモデル

まず最初に，乾いたムース ($\phi_l \leq 0.02$) に注目しよう．すなわち，液体のネットワークが，とても細長いプラトー境界の集まりで構成され，プラトー境界の曲率が r，長さが ℓ の場合である．この場合，式 (2.38) により r と泡の半径 R_v の比を次式のように書くことができる．

$$\frac{r}{2R_v} = g_1(\phi_l) = \frac{\delta_b}{2}\phi_l^{1/2} \tag{3.70}$$

ここで δ_b は幾何学的な定数であり，その値は 1.74 である．また，プラトー境界の長さ ℓ が，ケルビンセルの稜の長さと，おおよそ同じだとしてみよう．ここで，ケルビンセルとは，ムース中の泡の集合体の幾何学的なモデルの一つである (p.66 参照)．以上の結果，次式を得る．

$$\frac{\ell}{2R_v} = 0.36 \tag{3.71}$$

したがって，たとえば $\phi_l = 0.01$ では，プラトー境界は非常に細長く，$\ell \approx 4r$ となることが確認できるだろう．このように，本章§4.2で学んだ円筒形流路ネットワークと幾何学的にとても良く類似しているので，そこで導かれた固体多孔性媒質の浸透性の結果を用いることができる．すると，特に，式 (3.50) で導入された浸透率 α は，式 (3.55) に示したように，ϕ_l，K_c と流路の断面 s の関数で表される．また，プラトー境界中の流れの解析から，K_c の表現も既に与えられている．同時に，プラトー境界の断面は $s = (\sqrt{3} - \pi/2)r^2$ であることも思い起こそう．これは，また，気泡の半径の関数として次式で表現できる．

$$s \approx \delta_a \delta_b^2 R_v^2 \phi_l \tag{3.72}$$

ここで，$\delta_a = \sqrt{3} - \pi/2$ とした．以上の過程を踏まえると，浸透率は次式のように書ける．

$$\alpha = \frac{sK_c\phi_l}{3} = \frac{\delta_a \delta_b^2 K_c}{3} R_v^2 \phi_l^2 = C_c R_v^2 \phi_l^2 \tag{3.73}$$

界面が全く動かない特別な場合に着目してみると，この場合には $K_c = 0.02$ となる．そのため，この場合のムースの浸透率は次式で与えられる．

$$\alpha = 3.2 \times 10^{-3} R_v^2 \phi_l^2 \tag{3.74}$$

後に本章§4.6 で見るように，この浸透率の ϕ_l^2 依存性はいくつかの実験の結果と整合している．式 (3.73) と式 (3.74) はとてもシンプルなので，しばしば，このプラトー境界極限の場合の結果を利用して，ムースの浸透率が見積もられる．しかしながら注意したいのは，このモデルの仮説が正当性を持つのは比較的乾いたムースの場合に限られることである．

最後に注目したいのは，Bo が減少した時，K_c は増加し，同様にムースの浸透率も大きくなるということである．この増加には限度があり，それは Bo が取ることのできる最小値で定まっている．数ミリ程度の泡から成るムースを考え，その液体分率が $\phi_l = 0.01$ であるとし，さらに，その界面がとても小さな表面粘度 $\eta_s = 10^{-8}$ kg · s^{-1} で特徴付けられる場合には，もし排液される液体が水に近い粘度を持つならば，$Bo = 10^{-1}$ となる．この場合に，式 (3.69) から分かるのは，液体の速度が，界面が全く動けない場合に比べ，約 15 倍大きくなるだろうということである．当然ながら，この見積もりは，プラトー境界のみが液体を減速させ，それらを結合している頂点は液体の減速に無関係であるという仮定のもとに導かれている．この仮説が妥当なのは，プラトー境界の浸透性が低く，かつ，プラトー境界がムース中の液体の全体積に対して非常に大きな割合を占めている時である．一方で，この特別な状況から離れると，頂点が流れにおよぼす影響を考慮する必要があるが [39]，これは次節にて議論する．

4.4.3 プラトー境界と頂点の連系モデル

本節で考慮するのは，プラトー境界とそれらの頂点が連系して流れに抵抗する場合である．この連系の基本要素として考えるのは，プラトー境界とその両端に存在する頂点の 1/4 である (頂点が 4 つのプラトー境界半分と繋がっている) [6, 39, 45, 55, 65]．まず，流量 $q = \delta_a r^2 \bar{u}$ の流れをプラトー境界中に起こすために必要な圧力勾配を次のように書いてみる．

$$\frac{\delta p}{\ell} = -\frac{\mathcal{R}_c + \mathcal{R}_n/2}{\ell} q = -\frac{\mathcal{R}_c + \mathcal{R}_n/2}{\ell} \delta_a r^2 \bar{u} \tag{3.75}$$

ここで，$\mathcal{R}_c$ と $\mathcal{R}_n$ は流体的な抵抗を表し，それぞれプラトー境界と頂点によるものである (訳注：c は、プラトー境界を canal(流路) と捉えて付けた添え字であり、n は頂点を node(接点) と捉えて付けた添え字である)．これらのパラメータを介して，(重力がない場合に) 要素の両端の圧力差と要素を通る液体の流量が関係付けられる．次に浸透率の表現を定義するために，本章 § 4.2.3 で示したものと同様の計算をする (式 (3.49) は式 (3.75) に置き換えられ，式 (3.55) は式 (3.76) となる) ことで，次式を得る．

$$\alpha = \frac{\phi_l}{3} \frac{\eta \ell}{(\mathcal{R}_c + \mathcal{R}_n/2)\delta_a r^2} \tag{3.76}$$

さらに，以下では，次に示す無次元パラメータを用いる．すなわち，

$$\tilde{\mathcal{R}}_c = \frac{r^4 \mathcal{R}_c}{\eta \ell_{Pb}} = \frac{1}{\delta_a^2 K_c} \tag{3.77}$$

と

$$\tilde{\mathcal{R}}_n = \frac{r^3 \mathcal{R}_n}{\eta} \tag{3.78}$$

である．ここで，ℓ_{Pb} はプラトー境界の長さである．ℓ_{Pb} はケルビンセルの終端長 ℓ とは異なる．実際には，液体分率が $\phi_l \simeq 0.02$ よりも大きくなるにつれて，プラトー境界の長さが，ネットワーク中に頂点が存在するために，短くなることを考慮する必要がある．この (プラトー境界の長さの) 変化を記述するために，関数 $\xi(\phi_l)$ を良く使うことになる．この関数形は後で議論するが，この関数は次式のように，式 (3.71) を補正する．

$$\frac{\ell_{Pb}}{2R_v} = 0.36 - \xi(\phi_l) \frac{r}{2R_v} \tag{3.79}$$

同様に，液体分率が高い値の場合には，r に関し適切な表現が，式 (2.37) をべき乗関数でフィッティングすることで，次式のように得られる．

$$\frac{r}{2R_v} = g_2(\phi_l) = 0.62 \phi_l^{0.45} \tag{3.80}$$

以上に示した要素を用いて、ムースの浸透率は次のように記述される．

$$\alpha = \frac{0.48 R_v^2 \phi_l g_2(\phi_l)}{\delta_a}\left(\frac{\tilde{\mathcal{R}}_n}{2} + \frac{1}{\delta_a^2 K_c}\left(\frac{0.36}{g_2(\phi_l)} - \xi(\phi_l)\right)\right)^{-1} \tag{3.81}$$

この表式は (3.73) よりもより一般的で，ムースの浸透性を，典型的には 0.001 から 0.1 までの広い範囲の液体分率に対して，また様々な界面活性剤に対して，記述できる．この表現を導出するためにに，二つの補助的なパラメータ，$\tilde{\mathcal{R}}_n$ と $\xi(\phi_l)$ を用いたが，このうち，$\tilde{\mathcal{R}}_n$ はネットワークの結合部での粘性散逸を考慮していることを注意しておく．現時点では，この効果の正確なモデルは存在しない．しかし，多くの実験や数値シミュレーションによって，$\tilde{\mathcal{R}}_n$ の値は，数百の程度であり，時として数千に達することもあることが示唆されている [9, 45, 65]．その際，B_0 に対する依存性，たとえば，$K_c(B_0)$ を通した依存性は (式 (3.69) 参照)，まだ確認されていない．二つ目のパラメーターである関数 $\xi(\phi_l)$ は，液体分率上昇に伴うプラトー境界の長さの減少を記述する．比較的乾いたムース ($\phi_l \leq 0.02$) の場合，$\xi(\phi_l)$ はしばしば定数パラメーターとして考慮され，その値は一般的に 1.5 と 2.3 の間である．この方法では，ϕ_l がより大きい場合には，ℓ_{Pb} は緩やかに減少し，$\phi_l \simeq 0.36$ でゼロになってしまう．この関数に対し，正確な表現は存在しないが，$\phi_l \leq 0.1$ の場合に関して，利用できる可能性のある表現として放物線型関数がある．すなわち，$\xi(\phi_l) = a\phi_l^2 + b\phi_l + c$ という形を考え，たとえば，$a = 52.5$，$b = -13.2$，$c = 2.24$ とする．

乾いたムースの場合には，$g_2(\phi_l) \simeq 0.87\sqrt{\phi_l}$ (式 (3.70) 参照)，$\xi(\phi_l) \simeq 0$，そして $\tilde{\mathcal{R}}_n \cong 0$ と置くことができる．この場合は，前節で示されたプラトー境界極限の結果が再現される (式 (3.73) 参照)．反対に，頂点が流れの速度を決定する状況もあり得る (頂点で受ける抵抗がプラトー境界での抵抗力よりも支配的となる場合)．この場合，常に乾いたムースに対してであるが，もう一つの極限状況を得る．これは，**頂点極限のモデル**として知られ，次式で記述される．

$$\alpha \simeq \frac{5.2}{\tilde{\mathcal{R}}_n} R_v^2 \phi_l^{3/2} = C_n R_v^2 \phi_l^{3/2} \tag{3.82}$$

この場合，浸透性は $\phi_l^{3/2}$ に依存して変化するので，プラトー境界極限の場合の依存性 ϕ_l^2 と区別される (式 (3.73) 参照)．多くの実験により，浸透率が $\phi_l^{3/2}$ に従い変化することが広い液体分率の範囲で，特に，大きな気泡と非常に流動性のある界面から成るムースにおいて，実証されている．

4.4.4 カルマン・コゼニーのモデル

本章§4.2.3で見たように，カルマン・コゼニーのモデルを使えば，多孔性媒質の浸透性を固有面積 A_s の関数として示すことができる (式 (3.58))．この巨視的なパラメータは，(たとえば，多孔性媒質への窒素の吸着等温線を定めることによって) 一般的に直接測定できるので，微視的スケールにおける媒質を幾何学的に記述するための量として興味深い．このモデルを液体ムースに適用することは比較的簡単である．この理由は，媒質中の界面面積は，有限要素法プログラム *Surface Evolver* のような数値計算ソフトウェアによって求めることができるからである．流れている液体に接触している界面の面積は，気泡の全表面積から，薄膜の面積を取り除いたものになる．薄膜の部分は，積極的には排液に関わっていないからである．なぜなら，たとえ薄膜内に流れが存在しても，プラトー境界やその頂点での流れに比べると無視できるほど少量だからである．そこで，固有面積 A_s は次式のように書ける [58][24].

$$A_s = \frac{3}{R_v}\left(\frac{S(\phi_l)}{S_o} - \frac{S_f(\phi_l)}{S_o}\right) \tag{3.83}$$

ここで，$S(\phi_l)$，$S_f(\phi_l)$ および S_o は，順に，ムース中の一つの気泡の全表面積，この気泡上で薄膜に占められている面積，そしてこの気泡と同じ体積を持つ球形の気泡の表面積である (気泡上の薄膜によって占められる面積は図3.28に示されている)．図3.35はケルビンムースの固有面積を液体の体積分率の関数として表したものである．ここで注意したいのは，湿ったムースはケルビンの構造を持たないが，振る舞いは似ているだろうと予測されることである．なぜなら，液体分率が上昇する時，ムース中の界面面積は減少するからである (泡はより球形になる)．同時に，それぞれの気泡上で薄膜で占められる面積は大きく減少し，その結果，固有表面は上昇していく．さらに，液体分率が上昇していくと，全体積に比べて，この面積はわずかしか増加しないので，図3.35に示すように A_s は液体分率 $\phi_l \simeq 0.2$ 付近で最大値を取る [58]．このような振る舞いから，ムースの浸透率が式 (3.58) から求められる．界面の流動性を考慮するための要素が一切導入されていないため，こうして得られた浸透率の値は不動性界面の場合 (ポワズイユ流) に相当する．

4.5 排液の式

これまでに定められた浸透性，そして液体の質量の保存式から，**排液の式**を書こう．この式は，液体分率 $\phi_l(z,t)$ の空間時間発展を記述する．

[24]訳注：一つの気泡の体積は $S_0R_v/3$ と書けることに注意.

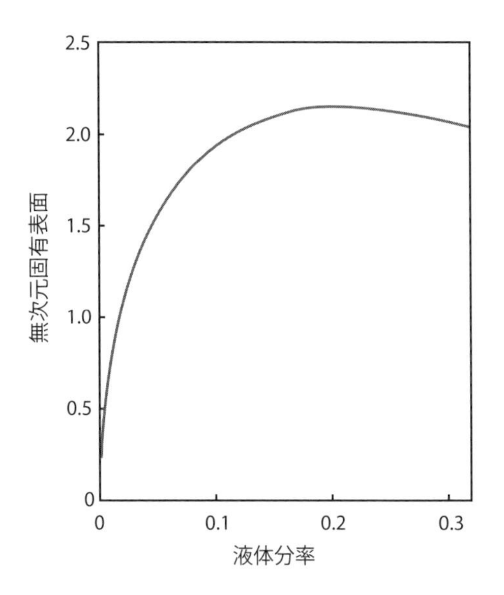

図 3.35: 固有面積 A_s の液体分率に対する変化 [58] .

一定体積のムースを考えよう．液体の体積分率は ϕ_l とし，ρ_l と u を，それぞれ，液体の単位体積当たりの質量と局所的な速度を表すとする．液体の質量の保存は，体積中の液体の質量の変化がその表面積 S から流出する液量と同じ大きさで符号が反対になるということ表し，非圧縮条件の下では，次のように書ける．

$$\frac{d\phi_l}{dt} + div(\phi_l \overrightarrow{u}) = 0 \tag{3.84}$$

液体は重力と圧力の影響下で流れ，これらの力は (単位体積当たりで)，順に，$\rho_l \overrightarrow{g}$ と $-\overrightarrow{\nabla} p$ で表される．ダルシーの法則は液体の流速 $u_m = \phi_l u$ とこれらの力を関係付けるが，その関係には，媒質の浸透率 α と粘度 η が介在する．さらに，ラプラスの法則がムース中の液体の圧力と界面の曲率を関係付け，その結果，次式を得る．

$$\overrightarrow{u_m} = \frac{\alpha}{\eta}\left(\rho_l \overrightarrow{g} - \overrightarrow{\nabla} p\right) = \frac{\alpha}{\eta}\left(\rho_l \overrightarrow{g} + \overrightarrow{\nabla}\left(\gamma/r\right)\right) \tag{3.85}$$

半径 r は ϕ_i と式 (3.70) によって結び付き，その結果，式 (3.85) は次式となる．

$$\overrightarrow{u_m} = \frac{\alpha}{\eta}\left(\rho_l \overrightarrow{g} + \overrightarrow{\nabla}\left(\frac{\gamma \phi_l^{-1/2}}{\delta_b R_v}\right)\right) \tag{3.86}$$

ここで，$\delta_b = 1.74$ である (式 (3.70) 参照)．式 (3.86) を保存の式 (3.84) 中に代入することで，次の排液の一般式を得る．

$$\frac{d\phi_l}{dt} + \vec{\nabla} \cdot \left(\frac{\alpha \rho_l}{\eta} \vec{g} \right) + \vec{\nabla} \cdot \left(\frac{\gamma \alpha}{\delta_b R_v \eta} \vec{\nabla} \left(\phi_l^{-1/2} \right) \right) = 0 \tag{3.87}$$

この式は，次のようにも書ける．

$$\frac{d\phi_l}{dt} + \vec{\nabla} \cdot \left(\frac{\alpha \rho_l}{\eta} \vec{g} \right) - \vec{\nabla} \cdot \left(\frac{\gamma \alpha \phi_l^{-3/2}}{2 \delta_b R_v \eta} \vec{\nabla} (\phi_l) \right) = 0 \tag{3.88}$$

この式が表すのは，重力と毛管力の影響下での液体分率の変化である．その本質的なパラメータは α である．文献中では，この式はプラトー境界極限と頂点極限という二つの理想的な場合に関して議論されている (それぞれ，式 (3.73) と式 (3.82) に相当)．

排液の式は，三次元的な式であるが，簡単のために，z 軸方向に投影して，鉛直方向の排液を考えよう。この場合，プラトー境界極限では，式 (3.73) で与えられた C_c を用いて，排液の式は，以下のように記述される．

$$\frac{d\phi_l}{dt} - \frac{C_c}{\eta} \frac{d}{dz} \left(\rho_l g \phi_l^2 R_v^2 + \frac{\gamma}{2\delta_b} R_v \phi_l^{1/2} \frac{d\phi_l}{dz} \right) = 0 \tag{3.89}$$

次に示す特徴的スケールを導入することにより，無次元化しよう．すなわち，$z^* = \lambda_c = \sqrt{\gamma/\rho_l g}$，$t^* = \eta \delta_b^2 / \sqrt{\gamma \rho_l g} C_c$，そして，$\phi_l^* = \lambda_c^2 / R_v^2 \delta_b^2$ を導入する．これにより，上式は次式となる [30, 75, 79]．

$$\frac{d\tilde{\phi}_l}{d\tilde{t}} - \frac{d}{d\tilde{z}} \left(\tilde{\phi}_l^{\,2} + \frac{\tilde{\phi}_l^{\,1/2}}{2} \frac{d\tilde{\phi}_l}{d\tilde{z}} \right) = 0 \tag{3.90}$$

同様にして，式 (3.88) を頂点極限の場合にも書くと，次式を得る．

$$\frac{d\tilde{\phi}_l}{d\tilde{t}} - \frac{d}{d\tilde{z}} \left(\tilde{\phi}_l^{\,3/2} + \frac{1}{2} \frac{d\tilde{\phi}_l}{d\tilde{z}} \right) = 0 \tag{3.91}$$

この式を解くことで，理論的な予測を得ることができる．これから，それらの予測を，本章 § 4.1 に示したような実験の結果と比較していこう．

4.6 理論的予測と実験との比較

自由排液の実験は最も一般的な実験に相当するが，強制排液 (本章 § 4.1 参照) はモデルの式をとても単純にする．そこで，強制排液の実験のモデルとの比較から始め，その後，自由排液を記述する．

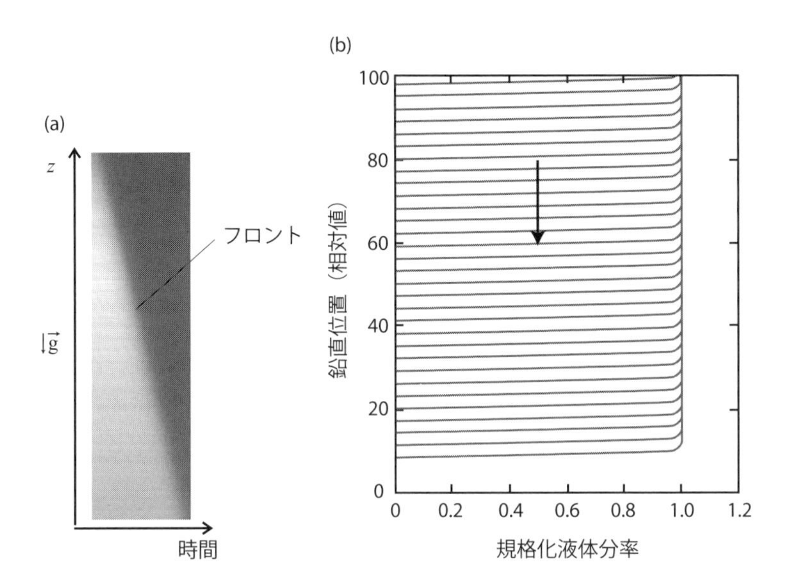

図 3.36: **(a)** 強制排液実験でのフロントの前進の測定．示されている画像は，図 3.30 に示されているような連続画像のそれぞれから，鉛直方向に細長い線のような画像を「切り出し」，それを横に並べることで得たものである．こうして新しく得られた画像は時空間画像と呼ばれ (時間は横座標)，この図の明るい部分と暗い部分の境界線の傾きを使って，直接に，液体のフロント速度を求められる．**(b)** 液体フロントが一定速度で下方へと前進する理論的予言．矢印はフロント速度を表し，液体分率はフロント上方の値で規格化されている．S. Cox 氏のシミュレーション結果．

4.6.1 強制排液とムース浸透性

式 (3.90) と式 (3.91) を解く境界条件として，流量は容器の上側で一定，液体分率は $t = 0$ において一様に $\phi_l(0)$ という条件を課し，数値的に解くと次のことが分かる．液体分率は，容器の上方では一様になり，そこから急速に**フロント**と呼ばれる転移領域の中で $\phi_l(0)$ へと変移していく．このフロントの移動速度は，**フロント速度**と呼ばれ u_{front} と記述される (図 3.36 参照)．

フロント速度はムース中の液体の鉛直方向の速度の平均であり，すなわち，$u_{front} \cong \langle \bar{u}_z \rangle$ と表わされる．このことから，u_{front} は，ムースの浸透性と直接関係する．なぜなら，液体分率はフロントの後方で一様であるので (界面の曲率勾配が無く，したがって，毛管圧力の勾配は無い)，液体は重力だけの影響を受けて流れる．このようにして，式 (3.54) よりフロント速度は次のように書ける．

$$u_{front} = \frac{\alpha}{\phi_l} \frac{\rho_l g}{\eta} \tag{3.92}$$

したがって，以前に考慮した，プラトー境界極限(式(3.73))と頂点極限(式(3.82))の場合には，フロント速度はそれぞれ次のようになる(訳注：ここでも，それぞれ，canalとnodeの頭文字を添え字として使っている)．

$$u_{front,c} = C_c \frac{\rho_l g R_v^2}{\eta} \phi_l \tag{3.93}$$

および

$$u_{front,n} = C_n \frac{\rho_l g R_v^2}{\eta} \phi_l^{1/2} \tag{3.94}$$

これらの，ブジネスク数の値に応じた，二つの極限的な場合に予言されているべき乗則の指数は実験的にも確認されている．反対に，フロント速度の測定によりムースの浸透率の値を得ることができる．同時に，この測定により，フロント後方の液体分率が $\phi_l = Q/(Su_{front})$ より得られる．ここで Q は容器の上側を流れる液体の流量であり，S は容器の断面積である．

図3.37は，浸透率を，二つの界面活性剤溶液に対して測定した結果であるが，これら二つの溶液は，界面レオロジーの振る舞いが異なる．**(a)**は，比較的可動性の高い界面(用いられた界面活性剤は臭化テトラメチルアンモニウム，またはTTABと言われる．本章§6参照)，**(b)**は，10倍粘性の高い界面(TTAB溶液にドデカノールを加えることで得られる)に相当し，(a)よりは界面の可動性が低い．

これらの図では，浸透率の理論的な予測値を，実験値と比較している．ここで確認できることは，頂点極限モデルが，可動性界面の乾いたムースの浸透率を良く記述することである(図(a)参照)．また，プラトー境界極限モデルがより抵抗を持つ界面のムースの浸透率に対し良い近似になっていることも分かる(図(b)参照)[25]．しかし，頂点極限モデル，および(とりわけ)，プラトー境界の極限モデルは，非常に乾いたムースの場合にしか適用できない($\phi_l \lesssim 0.05$)．したがって，(訳注：少なくともこの観点からは)より広い液体分率の範囲で浸透率 α を記述するためには，プラトー境界と頂点の連系モデル(式(3.82))の方が，適切である．このモデルは，図3.37に示されているように，α の ϕ_l に対する変化を再現し，また，二つの溶液で見られる浸透率の違いも考慮できる．これに比べて，α の気泡サイズに対する依存性は，あまり良く理解できていない．図3.37は，法則 $\alpha \sim d^2$ を与えるが，時としてこの法則からのずれが見られる．式(3.82)は，支配的な依存性が(R_v を通して)d^2 であることを予言するが，この依存性は，Bo を通し K_c と $\tilde{R}_n$ が d に依存しているため，修正を受ける．現在のところ，より

[25] TTAB －ドデカノール溶液は完全な不動性界面を与えないことに注意．たとえばタンパク質などの他の界面活性剤を使うと，実験値と，これらの不動性界面モデル(訳注：この図における，カルマン・コゼニーモデルと完全不動性界面を仮定したプラトー境界モデルのこと)の間に見られるわずかな隔たりをさらに減じることができる．

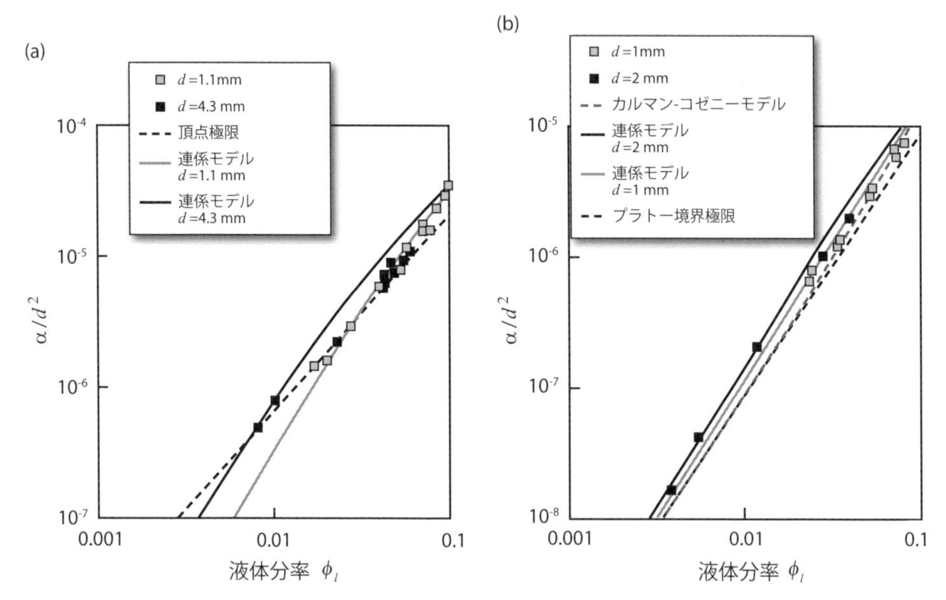

図 3.37: **(a)** TTAB(3 g/L) を含むムースの無次元化された浸透率を二つの気泡サイズに対して測ったもの．頂点極限は，式 (3.82) に，値 $\tilde{\mathcal{R}}_n = 2000$ を代入したものを表す．連系モデルは，式 (3.81) に，値 $\tilde{\mathcal{R}}_n = 400$ と $\eta_s = 5 \times 10^{-8}$ kg· s^{-1}，および，本章 § 4.4.3 で与えられた関数 $\xi(\phi_l) = a\phi_l^2 + b\phi_l + c$ を代入したもの．**(b)** TTAB(3 g/L) とドデカノール (0.2 g/L) から成るムースの無次元化された浸透率を二つの気泡サイズに対して測ったもの．プラトー境界極限の場合は式 (3.74) を表し (訳注：つまり，完全不動性の界面を仮定)，カルマン・コゼニーのモデルは式 (3.83) を表す．連系モデルは，式 (3.81) に，値 $\tilde{\mathcal{R}}_n = 800$ と $\eta_s = 5 \times 10^{-7}$ kg· s^{-1}，および，本章 § 4.4.3 で与えられた関数 $\xi(\phi_l) = a\phi_l^2 + b\phi_l + c$ を代入したものである．二つのグラフの座標軸のスケールの違いに注意せよ．文献 [45] のデータより作成．

適切なモデルは存在せず，連系モデルは，現時点では，ムースの排液を最も良く記述するモデルである．

最後に注目したいのは，実験が強制排液に関し次の重要な情報を与えることである．すなわち，注がれる液体の流量が特定の値を超えたとき，ムースの中で気泡が移動していく様子が観測される．この現象は**移流不安定性**と呼ばれる [34]．したがって，強制排液の方法では，気泡の移動無しに，ムースをある境界値以上には湿らせることができない．不安定性が起こる直前の液体分率の最大値は気泡の大きさに反比例し，その値は，数ミリメートルの気泡では約 0.05，ミリメートル以下の気泡では 0.15 程度である．

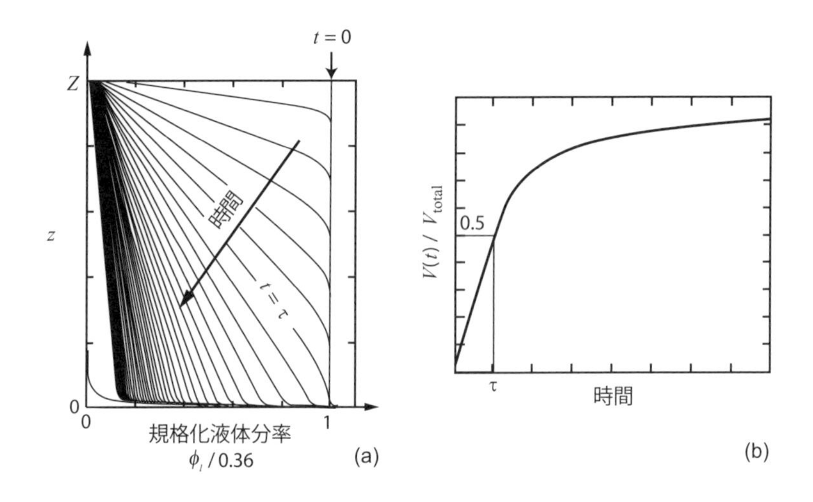

図 3.38: 自由排液の数値シミュレーション結果を，プラトー境界極限の場合に関して示した．実験的に観測されたものと同様の特徴が見られる．**(a)** 液体分率の分布．$t=\tau$ にて排液のフロントが容器の底に達している．**(b)** 排液された体積 V を，ムース中液体の初期全体積 V_{total} で規格化したもの．変化は $t=\tau$ までは線形であり，その時点では，$V_{total}/2$ の液体が排液されている．S. Cox 氏のシミュレーション結果．

4.6.2 自由排液

以下で考えるムースは，高さ Z，かつ，$t=0$ での液体分率が一様で ϕ_{l0}，断面積は一定値 S，そして，気泡サイズは一定かつ一様 (半径 R_v) であるとする．

これから，ムース中の液体分率の鉛直方向の分布と，自由排液に伴う，その分布の時間発展を予測することを考えてみる．排液の曲線はコンピューターによって計算できる．計算をするのに必要な境界条件として以下のことを考慮する．すなわち，容器の上端では排液速度がゼロであり，容器の底では (ムースが液体槽と接するため) 液体分率が球状の気泡を詰めた場合の値を取る ($\phi_l = \phi_l^* = 0.36$)．図 3.38 は，このようにして，数値シミュレーションを，プラトー境界極限の場合 (式 (3.89) 参照) に行った結果である．

この図を，定性的に本章 § 4.1 の図 3.29 と比較すると，シミュレーションと実験が良く一致していることが分かる．特に，この図から，特徴的時間 τ を決定できる可能性も示唆されている．この τ は，容器上方でのみ液体分率が変化する初期第一領域と，そしてより遅い動きで特徴付けられる次の領域を分けている．そして，数値シミュレーションの結果から，液体分率の曲線を正確に定めることが可能である．このため，τ を決定できる．$t<\tau$ の間は，液体分率は，z に沿って

容器上側から液体分率がまだ初期値にとどまっている領域の上端にかけて，線形に変化していく．その表式は $\phi_l/\phi_{l0} = A_c(t)(Z-z)$ となるが，ここで A_c は観測される線形な変化の傾きである．排液された液体の体積 $V(t)$ の曲線は，始めは同様に線形であり，その後，溶液中ムースの液体の初期全体積 $V_{total} = S\phi_{l0}Z$ へと漸近的に近づいていく．ここで重要なのは，体積変化が線形な領域の終了時間が τ と対応することであり，そのために，この時間は，ムースの排液を特徴付けるのにもっともな時間スケールと見なせる．正に，その瞬間に $A_c(\tau) = 1/Z$ となり，ムースの外へと排液された液量 $V(\tau)$ は次式で与えられる[26].

$$\frac{V(\tau)}{V_{total}} = \frac{S\phi_{l0}}{V_{total}} \int_0^Z \left(1 - \frac{\phi_l}{\phi_{l0}}\right) dz = \frac{1}{2} \tag{3.95}$$

特徴的時間 τ を決定するために，容器の一番底にあるムースの層に着目する．この層内では，$t < \tau$ の間は，液体分率は初期値 ϕ_{l0} と等しい．これが意味するのは，この層内では，ムースに流入する液量と流出する液量が等しいということである．つまり，排液はそこで定常的であり，したがって，フロント速度 $u_{front} = V(\tau)/S\phi_{l0}\tau = Z/2\tau$ によって特徴付けられる．さらに，式 (3.92) と式 (3.93) を考慮することで，時間 τ は次のように表せる．

$$\tau = \frac{\phi_{l0}Z}{2}\frac{\eta}{\alpha\rho_l g} = \frac{\eta Z}{2C_c\rho_l g R_v^2 \phi_{l0}} \tag{3.96}$$

ここで，$C_c = 0.16K_c$ は Bo に依存する数である (図 3.34 参照).

頂点極限の場合にも同様の計算がなされている．この場合，数値シミュレーション結果により，液体分率は放物線型であり，その表式は $\phi_l/\phi_{l0} = A_n(t)(Z-z)^2$ となることが示されている．得られる特徴的時間は $\tau = 2\eta Z/(3C_n\rho_l g R_v^2 \phi_{l0}^{1/2})$ となる (C_n は式 (3.82) より得られる)．そして，その時間には全液量の 2/3 がムースの外へと排液される (本章問題 9.5 参照).

これらの数値シミュレーション結果は，さらに，実験結果との詳細な比較が可能である．たとえば，シミュレーションによれば，$t \gtrsim \tau$ において，時間 t における排液量が，最終平衡分布 (式 (2.48) 参照) での排液量とは異なってきて，その差は，プラトー境界極限と頂点極限の場合に，それぞれ t^{-1} と t^{-2} に比例する．実験的にこの二つの指数は良く観測され，ここでもまた理論的記述と実験的観測の一致を見ることができる．なお，これらの指数が測定可能なのは，系が最終的な平衡状態から十分遠い時である．これとは逆の場合，すなわち，$t \gg \tau$ では，最終状態への接近は非常にゆっくりと進み，その発展は表式 $\exp(-t/\tau)$ で特徴付けられる．最終的に，こうして得られた液体分率の分布は，毛管力と重力の影響下

[26]訳注：$V(\tau) = S\int_0^Z (\phi_{l0} - \phi_l)\, dz$ に注意.

での力学的平衡状態に相当する分布になる．これは，排液の式 (3.89) において，ムース底部で液体分率が $\phi_l(0)$ となることを課すことで得られ，その表式は次式となる．

$$\phi_l(z)^{-1/2} = (\phi_l(0))^{-1/2} + z\frac{1.74R_v}{\lambda_c^2} \tag{3.97}$$

この最後の式は，式 (2.48) や図 2.23 と一致することが確認できるだろう．

4.7　まとめとコメント

本章 § 4.4 に示された，プラトー境界極限モデルと頂点極限モデルは、歴史的には二つの異なる相反するモデルとして出現した．しかし，実際は，(上述のように) 同一のモデルの両極限になっており，この統一モデルがプラトー境界と頂点の連系モデル (本章 § 4.4.3 参照) である．そして，ブジネスク数 (特に界面粘度) により界面の動きやすさを変えることで，一方の極限からもう一方へと遷移する[27]．$Bo \gg 1$ は「動かない界面」に相当し，それゆえに排液は「プラトー境界極限」で記述できる．反対に，$Bo \ll 1$ は「動く界面」に相当し，排液は「頂点極限」で良く記述できる．現実には，Bo は中間の値であり，プラトー境界と頂点の両方の寄与を考慮しなくてはならない (図 3.37 参照)．

最後に，これらの結果と本章で導いた排液のモデルの妥当性の限界に関し，いくつか注意点を述べる．理論によるモデル化は多くの仮定に基づいていて，比較的限られたパラメータしか取り入れていない．理論モデルが適用されるのは，ムースが乾いていて，その気泡サイズが時間によって変化せず，また，単純な化学式で表わされる溶液からなる場合である．問題の難しさを考慮すれば，予測と実験との一致は満足できるものである．

とは言っても，現時点において，排液のあらゆる側面を記述するためには，まだ多くのことが残されている．第一に，本章 § 4.6 で見たように，現存するモデルが完全には満足のいくものではなく，モデルが非常に制限された条件に基づいていたり，あるいは，実験的ないくつかの側面が忠実には再現されていなかったりする．現在は，より洗練されたモデルの構築が試みられており，内部と表面のレオロジーの結合や，プラトー境界，頂点，および薄膜の結合のモデル化へと発展してきている [16, 57, 59, 70]．表面粘度の正確な測定が可能になってきたことも，モデルの発展を助長している．

第二は，非常に湿ったムースの場合であり，この場合は，しばしば産業応用で

[27] 訳注：図 3.34 に示されているように Bo が大きいと K_c が下がること，および，式 (3.81) から分かる．とはいえ，プラトー境界極限モデルは，カルマン・コゼニーモデルとは違い，界面流動性を考慮できるモデルである．

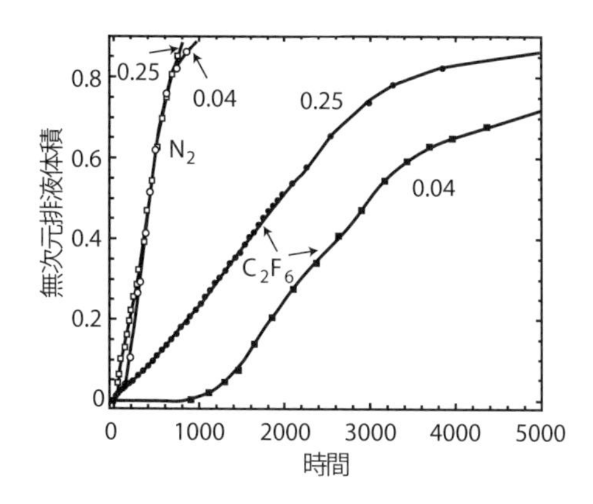

図 3.39: ジアゾニウム (N_2) および C_2F_6 を含む気泡からなるムースに対し，二つの初期液体分率 $\phi_l = 0.04$ と 0.25 の場合に行った自由排液の実験．ムースの高さは 30 cm，気泡の初期サイズは $d = 0.15$ mm である．C_2F_6 はムース中の液体に殆ど溶けず，ムースの老化を大きく遅らせる (図 3.27 参照)．一方，ジアゾニウム気泡の場合には，排液される液量は非常に早く増加している．つまり，排液と熟成の強い結合が示されており，この熟成が気泡の平均サイズが増加する原因となっている．

重要となるのだが，今日まで殆ど研究が進んでいない [67]．また，応用においては，ムースの間隙を埋めている液体は，多くの場合，複雑流体である．しかしながら，このようなムースの排液を記述できるモデルは存在しない．なぜなら，この場合，液体相の体積が十分ある場合のレオロジーの振舞いが複雑だからである．

第三に，気泡のサイズ d は，(液体分率以上に) 排液の動力学に最も影響するパラメータの一つである．非常に多くの場合，熟成が排液と同時に起き，排液の動力学を変化させる．したがって，熟成と排液の結合を議論することになる [66, 74]．これまでのモデルでは d を一定と仮定しており，このために結合の効果は不明瞭である．図 3.39 はこの効果の重要性を示している．

熟成が極端に速く進む場合には，それが排液を完全に支配し，排液の初期液体分率 ϕ_l への依存性が消える．このことは次のように理解される．初期液体分率が大きい場合には，排液は速くなるが，熟成は遅くなる (本章 § 3.3.3 参照)．反対に，乾いたムースは，よりゆっくりと排液するが，より早く熟成する．この早い熟成が，排液を加速させ，初期液体分率の減少による排液の遅延を補完することがある．この場合は,「自動的に制限された」排液に相当し，初期液体分率を高くしても，排液の動力学は加速しない (図 3.39 に示されるジアゾニウム (N_2) ムースの場合参照)．

最後に，排液の動力学に影響する実験パラメータは，まだ他にもあり，容器の形やムースの均一性なども影響することを指摘しておく [3, 64].

5 破裂と融合

これまで，ムースが，排液と熟成の影響下で，時間と共に老化していくのを見た．ムースを消滅させせようとするもう一つの過程として，隣接する気泡の間の薄膜の破裂がある．この節では，薄膜が破裂する原因となる動的機構と揺らぎに関して議論する．ムースのスケールで協同的な効果が存在することも見ていこう．最後に，ムース除去剤に駆動されたムースの破裂も紹介する．

5.1 一つの薄膜のスケール

本章 § 2 で見たように，ムースを作るためには，薄膜の中に強い反発力が現れなければならない．すなわち，ムースの中では，正の分離圧が生じて毛管引力と釣り合っている．この正の分離圧が無ければ，薄膜の表面は互いに反発し合わない．そのような状況では，厚みがゼロへと向かい，合一を妨げるものは何もなく，薄膜は破れてしまう．これが薄膜の破裂の最も単純な起源であることは明らかである．また，反発的な相互作用は存在するものの，その大きさが十分でないこともあり得る (言い換えれば，Π_d は厚みが大きい場合に正であるものの，その最大値が小さな場合である．図 3.20 参照)．本章 § 2.3.2 で見たように，薄膜が存在するためには，毛管圧 P_c は Π_d と等しくなければならない．そのため，プラトー境界での毛管吸引が弱くなっているムースしか存在し得ない．これは，ムースが湿っていて，しかも，気泡の直径が大きいことに相当する．しかしながら，時間と共に，排液によってムースが乾いて，プラトー境界の断面積が小さくなるので，薄膜にかかる吸引力が強くなる．このため，急速に，圧力の平衡 $\Pi_d = P_c$ が「維持されなく」なる．この場合，薄膜内の反発力が十分でなくなり，一方，P_c は上昇していくため，釣り合いを保つことができなくなる．その結果，薄膜は非常に薄くなり破裂する．

たとえ，強い反発力が存在し，分離圧 Π_d が大きい場合でも，動的な効果 (特に薄膜の生成と結び付いたもの)，あるいは，また揺らぎの機構などがあると，これらが原因となって破裂が生じ得る．

5.1.1 薄膜の厚み減少と動的効果

二つの気泡が接触すると，薄い薄膜が形成され，その面積は大きくなっていく．それと同時に，薄膜の厚みは平衡値 h へと減少していく．この動的過程の際に，流体力学的不安定性が，かなり厚い薄膜の破裂を起こすことがある．この時，厚みは，分離圧によって決まる本来の厚みよりも厚い．この意味で，本章 § 2.3.2 に示した安定性の概念は，準静的な状況を説明している．

二つの気泡の間で，薄膜は時間と共に薄くなっていくが，それは重力の影響と，そして，とりわけ，プラトー境界の毛管引力の影響によるものである．実験的に簡単に確認できるのは，排液に伴う，薄膜中の複雑な流れ，プラトー境界との流体の交換，さらには薄膜表面の変形，といった現象の出現である．一方，単純なモデルでは，界面が，平坦，平行，水平，しかも，動かない (界面上で流れ無し) ことを仮定しているから，このようなモデルが，現実をうまく記述できないのは，驚くことではない．これらの理論的仮定に基づけば，水平かつ円形で半径 R の薄膜の厚み減少速度 ($V = -dh/dt$) を次式のように求めることができ，この速度は，**レイノルズ速度**と呼ばれている[28]．

$$V_{RE} = \frac{2h^3(P_c - \Pi_d)}{3\eta R^2} \tag{3.98}$$

ここで，P_c は毛管圧，Π_d は分離圧である．

実際のところ，実験結果によれば，厚み減少速度は，明らかにずっと大きい [62]．これは，(この式を導く際に用いられている) 動かない界面という仮定が強すぎるためで，界面の動き易さ，および，(本章 § 4 で示したプラトー境界中に見られるような) 表面と薄膜中の流れの結合を加えて，この仮定を緩和すると，実験との一致を部分的に改善できる．

観測から分かることで，特に重要なことは，薄膜は常に平坦でないということである．排液する際に，薄膜の厚みは，特定の場所では，他の場所よりも厚く (あるいは，より薄く) なることがある．この厚みの不均一性は，薄膜とプラトー境界との液体交換に関する複雑な機構と結び付き，その結果，薄膜の厚み減少は，非常に加速される．このようにして，薄膜の外周部分の厚みが薄くなり，それと共に中心に追いやられた液体がより厚くなる様子が，しばしば観測されるが，これを**ディンプル (えくぼ)** と呼ぶ．

このようなディンプルは，プラトー境界へ流れ込むことで最終的に消失する．界面が大きな伸張弾性を持っている場合，ディンプルは中心に残り対称にしぼん

[28]訳注：この式は，スケーリング法則のレベルでは，薄膜に対する体積保存の式が，動径方向の流速を V_R として，$-R^2dh \sim RhV_Rdt$ と与えられることと，圧力勾配と粘性力のバランスを不動性界面の仮定の下に表した式 $(P_c - \Pi_d)/R \sim \eta V_R/h^2$ から導ける。

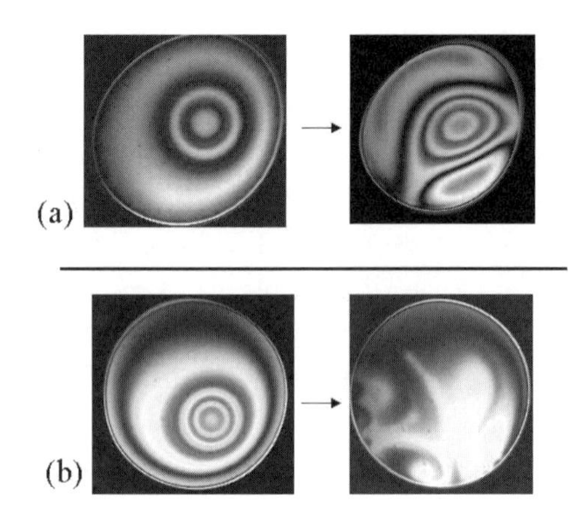

図 3.40: **ディンプル (えくぼ)** の非対称な排液の二つの例．水平な薄膜中に生じたものを，薄膜平衡法により観測したもの (第 5 章 § 1.1.4 参照)．**(a)** の場合，ディンプルは薄膜中で動かないでいるが (左図)，やがて，外周のプラトー境界中へと抜け出ていく (右図)．この現象は，非常に早く (<1 s)，薄膜中に強い流れが生じる．同様に，**(b)** の場合にも始めにディンプルが薄膜中に見えるが，その後，このディンプルがプラトー境界へと急激に吸収されて流れが生じる．この二つの状況は界面がとても動き易い場合に相当する．界面がより動きにくい場合，ディンプル薄膜中心に捕らわれたまま，対称に厚みが減少する．A. Saint-Jalmes 氏撮影．カラー口絵 9 参照．

でいく．反対に，粘弾性が小さい場合，ディンプルは突然に外周の一点へ抜け出して行く (図 3.40 参照) [68]．この現象の観察は，定性的手法ではあるが，界面の粘弾性を見積るには有効である．

このような薄膜とプラトー境界の間の交換は，鉛直な薄膜の排液過程でも同様に観測される．これを**周縁再生**と呼ぶ．この機構は，界面がとても動き易い時に現れ，薄膜が厚い領域と薄い領域の素早い交換 (**再生**) が，枠の近傍 (**周縁**) で観測される (図 3.41 参照) [54]．この結果，薄くて黒い領域が上方へと上っていく，この様子は，まるで軽い風船のようである．

ディンプルと周縁再生の存在は薄膜の排液速度を上昇させる．しかしながら，これらの効果が，主な阻害因子となって，薄膜の破裂を妨げるのだ！ しかも，あらゆる条件が調和して実現する平衡厚みというものが存在するにもかかわらずこのようなことが起こる．

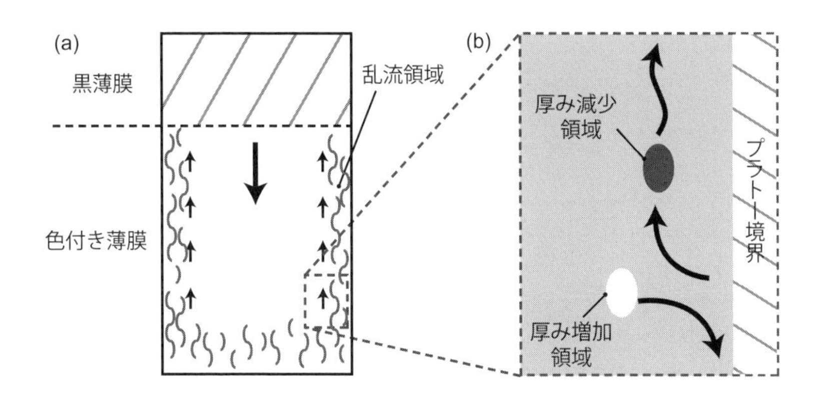

図 3.41: 枠に鉛直方向に張られた薄膜中での周縁再生現象の概略図. **(a)** 現象の概略図. 上から下への排液により, 薄膜は上方に非常に薄い黒薄膜の領域を作る. 下側の端近傍では, 流れは明らかに大きく乱れる. **(b)** 枠に接しているプラトー境界でのこの現象の機構の詳細. 薄膜が厚い領域は, プラトー境界に吸収される. 一方で, 薄膜が薄い領域は, プラトー境界から離脱して, 上方の黒薄膜がある領域へと素早く上昇していく. この厚い領域と薄い領域の交換機構は, 薄膜の排液を強く加速する (A. Aradian 氏の博士論文より引用).

5.1.2 揺らぎの効果

液体薄膜に現れ得る揺らぎに話を戻すが, この話題は, 既に, 界面粘弾性に関連して本章 § 2.2.4 で紹介している. その場合にも, たとえ安定性に要求される条件が全て満たされていたとしてもなお, 揺らぎの効果により薄膜が破れることに言及した. この自然な (主に熱的な) 厚みあるいは濃度の揺らぎは転移を誘起する可能性があり, (より脆い) ニュートンの黒薄膜への転移, あるいは, 直接破裂への転移を引き起こす.

破裂の第一の機構は, 表面において界面活性剤が不均一に分布することで, (界面活性剤の) 欠乏領域が薄膜を不安定化させるのに十分なまで広がることである. 界面活性剤の濃度が減少すると表面張力の上昇が生じ, Π_d の減少を介して, 薄膜の厚みが局所的に減少することがある. この場合, 圧縮弾性がこの揺らぎに反発し, 安定化機構が働く. つまり, マランゴニ効果が誘起され, 薄膜中に界面活性剤と液体が戻っていく (本章 § 2.2.4 参照). このようにして, 表面張力の勾配が引き起こす体積流は, 最終的に界面の濃度勾配を (そして, それに通じる厚み揺らぎも) 減少させる.

最初に安定だった薄膜は, 界面が曲がりくねることで厚みが局所的に揺らいだ時にも, 突然, 破裂することがあり得る [76]. この様子が図 3.42 に示されてい

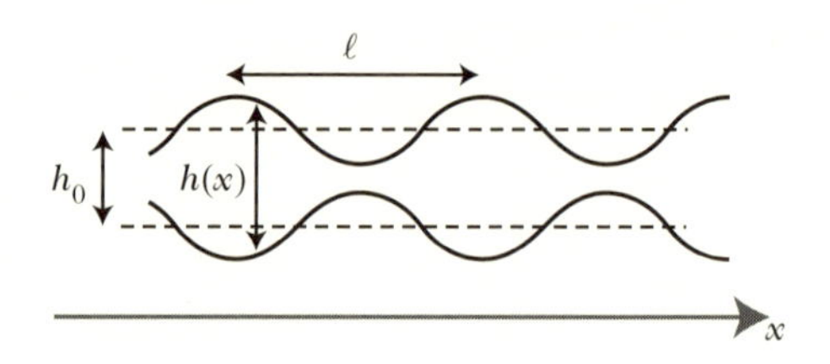

図 3.42: 波長 λ の薄膜界面の振動の図．これは，たとえば，力学的もしくは熱的な摂動によって生じ，時には，破裂を引き起こす．

る．このような厚みの振動は，外界からの熱的あるいは力学的摂動 (流れあるいは近隣の薄膜の破裂など) によって生じる．この曲がりくねりによって，時に流体力学的不安定性が誘起され，表面張力波が増幅する．さらに，表面張力が界面を滑らかにしようとするにも拘わらず，界面間に作用する短距離引力 (本章 § 2.3.1) が支配的になり薄膜の曲率と窪みが増大することがある．たとえば，薄膜の厚みが局所的に一般的な黒薄膜 (CBF) より薄くなると，薄膜は局所的に不安定になる (本章 § 2.3.1 参照)．したがって，薄膜の破裂は二つの界面の距離が最も小さい場所で観測され，薄膜の窪みから穴が生じる．

平均厚みが h_0 である薄膜の安定性解析は，波長 λ_o の正弦的な揺らぎを初めに与え (図 3.42 参照)，その時間発展を見ることで可能である．I. B. Ivanov らおよび A. Vrij らが示したのは，界面同士の相互作用がファンデルワールス力に支配されているならば，$\lambda_c \sim (4\pi^3\gamma h_0^4/A_h)^{1/2}$ よりも長い波長は不安定であるということである[29]．ここで，A_h はハマカー定数 (p. 117 を見よ) である．半径 R がこの境界長より短い薄膜のみが安定であり，このことから自発的な破裂の厚み h_c と薄膜半径 R の関係式 $h_c = (A_h R^2/(4\pi^3\gamma))^{1/4}$ が決まる．排液の影響がある場合には，h_0 は平衡厚みではなくなり，これとは異なる結果が導かれる．

5.1.3 穴の成長

薄膜が破れると，穴が現れ広がっていく．この成長の動力学はどのようになっているだろうか？穴が形成されるとすぐに，表面張力がそれを引き伸ばしてい

[29]訳注：微小振幅 δh で波打った表面は平らな表面に比べて単位面積当たり，$\gamma(\sqrt{\lambda^2+\delta h^2}-\lambda)/\lambda$，つまり，$(1/2)\gamma\delta h^2/\lambda^2$ 程度の余分のエネルギーを持つ．一方，分離圧に相当する単位面積当たり $-A_h/(12\pi h^2)$ のエネルギーを考慮すると，波打った面は平らな表面に比べて $-(1/12\pi\lambda)\int_0^\lambda dx A_h/(h_0+\delta h\cos qx)^2$，つまり，$-(1/2\pi)A_h\delta h^2/h_0^4$ のエネルギーを持つ．これらの二つのエネルギーの和は，確かに，λ_c の時にゼロとなり，$\lambda = 2\pi/q$ が，この値より小さければ，負になり不安定化する．「表面張力の物理学 (吉岡書店) の第 4 章・5 章参照．

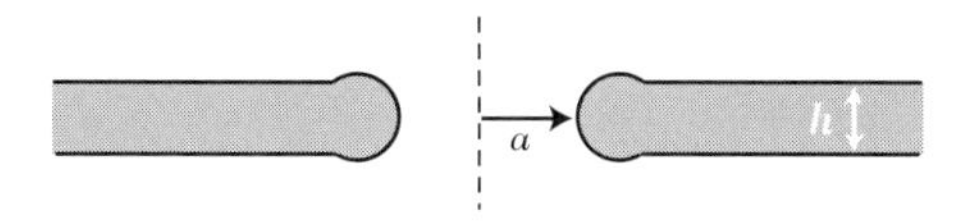

図 3.43: 液体薄膜中の穴の成長の模式図．ニュートン流体の場合，周縁に隆起部分が見られる．

く．ニュートン流体の場合，動いた液体は穴の周縁に集まり，円環状の隆起を作る (図 3.43 参照)．直径 a の穴の中心から円筒座標を取ると，θ と $\theta + d\theta$ の間に構成される隆起部分の動力学の基本原理は，その重さが dM，速度 $w\vec{e_r}$ であるとすると，$\vec{e_r}$ 方向に向かって次式で表わされる．

$$\frac{d(dMw)}{dt} = 2\gamma \times d\theta a \tag{3.99}$$

実際のところ，薄膜 (内部の液体) は隆起部分に入り込む前には静止しており，隆起部分にかかる力は薄膜の表面張力のみである．さらに，全ての液体が円環状の隆起部分に集められると考えるのが合理的であり，それは次式を与える．$dM = d\theta\, \rho_l a^2 h/2$ [30]．さらに，速度 $w = da/dt$ が一定であると仮定することで，F.E.C. Culick は 1960 年に次式を示した [10].

$$w = \sqrt{\frac{2\gamma}{\rho_l h}} \tag{3.100}$$

このように，厚みがミクロメートルの薄膜中における穴の開放速度は 10 m/s の程度であり，短距離離走選手の速度と同等である．半径が 1 ミリメートルで厚み 1 ミクロメートルの円形の薄膜は 10 マイクロ秒で消えてしまうのだ！

注目したいのは，本モデルではエネルギーは保存しないということである．この成長速度の値では，(失われる) 毛管エネルギーは (得られる) 運動エネルギーの 2 倍も大きい．毛管エネルギーと運動エネルギーの釣り合いを考えると (慣性領域)，速度は上記の物理パラメータ (ρ, γ および h) に依存するが，その係数は異なる．こうして，成長速度 w はエネルギー保存を仮定すると次式となる．

$$w = \sqrt{\frac{4\gamma}{\rho_l h}} \tag{3.101}$$

しかしながら，W.R. Mc Entee と K.J. Mysels による 1969 年の実験は [47]，Culick の結果が 0.1 から 10 μm の薄膜に対し成立することを美しく明確に示した．こ

[30]訳注：半径 a の扇形で厚みが h である板の体積が $h\pi a^2(\delta\theta/2\pi)$ であることに注意．

のエネルギーの非保存は，速度 w で進む隆起部分と静止している薄膜中の液体の間に存在する非弾性的な衝撃で説明される．いわば，この考えは，粘慣性的であるといえる．この巨視的な議論にはいくつかの限界がある．つまり，界面活性剤，穴の周縁に形成される隆起部分の形状，さらに，薄膜の安定性が考慮されていない．

薄膜がとても薄い場合や，薄膜を成す液体の粘度が非常に高い場合には，慣性は無視されるようになる．この場合，粘性散逸と毛管力の強さを釣り合わせることで，$w = 2\gamma/\eta$ となる[31]．

粘性領域と慣性領域において得られた速度の表現を比較することで，臨界厚み h_c がこれら二つの領域を区分すること，および，この厚みがレイノルズ数が1に相当することがわかり[32]，それは次式で与えられる．

$$h_c = \frac{\eta^2}{\rho_l(2\gamma)} \tag{3.102}$$

一般的なムース溶液では (石鹸水)，この厚みは 10 ナノメートルのオーダーであり，典型的な黒薄膜と同程度になる．

非ニュートン流体から成る薄膜 (たとえば，界面活性剤を含まない長い鎖長の高分子液体など) では，穴の周縁には隆起部が形成されず，穴の半径は指数関数的に大きくなる [12]．

同様に注目したいのは，薄膜中には，成長する穴だけではなく，厚みが薄くなっていく領域 (本章 § 2.3.1 参照) も存在することである．これらの領域は，まず薄膜の厚みに局所的で不連続な変化が生じ，それに続いて排液が起こることで現れる．このより薄い領域の面積は時間と共に広がっていく．その様子が，図 3.18 に示されている．この場合にも，液体が追いやられてできた隆起部分は，潜在的に不安定である．したがって，速度と厚みがある条件を満たした場合には，分裂して滴の数珠ができる (図 3.44)．ここでも，動的な効果が最終的に薄膜の安定性を危うくすることを再び見ることができる．

5.2 ムースのスケール

薄膜の破裂とムースの消滅が密接に関係することは自明である．薄膜の破裂が連続することでムースが消滅するからである．ムースの表面にある気泡の薄膜が，

---

[31]訳注：ドーナッツ状の円環隆起部全体の体積は $l^2 a$ にスケールし，この内部での単位時間当たり・単位体積当たりの粘性散逸は $\eta(w/l)^2$ にスケールする．一方，単位時間当たりに失う表面張力エネルギーは $d(\gamma a^2)/dt$ にスケールする．こうして単位時間当たりで粘性散逸と表面エネルギーをバランスするとこの式を得る．

[32]訳注：どちらの領域でレイノルズ数 $\rho_l w h_c/\eta$ を計算しても 1 になる．

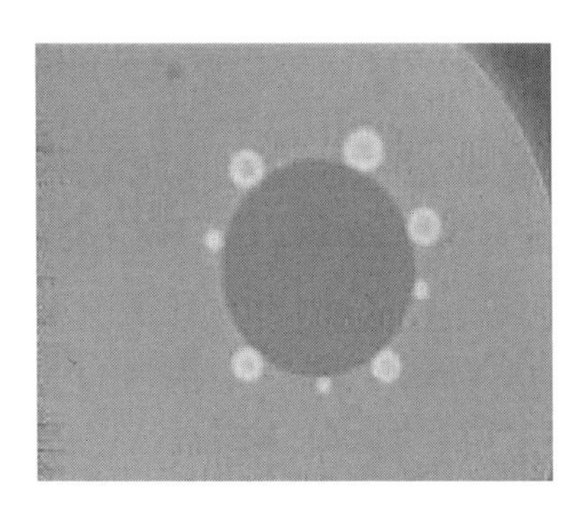

図 3.44: 層状化した薄膜 (図 3.18) では，厚みは不連続に減少している．厚みが薄い領域が開いて成長すると，それを囲む隆起は結果として不安定となり，いくつかの滴を領域の周辺に形成する．この薄膜は薄膜平衡法 (第 5 章 § 1.1.4) により可視化されている．薄膜には界面活性剤と高分子電解質 (本章 § 6 参照) が混ざっている．領域の直径は 0.2 mm であり，厚みは 20 nm である．A. Saint-Jalmes 氏撮影．カラー口絵 10 参照．

最も破裂しやすい．それらは，最も薄くなっており (重力による排液の効果による)，最も曲率が高くなっており (上方に隣接する気泡が無いので，表面を曲げることで面積を最小化している)，最も早く蒸発しており (大気に接しているため)，外的な摂動に最も影響されやすく (特に埃は，ナノメートルサイズのムースの厚みのスケールに対しては，大きな隕石のようなものである)，さらに，外部環境の変化に最初に影響される (温度，化学変化等)．

一度ムース上方の気泡が破裂すると，今度はその下の気泡が大気と接することになり最も壊れやすくなる．したがって，ムースはしばしば上端より消滅する．しかし，壁面が汚れている容器中では，しばしばムースが壁面近傍から壊れていくことがあるが，これは，壁に存在する粒子や油の影響である．また，ムースの中央付近にある薄膜は外部環境から生じる力学的な摂動に敏感である．このような摂動には，排液によって生じる流れや，穴が成長するときにできる隆起部の不安定化による液滴の形成，さらには，薄膜の破裂時に生じる音波 (非常に乾いたムースが消滅する際には，パチパチという音が，ムースになった液相の表面で聞こえる) 等がある．これら全ての理由により，孤立した薄膜が破裂する可能性は，ムースの中央付近にある薄膜とは同じではない (ムース中では隣接部に影響され得る)．

二次元ムースの光学的な観測，また三次元ムースの音波放射測定により，各々の破裂を特定することができ，こうした研究から**雪崩**現象が明らかにされた．この用語が示しているのは，連続した破裂，特に，その時間分布が独立した事象とは

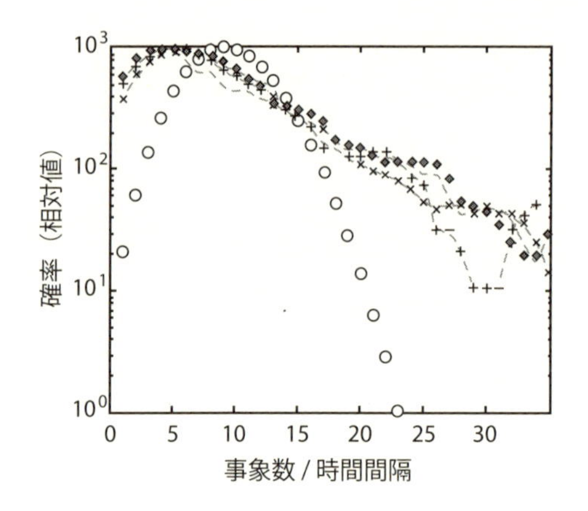

図 3.45: 三次元ムース中でおこる破裂事象の数の分布を，一定の時間間隔に対して測ったもの．分布は最大値が同じ値になるよう規格化している．白丸で示される曲線は，データをポアソン分布で最も良くフィットしたもの [51].

見なせないことである．いわば，破裂が相関を持った束の単位で生じる [51, 73].

実際に，もし事象が独立している場合，それらはポアソンの法則に相当する法則に従う (簡潔にこの分布法則を振り返ろう．この分布では，n をある間隔中に起こった事象の数，$\langle n \rangle$ をその間隔中に起こる事象の平均数とすると，n 回の事象が起こる確率は $p(n) = e^{-\langle n \rangle} \frac{\langle n \rangle^n}{n!}$ となる)．図 3.45 は三次元ムース中での事象の数 n の分布を示したもので，同じ長さの時間間隔における音響測定によって得られたものである．この測定では，薄膜の破裂の時に放出される音で一つの事象を検知している．図 3.45 から分かることは，用いられている非常に乾いたムースでは，実験結果がポアソン分布では全く記述できないことである．

現在でも，未だに，ムースの最終的な消滅機構はうまく理解できていない．たとえば，孤立した薄膜とムース中の薄膜の安定性の相関や [50]，破裂の雪崩現象の機構は，未解明である．同様に，このムースの消滅が，気泡サイズや界面の性質によってどのように変わるかについても良く分かっていない．この問題に最適な着眼点が未だ確立されていないのである．臨界厚み，臨界分離圧，あるいは，臨界液体分率の観点が相応しいのであろうか？

5.3 ムース除去剤とムース抑制剤

ムースが迷惑あるいは欠陥の原因になる状況は容易に想像できるだろう．多くの産業に関係しているのは，安定すぎるムースに起因する問題である．ムースは

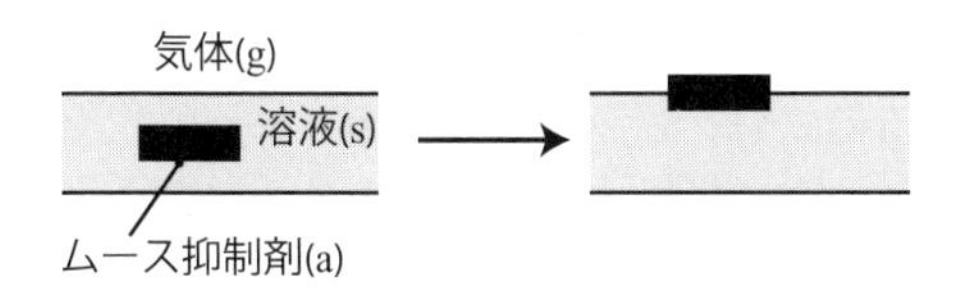

図 3.46: ムース抑制剤が溶液・空気界面に現れることを示した概略図．ムース抑制剤と空気の界面が現れ，その分，溶液と空気の界面，ムース抑制剤と溶液の界面が消える様子が示されている．

しばしば製造過程の一つの要素であり，したがって，ムースの存在は一時的に望まれるが，必要がなくなった時には消失させる必要がある．

ここでは，ムースの生成を妨げる作用，あるいは，安定に存在するムースを壊す作用を引き出すために利用されている，いくつかの手法を理解するための基本的事項を扱う [26]．この二つの作用は次のような意味の違いがある．すなわち，一つ目は，添加剤が溶液の中に入っている場合に相当し，二つ目は，添加剤を安定なムースに加える場合 (分散させる) に相当する．一つめの作用を持つ場合は**ムース抑制剤**と呼ばれており，二つめの場合は**ムース除去剤**と呼ばれている．しかし，その作用機構と用いられる物質はとても良く似ていることが明らかになる．このような作用を起こすことができる物質は三つのカテゴリーに分類される．液体 (一般的に液滴の形)，固体 (特に細かく砕かれている場合) そして液体と固体の混合物 (最も有効) である．

5.3.1 液体ムース抑制剤

この場合には，ムースに成り易い液体中に，それとは混合しない液体を入れることが重要になる (たとえば，水溶液に油を入れる)．その時，加えられた液体は液滴の形を取る．この操作が有効であるためには，はじめの段階が非常に重要で，液滴が溶液・空気界面に現れなくてはならない．

この段階が図 3.46 に示されている．ここでは，液滴が出現すると，ムース抑制剤・空気界面 (その界面エネルギーを γ_{ga} と表す) が現れ，溶液・ムース抑制剤の界面，および溶液・空気界面 (これらの界面エネルギーはそれぞれ γ_{sa} と γ_{sg} と表す) が消える様子が示されている．

単位表面積当たりで考えると，最終状態と初期状態のエネルギーの変化は $\Delta U_\gamma = \gamma_{ga} - \gamma_{sa} - \gamma_{sg}$ となる．

この過程がエネルギー的に好まれるためには，$\Delta U_\gamma < 0$ でなければならない．一般的には係数 $E_\gamma = -\gamma_{ga} + \gamma_{sa} + \gamma_{sg}$ を導入するが，それは貫入係数と呼ばれ

る．これを用いれば，液滴が溶液・空気界面に来る条件は単純に $E_\gamma > 0$ と表せる．E_γ の正負を見積もるには，三つの流体が相互に飽和状態に達していて，かつ，溶液中に存在する界面活性剤が吸着するのに十分な時間がある状況での表面エネルギーを知る必要がある．ムース抑制剤の液滴が界面に来るとき，エネルギー的には濡れ広がることが得な場合もあり得る．この場合，濡れ係数 S_γ を考えることが有効であり，それは表面エネルギー (単位面積当たり) の差を濡れ広がった場合と広がらない場合で評価することで，$S_\gamma = \gamma_{sg} - \gamma_{sa} - \gamma_{ga}$ と定義される．

この量を用いれば，$S_\gamma > 0$ ならば濡れ広がりが起こると表現できる．これまでのように，この係数は表面エネルギーの平衡値から見積もらねばならない．つまり，液体が相互に飽和し，溶液中の界面活性剤が吸着するのに十分な時間があるという時に得られる平衡値が必要である．これから，現実に起こり得る二つの状況を考察していくが，どちらの場合においても，二つの気泡を分け隔てている薄膜の破裂が誘起される可能性がある．

(a) $E_\gamma > 0$ および $S_\gamma > 0$ の場合

この場合には，ムース抑制剤の液滴が界面に入り込んだ後，溶液・空気界面に広がる．この場合，少なくとも二つの理由が液体薄膜の不安定化を引き起こすことを想像できる．

一つには，溶液・空気界面がムース抑制剤・空気界面に取ってかえられる場合で，この界面には原則的に特定の界面活性剤が含まれない．この時，この新しい界面には安定化機構が働かないので，初期の状況よりも不安定となる．一方で，薄膜はムース抑制剤が溶液・空気界面に濡れ広がることによっても不安定化が起こる．この機構はマランゴニの濡れ広がり (図 3.47) と呼ばれている．つまり，ムース抑制剤の濡れ広がりによって，隣接する液体層が粘性によって引きずられ，その結果，薄膜中の液体中に流れが誘起されることで薄膜が薄くなり，しまいには薄膜が破裂する [24]．界面上にできた (ムース抑制剤の) レンズ状の液滴が濡れ広がるわけであるが，この駆動力は，三重線上での表面張力の不釣合いによって説明される．単位長さ当たりのこの力 (単位面積当たりのエネルギー) は S_γ に他ならない．たとえばシリコーンオイルの場合，初期半径が a の液滴の体積保存を最大広がりまで考慮し，粘性によって厚み δ_m の液体が引きずられると考えると，δ_m

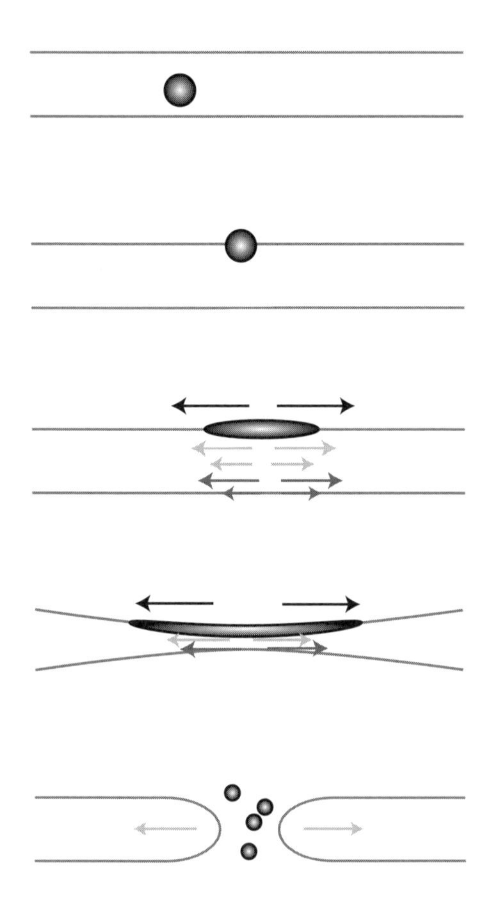

図 3.47: ムース抑制剤の液滴が界面に達し，濡れ広がることで，薄膜中の液体が動かされて，薄膜が薄くなる．薄膜は非常に薄くなり，しまいには破裂し，ムース抑制剤の液滴は(界面から) 解放される．

が次の関係式で書けることが示されている [61][33].

$$\delta_m = a\left(\frac{\eta^2}{S_\gamma \rho d_m}\right)^{1/3} \tag{3.103}$$

ここで η と ρ はそれぞれムースの粘度と密度であり，d_m は濡れ広がりが最大となった時のムース抑制剤レンズの厚み (一般的に分子サイズ) である．δ_m が薄膜

[33]訳注：次の三つの式から導出できる．(1) 局所的な力の釣り合い（ナビエ・ストークス方程式）：$\rho V^2/R \sim \eta V/\delta_m^2$．(2) 大域的なエネルギーバランス：$S_\gamma VR \sim \eta(V/\delta_m)^2R^2\delta_m$．(3) シリコーンオイルの体積保存：$R^2 d_m \sim a^3$．

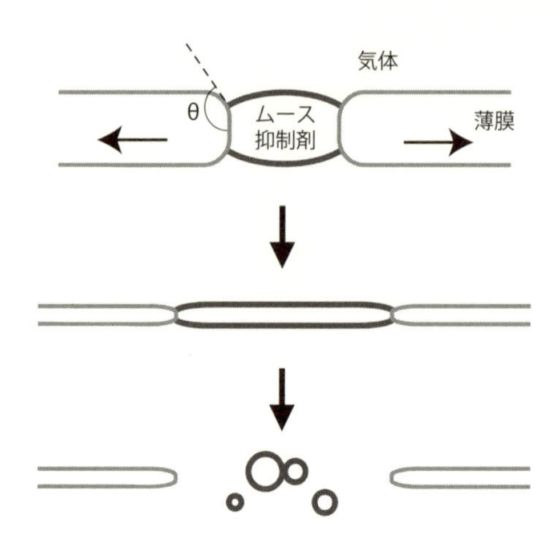

図 3.48: ムース抑制剤による石鹸膜の架橋と破裂

の厚さの程度となった時に薄膜が破裂すると考えれば，十分な厚みの薄膜を破裂させるには，この深さ δ_m がそれだけ大きくなければならない．この式は，液滴のサイズが大きい方が，ムース抑制剤がより有効に作用すること示している．これは小さなサイズの液滴に関し検証されているが，この傾向は無限に続くわけではなく，現実にはムース抑制剤の最適な液滴サイズが存在する．

(b) $\boldsymbol{E_\gamma > 0}$ および $\boldsymbol{S_\gamma < 0}$ の場合

この場合は，先程とは大きく異なり，ムース抑制剤の液滴が溶液・空気界面に現れた時，濡れ広がらない．したがって，ムース抑制剤の作用が起こり得るとしたら，液体レンズが二つの界面を架橋することになる (図 3.48).

この場合に，重要な過程は薄膜の架橋である．形成されたムース抑制剤の橋はムース抑制剤と溶液の間の平衡角 θ の値によって、安定であったり，不安定であったりする．もし，この角度が $\pi/2$ より大きければ，液滴近傍の界面の曲率は，より引き伸ばされている部分の薄膜内の圧力に比べて，大きな圧力を生み出す．この圧力勾配によって，液体の移動と薄膜厚の減少が続き，やがて，レンズの表と裏にある三重線が結合する．この後，レンズが複数の直径がより小さな液滴に分かれて，薄膜は破裂に至る．このようにして液滴の平均直径が減少していくことは，実際に，ムース抑制剤を何度も使用した場合に観測されており，また，ムース抑制剤の効力の減少と相関を持っている．実際，ムース抑制剤がある境界値よりも小さな液滴になってしまうと，もはや，架橋は起こらず，ムース抑制剤も効

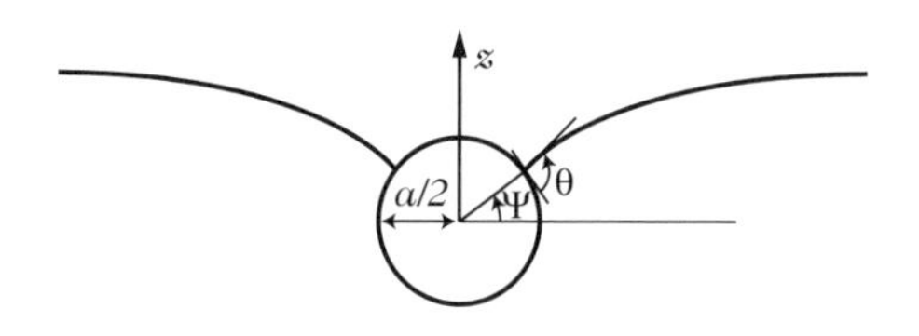

図 3.49: 液体・気体界面に存在する固体球.

力を失う.

5.3.2 固体ムース抑制剤

小さなサイズ (マイクロメーター程度) の固体粒子で特別な性質 (疎水的性質) を持つ表面は，当然ながら，ムース抑制剤の役割を果たす．炭素粒子や煤 (すす) を付けた珪素粒子の場合がそうである．

固体粒子の場合，この破壊の機構は，上述の $E_\gamma > 0$ および $S_\gamma < 0$ の状況に似ており，粒子は表面に現れ，薄膜を架橋するが，その結果，薄膜は (部分的に) 薄くなる．しかし，ここでもまた，液体・固体を接続する角度を考える必要があり，この角度によって粒子が界面で力学的に安定に存在する位置が存在するか，それとも，存在しないかを決める．この大きさの粒子では，以下に定義する毛管力 f_c が完全に系の平衡を支配する．球形の粒子が平衡の位置を見つけるのは，$f_c = 0$ の時である．

この力は，液体・気体の界面張力を液体・気体・固体界面を繋ぐ三重線の長さで積分したもので (図 3.49)，次式で記述される[34].

$$\overrightarrow{f_c} = -\pi\gamma a \cos(\psi)\cos(\psi + \theta)\overrightarrow{e_z} \tag{3.104}$$

ただし，a は粒子の直径である．

系の平衡は，$\psi = \pi/2 - \theta$ の時に得られる[35]．球が二つの界面を架橋して繋ぐ場合，液体は界面を平らにするために流れなければならない．上述のムース抑制剤の液滴の場合のように，界面の曲率によって生じた圧力が，薄膜の厚みの減少を引き起こすのである．

この現象はどう界面に反映されるのだろうか？ 接触角 θ が $\pi/2$ よりも小さい場合，界面は薄膜の厚みがなくなる前 ($\psi > 0$) に平衡位置を見つける．反対に，

[34]訳注：液体・気体の界面張力ベクトルと z 軸のなす角 α が $\alpha = \pi - (\theta + \psi)$ となることから次式を得る (水平成分は対称性から常に打ち消されている)．θ は，気体・固体界面の平衡接触角である．

[35]訳注：このとき $\alpha = \pi/2$ となり，液・気界面の張力が水平方向を向く．実際，式 (3.104) はゼロとなる．

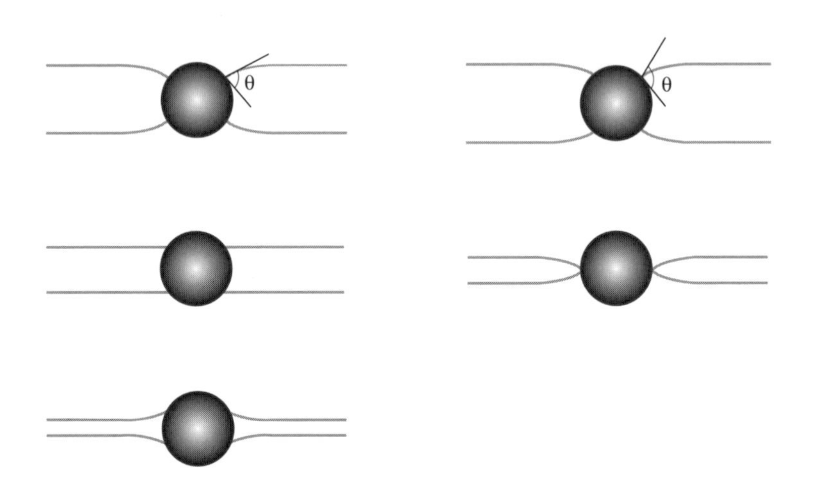

図 3.50: シャボン膜を架橋する固体粒子の振舞いを，固体・液体接触角が異なる場合に対して示したもの．$\theta < \pi/2$(左図)：界面は半球上に，真ん中の図のように平衡位置を見つける．この位置からの薄膜厚みの減少は，一番下の図から分かるように球近傍に現れる負の曲率により妨げられる．$\theta > \pi/2$(右図)：界面は球が安定に存在する位置を同時に見つけることができず，薄膜の破裂を引き起こす．これこそが，ここで議論している不安定効果である．

θ が $\pi/2$ よりも大きい場合，界面の平衡位置では角度の値は $\psi < 0$ を満たす．この平衡位置は二つ目の界面が存在することと両立できず，やがて薄膜は二つの接触線が結合して壊れる．

したがって，固体粒子がムース抑制剤の役割を示すのは固体・液体接触角が $\pi/2$ より大きい場合である (図 3.50)．この破裂の過程は粒子が大きいほど有効である．これは，固体粒子が界面により早く (薄膜が厚いうちに) 現れるからである．

5.3.3 超ムース除去剤

油と疎水性粒子を共に含む混合型のムース抑制剤は，一般的に，二つの構成物を別々に用いた場合に比べて，はるかに効果的である．最も分かりやすい説明は，ムース抑制剤の小球と気相の間に挟まれた溶液薄膜の安定性を基にしたものであろう．実際，これまでに説明してきた全ての破裂の機構において，第一段階はムース抑制剤が溶液と気体界面に現れることである (図 3.46 右参照)．この過程中に，二つの界面 (訳注：ムース抑制剤とムースの間の界面，および，空気とムースの間の界面) に捕らわれた液体は締め出される．この液体の流れは，界面間の距離が小さくなると遅くなり，しかも，破裂は界面間距離が臨界値 (数百ナノメートルのオーダー) に達した時にしか生じない．ところが，(疎水性の) 固体粒子が油滴の表面に存在すると，固体粒子の大きさによって，油滴と気相を分離している薄膜が破裂するときの界面間距離の大きさの程度が決まることになる．この仮説は実験的に検証された．実際に，疎水性固体粒子が存在する場合には，油滴と気相に捕らわれた薄膜の寿命が非常に短くなり，その減少の程度は油滴界面の「粗さ」に結び付けることが可能である．

6 補遺 1：安定剤

ムースは両親媒性の分子または界面活性剤によって安定化されるが (**p. 26** 参照)，その種類は多様である．様々な石鹸型の洗剤分子に加え，タンパク質，高分子，さらには，固体粒子がある．この節ではいくつかの主な両親媒性分子の種類に関して述べるが，それらは，洗剤，化粧品や他の日用品に用いられており，分子量で分類される．

6.1 低分子量の界面活性分子

分子量が $M_w < 1000$ g/mol の界面活性剤をひとまとめとしよう．これらの「小さな」界面活性剤はブラウン運動による拡散によって溶液中を素早く移動する．それらは分子量の大きな界面活性剤に比べ，界面上に早く吸着 (そして脱離) する．産業で用いられている界面活性剤の大部分はこの分類に入る．

6.1.1 化学的性質

極性を持った頭の電荷によって，界面活性剤は陰イオン性 (負電荷)，陽イオン性 (正電荷)，非イオン性 (電荷なし)，両イオン性 (溶液の pH によって正にも負にも荷電する) と言われる．以下に分子量が小さく，良く用いられる界面活性剤の種類のリストを与える．このリストから良く分かることは，一口に界面活性剤と言っても，大きな化学的な違いがあり，様々な構成要素があるということである．陰イオン性の界面活性剤はたとえば洗浄用品，食器用洗剤に広く用いられており，非イオン性はシャンプーやその他ボディケア用品の中に入っている．陽イオン性はしばしば腐食性，殺菌性のために利用される．しかしながら，注目したいのは，市販品は一般的に非常に複雑な組成になっていて，いくつもの界面活性剤 (時に相反する電荷の)，荷電高分子，増粘剤等が含まれていて (p. 190 参照)，それによって様々な目的に対応している．

陰イオン性界面活性剤：アルキル硫酸塩 (ドデシル硫酸ナトリウム，あるいは，SDS．化学式は $C_{12}H_{25}OSO_3^-$, Na^+)，アルキルエチル硫酸塩，アルキルベンゼン硫酸塩が最も一般的である．さらにはアルファオレフィン硫酸塩，スルホシネート (たとえばビス (2-エチルヘクシル) スルホシネート，または，AOT．化学式は $(C_8H_{17}\text{–}O\text{–}COCH_2)_2SO_3^-$, Na^+) も挙げられる．

陽イオン性界面活性剤：たとえばアルキルトリメチルアンモニウムブロミド (C_nTAB : $C_nH_{2n+1}N(CH_3)_3^+$, Br^-)，アルキルトリメチルアンモニウムクロライド (DTAC : $C_{12}H_{25}N(CH_3)^+$, Cl^-) ，セチルピリジウムクロライド (CPCl : $C_{16}H_{33}N(CH_2)_5^+$, Cl^-) 等．

非イオン性界面活性剤：ポリオキシエチレンアルキルエーテル (C_nEO_m)，アルキルグルコシド C_iG_j，*spans* や *tweens*(乳濁液に良く用いられる)，あるいは，triton X-100($C_{14}H_{22}O(C_2H_4O)_n$) やポリグリセロールエーテル等．

両イオン性界面活性剤: カルボキシル酸ナトリウム，$\mathbf{R}CO_2Na$ (たとえば天然石鹸．**R** は炭素鎖を表す)，ベタイン (たとえばココイルアミドプロピルベタイン，CAPB)，テトラデシルジメチルアミネオキシド $C_{14}H_{29}NO(CH_3)_2$．

6.1.2　構造

これらの分子は界面または溶液中に分布しており，界面にあるときは界面エネルギーを下げる．低濃度においては，溶液中では孤立して分布しているが，ある濃度の臨界値，**臨界ミセル濃度(cmc)** を超えると，表面濃度と表面張力は変化しなくなる (図 2.4b 参照)．界面活性剤は溶液中に凝集体を形成することもある．たとえば，疎水性の尾を束ねて極性を持つ頭を外殻とし，疎水部が溶液と接するのを防ぐ (図 3.9)．界面活性剤濃度の増加につれ，異なる三次元構造が現れる．(i) ミセル：球形で半径は分子の長さ d_m の程度である．(ii) 円筒形ミセル：柔らかい紐状で，断面の半径が d_m である．(iii) 二重層：厚み $2d_m$ の膜で，横方向に d_m に比べとても大きく広がり，時には多重層を形成する．これらの構造，特に円筒形ミセルは高分子のように絡み合い，溶液の粘度を変える．塩の存在も同様に凝集体の構造に大きく影響する．塩の添加は溶液中の円筒形ミセルの量を増加し，それによって粘度を増加させるのに良く用いられている (たとえばシャンプー)．とても高い濃度では，界面活性剤が結晶構造に並んだ相を得ることもある．

ミセルの存在により，原則的には，溶液に非水溶性の分子を溶解させることができる．ミセル中に集まった脂質の尾がその分子を溶かす小さな油の滴の役割をするのである．また，共界面活性剤と呼ばれるいくつかの分子は，それのみでは界面活性能を持たず (もしくはその能力が小さい) 非常に溶けにくい．たとえば，陰イオン性界面活性剤を加えると，それらの分子はミセルの内部，そして界面活性剤の間の界面に取り込まれる．共界面活性剤としては，脂肪性のアルコール，たとえばドデカノール ($C_{12}H_{25}OH$) が挙げられる．共界面活性剤の存在は，特に界面の粘弾性係数を上昇させることにより，ムースのできやすさや安定性を助長するが，その理由の一つは分子が非常に溶けにくいからである (本章 § 2.2.4 参照)．

6.2 分子量の大きな界面活性分子

6.2.1 合成高分子

合成高分子界面活性剤とは，界面活性能を持つように合成，または修正された高分子である．単重合体 (同じ要素の繰り返し) の中ではポリビニルアルコール (PVA) や修正された多糖類が良く知られる．親水性の高分子が疎水性高分子に接合された分子はブロック共重合体と呼ばれる．このタイプの色々な集合体はたとえば *Pluronic* として商品化されている．界面では，ブロックの数，ブロックの相対的な大きさや界面濃度に応じて様々な形態を取ることが可能である．ジブロック，すなわち，親水性のブロックと疎水性のブロックで構成させるものに関しては，小さな密度では疎水鎖が (マッシュルームが表面に生えたようになり) **マッシュルーム**型の形態をとるのが観測される．ある密度を超えると，鎖は表面に対し直角に伸び，**ブラシ**型の形態をとる．二つの親水部の間に疎水部を入れた場合トリブロックを作ることができ，この分子は界面に疎水部だけを吸着させる．

6.2.2 天然高分子

主に食べられるタンパク質である．牛の血清アルブミン (BSA)，牛乳のベータラクトグロブリン (BLG)，卵のオボアルブミン等は球状タンパク質の例である．牛乳に含まれるカゼイン (β と κ) は溶液中では折りたたまれ，界面では伸び広がる．

これらの分子量の大きな界面活性分子は界面に吸着されるが，この過程は非常に遅い (本章 § 2.2.2 参照)．このことが示唆するのは，ムースを作るためにはとても濃い溶液が必要であるということである．しかし，一度，表面に達すると，これらの分子は非常に脱離しにくく，界面にずっと留まり続ける．同様に，界面上で分子が互いに並び変わるのを観測することもできるが，それは長い時間スケール (数時間) にわたる表面張力や粘弾性係数の変化を引き起こす (本章 § 2.2.3 参照)．また，長い時間では，タンパク質はしばしば界面にゲルを形成し，大きな弾性係数を示す．

6.2.3 固体粒子

固体粒子の水溶性分散液で粒子の大きさがナノメーターからミクロメーターのものは同様にムース性を示す．濡れ性によっては，粒子は界面に吸着することが可能で，そうすることで界面を安定化させる．現在のところ，主にエマルション(**ピッカリング**エマルション)に良く利用されているが，ムースを安定化させるためにも頻繁に用いられるようになっている [7].

6.3 界面活性剤と高分子電解質の複合物

界面活性剤同士は混合することができ，この性質は，産業におけるムース溶液の性質を最適化するためにしばしば必要となる．たとえば，シャンプー，シェービングムース，洗剤，掃除用品の組成表に記されている内容物の長いリストを見てみよう．ここで注目したいのは，様々な用途にも関わらず，これらの製品には，しばしば多くの同じ内容物が含まれていることである！

多くの場合，含まれているのは (小さな) 界面活性剤と高分子で，より一般的には荷電したものである (それゆえ**高分子電解質**と言う)．図 3.51 に表したのは，界面活性剤と高分子電解質の混合物が，溶液中および界面で取り得る四つの典型的形態である．これらについて，以下に説明する．

(a) 構成要素が同じ電荷を持つ場合，一般的には界面活性剤がまず表面を占め，高分子電解質の吸着を妨げ溶液中に押し返す．界面の性質はそのため純粋な界面活性剤のものである．一方で，液体薄膜は層状となることがある (§ 2.3.1 参照).
(b) 構成要素が反対の電荷を持つ場合，共に吸着することが見られるが，それは，しばしば，**共同吸着**を引き起こす．すなわち，界面活性剤と高分子電解質の複合物は，単独の構成要素よりも大きな界面活性能を持つが，こうした複合物が，溶液中にでき，続いて界面に吸着する．このような吸着によって，構成要素の個々の濃度が非常に小さい場合でも表面張力は大きく下がる．この場合，臨界凝集濃度 (**cac**)，すなわち，凝集体が溶液中にできる濃度は，界面活性剤のみの場合の **cmc** よりも大分小さい．さらに，界面にできた混合物の層により，得られる薄膜は界面活性剤のみの場合に比べより厚い．
(c) 高分子と界面活性剤の疎水部の間に強い引力性質相互作用が見られることもあり，これを**疎水相互作用**と言う．界面活性剤は高分子上に吸着する．こう

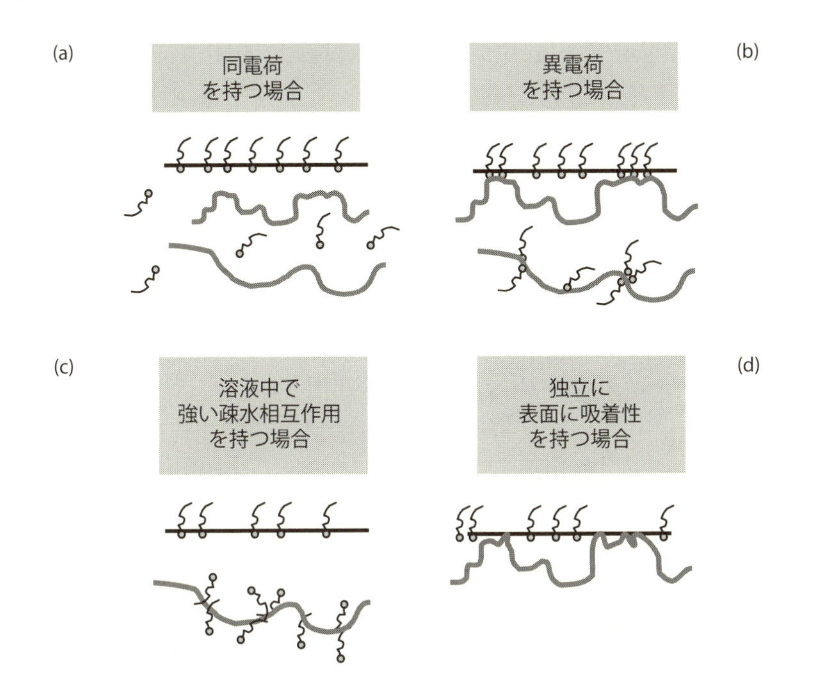

図 3.51: 溶液中と界面における界面活性剤と高分子電解質の複合物．親和性と振る舞いによって四つの異なる典型的形態がある．本文中の説明参照．

して，界面活性剤は表面をあまり被覆しなくなり，一般的にムース性が失われる．

(d) 最後に，構成要素間に相互作用が全くない場合には，それらが表面を別々に分けて占めることが見られる．

6.4　磁性流体

6.4.1　基礎知識と物理的原理

ムースを作るためには，本章 § 2 で見たように液体相に界面活性分子を入れるだけで良い．一方で，界面活性剤を入れずにムースを安定化させる方法も存在する．それは液体相に反発相互作用を発生させることによる．そうすれば，安定で，平衡状態にある界面を作り出すことができる．

このようなムースは**磁性流体**により実現させることができる．これは磁性を帯びた粒子を分散媒の液中に分散させた安定なコロイド懸濁液である．粒子は直径数十ナノメートルの粒で，強磁性あるいはフェリ磁性の材料でできており (一般的には磁石鉄鉱やコバルトフェライト) 永久的な磁気モーメントを持っている．したがって，分散媒の液体中でナノメータスケールの小さな磁石として振る舞う．外部から印加された磁場が強くなっていくと，全ての磁気モーメントは印加された磁場方向へと徐々に揃っていくが，一方で，熱的な揺らぎが向きをばらばらにしようともする．永久磁石であるので，粒子は相対的な位置に応じて相互作用する，すなわち，(磁気モーメントが) 反対向きに並んだ時には引き合い，同じ向きに並んだ時には反発する．界面を最小化しようとしない流体を作り出すには，液体中で相互作用は斥力的でなければならないが[36]，そのためには同じ向きに並んだ分子が反対向きに並んだ分子より多くなければならない．

6.4.2 実験系

二次元の系を考える．すなわち，磁性流体が約 1mm 離れた二つの板に挟まれており，磁場が板に対し垂直に向いている．この状況では，同じ向きに並ぶ磁性粒子が反対向きに並ぶ粒子よりもずっと多くなる．したがって，平均して，相互作用は反発的である．実際には，二次元の容器の中に二つの非相溶な液体を入れるが，それは水溶性の磁性流体と非磁性の油である．容器は水平で鉛直な磁場中に置かれている [19]．油は磁性流体よりも板を良く濡らすので，磁性流体と容器の境界は油のミクロな薄膜によって隔てられる．これにより，ムースの泡と泡の間で油の交換が可能となる (油がミクロな薄膜中を流れることができるため)．したがって，圧力差に応じて，泡の表面積は時間と共に変化していく．ムースを作るためには，磁場がゼロで磁性流体が容器中に一つの大きな滴として集まっている状況から始め，系に交流磁場を引加する．垂直磁場が平均的に反発的な相互作用を誘起すると，磁性流体の滴にいくつもの穴を開ける．油で満たされたそれらの穴は，図 3.52 に示すように磁性によって二次元のセル構造を形成する．また，作られたムースは二次元ムースが持つ全ての幾何学的な特性を持つ．つまり，プラトーの法則 (第 2 章 § 2.2 節) とアボアフ・ウィエアの法則 (第 2 章 § 3.1.2 節) の法則に従い，泡の辺数は平均して 6 になる [19]．

6.4.3 平衡状態にあるムース

石鹸ムースとの違いとして，二次元磁性ムースは**平衡状態**であり得て，そのために時間に依らずに安定であることが挙げられる．実際には，ファンデルワール

[36]訳注：分子間の引力相互作用が界面を最小化しようとするのと同様に，斥力相互作用は界面を最大化しようとする傾向をもたらす．

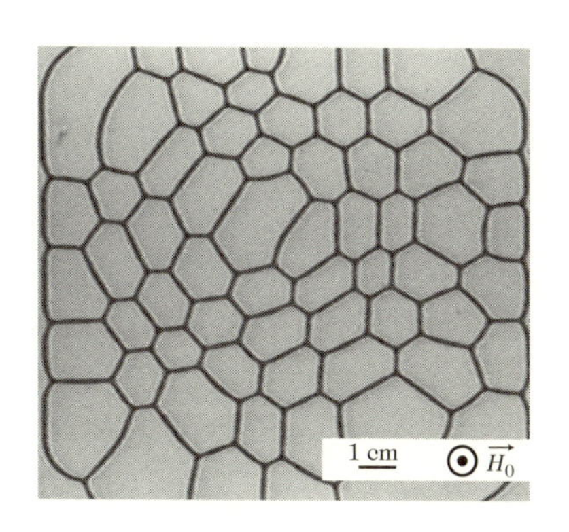

図 3.52: 二次元磁性流体ムース．磁性流体 (黒い部分) が泡の壁面を成している．残る部分は非相溶の油で満たされている．この油は，透明で非磁性であり，このムースを挟んでいる上と下の板を良く濡らしている．ムースは外部からの鉛直な磁場 $\vec{H}_0$ 下にある．F. Elias 氏撮影.

ス相互作用が油と磁性流体の界面を最小化しようとするが，一方で反発的な磁気双極子相互作用が界面面積を増加させようとする．平衡状態では，界面の総面積は決まった値となり，それはこれらの相反する二つの効果の競合で決まる．単純液体の滴の場合とは異なり，この界面は最小ではない．様々なパターンを作ることで，平衡状態に達するために界面を増加させることができる [2]．このパターンとしては，系の準備の仕方に応じて，迷路型 (磁性流体のバンドが等距離に並ぶ)，磁性流体液滴ネットワーク型，そして，ここで興味深いものとしてセル構造型が挙げられる．この最後の場合においては，気泡の生成は界面を作るために系が選んだ解になっている．もし磁気双極子エネルギーが上昇すれば，界面の表面積の値も同様に上昇し，平衡の気泡数もまた然りである．つまり，常磁性の液体ならば，磁性相互エネルギーは外からの磁場 H_0 の強さの二乗に比例するので，平衡な気泡数は H_0 に依存する．この値が大きくなれば，より多くの気泡が作られる．反対に，H_0 が減少すれば気泡数も減り，磁場がゼロとなればムースは完全に壊れる．H_0 の減少と共に気泡の大きさが増大することは，石鹸ムースが成長する時に観測された現象を想起させる．したがって，印加される磁場の強さは磁性流体ムースの**制御因子**であり，平衡状態での特性を決定付ける．

6.4.4　非平衡な状況

ある与えられた形状から H_0 を増加していくときに，頂点に気泡が現れ新しい平衡状態が成されるためには，頂点に最低限度の磁性流体がなければならない．

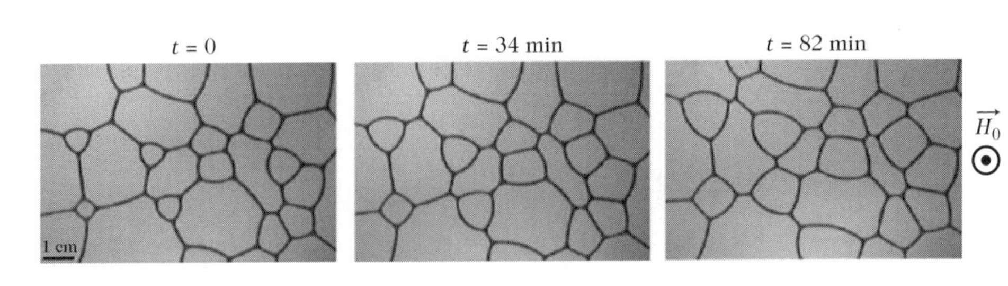

図 3.53: 二次元磁性流体ムースで平衡状態より界面が不足しているものの時間発展．辺数が $n < 6$ の泡が時間と共に大きくなり，辺数が $n > 6$ のものは小さくなるのが観測される．これはシャボン液の二次元ムースがフォンノイマンの法則に従うのとは逆の振る舞いである．F. Elias 氏撮影 (文献 [20] 参照).

しかしながら，ムースが乾いている場合には，この最低限の量がないこともある．この場合，すぐには平衡状態が達成できないので，ムースは時間と共に発展する．つまり，いくつかの気泡は大きくなり他の気泡は小さくなるが，それは気泡同士の圧力の違いによる．しかしながら，石鹸ムースの場合とは異なり，このムースでは平衡状態を達成するには界面が不足している．そして，セル面積の時間発展はフォンノイマンの法則で記述されるものとは反対になる (本章 § 3.1.1)．なんと，6 辺以下の辺を持つ気泡が 6 辺以上の辺を持つ気泡を犠牲にして大きくなるのだ (一方で，辺の数が六つの気泡は平均としては時間発展しない) [20]．この様子は図 3.53 に示されている．この現象の説明は，磁気双極子反発作用が，巨視的なレベルでは，**磁性曲率エネルギー**を生み出し，それが気泡と外界との間の補足的な圧力差として現れることに着目して行われる．これは曲率半径とは反対の符号を持ち，ラプラス圧の違いに加わり，ラプラス圧の効果に反発する[37]．実は，石鹸ムースの界面も同様に曲率エネルギーを持ち，これは，界面活性剤分子が持つ電気双極子モーメントによる．しかし，この曲率による圧力差はラプラス圧による差に比べると無視できる．ところが，磁性流体ムースの場合，この曲率の項が支配的となり曲率の符号を反転させ，結果として，セルの表面積が，そのセルの持つ辺数に応じた，時間発展をする．さらに磁場が強くなると，時として気泡間の壁面が「座屈」するのを見ることができる，それはまるでムース性固体の骨格が圧縮されたときのようである [21].

磁性流体ムースの利点は，制御因子を持っていることに加え，**局所的な制御**が可能なことである．局所的な磁場の勾配により (たとえば，場 H_0 中に磁石の針

[37]訳注：分子間の引力相互作用によって表面張力が生じて表面が縮もうとしてラプラス圧が生じるのと同様に，磁気双極子反発作用によって表面は広がろうとするためにラプラス圧と反対の寄与が生じる．

を入れる)，セル中の一つ一つの頂点を引き寄せられる．同様に T1 の過程を人工的に発生させることも，T1 と逆の過程を作り系を元の状態に戻すこともできる [22](p. 101 の囲み欄参照)．また同様に**反 T2** 過程を発生させる，すなわち，磁性流体を局所的に特定の頂点に向けて排液し，ムース中に新しい気泡を作る (図 3.8, 右から左) こともできる．こうすれば，気泡を作るために十分な磁性流体を集めることができるからである．最後に，(界面活性剤を含んだ) 石鹸ムースを磁場，磁力で制御できることを述べておこう．これは，界面活性剤を含む水溶性磁性流体をムース化することで可能になる．コロイド分散液を不安定化させないために，磁性流体に添加する界面活性剤の量を慎重に決めなくてはならない (たとえば，磁性粒子が凝集したり，溶液の底に沈降したりしないようにする) [14, 23, 37].

7　補遺 2：界面活性剤に起因する散逸モード：薄膜が定速伸長する場合

石鹸薄膜が一定の拡張係数 $\dot{\varepsilon} = d(\ln S)/dt$ で引き伸ばされる場合を考える．ここで $S \sim d^2$ は薄膜の面積である．この場合，表面の界面活性剤濃度が減少し濃度勾配が生じるが，その勾配は界面に再び活性剤を送り込もうとする．これに起因する再供給が薄膜内部の薄膜に垂直な輸送によって起こる場合は図 3.12 で議論した．薄膜がとても薄い場合には，薄膜はもはや貯蔵庫としての役割を果たさなくなることがあり，その場合，界面活性剤は薄膜の端 (プラトー境界) から移動して来なくてはならない．実際には，(再供給が起こらない場合も含め) 図 3.54 に示された異なる (界面活性剤の) 輸送モードがあり得る．ムースの単位体積当たり・単位時間当たりのエネルギー散逸 D は，D. Buzza，C. Lu そして M. Cates により，それぞれのモードに関して以下のように予測されている [5].

- **(a) 表面の膨張**
  第一の状況は，図 3.54a に示されているように，単分子膜の膨張・収縮を特徴づける界面膨張粘性率 η_d が重要になる場合である．このモードが支配的になるのは界面が溶液全体と一緒に動く場合であり，したがって，単分子膜とその下の相との間に相対的な動きはない．このモードでは，表面の界面活性剤濃度が保存されない．すなわち，とても短い時間スケール，または不溶性の界面活性剤の場合に観測される．この場合には，散逸は次式で表せる[38].

[38]訳注：この式の $1/d$ の因子は，単位体積当たりの量である $\mathcal{D}_{\text{膨張粘性}}$ を求めるために，気泡の占める体積 d^3 当たりの膨張する薄膜の面積を d^2 と評価することで出てくる．式 (3.106) の第二表現に表れている $1/d$ の因子も同様である．

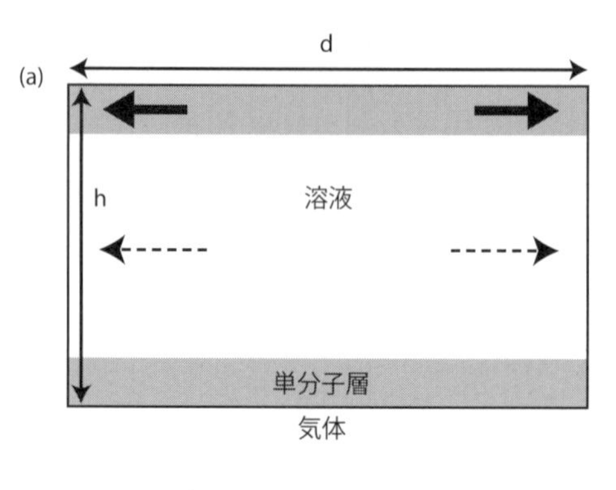

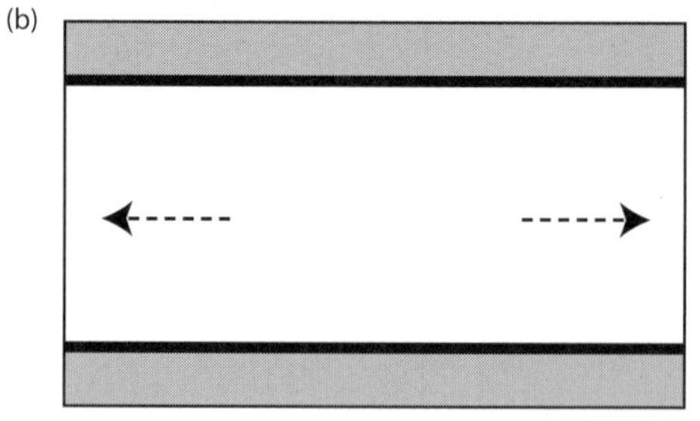

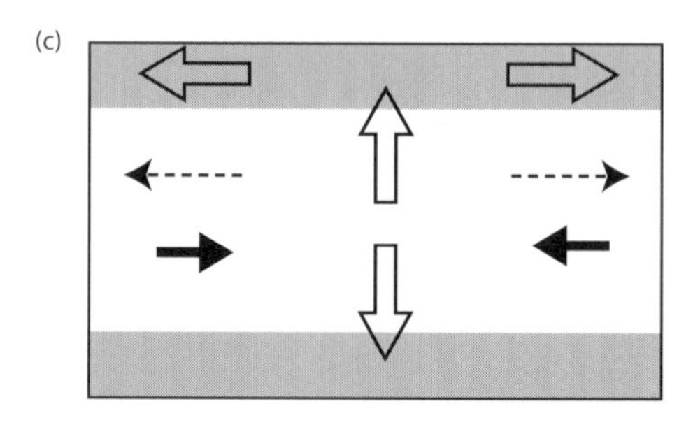

図 3.54: 薄膜の伸張によって，界面が作り出され，界面活性剤の動きを引き起こすが，それは界面活性剤の性質と膨張率により異なる．三つの可能性が図に示されているが，詳細は本文中に記されている．点線の矢印は液体の動きを表し，実線の黒と白の矢印は界面活性剤の動きである．黒の太線 (もしくは太線の矢印) が散逸が支配的な場所である．

$$\mathcal{D}_{\text{膨張粘性}} \sim \frac{\eta_d}{d}\dot{\varepsilon}^2 \tag{3.105}$$

- **(b) 表面拡散**
  もう一方の極限では，反対に表面濃度が(平衡値よりも低い)一定値に保たれる．この場合，濃度は薄膜平面に平行な界面活性剤の流れによって保たれる．薄膜の伸張には，単位面積・単位時間当たりに $\dot{S}/(Sd_m^2) \sim \dot{\varepsilon}/d_m^2$ 個の界面活性剤分子の供給が必要となる[39]．ただし，d_m^2 は表面にある一分子が占める面積を表す．

  ここでは，界面活性剤が表面に移動して来る速度が下面の液膜上での摩擦で制限されるために，表面から離れた液体内部との界面活性剤の交換が生じないモードを考える(図3.54b参照；訳注：つまり，界面活性剤はプラトー境界から表面拡散によって供給される)．表面での界面活性剤の流れ $\mathbf{j}_s$ は $\mathrm{div}_{2D}\,\mathbf{j}_s \sim j_s/d \sim \dot{\varepsilon}/d_m^2$ となる．ここで，薄膜の特徴サイズ d は勾配ができる長さを表す．この流れに関連した散逸は次式で与えられる[40]．

$$T\dot{s}_{surf} = -\mathbf{j}_s \cdot \boldsymbol{\nabla}\mu = \frac{\mathrm{k_B}T}{\Gamma D_s}\mathbf{j}_s^2$$

  D_s は界面活性剤の表面拡散係数($\mathbf{j}_s = -D_s\nabla\Gamma$)であり，$\mu = \mu_0 + \mathrm{k_B}T\ln(\Gamma)$ は化学ポテンシャル，$\dot{s}_{surf}$ は表面でのエントロピー生成率，$\mathrm{k_B}$ はボルツマン定数で T は温度である．これに相当する散逸はムースの単位体積当たり次式となる．

$$\mathcal{D}_{\text{表面拡散}} \sim \frac{T\dot{s}_{surf}}{d} \sim \frac{\mathrm{k_B}T}{\Gamma D_s}\frac{d}{d_m^4}\dot{\varepsilon}^2 \tag{3.106}$$

- **(c) 薄膜内の溶液中拡散**
  界面活性剤が界面に向かう動き，および，界面に沿った動きが共に素早い場合，

---

[39]訳注：微小時間 Δt の間に，単分子膜の体積が $d_m\Delta S$ 増えると考えると，単位面積・単位時間当たりの体積増加は $d_m\dot{\varepsilon}$ となる．こうして，一分子当たり d_m^3 の体積を持つ分子の個数の増加が導かれる．

[40]訳注：ここで使われている $T\dot{s} = -j\cdot\nabla\mu$ という式(および，その二次元版)を，手短に説明する．拡散方程式は，物質保存則 $\partial c/\partial t + \nabla\cdot\mathbf{j} = 0$ とフィックの法則 $\mathbf{j} = -D\nabla c$ を基に考えることができる．一方，エネルギー U に対する熱力学関係式 $dU = TdS - PdV + \mu dN$ が局所的にも成立すると仮定し(良く使う記号を使った)，エントロピー変化が物質の変化だけから生じる場合を考え，$dU = dV = 0$ とおいて，単位体積当たりのエントロピー s を導入すると関係式 $\partial s/\partial t = -(\mu/T)\partial c/\partial t$ が得られる．この式の右辺は，物質保存則の式を使って，$\nabla\cdot(\mu\mathbf{j}/T) - \mathbf{j}\cdot\nabla(\mu/T)$ と書けることから，エントロピー流速 $\mathbf{j}_s = -\mu\mathbf{j}/T$ を導入すると $\partial s/\partial t + \nabla\cdot\mathbf{j}_s = -\mathbf{j}\cdot\nabla(\mu/T)$ が成立する．左辺第二項はエントロピーが流れ込んでくことによるエントロピーの生成であるが，右辺はそれ以外の方法による生成であり，散逸に相当する．これに相当するエネルギー散逸密度 Tds は，単位時間当たりで，$T\dot{s} = -\mathbf{j}\cdot\nabla\mu$ と書ける．例えば，北原和夫・吉川研一著「非平衡系の科学 I」(講談社サイエンティフィック)参照．

薄膜内部の溶液中での拡散が支配的になって，表面に界面活性剤が再供給される (図 3.54b 参照)．薄膜断面を横切る流れは平均して $j \sim \dot{\varepsilon}\, d/(h\, d_m^2)$ と書ける[41]．ただし，h は薄膜の厚みである．この関係式に加えて，式 $\mathbf{j} = -D_v \nabla c$ (c は溶液中濃度)，$\mu \simeq \mu_0 + \mathrm{k_B}T \ln(c)$ と $T\dot{s} = -\mathbf{j} \cdot \boldsymbol{\nabla}\mu$ を用いることで，次式を得る[42]．

$$\mathcal{D}_{\text{溶液中拡散}} \sim \frac{hT\dot{s}}{d} \sim \frac{\mathrm{k_B}T}{cD_v} \frac{d}{hd_m^4} \dot{\varepsilon}^2 \tag{3.107}$$

この表式により薄膜の膨張粘性率を求めることが可能になる (p. 241，式 (4.42) 参照)．

8 実験

8.1 シャボン膜中の流れ

難易度：	材料費：€€
準備時間：1時間30分	作業時間：10分

観察ポイント：薄膜中の排液．

本文中の参照箇所：本章 § 2.3 と § 5.1.1，および，第5章 § 1.1.3.
材料：

- 5〜20 センチメートル程度の大きさの枠．形は丸か長方形で，支持台に吊り下げるための棒がついているもの．枠は，ネジが切ってあることが望ましい．ネジ山は液体貯めを作り，枠表面が滑らかなものより，シャボン膜が長持ちする．
- 枠を完全に浸すことのできる器 (お椀かボウル)．
- 梱包用のダンボール箱．少なくとも器の二倍はあるもの．
- 黒いペンキ，または，黒い紙．
- 支持台 (化学スタンド)．ダンボール箱に入るもの．

[41] 訳注：単分子膜の体積は $d_m \Delta S$ 増えるため，単位面積・単位時間当たりの界面活性剤分子数の流束は，これを $hd\Delta t d_m^3$ で除したものになる．これと $S \sim d^2$ を考慮することで j の表現が導かれる．
[42] この式の第二表現の h/d の因子は，気泡の占める体積 d^3 当たりの薄膜の体積が hd^2 になることから出てくる．

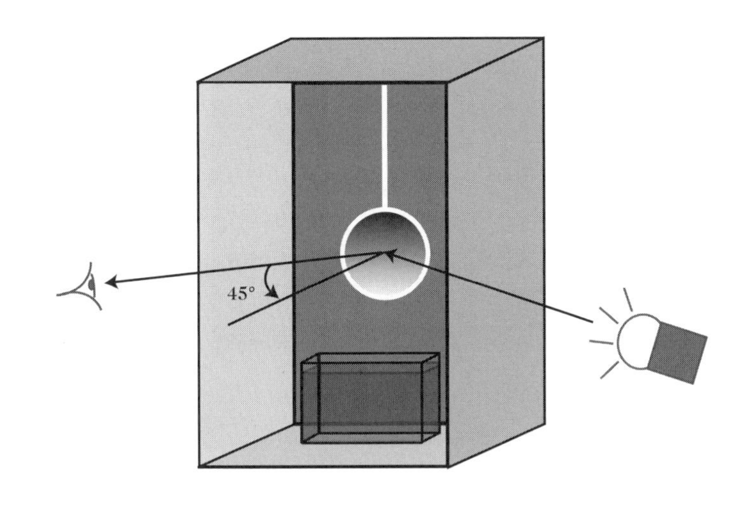

図 3.55: 鉛直なシャボン膜中の流れの実験の概略図.

- デスクランプ (白色光源).
- 石鹸水：脱イオン水に 1%の食器用液体洗剤を入れる.
- (お好みで) グリセリン

1. 梱包用の段ボール箱の片面を切り取る．内側を黒く塗るか (前日に)，段ボール箱の内側に黒紙を貼る．ダンボール箱をテーブルに置く．開いている面はあなたの向きにする．ダンボール箱の中はこれから実験のための劇場となるので，風の流れや，外部の照明を防ぐ.
2. ダンボール箱の中に石鹸水を入れた器を入れる．器の真上に枠を置き，支持台に固定する．できるだけダンボール箱の奥に近い所に置く．枠の面は，あなたに面し，かつ，ダンボール箱の開口に平行にする．支持台はできれば上から枠を支えているようにする (図 3.55).
3. 照明をダンボール箱の外に置く．その光線が枠に向かって入射角が大体 45 度になるようにする (図 3.55).
4. シャボン膜を作る．枠を石鹸水の中に浸けるのだが，できれば器を上方に動かし，枠は動かさないようにする.
5. 照明とあなたの目の位置を調整し，電球の鏡像が石鹸膜上に見えるようにする (つまり測定角が入射角と同じになる)．さらに，拡散スクリーン (たとえば白い紙) を照明と枠の間に置き，照明範囲を広げる.

図 3.56: この鉛直な石鹸薄膜中の流れの実験では，枠の直径はおよそ 15 cm である．F. Elias 氏撮影．カラー口絵 11 参照．

石鹸薄膜は最初は白い (はっきりとした白)．なぜなら，その厚みが数十マイクロメートルであり，白色光のコヒーレンス長よりも長いからである．数秒後，彩色が薄膜上方から現れ，水平な縞の形で下降して行き，相互に並ぶ．干渉縞は厚みの勾配に対し直角に向いている．つまり，薄膜は下部が上部よりもより厚いということを示し，縞が下降しているのは，時間と共に薄膜が薄くなっていくということを示す．彩色のある薄膜の厚みは数百ナノメートルから数マイクロメートルと分かる．薄膜が十分に安定な場合には，彩色のある縞の上方から黒薄膜が現れるのを観測できるだろう．空気中では，大抵，この瞬間に石鹸薄膜が破裂する．

枠の縁を排液中に注意深く観測していると，石鹸薄膜の一部分が上昇する動きを見ることができるだろう．これが**周縁再生**である (本章 § 5.1.1 と図 3.41 参照)．

コメント：

1. さらには，グリセリンを石鹸水に加えることで (およそ 10 %) 薄膜の寿命を長くし排液を遅くすることができる．また，グリセリンを用いる代わりに，薄膜に石鹸水を供給することもできる (第 2 章 § 6.3 参照)．
2. 枠が大きい程，実験は華やかだが (図 2.33 参照)，薄膜はより不安定になる．
3. 石鹸薄膜を単色光 (ナトリウムランプやレーザー) で照明することで，石鹸薄膜の厚み，また厚みの変化を正確に測定することができる．
4. 石鹸薄膜をより素早く作り，空気の流れをより防げば，排液の動力学の再現性は高くなる．
5. 用いる液体洗剤や濃度によって，薄膜内に厚みの不均一性を見ることがあるだろう．これはミセル相か，あるいは，使用した洗剤中の界面活性剤に加えられた物理化学的な複合体の秩序化によるものである (図 3.18 と図 3.51 参照)．第一の場合は，溶液をさらに薄めることで除くことができる．第二の場合は，液体洗剤を変えなければならない！

8.2 ムース中の自由排液：気泡の鉛直方向への動きの観測

難易度：◎◎	材料費：€€
準備時間：1 時間	作業時間：1 時間

観察ポイント：ムースの自由排液中に起こる液体の下方への動きと気泡の上方への動きの一致．

本文中の参照箇所：本章 § 4.1 と § 4.6.2.

材料 ：

- 透明なプラスチックの柱状の容器．できれば断面は正方形のもの．高さは約 40 cm．蓋つきの容器．
- ダンボールの小さな切れ端を少々．プラスチックで被覆されたもの，1cm 角位のもの．
- 石鹸水：脱イオン水に液体洗剤を 1%加えたもの．
- 物差し：容器と高さが同程度のもの．
- 粘着テープ
- ストップウォッチ

1. 容器の準備：側面に 5 cm の間隔で五つのスリットを刻む．これはダンボールの目印をムース中に入れるためである．容器の同じ側面に物差しを固定する．
2. ムースの準備：スリットに粘着テープで蓋をした後，容器中に石鹸水を注ぎ込む．ムースを作るため，強く振る．
3. スリットの蓋を外し，プラスチックで被覆されたダンボール片をムース中に入れる．それは位置の目印となる (図 3.57).
4. 容器中の排液された液体の高さ $h(t)$ を時間の関数として測定する (図 3.57).
5. 気泡の鉛直方向への動き (目印の高さから測る) を時間，そしてその初期位置の関数として測定する．

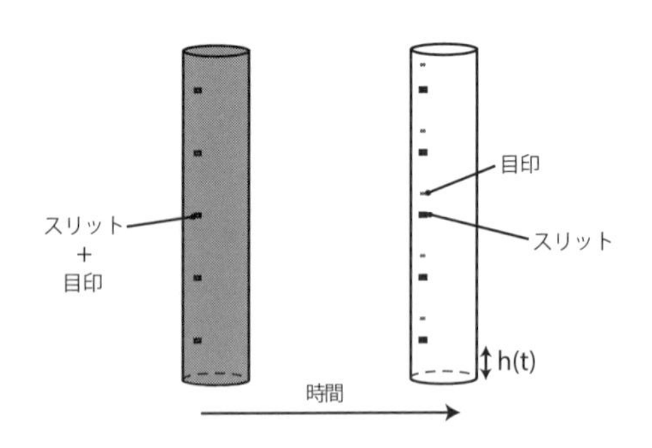

図 3.57: 自由排液実験の概略図.

重力の影響下，液体はムース容器の底へと排液され，より軽い気泡は上昇する．ただ単純な体積保存の議論のみから (液体の下方への動きと気泡の上方の動きを釣り合わせる)，目印の移動を測ることによりムース中の液体分率を時間の関数として，しかも，異なる高さで求められる [49].

8.3　ムース中の強制排液：湿ったムースのフロントの観測

難易度：◎◎	材料費：€€
準備時間：1時間	作業時間：10分

観察ポイント：強制排液.

本文中の参照箇所：本章 § 4.1 と § 4.6.1.

材料：

- 透明な円筒：直径が 2～4 cm，高さは少なくとも 15 cm のもの.
- 円筒を鉛直方向に支える支持台 (たとえば，クランプ付の化学スタンド).
- 器 (大きめのボウル).
- 柔らかいチューブを 1 m.
- 多孔性媒質 (水槽用の気泡生成器) あるいは医療用の針.
- 空気ポンプ
- 水ポンプ

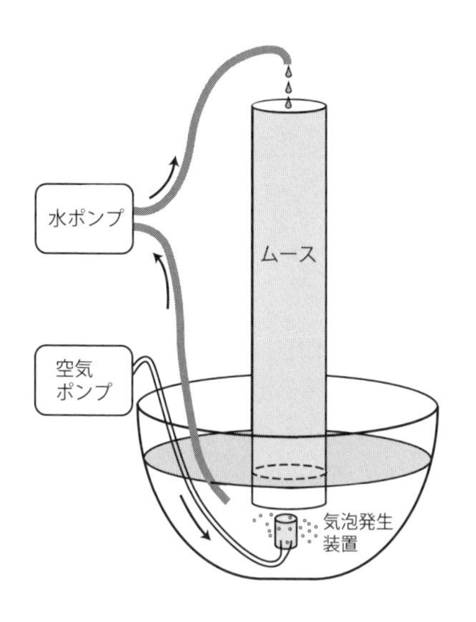

図 3.58: 強制排液実験の概略図.

- 柔らかいチューブ用の挟みを二つ
- 石鹸水：脱イオン水に液体洗剤を 1%加えたもの

1. 器を石鹸水の溶液で満たす．円筒を鉛直に固定し，下端を液体表面よりも下に浸ける (図 3.58).
2. 柔らかいチューブを 30 cm の長さに切る．空気ポンプとチューブの一端を接続し，もう一端を多孔性媒質もしくは針と接続する．多孔性媒質または針の部分を石鹸水溶液中の円筒の下側に入れる．
3. 気泡生成器を通して空気を注入することで，円筒にムース満たしていく．この際， 流量は一定とする (均一な気泡を得るため)．空気の流量がとても大きい場合には，柔らかいチューブを挟みでつまむことで弱めることができる．
4. 円筒が満たされたら，ムースが排液されるまで数分間待つ．
5. 残りのチューブを水ポンプに接続し，石鹸水を器から汲み上げて，ムース容器の上から注ぎこめるようにする．
6. 先ずは液体流量をおおよそ 10 mL/分となるように，ムースの外で調整する．これは，下流側のチューブを挟みで挟むことで達成できるだろう．
7. 溶液流量が調整されたら，素早く管の端をムース上端に置き，液体を絶えず注ぎこみながら位置をその場で維持する．

湿ったムースのフロントがムース上部に生成され，下側に向かって一定速度で動いていく．強制排液の実験を実現したのである．

コメント：

1. 柔らかい管，挟み，空気ポンプと水ポンプ，そして気泡生成装置は魚ペットショップで購入できる．
2. 均一照明でムース容器を照らし，透過した光を映像に記録することで，光学的に湿ったムースのフロントが前進する速度 u_{front} を測定することができる (図 3.30 と図 3.36 参照)．液体の流量 Q を変えながら実験を繰り返してみよう．最初に，ムースが非常に乾いている場合には，ムース中の液体分率の測定値を得ることができ ($\phi_l = Q/(Su_{front})$．S は容器断面積)，またムースの排液の理論を検証することができるだろう (本章 § 4.6.1)．

8.4　電気伝導率の測定によるムースの生成と消滅の観測

難易度： ◔◔◔	材料費： €€€
準備時間： 半日	作業時間： 半日

観察ポイント： 自由排液, 熟成, 融合, ムースの電気伝導率.

本文中の参照箇所 ：本章 § 3, § 4, および, § 5, そして, 第 5 章 § 1.2.6.

材料：

- 本章 § 8.3 のレシピで述べた，ムースを容器で満たすのに必要な材料.
- ムース容器のための蓋
- 真鍮製のネジ．同じ直径 (約 5 mm) のもの二つ
- 接着剤 (できれば遅効性のアラルダイト).
- ワニグチクリップを二つ
- 抵抗を一つ．約 1 kΩ のもの.
- バナナプラグ付きのケーブルを五つ
- 同軸 (BNC) ケーブルを一つ

- バナナ/BNC の変換アダプター (メス/メス) を二つ
- T BNC プラグ (オス) を一つ
- 低周波信号発生機を一つ
- オシロスコープを一つ
- (お好みで) コンピュータ．グラフを作り，結果解析をするためのもの．

1. 前日：容器に二つの向き合った穴を高さ約三分の二のところに空ける．真鍮のネジをそれぞれの穴に入れるが，ネジの先が容器の内壁側に向くようにする．ねじをその位置で固定し，電極の完成である．
2. 容器を鉛直に立てて，ムースで満たせる状態にする (本章 § 8.3 のレシピ参照)．このとき，電極は円筒の上方にくるようにする．
3. 電気回路を作る (図 3.59 参照)．信号発生機をムースと測定用抵抗に直列に接続する．オシロスコープを測定用抵抗の両端子に接続する (チャネル 2)．オシロスコープのチャネル 1 は，信号発生機から出る信号を直接記録する．
4. 端子上のムースが電解するのを防ぐため，回路には交流電流を流す．信号発生機からの電圧を周波数 1 kHz，振幅を約 5 V に調整する．
5. ムースを円筒に満たし，オシロスコープの時間スケールを最も長い値に調整する．オシロスコープのチャネル 2 で信号の振幅が時間発展するのを見る．
6. 気泡生成を止め，ムース容器の上端に蓋をする．

気泡生成を止めてから十分に長い時間，信号を記録する (1 時間，あるいは，それ以上)．時間と共に，ムースから液体が抜けていき電気伝導率は減少し (電気抵抗が大きくなる)，測定信号の振幅も同様に減っていく．実際には，図 3.59 に示した電気回路のように，ムースは，電気抵抗に関連付けられるが，しかし，一方で，コンデンサーにも関連付けられ，これらの値は，ムース中の液量に依存している．つまり，ムースの複素インピーダンス Z は $Z = |Z|e^{i\varphi}$ と表せる．ただし，$|Z| = R/\sqrt{1+(RC\omega^2)}$，$\varphi = \mathrm{arctanh}\,(RC\omega)$ である．したがって，コンデンサーの効果は低周波では無視できるので，ムースの電気伝導率は次式で表せる．

$$\Lambda = \frac{U_{mes}}{(U_0 - U_{mes})R_{mes}} \tag{3.108}$$

コンピュータを用いる場合，信号強度の曲線を，時間の関数として両対数軸で描いてみよう．いくつかの時間発展領域を観測できる (異なる傾きの直線として現れる)．短い時間では (典型的には一分) 信号は一定であり，それは容器上方の液体が電極の高さにあるムースに液体を供給していることに相当する．続く時間

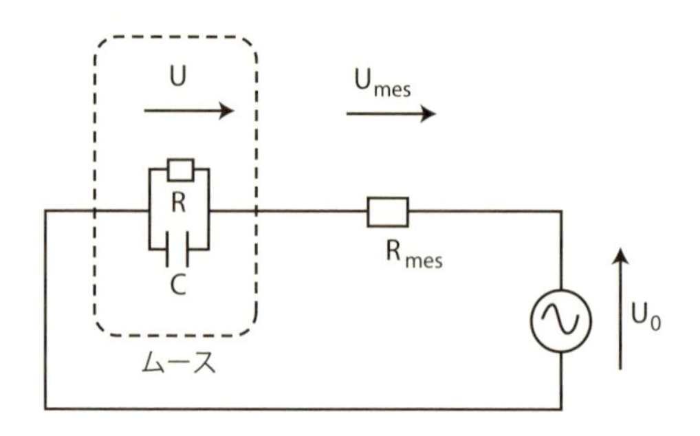

図 3.59: ムースの電気伝導率を測定するための電気回路．信号発生機は電圧 U_0 を与える．ムースは抵抗 R とコンデンサ C を並列に接続したものに等しい．オシロスコープのチャネル 2 で，測定用抵抗 R_{mes} の両端の電圧 U_{mes} を測る．低い周波数では，U_{mes} は C に依存しないので，R を測ることができる．ムースの電気伝導率は抵抗 R とムースに接している電極の表面積の比である．

領域は排液の影響下でのプラトー境界が細くなっていくことに相当する．ムースが安定でない場合には，気泡の融合によるムースの破壊の時間領域が続いて観測される．

コメント：

1. 信号対ノイズ比が十分でない場合，ムース中に塩を一つまみ入れて電気伝導率を上げてみよう (しかし加えすぎて界面活性分子同士の相互作用を遮蔽してしまわないように)．あるいは，ムース円筒を通っている電極を熱収縮性チューブで覆って電気的に絶縁してもよい．
2. コンデンサーの効果が無視できることを実験的に確かめられる．測定周波数周辺で周波数を変え，測定信号の振幅が変わらないことを見ればよい．
3. 電気伝導率の信号を液体分率に関係付けることができる (第 5 章 § 1.2.6 参照)．ただし，補足として，石鹸水の電気伝導率の測定が必要になる．このためには，円筒をシャボン液で満たして電極両端の信号を測る．
4. 研究室では，より詳細に解析し，信号のノイズをより少なくするため，オシロスコープの代わりに同期検出の増幅器を用いる．
5. この実験は排液の動力学を決定できる．このためには，ムース容器全体の長さにわたって電極対を取り付ける必要があり，それぞれの電極対に現れる信号をスキャナーかマルチプレクサーで走査する必要がある．したがって，実験を完全に自動化する必要がある．なぜならば走査時間がムースの発展時間に対し短くなければならないからである．

9 問題

9.1 スケール不変領域での指数

長時間領域でのムース熟成領域をスケール不変領域と呼ぶ．この領域では，気泡の成長は自己相似的であり，ムースに関する多くの統計量が時間発展しない (p. 135 参照).

ここでは，長い間熟成し，スケール不変領域に達した二次元ムースを考える．

(a) フォンノイマンの関係式 (3.26) を積分することで，幾何学荷 q_i を持った個々の気泡の減衰時間を表せ (式 (3.34) の二次元版を求めることに相当).
(b) この式より，幾何学荷が正の場合に，気泡の消滅率 dN/dt を導け．
(c) スケール不変領域で一定になる統計値にはどんなものがあるか？
(d) 次式を示せ．

$$2\mathrm{D}: \qquad \frac{dN}{dt} \propto -N^2 \tag{3.109}$$

ここで比例係数は一定となるが，これはスケール不変領域だからである．式 (3.109) が $N \propto t^{-1}$ と等しいことを示せ．これにより，気泡の平均表面積が t の程度であり，したがって，半径が $t^{0.5}$ の程度であることを導け．

注記： 三次元の場合に示したことは (式 (3.40)) は，ここでの二次元の議論において，修正を受けず同一である．しかし，三次元では途中の表式はより複雑であり，より多くの項を記述する必要があった．ここで，近似式 (3.37) と (3.39) を振り返るとよいだろう．

9.2 フルムキン状態方程式

ラングミュアのモデルは面活性分子が溶液表面に吸着する際の動力学を理想的な場合において記述したものであり，そこでは，分子同士は相互作用しない (p. 107 参照)．フルムキン (Alexander Frumkin) は，このモデルの修正を行い，分子間相互作用が無視できない場合を考慮した．この場合，表面への分子の吸着 (または脱離) は，吸着 (または脱離) エネルギー E_a(または E_b) を伴う．式 (3.3) の係数 a と b が次式で表せると考える．

$$a = a_0 \exp(-(E_a^0 + E_a\Gamma)/\mathrm{k_B}T) \tag{3.110}$$

および

$$b = b_0 \exp(-(E_b^0 + E_b\Gamma)/\mathrm{k_B}T) \tag{3.111}$$

この場合に，表面圧と表面濃度および溶液中濃度の関係式を書き改めよ．ただし，濃度 $c_a = (b_0/a_0)\exp[(E_a^0 - E_b^0)/\mathrm{k_B}T]$ と非理想因子 $H_F = (E_b - E_a)\Gamma_\infty/2$ を用いること．

9.3 ムースの排液と平衡の高さ

液体分率 ϕ_{l_0} のムースで気泡サイズが d のものを考える．サンプルの断面積は一定で，これを S とする．

(a) ムースの高さ Z を計算せよ．ただし，ムース中に含まれる液体の体積が初期状態と同じで，ムースが力学的に平衡な状態にあるとする．つまり，力学的に平衡な状態がムース中から液体が抜け出ずに達成されているとする．ただし，ϕ_{l_0} は初期には均一であると仮定する．
(b) $\phi_{l_0} = 0.01$ と 0.1 および $d = 0.1$ mm と 10 mm で，表面張力 35 mN/m として，ムースの高さを数値で答えよ．

9.4 体積中および壁面での排液

図 3.34 を基にして，半径 a のムース柱に対し，体積中の液体の流れと壁面での流れの流量比を，大まかに見積もれ．ただし，ムース柱のいかなる断面においても，平均して，半径 d の気泡一つ当たりに一つのプラトー境界があると仮定する．また，$Bo = 0.1$ と $Bo = 10$ の場合を考えよ．

9.5 自由排液：特徴的時間と排液曲線

式 (3.96) が与える時間 τ は，プラトー境界極限の場合に関し，自由排液を特徴付けるが，それは本章で示した通りである．本章 § 4.6 で示した計算を基に，頂点極限の場合に，この時間が $\tau = 2\eta Z/(3C_n\rho_l g R_v^2 \phi_{l_0}^{1/2})$ となり，それが全体積の 2/3 がムースの外へ排液される時間に相当することを示せ (初期液体分率は全ての高さで ϕ_{l0} であるとする)．

ただし，この排液モデルでは液体分率プロファイルの形は $\phi_l/\phi_{l0} = A_n(t)(z-Z)^2$ と与えられることを思い起こそう．ここで，$A_n(t)$ は時間に依存する係数であり，z は上向きの鉛直軸座標である．

9.6 三次元の真の圧力と二次元表面圧力

単分子の層 (単分子膜) で表面圧が Π_l(二次元) のものを考える．内部にかかる三次元の圧力を見積もり (単位に注意！)，大気圧と比較せよ．

参考文献

[1] A.W. Adamson, A.P. Gast, *Physical Chemistry of Surfaces*, Wiley, New York, 6th ed. 1997.

[2] J.-C. Bacri, F. Elias, *Auto-organisation à l'équilibre. Le ferrofluide: un système modèle*, dans *Morphogenèse, l'origine des formes*, P. Bourgine et A. Lesne éds., Collection Échelles, Belin, 2006

[3] A. Bhakta, E. Ruckenstein, *Adv. Coll. Int. Sci.*, **70**, 1, 1997.

[4] V. Bergeron, *J. Phys.: Condens. Matter*, **11**, R215, 1999.

[5] D. Buzza, C.-Y. Lu, M.E. Cates, *J. Phys. II*, **5**, 37, 1995.

[6] V. Carrier, S. Destouesse, A. Colin, *Phys. Rev. E*, **65**, 061404, 2002.

[7] A. Cervantes-Martinez, E. Rio, G. Delon, A. Saint-Jalmes, D. Langevin, B.P. Binks, *Soft Matter*, **4**, 1531, 2008.

[8] S. Cohen-Addad, R. Höhler, *Phys. Rev. Lett.*, **86**, 4700, 2001.

[9] S.J. Cox, D. Bradley, S. Hutzler, D. Weaire, *J. Phys.: Condens. Matter*, **13**, 4863, 2001.

[10] F.E.C. Culick, *J. Appl. Phys.*, **31**, 1128, 1960.

[11] K.D. Danov, P.A Kralchevski, N.D. Denkov, K.P. Ananthapadmanabhan, A. Lips, *Adv. Coll. Int. Sci.*, **119**, 17, 2006.

[12] G. Debrégeas, P. Martin, F. Brochard-Wyart, *Phys. Rev. Lett.*, **75**, 3886, 1995.

[13] W. Drenckhan, H. Ritacco, A. Saint-Jalmes, D. Langevin, P. MacGuiness, A. Saugey, D. Weaire, *Phys. Fluids*, **19**, 102101, 2007.

[14] W. Drenckhan, F. Elias, S. Hutzler, D. Weaire, E. Janiaud, J.-C. Bacri, *J. Appl. Phys.*, **93**, 10078, 2003.

[15] Z. Du, M. Bilbao-Montoya, B.P. Binks, E. Dickinson, R. Ettelaie, B.S. Murray, *Langmuir*, **19**, 3106, 2003.

[16] M. Durand, D. Langevin, *Eur. Phys. J. E*, **7**, 35, 2002.

[17] G. Durand, F. Graner, J. Weiss, *Europhys. Lett.*, **67**, 1038, 2004.

[18] D.A. Edwards, H. Brenner, D.T. Wasan, *Interfacial transport processes and rheology*, Butterworth Heinemann, Stonheam 1991.

[19] F. Elias, C. Flament, J.-C. Bacri, F. Graner, O. Cardoso, *Phys. Rev. E*, **56**, 3310, 1997.

[20] F. Elias, C. Flament, J.-C. Bacri, *Magnetohydrodynamics*, **35**, 303, 1999.

[21] F. Elias, I. Drikis, A. Cebers, C. Flament, J.-C. Bacri, *Eur. Phys. J. B*, **3**, 203, 1998.

[22] F. Elias, C. Flament, J.A. Glazier, F. Graner, Y. Jiang, *Phil. Mag. B*, **79**, 729, 1999.

[23] F. Elias, J.-C. Bacri, C. Flament, E. Janiaud, D. Talbot, W. Drenckhan, S. Hutzler, D. Weaire, *Colloids Surf. A.*, **263**, 65, 2005.

[24] W.E. Ewers, K.L. Sutherland, *Aust. J. Sci. Res.*, **5**, 697, 1952.

[25] D. Exerowa, P.M. Kruglyakov, *Foam and Foam films – Theory, Experiment, Application*, Elsevier, Amsterdam, 1998.

[26] P.R. Garrett, dans *Defoaming: theory and industrial applications*, P.R. Garrett éd., Surfactant Science Series, Marcel Dekker Inc., New York, **45**, 1, 1993.

[27] P.-G. de Gennes, F. Brochard-Wyart, D. Quéré, *Gouttes, bulles, perles et ondes*, Collection chelles, Belin, 2002. (訳注：日本語訳,「表面の物理学」(吉岡書店）がある）

[28] J.A. Glazier, S.P. Gross, J. Stavans, *Phys. Rev. A*, **36**, 306, 1987.

[29] J.A. Glazier, B. Prause, dans *Foams, emulsion and their application*, P. Zitha *et al.* eds., p. 120, Verlag MIT, Bremen, 2000.

[30] I.I. Gol'dfarb, K.B. Khan, I.R. Shreiber, *Fluid Dyn.*, **23**, 244, 1988.

[31] F. Graner, B. Dollet, C. Raufaste, P. Marmottant, Eur. Phys. J. E., **25**, 349-369, 2008.

[32] S. Hilgenfeldt, S.A. koehler, H.A. Stone, *Phys. Rev. Lett.*, **86**, 4704, 2001.

[33] S. Hutzler, D. Weaire, R. Crawford, *Europhys. Lett.*, **41**, 461, 1998.

[34] S. Hutzler, S.J. Cox, E. Janiaud, D. Weaire, *Colloids Surf. A.*, **309**, 33, 2007.

[35] S. Hutzler, D. Weaire, *Phil. Mag. Lett.*, **80**, 419, 2000.

[36] J.N. Israelachvili, *Intermolecular and surface forces*, Academic Press, Orlando, 1985.

[37] E. Janiaud, *Elasticité, morphologie et drainage magnétique dans les mousses liquides*, Thèse de l'Université Denis Diderot Paris 7, 2004.

[38] Y. Jayalakshmi, L. Ozanne, D. Langevin, *J. Colloid Interface Sci.*, **170**, 358, 1995.

[39] S.A. koehler, S. Hilgenfeldt, H.A. Stone, *Langmuir*, **16**, 6327, 2000.

[40] S.A. koehler, S. Hilgenfeldt, H.A. Stone, *J. Colloid Interface Sci.*, **276**, 420, 2004.

[41] J. Lambert, I. Cantat, R. Delannay, R. Mokso, P. Cloetens, J.A. Glazier, F. Graner, *Phys. Rev. Lett.*, **99**, 058304, 2007.

[42] J. Lambert, R. Mokso, I. Cantat, P. Cloetens, J.A. Glazier, F. Graner, R. Delannay, Phys. Rev. Lett., **104**, 248304, 2010.

[43] D. Langevin, *Curr. Opin. Colloid Interface Sci.*, **3**, 600, 1998.

[44] R.A. Leonard, R. Lemlich, *AIChE J.*, **11**, 18, 1965.

[45] E. Lorenceau, N. Louvet, F. Rouyer, O. Pitois, *Eur. Phys. J. E*, **28**, 293, 2009.

[46] J. Lucassen, M. van der Tempel, Chem. Eng. Sci., **27**, 1283, 1972.

[47] W.R. McEntee, K.J. Mysels, *J. Phys. Chem.*, **73**, 3018, 1969.

[48] A.H. Martin, K. Grolle, M.A. Bos, M.A. Cohen-stuart, T. van Vliet, *J. Colloid Interface Sci.*, **254**, 175, 2002.

[49] G. Maurdev, A. Saint-Jalmes, D. Langevin, *J. Colloid Interface Sci.*, **300**, 735, 2006.

[50] D. Monin, A. Espert, A. Colin, *Langmuir*, **16**, 3873, 2000.

[51] W. Müller, J.M. Di Meglio, *J. Phys.: Condens. Matter*, **11**, 209, 1999.

[52] W.W. Mullins, *J. Appl. Phys.*, **59**, 1341, 1986.

[53] W.W. Mullins, *Acta Metall.*, **37**, 2979, 1989.

[54] K.J. Mysels, K. Shinoda, S. Frenkel, *Soap films, studies of their thinning*, Pergamon Press, London 1959.

[55] S.J. Neethling, H.T. Lee, J.J. Cilliers, *J. Phys.: Condens. Matter*, **14**, 331, 2002.

[56] J. von Neumann, dans *Metal Interfaces*, American Society for Metals, Cleveland, 1952, p. 108

[57] O. Pitois, C. Fritz, M. Vignes-Adler, *J. Colloid Interface Sci.*, **282**, 458, 2005.

[58] O. Pitois, E. Lorenceau, N. Louvet, F. Rouyer, *Langmuir*, **25**, 97, 2009.

[59] O. Pitois, N. Louvet, F. Rouyer, *Eur. Phys. J. E*, **30**, 27, 2009.

[60] H.M. Princen, S.G. Mason, *J. Colloid Interface Sci.*, **20**, 353, 1965.

[61] A. Prins dans *Food Emulsions and Foams* (E. Dickinson, ed.), Royal Society of Chemistry Special Publication, **58**, 30, 1986.

[62] B. Radoev, E. Manev, I. Ivanov, *Kolloid-Z.*, **234**, 1037, 1969.
B. Radoev, D. Dimitrov I. Ivanov, *Ann Univ Sofia, Fac. Chem.*, **65**, 101, 1970.

[63] D. Reinelt, A. Kraynik, *J. Rheol.*, **44**, 453, 2000.

[64] A. Saint-Jalmes, *Soft Matter*, **2**, 836, 2006.

[65] A. Saint-Jalmes, Y. Zhang, D. Langevin, *Eur. Phys. J. E*, **15**, 53, 2004.

[66] A. Saint-Jalmes, D. Langevin, *J. Phys.: Condens. Matter*, **14**, 9397, 2002.

[67] A. Saint-Jalmes, S. Marze, H. Ritacco, D. Langevin, S. Bail, J. Dubail, L. Guingot, G. Roux, P. Sung, L. Tosini, *Phys. Rev. Lett.*, **98**, 058303, 2007.

[68] G. Singh, G.J. Hirasaki, C.A. Miller, *J. Colloid Interface Sci.*, **184**, 92, 1996.

[69] J. Stavans, *Rep. Progr. Phys.*, **56**, 733, 1993.

[70] H.A. Stone, S.A. Koehler, S. Hilgenfeldt, M. Durand, *J. Phys.: Condens. Matter*, **15**, S283, 2003.

[71] C. Stubenrauch, R. von Klitzing, *J. Phys.: Condens. Matter*, **15**, R1197, 2003.

[72] G.L. Thomas, R.M.C. de Almeida, F. Graner, *Phys. Rev. E*, **74**, 021407, 2006.

[73] N. Vandewalle, J.F. Lentz, S. Dorbolo, F. Brisbois, *Phys. Rev. Lett.*, **86**, 179, 2001; N. Vandewalle, J.F. Lentz, *Phys. Rev. E*, **64**, 021507, 2001; N. Vandewalle, H. Caps, S. Dorbolo, *Physica A*, **314**, 320, 2002.

[74] M.U. Vera, D.J. Durian, *Phys. Rev. Lett.*, **88**, 088304, 2002.

[75] G. Verbist, D. Weaire, A. Kraynik, *J. Phys.: Condens. Matter*, **8**, 3715, 1996.

[76] A. Vrij, *Discuss. Faraday Soc.*, **42**, 23, 1966.
A. Vrij, J.TH. Overbeek, *J. Am. Chem. Soc.*, **90**, 3074, 1968.

[77] A.F.H. Ward, L.J. Tordai, *J. Chem. Phys.*, **485**, 63, 1946.

[78] D. Weaire, N. Rivier, *Contemp. Phys.*, **25**, 55, 1984.

[79] D. Weaire, S. Hutzler, G. Verbist, E. Peters, *Adv. Chem. Phys.*, **102**, 315, 1997.

第4章　レオロジー

1　はじめに

レオロジーは，変形と流動の科学であり，通常の液体と固体の中間に位置する複雑流体を対象としている．一方，日常生活における経験から，しばしば，了解されることは，ムースは，主に水と空気から構成されているにもかかわらず，まさしく複雑流体そのものということである (第 1 章 § 1 参照)．たとえば，少量のシェービングムースやホイップクリームは，重さの効果では広がらず，与えられた形を保持する．にもかかわらず，上から十分に強く押すと流動する．このような複雑な振る舞いが，この章の対象となる．

ムースの力学的性質は，多くの工業的な応用において研究されている (第 1 章 § 3 参照)．たとえば，石油の井戸の掘削においては，水性ムースを利用することで潤滑性を良くしたり，掘削を止める際に固形の破砕物を懸濁液の形で保持したりすることが行われてきた．また，ムースの粘性がひずみ速度の増加につれて減少することを利用して，(掘削機の) 負荷損失を抑えることもできる．このことは，数 km にも達する深さを持つ井戸 (の掘削) にとっては好ましい効果である．ムースの力学的性質に対しては，以下の 3 種類の挙動が明らかにされており，場合によっては，これらが混じり合うこともある．

- **弾性：** ムースは可逆的に変形する．力学的エネルギーを蓄え，そのエネルギーを解放することで初期形状に戻る．
- **塑性：** ある値を境に，変形が不可逆になるような閾値が存在し，ムースは (変形がその領域に達すると) 新たな形を維持する．そのとき散逸するエネルギーは，不可逆ひずみの大きさに依存するが，ひずみの速度 (時間微分) には依存しない．
- **粘性：** ムースは液体のように流れ，ひずみ速度に依存したエネルギーを散逸する．

ムースが，特殊なレオロジー的性質を有するのは，他でもなく，その内部に，多数の界面 (液薄膜および気泡) が存在するからである．多数の時間および空間スケールが存在するため，ムースのレオロジーをモデル化することは，特に難しくなる．そこで，(気泡のサイズに比べて大きな) 巨視的なスケールでの変形と流動は外力の特徴的な時間スケール (定常的な流動のひずみ速度や，振動ひずみの周波数によって与えられる時間スケール) を考慮に入れつつ，構成法則を用いて記述される．しかしながら，(液薄膜や気泡などの) 局所的なスケールと巨視的なスケールの間の関係を理解することも基本的に重要である．それによって，ムースのレオロジー的な振る舞いをより良く記述して制御することが可能になり，また，工業的な応用で求められている特徴を付与できるようになる．

この章は，3つの部分に分けられる．

最初の部分 (p.215) では，複雑流体のレオロジーを，ムースにとって有用な概念に限定して簡単に紹介するが，まず，構成法則や通常のレオロジー試験について紹介する．次に，複雑流体において (とりわけ大きな) 変形をいかに定義するかについて示し，さらに，二つの互いに混じり合わない混合物 (ここでは水と空気) の変形によって生み出される界面応力をどのように表現するかについて示す．

次の部分 (p.226) では，ムースのレオロジー的性質の起源を明らかにするため，薄膜のスケールに着目する．たとえば，弾性は，ムースに加えられた小さな応力が薄膜の面積を増加させることで，ムースの単位体積当たりの表面エネルギーを増加させる，ということに関連している．また，弾性限界を超えると，応力は気泡の不可逆的な再配置を誘起する．乾いたムースに対して，どのように表面積の変化を計算するかについても触れる．次に，ムースの構造に応じて，弾性率や弾性限界を計算する．最後に，ムースが弾性エネルギーを散逸するいくつかの過程を記述する．このような散逸として問題になるのは，(薄膜やプラトー境界) 内部の液体における流体力学的な散逸，あるいは，界面での界面活性剤の動きと関連した散逸である．

最後の部分 (p.245) で取り上げるのは，今日理解されている範囲内のものではあるが，局所的なスケールでのメカニズムと巨視的なレオロジー的性質との関係である．たとえば，なぜムースは湿っているとますますやわらかくて流れやすくなるのだろうか．微弱な振幅では，応答は (圧縮よりもせん断の) 弾性に支配される．この場合，せん断応力はひずみに対して線形である．一方，非線形弾性の効果も興味深い．実際，弾性固体に対して見られるように，法線応力差は変形に対して二次の量である．それに対して，大きな振幅では，塑性が弾性に取って替わる．ムースのレオロジー的な応答は，外力の特徴的な時間スケールにも依存する．つまり，ムースは短い時間では弾性的であり，長時間では液体的である．さらに，いくつかの力学緩和過程についても触れ，それらが熟成に関与していることも示す．最後に触れるのは，ムースの定常的な流動は，均一にも不均一にもなり得るということである．

2 複雑流体のレオロジー的な挙動への入門

複雑流体のレオロジーに関する，いくつかの一般的概念を見てみよう．しかしながらここでは，液体のムースの力学挙動を記述するにあたって便利なものに限定することにする．読者は，文献 [**38, 42**] のような専門書によって，基礎概念を深めたり，補完したりすることができるだろう．

2.1 構成法則

複雑流体は，非常に多くの気泡，液滴，粒子などによって構成されており，その巨視的なレオロジー的挙動をモデル化するには，ミクロな構造の詳細を消去できるほど十分に大きな長さスケールを取らなくてはいけない．このような見方に立ち，サンプルを連続体として考え，これについての構成法則として，(線形あるいは非線形の) 応力やひずみ，ひずみ速度との関係を考えよう．たとえば，温度や，分散相の体積分率など，他のパラメーターは，この関係の中に含めることもできる．以降，圧縮よりもむしろ，せん断変形について調べる (本章 § 4.1.1 参照)．

せん断ひずみは，デカルト座標 x_1, x_2, x_3 を用いて記述することができる．ひずみや応力の一般的な定義は，本章の § 2.3 および § 2.4 に与えられている．図 4.1 の例では, x_2 や x_3 は不変のまま，立方体の中の全ての点が x_1 方向に変位している．変位は，x_2 座標に線形に変化しているため，せん断変形をひずみ $\varepsilon = u/d$ によって定義する．せん断応力 σ は，立方体表面の接方向に，x_1 方向に働く，単位面積当たりの力である．σ と ε との関係は，次に見るように，線形であったり非線形であったりする．

線形挙動 弾性固体の線形かつ静的な運動は，フック (Hooke) の法則を用いて次式のように記述される[1]．

$$\sigma = G\,\varepsilon \tag{4.1}$$

ここで，定数 G は静的なせん断弾性率である[2]．この挙動は，バネによって表される (図 4.2)．この結果，G は弾性エネルギーの体積密度 $\mathcal{E}$ に次式のように関連付けられる．

$$G = \left(\frac{\partial^2 \mathcal{E}}{\partial \varepsilon^2}\right)_{\varepsilon=0} \tag{4.2}$$

[1]訳注：テンソル形式では $\sigma_{12} = 2G\varepsilon_{12}$ となることに注意 (式 (4.12) の下の記述参照)．
[2]訳注：ずり弾性率，剛性率ともいう．

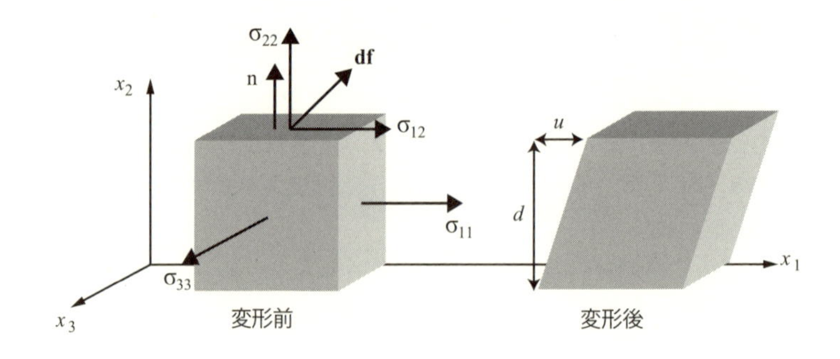

図 4.1: x_1 方向に働く立方体の単純せん断変形．変形は，ひずみ $\varepsilon = u/d$ によって与えられる．ここで，σ_{12} は，せん断応力 σ である．法線応力 σ_{11}, σ_{22} および σ_{33} は，3つの方向 x_i の各々の面に垂直に働く，単位面積当たりの力に対応している．$\mathbf{n}$ は立方体の表面の単位法線ベクトルであり，$\mathbf{df}$ はこの面に働く力を代表している．

他方，(粘性率 η の) ニュートン (Newton) 液体は，せん断応力がせん断率 $\dot{\varepsilon}$ に比例する場合で，次式で表される．

$$\sigma = \eta \dot{\varepsilon} \tag{4.3}$$

ニュートン的挙動は，ダッシュポットの図として表される (図 4.2)．弾性固体では，振動的な応力およびそれが生み出す振動的な変形は，位相が揃っている．一方，液体ではその二つの間に $\pi/2$ の位相のずれが観測される．位相および振幅の点から見た応力とひずみとの関係は，複素せん断弾性率 G^* によって記述される．本章 § 2.2 に見るように，G^* の実数部分および虚数部分は G' および G'' と呼ばれ，それぞれ材料の弾性的および粘性的挙動と解釈される．

一般的に複雑流体は，外力の特徴的な時間スケールに従って，固体または液体の挙動を示す．マックスウェル (Maxwell) 液体は短時間では弾性的，長時間では粘性的であり，ケルビン・フォークト (Kelvin-Voigt) 固体ではその逆である [42]．これらの挙動は，シンプルにモデル化することができる．つまり，バネとダッシュポットを直列または並列に配置するだけで十分である (図 4.2)．

非線形挙動　固体に加えられるひずみを段階的に増加させてみよう．すると，弾性応力は，ひずみに対して非線形の関数となり，やかて，その材料は力に屈する．材料が脆い場合には，破壊することになる．材料が延性的である場合には，**不可逆な**，すなわち塑性的なひずみ ε_p が生じる．加えられるひずみが速い場合には，粘性的な摩擦と表現されるような，付加的な応力が生じる．

弾性的，粘性的，および塑性的な挙動は，バネ，粘性要素 (ダッシュポッド)，

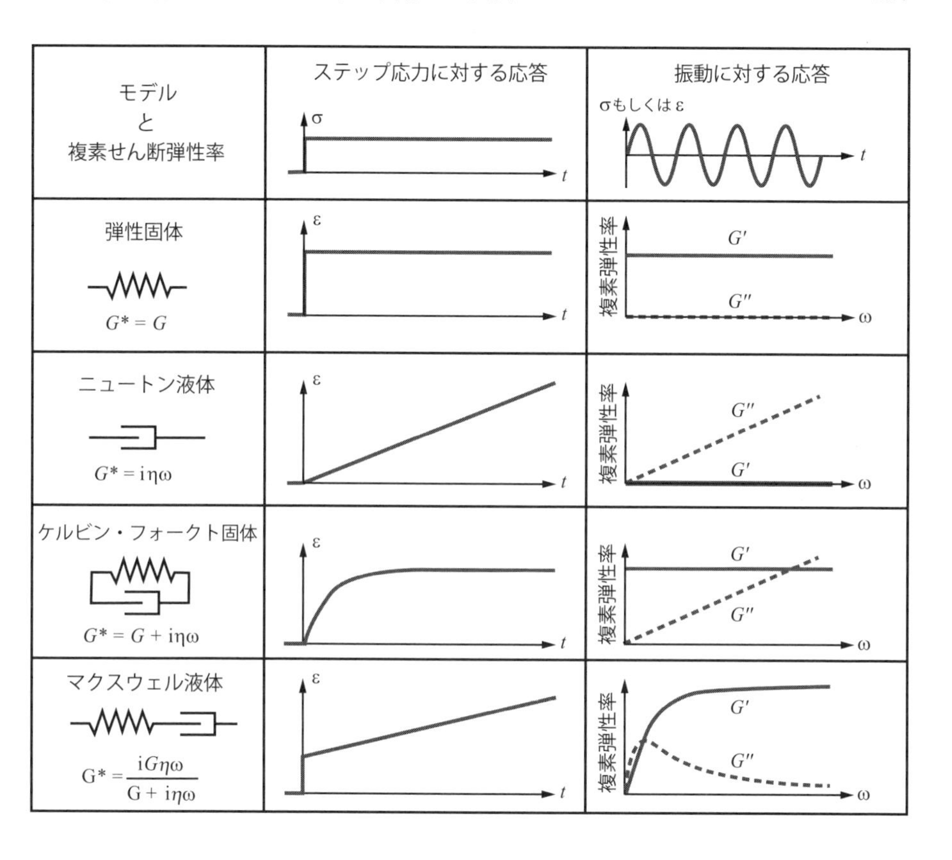

図 4.2: 線形レオロジー挙動．モデルの概念図と，時間応答，および周波数応答 (式 (4.8), (4.9) 参照) を示した． マックスウェル液体に対しては，G'' の最大値は周波数 $\omega = G/\eta$ に対応し，緩和の特徴的時間は，$\tau = \eta/G$ である．

固体摩擦を持ったスライダーによってモデル化される．**準静的な**変形，すなわち，実際の複雑流体の粘性応力が無視できるほど十分にゆっくりとした変形に対しては,「弾塑性」が同時に弾性的および塑性的な挙動を記述し，それはバネと固体摩擦を持ったスライダーの直列接続によって表される (図 4.3a). 降伏応力 σ_y (それ以上の応力では，スライダーが滑り出す応力) は，流動せずに材料を支えることができる最大の静的応力である [42]．それに相当するひずみは，流動限界 ε_y である．この限界を超えるところでは，ひずみは二つの寄与に分けられる．

$$\varepsilon = \varepsilon_e + \varepsilon_p \tag{4.4}$$

塑性的な部分 ε_p に，弾性的な部分 ε_e が加えられている．後者は，可逆的であり，

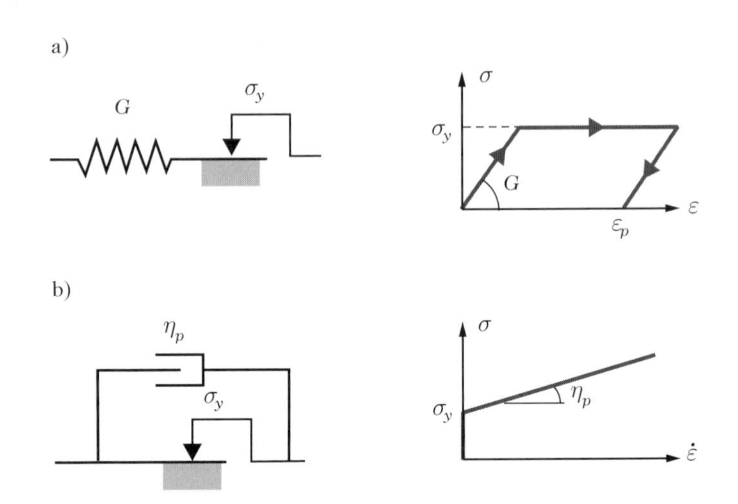

図 4.3: 非線形レオロジー挙動の例．左図において，バネは弾性，スライダーは固体摩擦，ダッシュポットは粘塑性をそれぞれ表している．右図は，力学応答を示す．**(a)** 弾塑性固体の応力に対する応答．**(b)** ビンガム液体のレオロジー曲線．

$\varepsilon_e = \sigma_y/G$ で与えられる．

複雑流体は，閾値を持つが (すなわち，与えられた応力に対して固体あるいは液体の挙動を示す)，このような物質の**定常的な**流動を，広い範囲のひずみ速度に対してモデル化するためには，粘性応力を考慮に入れるのが重要である．このために，しばしば，ビンガム (Bingham) のモデルが用いられる．このモデルは，スライダーと塑性的な粘性 η_p (図 4.3b 参照) を持った粘性要素との並列接続に対応し，次式で定義される．

$$\begin{aligned} &\dot{\varepsilon} = 0 && \sigma < \sigma_y \text{のとき} \\ &\sigma = \sigma_y + \eta_p \dot{\varepsilon} && \sigma > \sigma_y \text{のとき} \end{aligned} \tag{4.5}$$

すなわち，$\sigma > \sigma_y$ のとき，ビンガム流体はレオロジー的な流動性を持つようになる．つまり，その実効的な粘性率 $\sigma/\dot{\varepsilon}$ は，せん断率が増加するにつれて減少する．ハーシェル・バルクレー (Herschel-Bulkley) の経験則は，自由なパラメータ β を余分に含むため，それによってレオロジー流動挙動の実験データに対してより良く適合するような調節を行なうことができ，次式で定義される．

$$\sigma = \sigma_y + \eta_p \dot{\varepsilon}^{\beta} \qquad \sigma > \sigma_y \text{のとき} \tag{4.6}$$

物質によっては，その挙動を記述するために，スライダー，バネ，粘性要素から成るより複雑な接続が必要になることがある．本章の以降の部分では，これらの要素の物理的な起源を微視的な構造のスケールで明らかにすることを目指す．

2.2 せん断試験

せん断試験は，複雑流体のレオロジー挙動，特に，ムースのそれを明らかにする．ここでは，それらのいくつかを紹介する．実験に用いられる装置については，第5章§1.2.7で取り上げる．

流動化 この試験は，ひずみ速度 $\dot{\varepsilon}$ 一定のもとで，増加するひずみ $(\varepsilon(t) = \dot{\varepsilon}\,t)$ を与え，発生する応力を測定する．この試験によって，降伏応力や有効粘性率 $\sigma/\dot{\varepsilon}$ が得られる．

定常流動 定常流動試験を規定する二つのパラメータは，応力とひずみ速度である．そのうちの一方を課し，定常状態に達するまで待ち，もう一方を測定する．この試験の結果は，レオロジー曲線 $\sigma(\dot{\varepsilon})$ である．ニュートン液体のそれは，原点を通る直線であり，その傾きは粘性率 η である (式 (4.3))．ビンガム (Bingham) 液体のレオロジー曲線 (図 4.3b) もまた直線的であり，そのゼロではない切片の値が，降伏応力 σ_y である (式 (4.5))．

緩和とクリープ 緩和試験は，瞬時にひずみ ε を課し，その後，時間に対して応力 $\sigma(t)$ の変化を測定する．複雑流体の応答は**緩和率**， $G(t) = \sigma(t)/\varepsilon$ によって特徴付けられる．完全な弾性体に対しては，$G(t)$ は一定であり，静的なせん断弾性率 G に等しい (式 (4.1))．逆に，クリープ実験の場合，瞬時に応力 σ を課し，その後，ひずみ $\varepsilon(t)$ を時間の関数として測定する (図 4.2)．その力学応答は，**コンプライアンス**$J(t) = \varepsilon(t)/\sigma$ によって特徴付けられる．完全な弾性体に対しては，この値は一定値 $J = 1/G$ である．粘弾性体に対しては，$J(t)$ は $1/G(t)$ とは異なる値を取る (式 (4.10)) [3]．クリープ試験は，もっと後 (p. 258 参照) で見るように，**ゆっくりとした**力学緩和を明らかにするのに適している．

振動応答 与えられた時間スケールに関する粘弾性体材料の応答を調べるには，振動試験を行なう．それは，試料に対して振幅 ε_0 および角周波数 ω の正弦波的

[3]訳注：線形粘弾性体については，マクスウェルの重ね合わせの原理が成り立ち，より一般的には，$\sigma(t) = \int_{-\infty}^{t} G(t-\tau)\dot{\varepsilon}(\tau)d\tau$ および，$\varepsilon(t) = \int_{-\infty}^{t} J(t-\tau)\dot{\sigma}(\tau)d\tau$ と表現できる．$G(t)$ と $G^*(\omega)$ は関係式 $G^*(\omega) = i\omega\int_0^{\infty} G(t)e^{-i\omega t}dt$ で結ばれている．同様に，$J^*(\omega) = i\omega\int_0^{\infty} J(t)e^{-i\omega t}dt$ によって $J^*(\omega)$ を定義することができ，これらの定義から $1/G^*(\omega) = J^*(\omega)$ が証明できる (確かめてみるとよい)．これが，式 (4.10) である．ただし，ω は無限小の負の虚部を持つ．

な変形を課し，結果として生じる応力を測定するというものである．ひずみの振幅が十分に小さい場合，応力もまた正弦波的になり，ε_0 に比例した振幅 σ_o を持ち，入力に比べて δ の位相遅れを持つ[4]．これは，次式のように，複素数の記法で記述される．

$$\varepsilon(t) = \varepsilon_o Re[e^{i\omega t}] \qquad \sigma(t) = \sigma_o Re[e^{i(\omega t+\delta)}] \tag{4.7}$$

このとき構成関係は，複素せん断弾性率 G^* で次式で与えられる[5]．

$$\sigma(t) = \varepsilon_o\, Re[G^*(\omega)e^{i\omega t}] \tag{4.8}$$

ただし，

$$G^*(\omega) = G'(\omega) + iG''(\omega) \tag{4.9}$$

である．ここで，弾性率 G' は，物質が弾性エネルギーを蓄える能力を表しており，損失弾性率 G'' は散逸能を表現している[6]．たとえば，弾性固体の場合，G^* は実数値を取り，静的せん断弾性率 G(式 (4.1)) に等しい．その逆に，ニュートン液体の複素弾性率は純虚数となる．すなわち，$G' = 0$，かつ，$G'' = \eta\,\omega$ である．図 4.2 は，いくつかの粘弾性的な要素の複素弾性率を与えている．ここで注意したいのは，線形領域であれば，緩和 (あるいはクリープ) 実験，あるいは振動的な入力によって得られた情報は，等価であるということである．実際，この場合には，緩和弾性率とコンプライアンスは，たとえば次式のような，積分変換によって G^* と関連付けられる [17][7]．

$$1/G^*(\omega) = i\omega \int_0^\infty J(t)e^{-i\omega t}\, dt \tag{4.10}$$

[4](線形領域では) 等価な実験として，振動的な応力を課し，ひずみを測定することもある．

[5]訳注：この $G^*(\omega)$ の定義は，上の脚注での定義と，整合性を持っている．実際，$\sigma(t) = \int_{-\infty}^{t} G(t-\tau)\dot{\varepsilon}(\tau)d\tau$ に式 (4.7) の第一式を代入し，上の脚注での定義を使うと式 (4.8) が再生する．

[6]訳注：散逸のないモデルにおいて，振動の一周期の間に外力がする仕事を計算するともちろんゼロになる．一周期後には，完全に元の状態に戻るからである．ところが，散逸があるとこの仕事はゼロにならない．つまり，その仕事は，散逸されてしまう．実際に，式 (4.7) の $\varepsilon(t)$ と式 (4.8) の $\sigma(t)$ に基づいて，$\sigma(t)d\varepsilon(t) = \sigma(t)\dot{\varepsilon}(t)dt$ を一周期の間で平均すると $\omega\varepsilon_0^2 G''(\omega)/2$ となる (確かめてみるとよい)．

[7]訳注：この導出については，既に上の訳注で触れた．このように，粘弾性測定には，様々な測定の方式とそれに対応した測定量があるが，線形性が成立していれば，原理的には，それらの量は互いにこのような式で結び付けることができる．訳注で線形粘弾性の知識を補うが，さらに学びたい読者には，レオロジーの基礎的な教科書を薦める．たとえば，斎藤信彦著「高分子物理学 (裳華房)」第 7 章参照．ここではさらに式 (4.10) を用いて，図 4.2 の弾性固体に対する $G^* = G$ を導く．弾性固体に対し $J(t) = 1/G$ となるが，式 (4.10) において，ω は無限小の負の虚部を持つため (本文では式 (4.10) をラプラス変換と見なしている) $\int_0^\infty e^{-i\omega t}dt = 1/(i\omega)$ となるので，$G^* = G$ を得る．ニュートン液体の場合，$J(t) = t/\eta$ となるが，$\int_0^\infty te^{-i\omega t}dt = i\frac{\partial}{\partial\omega}\int_0^\infty te^{-i\omega t}dt = -1/\omega^2$ を用いて，$G^* = i\eta\omega$ を得る．

もし，周波数 ω を持つ正弦波的な入力を，σ_0 あるいは ε_0 をゼロから増加させながら与えたとすると，やがて線形領域から外れ，さらに流動の閾値を超える．その結果，応答は基本周波数 ω のフーリエ要素だけでなく，ω の倍数の周波数を持った「倍音」の成分も示す．この様な場合，複素せん断弾性率を，入力振幅 ε_0 の関数として，次式のように，基本成分を用いて定義する．

$$G^*(\omega, \varepsilon_o) = \frac{\omega}{\pi\,\varepsilon_o}\int_0^{2\pi/\omega} \sigma(t)e^{-i\omega t}dt \tag{4.11}$$

ここで，$G^*(\omega, \varepsilon_o)$ は部分的にしか非線形レオロジーの応答関係を表現しない．なぜなら，倍音は，考慮されていないからである．もし $G'(\omega, \varepsilon_o) > G''(\omega, \varepsilon_o)$ であれば，支配的な振る舞いは弾性固体のものとなる．$G'(\omega, \varepsilon_o) < G''(\omega, \varepsilon_o)$ の場合，逆に，支配的な振る舞いは粘性液体のものとなる．

2.3 微小および巨大変形

単純せん断ひずみが，その振幅 ε によってどのように書かれるかについては，既に示した (図 4.1)．ここでは，任意の変形を特徴付けるため，初期にベクトル $\mathbf{x}$ で標識された全ての点に対して，変形後の新しい位置 $\mathbf{x}'(\mathbf{x})$ を割り当てる．次に，変位場の変化量を特徴付けるために $\mathbf{X}(\mathbf{x}) = \mathbf{x}' - \mathbf{x}$ という量を初期位置の関数として考える．複雑流体を，均一な連続体として記述するために，たとえば，微視的構造の詳細に対して十分大きなスケールで変位場を考える．この時，無限に小さい変形は，ひずみテンソルによって次式のように記述される．

$$\varepsilon_{ij} = \frac{1}{2}\left(\frac{\partial X_i}{\partial x_j} + \frac{\partial X_j}{\partial x_i}\right) \qquad \text{ここで} \qquad i,j = 1,2 \text{ または } 3 \tag{4.12}$$

この表記では，せん断ひずみ ε は $2\,\varepsilon_{12}$ と書かれる (p. 215 参照)．

変形を増加していくと，流動が起こり始める閾値を超えない場合にも，もはや，ε_{ij} の線形関数では運動状態を記述するのに十分でなくなる．そして，たとえば，せん断によって誘起される法線応力 (本章 § 4.1.2 参照) のような，非線形レオロジーの効果が現れるようになる．この領域での変形を特徴付けるため，変位勾配テンソル F_{ij} およびフィンガー (Finger) テンソル B_{ij} を導入する．

$$F_{ij} = dx'_i/dx_j \qquad B_{ij} = \sum_k F_{ik}F_{jk} \tag{4.13}$$

非線形の弾性変形の法則は，B_{ij} の関数として表現される [38]．流動限界を超えたところでは，全体の変形は弾性変形とは異なってくる (式 (4.4))．

2.4 複雑流体における応力テンソル

2.4.1 定義

応力テンソルの一般的な定義を表現するため，物体の中にある微小な立方体の一つの面を考えよう (図 4.1)．その面積は dS であり，この面は外向きの単位法線ベクトル $\mathbf{n}$ に垂直であるとする．すると，この表面 dS を通して立方体の外部に働く力の合計 $\mathbf{df}$ は，次式で与えられる．

$$df_i = \sum_j \sigma_{ij}\, n_j\, dS \tag{4.14}$$

ここで，σ_{ij} は応力テンソルである．なお，せん断応力 σ は，要素 σ_{12} に対応する (p.215)．静水圧 p は，応力として $-p\,\delta_{ij}$ と表現される．非圧縮媒質に対しては，p は物体の形状にも運動にも効果をもたらさない．したがって，応力テンソルから (トレースノンゼロの等方成分である) 静水圧成分 $-p\delta_{ij}$ を引き去った残りの (トレースゼロの非等方成分である) 偏差応力$\sigma_{ij} + p\,\delta_{ij}$ が用いられる．この偏差テンソルの非対角要素はせん断に対応し，その三つの対角要素は，法線応力 $(\sigma_{11}, \sigma_{22}, \sigma_{33})$ から平均値 $-p = (\sigma_{11} + \sigma_{22} + \sigma_{33})/3$ を引いたものになっている[8]．この対角要素は，三つの方向 x_i の各々において，立方体の面に垂直に働く単位表面積当たりの力に対応する (図 4.1)．以上のことを背景として，フックの法則 (式 (4.1) は簡素化されたものである) はテンソルの形で次式の様に書かれる．

$$\sigma_{ij} = 2\,G\,\varepsilon_{ij} - p\,\delta_{ij} \tag{4.15}$$

これに対して，ニュートンの法則 (式 (4.3)) は次式の様に一般化される．

$$\sigma_{ij} = 2\,\eta\,\dot{\varepsilon}_{ij} - p\,\delta_{ij} \tag{4.16}$$

また，大気圧の変化に対して不変な形で法線応力を特徴付けるため，三次元において，二つの独立な法線応力差を構成する．これらは，N_1 および N_2 と書かれ次式で与えられる．

$$N_1 = \sigma_{11} - \sigma_{22} \qquad N_2 = \sigma_{22} - \sigma_{33} \tag{4.17}$$

立方体を，側面を自由にした状態で，x_2 の方向に圧縮してみよう (図 4.1)．このとき，静水圧に独立な法線応力差 N_1 および N_2 が生じるが，これらの量はフックの法則に従って (一軸) 変形に対して線形に変化する．しかし，法線応力差は，せん断の場合にも，驚くべき形で現れる．この非線形効果は本章 § 4.1.2 で議論される．

[8]訳注：$\sigma_{ij} + p\delta_{ij}$ がトレースゼロであることから，この式が導出される．

2.4.2 応力と構造との関係：バチェラーのテンソル

物体内部の応力の起源を理解するためには，その微細構造を調べる必要がある．たとえば，結晶においては，巨視的な応力は原子間に働く力の結果として生じる．一方，複雑流体は特徴的な構造を持っており，その構造の大きさは原子サイズを大きく超える．実際，気泡や液滴が密に集合した分散状態においては，レオロジー的性質は本質的には界面によって支配される．バチェラー (George Batchelor) は，応力に関する一般的な表現を確立したが，これは，非相溶な二相の混合物 (高分子，エマルション，ムースなど) の準静的な変形によって発生する応力に関するものである．これによって，与えられた体積 V での平均的な応力テンソル σ_{ij} が，流体の微視的構造，分散要素の圧力，および，界面張力 γ によって，次式の様に表される．

$$\sigma_{ij} = -\frac{1}{V} \sum_{\text{気泡}\ k} V_k P_k \delta_{ij} - \phi_l p \delta_{ij} + \frac{\gamma}{V} \int_{S_{int}} (\delta_{ij} - n_i n_j)\, dS. \tag{4.18}$$

この式の最初の二つの項は，分散相および連続相の各相での平均的な圧力を表現しており，V_k は液滴 (または気泡)k の体積，P_k はそこにかかる圧力，p は連続相での圧力，$V\phi_l$ はその相の体積である．最後の項は，二つの相の間の全ての界面に働く表面張力を反映したものである．この項の積分領域は，体積 V の中にある全ての界面 (液薄膜は二枚の界面を持つ) によって構成される．また，$\delta_{ij} - n_i n_j$ は，局所的単位法線ベクトル $\mathbf{n}$ を持つ面への射影演算子である．この法線ベクトルの向きは任意に選ぶことができるが，これは $n_i n_j$ という量が向きに依らないからである (訳注：多くの場合，法線ベクトルは，面の内側と外側を定義して，内側から外に向かう向きに取ることを意識した記述)．巨視的な変形を課すと，界面の面積や配向は体積と同様に変化するが，式 (4.18) からは，それによって発生する応力が予言できる．なお，p. 224 の囲み欄には，二次元の乾燥したムースの場合の証明が与えられている．

バチェラーの表現から良く分かることは，この平均応力を，液滴や気泡と同等あるいはそれよりも小さな体積 V について評価すると，その結果が，選んだ体積の位置に依存して強く揺らぐということである．このため，このような流体のレオロジーをモデル化する場合には，しばしば，気泡または液滴の大きさと巨視的大きさの中間のスケールでモデルが考えられる．このスケールを十分に大きく取ることで，応力場を，微視的構造に独立で，かつ，連続で微分可能なものにできるが，一方，このスケールは，サンプル内部の応力の空間変動が記述できる程度には十分に細かくなくてはならない．なお，流動するムースの場合の全応力は，

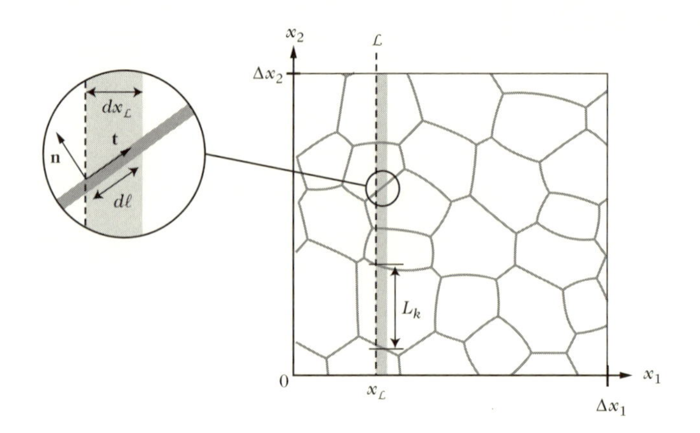

図 4.4: 二次元のムース (面積は $A = \Delta x_1 \Delta x_2$). $\mathbf{t}$ および $\mathbf{n}$ は，それぞれ，ある薄膜に接する，あるいは，直交する単位ベクトルであり，この薄膜と直線 $\mathcal{L}$ の交点において定義されている.

静的な応力 (式 (4.18)) に加えて，粘性力による動的な寄与の考慮も必要になる.

二次元の乾燥したムースに対するバチェラーの応力テンソル表現の証明

乾燥したムースに対しては，バチェラーの式 (式 (4.18)) の第 1 項が気泡の中の気体の平均的な圧力を与える (訳注：乾いた極限では，第二項は無視される). 一方，最後の項は表面張力による応力に対応しており，石鹸薄膜を引っ張るこの張力は，体積 V の内部の全ての気・液界面の面積に関して平均化される. ここでは，二次元においてこの式の証明を与える. これにあたり，二次元では，応力は単位長さ当たりの力と同種のものであり，線張力 λ は力と同種のものであることを思い出そう (第 2 章 § 5.2 参照).

面積 A の長方形 (二辺の長さは Δx_1 および Δx_2) のサンプルにおける平均応力を評価するため，線 $\mathcal{L}$(図 4.4 参照) を通して伝わる力について考える. ここで，$\mathbf{f}(x_{\mathcal{L}})$ を線 $\mathcal{L}$ の右に位置するムースが左側のムースにおよぼす合力とする. もしムースが連続体であるとすると，$f_j(x_{\mathcal{L}})$ は σ_{ij} (式 (4.14)) の定義に従って，次式のように書ける.

$$f_j(x_{\mathcal{L}}) = \sigma_{j1}\ \Delta x_2 \tag{4.19}$$

しかしながら，$f_j(x_{\mathcal{L}})$ の値は，ムースの微視的構造に応じて，$x_{\mathcal{L}}$ の関数として揺らぐ. したがって，応力テンソルの要素は $x_{\mathcal{L}}$ に関して平均することで次式のように得られる.

$$\sigma_{j1} = \frac{1}{\Delta x_1\ \Delta x_2} \int_0^{\Delta x_1} f_j(x_{\mathcal{L}}) dx_{\mathcal{L}}. \tag{4.20}$$

まず，界面に関する力の寄与を評価するために，式 (4.20) を薄膜に沿った積分として書いてみよう．$dx_{\mathcal{L}}$ (図 4.4 参照) の幅を持つ帯を横切る薄膜要素の長さ $d\ell$ は次式のように与えられる．

$$dx_{\mathcal{L}} = t_1\, d\ell \tag{4.21}$$

ここで，$\mathbf{t} = (t_1, t_2)$ は，$\mathcal{L}$ との交点において，薄膜に接する単位ベクトルである．また，薄膜が，$\mathcal{L}$ の左にあるムースにおよぼす界面力は $2\lambda\mathbf{t}$ である．したがって，式 (4.20) に戻ると，応力に対する表面張力の寄与が次式のように導かれる．

$$\sigma_{11} = \frac{1}{A}\int_A 2\,\lambda\, t_1\, t_1\, d\ell \tag{4.22}$$

$$\sigma_{21} = \frac{1}{A}\int_A 2\,\lambda\, t_2\, t_1\, d\ell \tag{4.23}$$

ただし，積分は，面積 A の内部の薄膜の長さ全体にわたって実行される．同様な理由によって，$\sigma_{21} = \sigma_{12}$ が帰結され (つまり，期待されるように応力テンソルは対称になる [38])，σ_{22} は次式で与えられる．

$$\sigma_{22} = \frac{1}{A}\int_A 2\,\lambda\, t_2\, t_2\, d\ell \tag{4.24}$$

今度は，気泡 k の中の圧力 P_k について考えてみよう．それが $\mathcal{L}$ と交わっている部分 (場合によっては存在しないこともある) を L_k と書く (図 4.4 参照)．$\mathcal{L}$ の右に位置する気体は，セグメント L_k に対して，力 $-P_kL_k$ を x_1 方向におよぼす (σ_{22} に対しては，x_2 方向について考えれば同様である)．気泡 k の面積は $A_k = \int L_k dx_1$ と書けるので，次式が得られる (式 (4.18))．

$$\sigma_{11} = \sigma_{22} = -\frac{1}{A}\sum_{\text{気泡 } k} P_k A_k \tag{4.25}$$

このようにして，バチェラーの式の二次元版 が再現される (式 (4.18))．つまり，界面張力の寄与 (式 (4.22)，(4.23)，および，(4.24)) に，気体の圧力の寄与 (式 (4.25)) を加えて，二次元で成立する関係式 $t_it_j = \delta_{ij} - n_in_j$ [9]を考慮することで式の証明が完了する．

2.4.3 残留応力

たとえある複雑流体が力学的に平衡にあり，偏差応力がゼロになっていても，その内部の応力は，構造の不均一性のスケールでは空間的に揺らぐことがある[10]．ここで問題にしているのは残留応力であり，これは，たとえば，製造の際にサンプルに加えられた変形の過程で発生する．

---

[9]訳注：x_2 軸と $\mathbf{n}$ の成す角を θ と置くと，$(n_1, n_2) = (-\sin\theta, \cos\theta)$，および，$(t_1, t_2) = (\cos\theta, \sin\theta)$ となるから．

[10]同様に，原子からなる固体では，しばしば，転位等の欠陥の近傍で残留応力が見られる．

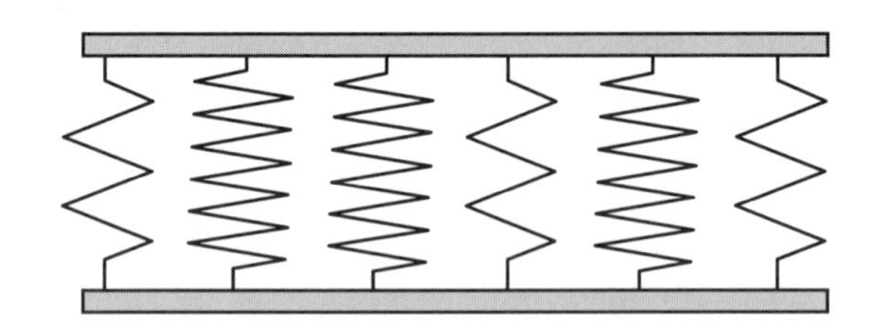

図 4.5: 同じ硬さで異なる自然長を持つバネのネットワークにおける残留弾性応力.

この現象を模式的に示すため，バネの集合を考えよう．それらのバネは，両端が二つの平行な棒に固定されている (図 4.5)．自然長の違いのため，それらのバネは，棒の間隔がいくつであっても同時に緩んだ状態になることができない．したがって，残留する弾性力が存在し，この弾性は，系の構造を変えない限りは，緩和できない．このモデルは，より一般化することができ，たとえば，異なる長さのバネを規則的なネットワークに組み込んだり，長さの等しいバネを不規則なネットワークに組み込んだモデルなどが考えられる．巨視的なスケールでは，これらのネットワークの力学的状態は残留応力によって特徴付けられる．ムースにおける類似性を考えると，バネに相当するのものは気泡ということになる．

3 レオロジー特性の局所的な起源

ムースの力学的性質の起源を，(気泡や石鹸薄膜の) 局所的なスケールで理解してみよう．どうしてムースは弾性的な性質を持つのだろうか？ ムースの流動が始まる応力の閾値あるいは変形の閾値とは何を意味するのだろうか？ どのようにして力学的エネルギーが散逸するのだろうか？ なお，局所的なスケールでのメカニズムと巨視的なレオロジー応答との関係については，後で議論する (p. 245).

3.1 乾いた単分散のムースのせん断弾性率

平衡状態にある乾いたムースを考え，各々の気泡の中の気体の体積が固定されているとする．この場合，もし応力が全く作用していないなら，ムースの構造は表面エネルギーの最小に対応している．したがって，変形させるためには，応力を加えなくてはいけない．もし応力が大きすぎなければ，応力を取り除くと，ムースの構造はすぐに初期状態に戻る．これが，ムースの弾性応答の正体である[11]．この応答は，T1 型のトポロジー再配置 (第 3 章 § 1.2.2 参照) を生じない限りは，実験的に良く観察される．この節では，微小振幅 (線形領域) の準静的な単純せん断について考える．つまり，各瞬間でまさに変形している構造が平衡にあるような場合である (より正確な定義は p. 236 で与えられる)．この変形は，一定の体積での伸張変形を含んでいる．実際，単純せん断は回転に続く一軸変形と等価である [42]．これに反して，ムースの圧縮と膨張は異なる問題に対応しており，本章問題 7.8 および 7.9 で扱う．

3.1.1 次元解析と大きさの程度

ムースが，静的な変形に対して弾性的に応答する場合に，関与してくる物理量には，圧力，毛管力，および，構造の特徴的な長さスケールがある．なお，圧力は，せん断応力には寄与しない (式 (4.18) 参照[12])．さらに，乾燥した極限では，プラトー境界の断面積や薄膜の厚みは，気泡のサイズに対して無視することができ，ムースの振る舞いには影響しない (一方，より一般的な湿ったムースの場合には，本章 § 4.1.1 で見るように，液体分率が重要な役割を果たす)．したがって，せん断弾性率 G は (式 (4.1))，表面張力 γ と気泡の特徴的なサイズ d にのみ依存する．弾性率はエネルギー密度あるいは圧力と同じ次元を持つ量であるため，$G \sim \gamma/d$ という形が期待される[13]．後で見るように，このスケーリング則は，乾燥したムースが取り得る色々な構造に対して計算を行うと (二次元，三次元，不規則か否かにかかわらず) 現れてくるものである．ただし，これらの計算においては，スケーリング則は，構造を反映した数値係数が掛け合わされることによって補われることになる．

ここで，二次元ムースに対する定義を明確にしておこう．λ を線張力とし (これは力の次元を持ち，γe の程度の大きさである．第 2 章 § 5.2 参照)，$\hat{G}$ を二次元の弾性率 (単位は N/m)，また，$\hat{\sigma}$ を二次元の応力 (単位は N/m) とする．なお，一般的議論をする場合には，ˆの記号は省略される場合もある．

弾性率 γ/d は，$d \approx 100\,\mu$m および $\gamma \approx 30$mN/m に対して 300 Pa 程度である．通常の固体 (金属，ガラスなど) は，10^{10} から 10^{11} Pa 程度の弾性率を持つので，これに比べると，ムースは，非常に柔らかい「ソフトマター」である！
なお，立方体のムースを押しつぶすと，非圧縮の柔らかい物質のようにぺしゃんこになる．実際には，ムースの圧縮弾性率は，気体のそれに支配されており，大

[11] この弾性をギブズの表面弾性 (式 (3.11) 参照) と混同してはならない．ここでは，表面張力は一定と考えている

[12] 訳注：圧力は応力には等方的な寄与しか与えない

[13] 訳注：d は気泡サイズ (第 3 章 § 7 で既出)．

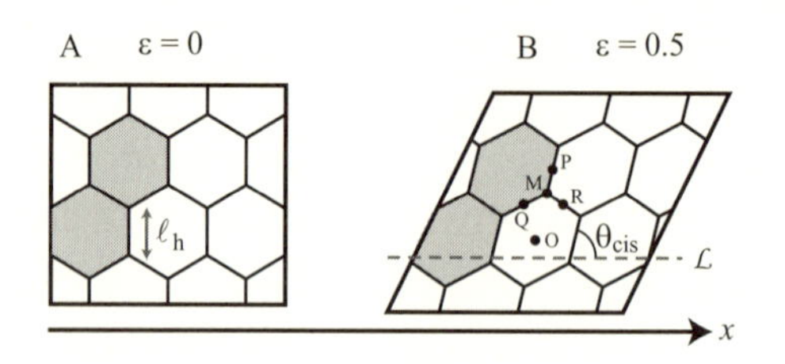

図 4.6: 二次元ムースの準静的なせん断．このムースは，静止時に一辺 ℓ_h を持つ六角形から成る．変形 ε が 0 から 0.5 に変化しているが，構造の秩序は保たれている．このため，全ての気泡は，同じ圧力にある．すなわち，各辺は直線で，互いに，120° で交わる．線 $\mathcal{L}$ に働く応力は，本文中で計算されるが，θ_{cis} が 90° と異なるとゼロではなくなる．つまり，$\varepsilon \neq 0$ の場合には，応力はゼロでない．

気圧 ($\approx 10^5$ Pa) の程度の大きさであり，G に比べてかなり大きい (本章問題 7.8 および 7.9)．

3.1.2 六角形構造の二次元ムース

プリンセン (Henry Princen) は，ムースのレオロジーに関して数々の先駆的な仕事を行っているが，その一つとして，規則的に同一の六角形が配置された二次元ネットワークで構成されたムースのモデルを考えた．この単純なモデルは，気泡のスケールでのせん断効果に対する，分かり易い描像を与える [43]．図 4.6 は，増加していくせん断変形 ε を与えるにつれて，気泡の形がどのように変化していくかを示している．

拘束条件下での平衡 構造 A および B は (図 4.6)，どちらもプラトーの法則を満たしている (第 2 章 § 2.2)．確かに，ムースは，局所的には，エネルギー極小の構造に向かって緩和している．しかしながら，せん断によって，ムースの自由度の数は減らされている．つまり，ε によって，気泡の辺と x 方向に平行な箱の辺との交点が固定されている．これによって，せん断の力学的応力 σ が生じ，x 軸に平行な直線に沿って働く．このようにして，拘束付き平衡状態 ($\sigma \neq 0$) を定義するが，これは，拘束なしの場合 ($\sigma = 0$ および $\varepsilon = 0$) とは異なる平衡状態である．

せん断に関する応力と弾性率 x 軸に平行な直線 $\mathcal{L}$ をたどってみよう (図 4.6B 参照)．線 $\mathcal{L}$ で仕切られたムースの片側にあるムースは，反対側にあるムースに対してせん断応力 σ をおよぼしている．この応力は，表面張力に起因して生じるものであるが，表面張力は，線 $\mathcal{L}$ で切り取られる全ての辺を，θ_{cis} 方向の方向に引っ張っている．変形量 ε が増加するにつれ，角度 θ_{cis} は減少し，その結果，σ は増加する．ℓ_h を静止時の辺の長さ，λ を線張力とすると，幾何学的な考察によって，二次元応力 $\hat{\sigma}$ (単位長さ当たりの力) は次式のように表される[14][37].

$$\hat{\sigma} = \frac{2\lambda}{\sqrt{3}\ell_h} \frac{\varepsilon}{\sqrt{\varepsilon^2 + 4}} \tag{4.26}$$

この表現を線形化することで，せん断弾性率 $G = \sigma/\varepsilon$ が次式のように与えられる．

$$\hat{G}_{\text{六角形}} = \frac{\lambda}{\sqrt{3}\,\ell_h} = 0.52\,\frac{\lambda}{R_a} = \frac{\lambda\,L_{int}}{4\,A_{tot}} \tag{4.27}$$

R_a は，辺の長さが ℓ_h である六角形と同じ面積を持つ円の半径 ($R_a = 0.909\ \ell_h$)，L_{int}/A_{tot} は単位表面積当たりの界面の長さであり，静止時 ($\varepsilon = 0$) は $L_{int}/A_{tot} = 4/(\sqrt{3}\ell_h)$ である．既に述べたように (本章 § 3.1.1)，$\hat{G}$ は，確かに，線張力とセルのサイズとの比の程度である．線形領域では，エネルギー，したがって，界面の全体量は，ε^2 の様に変化する (p. 215)．この例では，弾性率 $\hat{G}$ はせん断の方向には依存しない [54]．後で見るように，この点は，ケルビンのムースの場合では，異なってくる．

3.1.3 ムース三次元結晶

ケルビンのセルは，三次元において，二次元での六角形の役割を果たす．つまり，このセルを使えば，秩序のある乾いたムースを簡単に構築することができる (66 ページ参照)．せん断の効果のもとで，面の面積および向きは変化する (図 4.7 参照)．立方体の対称性を持つため，これらの変化はせん断の向きに応じて大きさが異なってくる．その結果，ケルビンのムースの弾性応答は異方的になる．*Surface Evolver* (第 5 章 § 2.1.2) を用いた数値計算によって，Andrew Kraynik と Douglas Reinelt は，全ての配向に対して平均されたせん断弾性率が，次式で与えられることを示した [30].

$$G_{\text{Kelvin}} = 0.15\frac{\gamma\,S_{int}}{V_{tot}} = 0.50\frac{\gamma}{R_v} \tag{4.28}$$

ただし，六角形構造のムースの弾性率をセルの半径の関数として与える式 (4.27) と同様に，この式の係数は 1 に近い．実際，せん断の方向に応じて，この係数は 0.35 と 0.60 の間で変化する．

[14]訳注：ひずみが ε のときには，点 (x, y) は点 $(x + \varepsilon y, y)$ となることから図 4.6 より，各点の座標が ℓ_h を単位として，次のように決まる： O $(0, 0)$, P $(3\varepsilon/2, 3/2)$, Q $(-\sqrt{3}/4 + 3\varepsilon/4, 3/4)$, R $(\sqrt{3}/4 + 3\varepsilon/4, 3/4)$．点 M で，三本の線が互いに 120° で交わるべしという条件，$\overrightarrow{MP}\cdot\overrightarrow{MQ} = |\overrightarrow{MP}||\overrightarrow{MQ}|\cos(120^\circ)$，および，$\overrightarrow{MP}\cdot\overrightarrow{MR} = |\overrightarrow{MP}||\overrightarrow{MR}|\cos(120^\circ)$，から，$\tan\theta_{cis} = 2/\varepsilon$ が導かれる．これと，関係式 $\sigma = 2\gamma\cos\theta_{cis}/(\sqrt{3}\ell_h)$ より，式 (4.26) を得る．

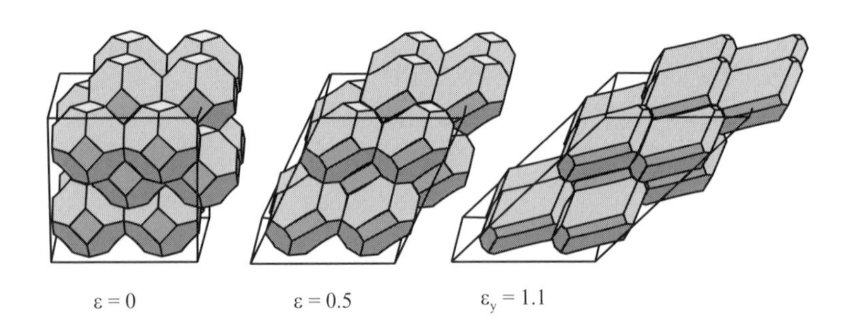

図 4.7: ケルビンのセル (p. 66 参照) の変形に関する，*Surface Evolver* による数値計算の結果を，異なるひずみ ε に対して示したもの．ここで，せん断方向は，ケルビンのムースの体心立方格子の (100) 方向に対応している．

3.1.4 無秩序な三次元ムース：アフィン変形の場合

三次元構造が無秩序であると，せん断による個々の薄膜の厳密な変形を予測することは困難になる．最も単純な仮説は，変形がアフィンであると仮定することである．つまり，初期に位置 $A(x, y, z)$ にあった点は，せん断変形 ε の後に，位置 $A'(x+\varepsilon y, y, z)$ に移動する．等方的なムースにおいては薄膜はランダムに配向することも考えると，この仮説は，次式のデルヤーギン (B. Derjaguin) の結果 [13] に帰着する．

$$G_{\mathrm{affine,3D}} = \frac{4}{15}\frac{\gamma\, S_{int}}{V_{tot}} = 0.26\frac{\gamma\, S_{int}}{V_{tot}} \tag{4.29}$$

ここで，S_{int} は界面の面積の合計，V_{tot} はムースの全体積である．ところで，*Surface Evolver* を用いたシミュレーションによると [31]，乾いた単分散の無秩序な三次元ムースでは $S_{int}/V_{tot} \cong 3.3/R_v$(第 2 章式 (2.19) 参照) となる[15]．したがって，弾性率は次式となる．

$$G_{\mathrm{affine,3D}} = 0.88\frac{\gamma}{R_v} \tag{4.30}$$

アフィン変形では，薄膜の間の角度は $120°$ に保たれず，頂点同士の角度も $109.5°$ には保たれない．したがって，計算に使われている構造は，加えられた変形に関して極小になっている表面ではない．実際，現実のムースの弾性率 (式 (4.35)) は式 (4.30) が予測するものよりも小さい．

二次元ムースのアフィン変形

[15] 気泡が球形だとすると $S_{int}/V_{tot} = 3/R_v$ となる．

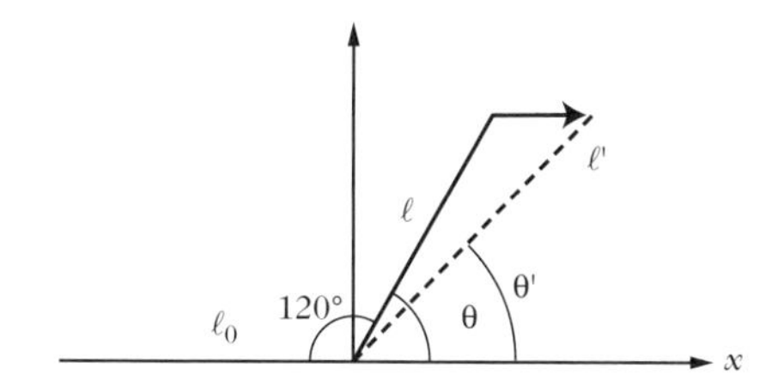

図 4.8: 二次元ムースの二つの辺のアフィンなせん断 (ひずみ ε). 初期に 120° で交わっており, 長さは ℓ_0 および ℓ である. 辺 ℓ_0 はせん断方向に平行であり, せん断によって変化しない. ℓ の長さおよび配向は ε の 1 次のオーダーで次のように評価できる. つまり, $\ell' = \ell\ (1 + \varepsilon \cos\theta \sin\theta)$, $\sin\theta' = \sin\theta\ (1 - \varepsilon \cos\theta \sin\theta)$, ならびに, $\cos\theta' = \cos\theta\ (1 + \varepsilon\ \sin^3\theta / \cos\theta)$ が成立する.

デルヤーギンの表現 (式 (4.29)) の二次元での類似表現は, 等方的なムースに対しては容易に証明できる. まず, ムースが直線の辺の集合で構成されているとし, これらの初期の配向がランダムかつ長さとの相関を持たないとする. そして, 変形によって, アフィン的に配向や辺の長さが修正されるとする (図 4.8 参照). この時, せん断応力 $\hat{\sigma}$ は, バチェラーの公式を用いて以下のように計算される (p. 224 の囲み欄参照).

$$\hat{\sigma} = \frac{2\lambda}{A_{tot}} \sum_{\text{辺}\ i} \cos\theta'_i\ \sin\theta'_i\ \ \ell'_i \tag{4.31}$$

ただし, 上記の和は, サンプルに存在する全ての辺 i に対して取る. この式に加え, 図 4.8 に与えた結果[16]を用いることで, 次式が得られる.

$$\sigma = \frac{2\lambda}{A_{tot}} \sum_{\text{辺}\ i} \ell_i \sin\theta_i \cos\theta_i (1 + \varepsilon\ \sin^3\theta_i / \cos\theta_i) = \frac{3\lambda\varepsilon}{4A} \sum_{\text{辺}\ i} \ell_i \tag{4.32}$$

式 (4.32) の二つ目の等式は, 角度 θ_i に対して平均することで得られる[17]. ただし, この角度は, $[0,\pi]$ に一様に分布しており, 辺の長さとの相関がないとしている[18]. さらに関係式 $\sum_{\text{辺}\ i} \ell_i = L_{int}/2$ を使うことで, 弾性率 $G = \sigma/\varepsilon$ は次式で与えられる.

$$\hat{G}_{\text{affine,2D}} = 0.375\, \frac{\lambda\, L_{int}}{A_{tot}} \tag{4.33}$$

三次元 (式 (4.30)) でのように, デルヤーギンのムースは, 六角形ムースに比べて大きな表面エネルギー密度を持つ. このことから, 六角形構造に対して計算されるもの (式 (4.27)) に比べて, より大きな弾性率が得られる.

[16]訳注: 問題にしている辺の原点と反対側の端の座標が $(x, y) = (\ell\cos\theta, \ell\sin\theta)$ から $(x + \varepsilon y, y) = (\ell\cos\theta + \varepsilon\ell\sin\theta, \ell\sin\theta)$ に変化することに注意.
[17]訳注: 関係式 $\int_0^\pi \sin^3\theta d\theta = 3\pi/8$ を使う.
[18]同じ理由で, 初期応力 (式 (4.31) かつ $\theta'_i = \theta_i$) は 0 となる.

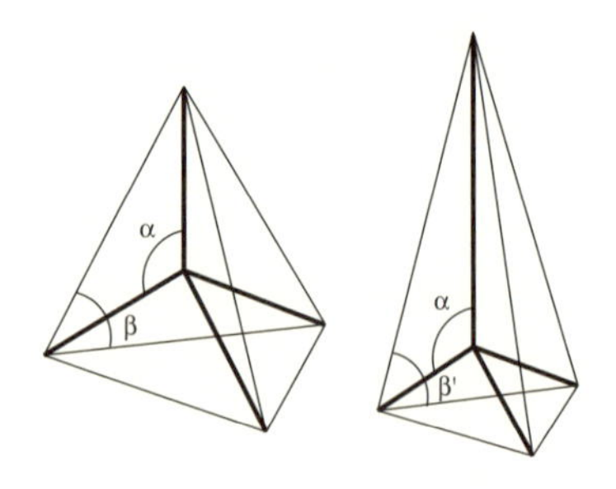

図 4.9: 四面体の非アフィン的な変形．底面の三角形は，その平面の二つの方向で係数 $1-\varepsilon/2$ の割合で減少し，四面体全体の高さは $1+\varepsilon$ だけ増加している．中心にある頂点は，四面体における角度 (α と表記されている) が保存されるように置かれている．角度 β は辺同士の角度ではなく，変換の途中で保存されない．

3.1.5　不規則な三次元ムース：非アフィン変形の場合

せん断弾性率をより正確に見積もるためには，プラトーの法則を考慮しなくてはならない．すなわち，準静的なせん断のときには，薄膜同士や辺同士の角度は，それぞれ，120° および 109.5° に等しく (p. 40 参照)，一定に保たれなくてはいけない．そこで，D. Stamenovic が考えたのは，プラトーの法則 (図 4.9 参照) に従って変形する，四面体の集合としてムースを記述するモデルである．幾何学的な計算によって，薄膜の面積の変化，つまり，対応する表面エネルギー密度を予測することができる．その結果から，ムースの弾性率を次式のように求めることができる [51].

$$G_{\text{四面体}} = \frac{1}{6}\frac{\gamma\, S_{int}}{V_{tot}} \tag{4.34}$$

ここで，S_{int} を気泡の半径の関数として表現することで (p. 230)，弾性率は次式のように表せる．

$$G_{\text{四面体}} = 0.55\frac{\gamma}{R_v} \tag{4.35}$$

この予測は，乾いた単分散の無秩序なムースに対して，今日最も優れたものである．これは，このムースに対して *Surface Evolver*[33] によって計算された弾性率 $G = 0.51\gamma/R_v$ と，とても良く一致している．

3.2　乾いたムースの塑性限界

より大きな変形では，応答は弾性的ではなくなり，ムースは流れ始める．ここで考慮したいのは，準静的な塑性変形の領域である．この領域では，気泡は連続

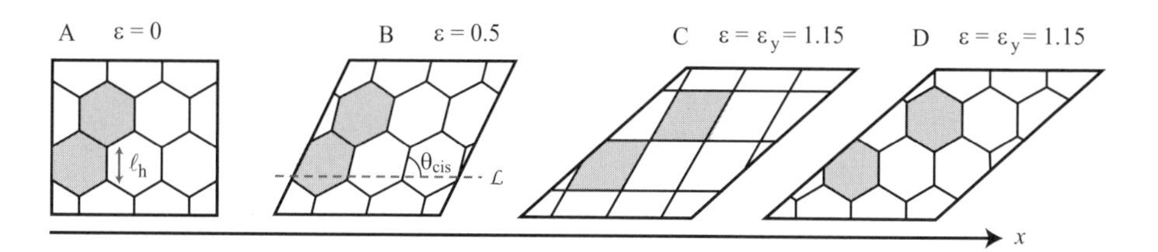

図 4.10: 六角形型の二次元ムースにおける，ネットワークの方向に沿った準静的なせん断．辺は 120° で交わるが，C は例外で四つの辺を持つ不安定な頂点が現れる．D では，T1 の再配置がそれぞれの頂点で起こり，図に灰色の気泡で示したように隣接する層がお互いに気泡一つ分だけずれる．

したジャンプにより，お互いに滑り合う．つまり，塑性現象の基本はトポロジー過程 T1(p. 100 参照) であり，ここでは，それに関する力学的な帰結を議論する．p. 273 に示す実験からは，二次元ムースの流れに伴って T1 が生じることが明確に分かる．

3.2.1 塑性限界

一般的には，気泡は，わずかにしか変形せず，縦横の比は 1 近傍に留まる．その結果，**流動限界**ε_y (本章 § 2.1 で定義した)，あるいは，**塑性限界**とも呼ばれる値は，乾いたムースでは 1 の程度である．降伏応力 σ_y は，$G\varepsilon_y$ の程度であるので，せん断弾性率のスケーリング則と同様に次式で表記できる．

$$\sigma_y \sim \gamma/d \tag{4.36}$$

結晶性の三次元ムース ケルビンのムース (p. 66) は稜の長がゼロになった時に，弾性領域から外れる (図 4.7)．この際にできる，六つの稜を持つ頂点は，プラトーの第二法則によると不安定であり (p. 40 参照)，このような頂点を持つ構造は新しい平衡状態へと緩和するが，この緩和は T1 型のトポロジー過程の連続によって進行する [45, 46]．これに対応するひずみは流動限界 ε_y であるが，この値は，構造の異方性のために，せん断の方向に強く依存する [45]．さらに，塑性領域では，応力は変形と共に不連続に変化し，T1 型再配置が起こるたびにジャンプが起こる．

六角形型の二次元ムース より完全な解析は，六角形型の二次元ムースに対して可能であるので，せん断下での挙動を図 4.10 に示す．せん断の影響下では，いくつかの辺は引き伸ばされ，その他は縮められる．辺の長さがゼロになると，四つの辺を持つ頂点が形成される (図 4.10C)．この状態は，プラトーの第一則によって不安定であるので (第 2 章 § 2.2.2)，T1 過程が引き起こされて不可逆的に (本章 § 3.2.3) 新しい平衡状態へと緩和する (図 4.10D)．したがって，C 点が，流動限界に相当する．六角形型の二次元ムースの場合，ε_y は幾何学的に計算でき (本章問題 7.2)，関係式 (4.26) より $\hat{\sigma}_y$ を導出できる．図 4.10 の方向のせん断の場合，結果は次式となる．

$$\varepsilon_y = \frac{2}{\sqrt{3}} \quad \text{et} \quad \hat{\sigma}_y = \frac{\lambda}{\sqrt{3}\ell_h} \tag{4.37}$$

3.2.2　エネルギーの起伏地図，引力の谷，そして履歴

六角形型の二次元ムースの単純な例を用いれば，塑性の重要な概念を定義，説明することが可能になる．図 4.11 の一つ目のグラフは，ひずみ ε に対する，せん断応力の変化を示す (式 (4.26))．このグラフ上のアルファベット文字は，図 4.10 に示された，二次元ムースの特定の状態に相当する．二つ目のグラフは (図 4.11b)，ムースのエネルギーを示したものであるが，**エネルギーの起伏地図**と呼ばれるもので，変数 ε に対するものが示されている．この起伏地図は，二つの井戸型ポテンシャル (疑放物線) により構成されているが，これらは部分的に重なっている．点 A と D は応力のかかっていない平衡状態で，点 B は拘束付きの平衡状態 (p. 228)，点 C は非平衡状態である．点 B の状態で応力を開放した場合，ムースは自発的にエネルギー最小の点 A へと緩和する．一般的に，点 A を中心にした放物線上の点は点 A へと戻っていくので，これらの点が A の周りの**引力の谷**を構成する．つまり，構造 B は A に属しており，たとえ ε_B の値が，ε_A よりも ε_D に近かったとしても，A に向かって緩和する．(C から D のような) 異なる引力の谷の間の行き来は，T1 転移を通してのみ可能になる．グラフの横座標 (図 4.11) はムースの全変形量に相当するひずみである．それは A を中心とする放物線上の点では弾性ひずみに相当するが，D を中心とする放物線上の点に対してはそうではなく，この場合の弾性ひずみ ε_e は，式 $\varepsilon_e = \varepsilon - \varepsilon_y$ と $\varepsilon_p = \varepsilon_y$ で与えられる．つまり，p. 216 で述べた結果，$\sigma = G\varepsilon_e$ が再確認される．

同じ変形に対し，複数の可能な構造が存在するため，履歴現象が引き起こされる．たとえば，点 D に到達した場合には，課した変形を減少させても，もはや，以前の構造には戻らない．一方，構造 D をトポロジーを変えずに E まで変形させると，T1 を経て A に戻ることができる．

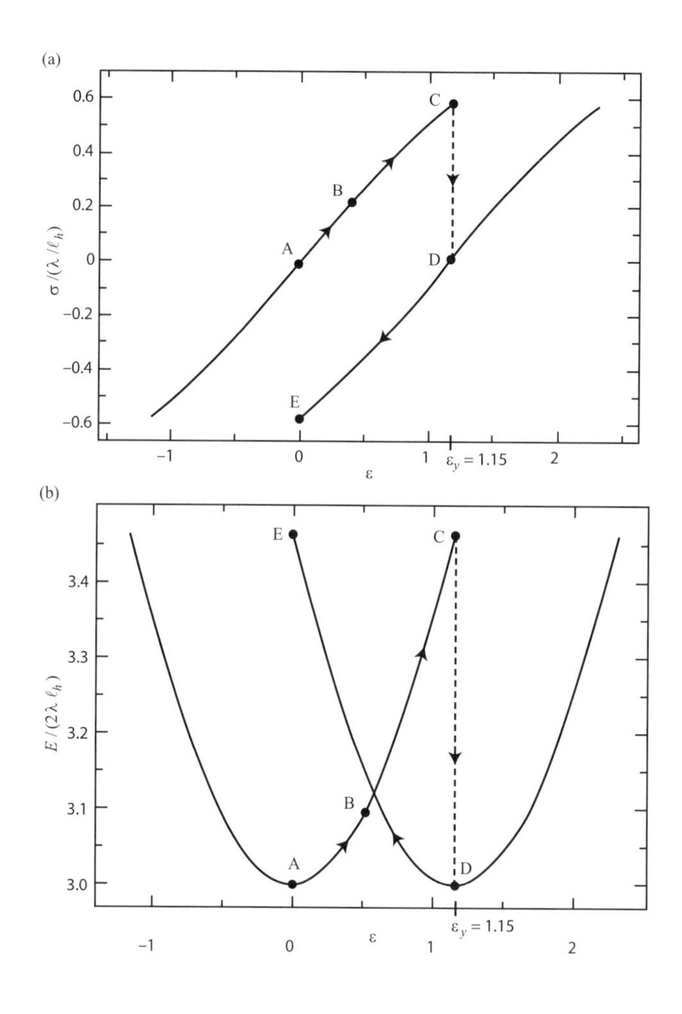

図 4.11: 六角形型の二次元ムース中の応力とエネルギー．**(a)** 二次元応力 (式 (4.26)) を λ/ℓ_h で規格化したものを，ε の関数として示した．点 A，B，C，D(変形 ε_A，ε_B，ε_C，ε_D に対応) は図 4.10 の構造に対応する．点 E に相当する構造は点 C と同様に変形している．**(b)** 一つの気泡当たりのエネルギー $E = 6\lambda\ell_h + A\int\hat{\sigma}\,d\varepsilon$ が示されている．ただし，A は一つの気泡の表面積である．このエネルギー E は，非変形時の一辺当たりのエネルギー $2\lambda\ell_h$ で規格化されている．

3.2.3 T1 過程に関わるエネルギー収支

T1 による再配置が生じると，それが熟成 (第 3 章) に起因するものであれ，力学的な刺激に起因するものであるにせよ，再配置には力学的なエネルギー散逸を伴う．この現象を理解するため，六角構造のムースに立ち戻り，状態 C から D への遷移について考えよう (図 4.10)．この転移は T1(トポロジーの瞬間的な変化) と，それに続く緩和とに分けられる．T1 過程によって，四つの辺を持つ不安定な頂点は，それぞれ三つの辺を持った二つの頂点へと分けられる．すると，さらに，緩和が進み，平衡状態 D に達するために構造が変形する．この緩和は，系の境界を動かすことなく進行するため，外部との仕事のやり取りはない．点 C(ちょうど流動限界にある) と点 D のエネルギー差は，緩和の間に，熱として完全に散逸される．六角形型の二次元ムースの場合，このエネルギー差は $\Delta E = E_C - E_D \cong 0.46 \times 2\lambda \ell_h \cong E_{気泡}/6$ となる．ここで，$E_{気泡} = 6\lambda\ell_h$ は六角形構造中の一つの気泡当たりのエネルギーである．辺の長さ ℓ_h と厚み e が共にミリメートル程度の気泡からなるムースでは，この差は $\Delta E \sim 3 \cdot 10^{-8}$ J と見積もられる．

気泡一つ当たりに散逸されるエネルギーの量は，弾性負荷の間に蓄積したエネルギーで決まっており，ムースの平衡特性にのみ依存する (本章問題 7.7 参照)．したがって，散逸を，単位体積当たりで，ある決まった大きさのひずみ ε に対して考えると，その量は，ひずみ速度が減少していっても，ゼロには近づかない．つまり，散逸は，T1 の数 (したがって，ε の平均値) に比例し，$\dot{\varepsilon}$ には依存しない．この量から，単位体積当たり**単位時間当たり**の散逸を導けるが，この量は，散逸率と呼ばれる．この量は，準静的な塑性過程では，固体摩擦の場合同様に $\dot{\varepsilon}$ に比例する．散逸率は，粘性摩擦，あるいは，より一般的に，p. 241 で示されるような薄膜や界面スケールで考えられる全ての散逸モードでは，いずれも，$\dot{\varepsilon}^2$ に比例するが，この場合にはそうなっていない．この場合には，実験者が制御しているのは巨視的な変形率であり，C から D の緩和時間 (局所的な変形率) を制御しているわけではない．この緩和時間は，ムースが本来持っている性質であり，局所的な散逸モードに依存して決まっており，制御することはできない．

準静的な流れ

準静的な流れの条件を正確に定義するために，全ての要件を，まとめて示す．

- T1 の後の短い緩和時間を除き，ムースはそれぞれの瞬間で力学的な平衡状態になければならない．
- 緩和時間は巨視的な変形の特徴的時間 $(1/\dot{\varepsilon})$ と比べて無視できねばならない．

- T1 の後に達する新しい平衡状態は (薄膜と界面のスケールの) 局所的な散逸モードに依存しない.

この条件下では，ムースが引き続いて取る構造は，変形率に依存せず，時間の概念とは無関係になる．注目したいのは，とても多くの気泡から成る巨視的なサンプルにおいては，殆ど常に緩和が起こっているということである．つまり，第一の条件は，厳密な意味では，殆ど実現されることはない．この困難さを解決するため，(未だ良く定義されていないが)T1 の継続時間の概念を導入し，異なる T1 過程の時間的なオーバーラップを考える必要がある [9].

流れが速い場合には，変形は平衡状態を通ることなく進行し，個々の気泡には遥かに大きな変形が生じる．つまり，課された変形は気泡を引き伸ばそうとするが，これに競合するように，個々の T1 の後での緩和は気泡を球形に戻そうとする．しかし，流れが速い場合には，後者の効果はもはや役割を果たさなくなる．このため，流動限界は，課された変形速度とともに増加する [48](本章 § 4.2.2).

3.3 散逸過程

先ほど見たように，液体のムースは，有限の大きさのエネルギーしか蓄えることができず，弾性エネルギーの密度 (式 (4.2)) でみると，最大で $\sigma_y^2/G \sim \gamma/d$ の程度である[19]．これは，~ 1 mm の気泡から成るムースに対しては数 J/m^3 になる．一方，ムースの単位体積当たりの運動エネルギーはどうかといえば，その大きさは $\rho_l \phi_l v^2$ 程度になる．つまり，液体分率が $\phi_l = 10\,\%$，速度が数十 cm/s のときには，約 1 J/m^3 になる．したがって，たとえば定常流れを起こすために，系に余分に与えられるエネルギーは全て，連続的に熱に変わっていく．準静的な極限では，散逸されるエネルギーの量を推測することができた (p. 236)．しかしながら，エネルギーが散逸される**方法**については議論してこなかった．これがこの節の目的である．

巨視的に速い流れの場合であれ，T1 過程による速い緩和の場合であれ，エネルギーの散逸過程は同じものである．これらの散逸のモードは二種類に分類することができる．一つ目は液相中の流体力学的散逸であり，これはせん断を受けた液体の粘性によって生じる．二つ目は界面活性剤の動きに関連した散逸であり，これは単層膜の二次元の粘性もしくは界面活性剤の拡散によって起こる [3]．ただし，異なるモードの結合は複雑である．現在の知見では，支配的なモードを判別する単純で一般的な評価基準は存在しない．実際のところ，散逸の少ないモードは，熱の発生に殆ど寄与しない．また，反対に，散逸の大きなモードは，恐らく，

[19] 訳注：$\mathcal{E} \sim G\varepsilon_y^2$ と $\sigma_y \sim G\varepsilon_y$ を考える．

そもそも生じてこないため，やはり，熱の発生には寄与しない．この二つ目の場合は，そのモードが**凍結**されているとも言える．本節と第3章§7では，ムースの単位体積当たりの散逸の強さの程度について議論している．この量は，$\mathcal{D}$で表され，様々な過程によって決まってくるが，あたかもこれらの過程は互いに独立に生じるかのように取り扱う．

3.3.1 液相中の散逸

局所的なせん断率が$\dot{\varepsilon}_l$であるとき，ニュートン流体中の粘性散逸$\mathcal{D}$は$\eta\dot{\varepsilon}_l{}^2/2$になる[20]．ここで，$\eta$は粘性率でムース性溶液の場合は$10^{-3}$ Pa·sの程度になる．しかし，ムース中の散逸を評価するのは難しい．なぜなら，巨視的なせん断率$\dot{\varepsilon}$は境界の動きから決めたり，あるいは，気泡数個分のスケールで決めたりできるが，この量を直接的に液相中の速度勾配と関係付けることはできないからである．薄膜の内部とプラトー境界の断面に溶液のせん断が局在している場合，一般的に$\dot{\varepsilon}_l$は$\dot{\varepsilon}$と異なる．さらに，もし仮に，個々の気泡の形が各瞬間に正確に分かっていたとしても(流れの中で，その場で計測することは，そもそも難しいが)，問題は依然として解消しない．なぜなら，ある変位が与えられたとしても，それによって決まる境界の位置には，いくつもの速度場が対応し得るからである(図4.12)．

せん断の大きさをεとしたとき，個々の薄膜の相対的な面積の変化$\Delta S/S$(正または負)はεに比例する．しかし，ムース全体においては，収縮する薄膜と膨張する薄膜の打ち消しあいの効果により，$\Delta S_{int}/S_{int} \sim \varepsilon^2$になる(p. 229)．以下では，このような全体的な膨張は無視することにする．

まず最初に，局所的なスケールでの二つの変形のモードを区別しよう．

A) 単層膜が非圧縮性の場合，特に不溶性の界面活性剤の場合，界面を作ることも壊すことも不可能になる．この場合の薄膜は，**硬い**境界面とも呼ばれる．

この場合，境界面は，曲げることができるが伸びることのない薄膜のように振る舞う．そして，薄膜はそれが囲む気泡の速度で移動し，薄膜が互いに滑りあう(図4.12A)．薄膜の一方の面と他方の面の二つの境界面の相対速度は，接触している気泡間の速さの違いの程度，すなわち，$\dot{\varepsilon}\,d$の程度になる．そして，厚さhの薄膜内部の速度勾配は$\dot{\varepsilon}d/h$になる．気泡の占める体積がd^3とすると，せん断を受ける液体の体積はhd^2程度になる．よって，ムースの単位体積当たりの粘性率

[20]訳注：次元としては，単位時間・単位体積当たりに粘性応力のする仕事が$\sigma\dot{\varepsilon}$となることから理解できるだろう．より詳しくは，流体力学の教科書を参照のこと．たとえば，ランダウ・リフシッツ著「流体力学1(東京書籍)」等．

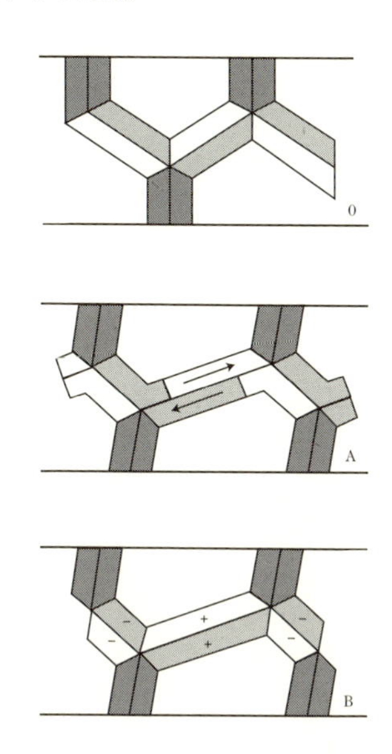

図 4.12: せん断を受けるムース中の気・液界面の動きの模式図 (訳注：三次元ムース中の二次元断面の一部を描いたもので，せん断は上下の境界面に沿ってかけられている). 液体薄膜の境界面が模式的に示されている. 境界面は，概念的に，いくつかの区分に分けられている. この区分はグレーの諧調を変えることで表現されており，これによって，せん断を受けているムースの境界面の局所的な変形を模式図的に可視化している. 状態 0 は参照となる状態であり，モード A またはモード B に従って変形する. モード A では，境界面は長さを保ち (ε が 1 の程度において)，お互いに滑りあうことによって，薄膜中に高い速度勾配が生み出されている. モード B では，境界面は長さを変える (模式図中で + または − の符号がつけられている). 境界面の薄膜の各面は同じだけ移動し，薄膜中の速度勾配はゼロになる.

が次式で与えられる.

$$\mathcal{D}_{\text{液相},A} \sim \eta \left(\frac{\dot{\varepsilon} d}{h}\right)^2 \frac{hd^2}{d^3} \sim \eta \frac{d}{h}\dot{\varepsilon}^2 \tag{4.38}$$

B) 反対に，境界面が高い圧縮性を持つ場合には，界面応力としては，平衡時の表面張力 γ だけが働く. この場合の薄膜は**流動的な**境界面とも呼ばれる[21].

[21]排液が起きている場合 (p. 154) には，動く境界面または動かない境界面を定義するために，境界面のせん断に対する粘性の強さ (より正確にはブシネスク数 Bo) を利用できる. しかし，今の文脈では，境界面の流動性および硬さの判断は圧縮・膨張の変形を基準に行う. したがって，本来は，こ

この場合，図 4.12B に示される変形のモードが可能になる．プラトー境界が液体の貯蔵庫としての役割を果たし，伸びる側の薄膜の生成と縮まる側の薄膜の消滅を可能にしている．この場合，薄膜はいかなる変形もしておらず，散逸はプラトー境界に局所することになる．

プラトー境界 ($\sim r^2$) 内の速度勾配は $\dot{\varepsilon}d/r$ のオーダーになり，せん断を受ける液体の体積はムースの単位体積当たり $r^2d/d^3 \sim r^2/d^2$ になる．したがって，次式を得る．

$$\mathcal{D}_{\text{液相},B} \sim \eta(\dot{\varepsilon}d/r)^2(r^2/d^2) \sim \eta\dot{\varepsilon}^2 \tag{4.39}$$

つまり，モード B では，モード A よりも，変形に対する抵抗が小さい (訳注：($d \gg h$ より) 散逸が小さいから)．しかし，モード B では，プラトー境界の一方の側で境界面が大きく形成され，もう一方の側で境界面が大きく消滅する．これに必然的に関連してくるのは界面活性剤の輸送であり，これによって界面活性剤は薄膜の内部または境界面に移動する．この輸送も同様に散逸の原因となる．反対に A の場合には，界面活性剤と関連した散逸は生じない．実際には，流体力学的な流れと界面活性剤の輸送との競合によって，流れのモードが決まってくる．

これらの散逸の法則 (式 (4.38) および (4.39)) を与えたことによって，流体と界面活性剤の結合についての説明ができた．ただし，これらの法則は，二つの事実を考慮していない．それは，薄膜の厚み h が流れ自体に依存すること，さらに，厚さ h が平衡状態にあるときの値と比べ何桁も変化し得ることである．現実には，これらの事実は無視できず，その結果，同じ薄膜の中で，速度勾配が強い不均一性を持つようになる．この効果を考慮に入れて，シュワルツ (L. Schwartz) とプリンセン (H. Princen) が示唆したのは，モード B の場合には，プラトー境界から薄膜に向けて液体が引っ張り出されることが主な散逸の原因になることである [50]．彼らが予測しているのは，液体の引っ張り出される距離が $x^* \sim rCa^{1/3}$ 程度になり，その時の薄膜の厚みが $h^* \sim rCa^{2/3}$ 程度になるということである[22]．ただし，r はプラトー境界の曲率半径であり，$Ca = \eta\dot{\varepsilon}d/\gamma$ は粘性力と毛管力の効果を比べる量で**毛管数**と呼ばれる．体積が d^3 の気泡の場合，せん断を受けている体積は x^*h^*d になり，この時のせん断率は $\dot{\varepsilon}d/h^*$ になる．ここから，次式のように，体積当たりの散逸率を導くことができる．

$$\mathcal{D}_{\text{S.P.}} \sim \eta\left(\frac{\dot{\varepsilon}d}{h^*}\right)^2\frac{x^*h^*d}{d^3} \sim \eta\dot{\varepsilon}^2Ca^{-1/3} \sim \eta\dot{\varepsilon}^2\left(\frac{\eta\dot{\varepsilon}d}{\gamma}\right)^{-1/3} \tag{4.40}$$

こで考えている両極端の場合は，それぞれ，完全非圧縮性，および，完全圧縮性という言葉で区別することが望ましい．

[22]訳注：これらの式は，後で式 (4.44) を導く際と同様にして導ける．より詳しくは，「表面張力の物理学」(吉岡書店) 第 5 章のランダウ・レビッチ・デルヤーギンの理論 (LLD 理論) の説明を参照．

この過程から，せん断応力の式が求められるが，それは，ひずみ速度に対して非線形な関数 $\sigma \sim \dot{\varepsilon}^{2/3}$ となる (訳注：$\mathcal{D} \sim \sigma\dot{\varepsilon}$ に注意)．これは，小さいひずみにおける巨視的なムースのサンプルで観察される線形な応答と一致しない．

3.3.2 界面活性剤の動きに関連した散逸

界面活性剤の輸送モードと単層膜の粘性に関連する散逸を求めてみよう．これらの概念は p. 109 で説明した．なお，界面活性剤に関連した散逸に基づいたモデルについては文献 [1, 2, 14] も参照のこと．

せん断 図 4.12(A または B) の描かれている平面に平行な薄膜は，面積は変わっていないが，大域せん断率 $\dot{\varepsilon}$ を受けている．ムースの単位体積当たりの薄膜の面積は $1/d$ の程度であるから，せん断に関連した散逸のスケーリング則は次式となる．

$$\mathcal{D}_{\text{せん断}} \sim \frac{\eta_s}{d}\dot{\varepsilon}^2 \qquad (4.41)$$

ここで η_s は，第 3 章 § 2.2.3 で定義した表面せん断粘性率である．

膨張と圧縮 これらの変形が重要になるのは図 4.12 の B の場合で，界面には相対的な面積の変化 (正または負) が生じ，その大きさは $\dot{\varepsilon}$ の程度である (p. 238 参照)．体積当たりの薄膜の面積は同じように $1/d$ であるから，散逸は次式となる．

$$\mathcal{D}_{\text{膨張}} \sim \frac{\eta_{d,film}}{d}\dot{\varepsilon}^2, \qquad (4.42)$$

ただし，$\eta_{d,film}$ は表面膨張粘性率である．第 3 章 § 2.2.3 で議論したように，薄膜の膨張は様々なモードで生じ，それに関連して界面と薄膜の間で界面活性剤の交換が成される．第 3 章 § 7 には，様々なモードと (図 3.54)，それぞれに対応する散逸の式を列挙してある．これらの式を式 (4.42) と比べることで，それぞれのモードに対する実効粘性率 $\eta_{d,film}$ を求めることができる．

3.3.3 壁面での散逸

最後に考えるのはムースと壁面間にある (壁面を濡らしている)「濡れ薄膜」に起因する散逸である．この薄膜は，壁面に沿った方向に引っ張られている．二つの極限的な場合が現れるが，それらは，気・液界面が，本章 § 3.3.1 で定義したように，**流動的**，あるいは，**硬い**場合に相当する [11, 52]．

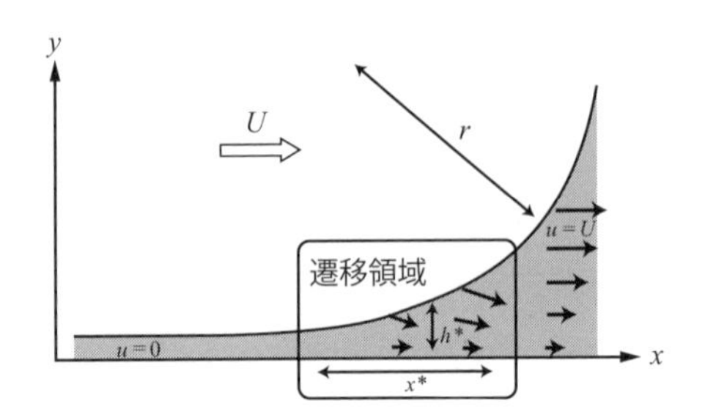

図 4.13: 壁面に対する準プラトー境界の滑り．境界面が流動的な場合．矢印が示しているのは，液体中の局所的な速度場 u である．準プラトー境界 (描かれているのはその半分である) は速度 U で進む．濡れ薄膜は壁面上では静止している ($y \leqslant 0$)．濡れ薄膜とプラトー境界の接続部には，大きな散逸を伴う領域がある．この遷移領域の厚みは h^* であり，その長さは x^* である．この領域では，気・液界面が押しつぶされ，液体がはき出される．流れは，プラトー境界の軸方向 (図の面に垂直な z 軸の方向) には不変であると仮定している．

1) 流動的な界面． この場合，準プラトー境界が壁面に沿って滑ることになるが，この時，濡れ薄膜が動くことはない．壁面に接する気泡の表面の動きは，**滑らずに転がる**[23]タイプの動きである (図 4.13)．

速度勾配は，準プラトー境界と濡れ薄膜が出会う部分 (別の言い方をすると，流体が準プラトー境界により，はき出されるか吸われる部分) に局在している．この部分の特徴的な大きさが速度とともに増加する範囲においては，散逸は，与えられたせん断率の二次関数にはならない．このことは，シュワルツとプリンセンによるもの (p. 240) と同様な以下の次元解析によって証明される．

準プラトー境界 (曲率半径は r) が速度 $U\mathbf{e}_x$ で壁に沿って滑る状況を考え，このとき散逸がどのように速度に依存するかを定性的に調べよう[24]．考慮に入れる部分での流れはほぼ平行で，潤滑の法則に支配されている [23]．壁面での速度はゼロになり，また境界面での接線方向の応力はゼロになる (界面活性剤はとても流動的だから)．圧力は，x にのみ依存し，ラプラスの式 $p(x) = P - \gamma(\partial^2 h/\partial x^2)$ により，曲率と直接に関係する．この圧力勾配は放物線状の速度場を作り，その流束は，準プラトー境界の単位長さ当たりで，$Q \sim \nabla p\, h^3/\eta \sim (\gamma/\eta)\,(\partial^3 h/\partial x^3)h^3$ となる[25]．また，質量保存より $-\partial Q/\partial x = \partial h/\partial t$ が得られる．最終的に，定常状

[23]訳注：図 4.13 において半径 r の円板を仮想しそれが左から右に転がっていくことで気・液界面が右にスライドすることを想像すると良い．

[24]この問題は，一枚の板を，その板を良く濡らす液体を満たした液槽から，引き抜く場合に類似している [10]；訳注：この問題が二つ前の脚注に触れた LLD 理論である．

[25]訳注：潤滑近似の式 $U \sim (\eta/h^2)\nabla p$ と流量に関する式 $Q \sim hU$ 使っている．やはり,「表面張力の物理学」(吉岡書店) 第 5 章参照．

態では，空間微分と時間微分が $\partial h/\partial t = -U\partial h/\partial x$ で結び付けられ次式を得る．

$$U\frac{\partial h}{\partial x} \sim -\frac{\gamma}{\eta}\frac{\partial}{\partial x}\left(h^3\frac{\partial^3 h}{\partial x^3}\right) \tag{4.43}$$

この微分方程式の解を求めることをせずに，$h(x)$ の性質を大きさの程度を考えて決めてみよう．$h(x)$ は，濡れ薄膜の部分では，(r に対して) 無視可能な大きさであり，かつ，一定である (曲率はゼロ)．そして，準プラトー境界に接する部分では，$h(x)$ の曲率は一定値 $1/r$ になる．薄膜から準プラトー境界に至る距離を x^* とすると，これが遷移領域の長さになる．この部分では $h(x)$ は h^* 程度になり，その n 階微分は h^*/x^{*n} 程度になる．このことを利用して，h^* と x^* を決めてみよう．式 (4.43) からは，大きさの程度についての第一の関係式 $h^*/x^* \sim (\eta U/\gamma)^{1/3}$ が与えられる．この式は，粘性力と毛管力を比較する値である毛管数 $Ca = \eta U/\gamma$ を用いて $h^*/x^* \sim Ca^{1/3}$ と書ける．また，遷移領域と準プラトー領域の曲率の連続性から $h^*/x^{*2} \sim 1/r$ が成立し，最終的に $h^* \sim rCa^{2/3}$ および $x^* \sim rCa^{1/3}$ を得る．これらの結果から，散逸の大きさの程度を得ることができるが，この散逸は，準プラトー境界の動きに関連し，本質的に遷移領域に局在している．速度勾配は $\partial u/\partial y \sim U/h^*$ になり，準プラトー境界の長さが d のときには積分区間の体積は $\Omega \sim h^*x^*d$ になる．したがって，この時の散逸は，壁面に接触しているムースの単位面積当たりでは，次式になる．

$$\mathcal{D}_{壁} \sim \frac{1}{d^2}\int_\Omega \eta\left(\frac{\partial u}{\partial y}\right)^2 d\Omega \sim \frac{\eta U^2\,Ca^{-1/3}}{d} \tag{4.44}$$

ここから結論付けられるのは，流動的な境界面の場合，固体壁面上を滑るムースの実効粘性率は $Ca^{-1/3}$ に比例して速度とともに減少する．この原因は，ムースが速く動くにつれ薄膜がより膨らみ，滑りが容易になることにある．しかしながら，もちろん，散逸は，依然として，速度の増加関数である．同様の議論で壁面での応力の次元解析的な式を次式のように導くことができる．

$$\sigma_{壁} \sim \frac{1}{d^2}\int_{x^*d} \eta\frac{\partial u}{\partial y}dS \sim \frac{\gamma Ca^{2/3}}{d} \tag{4.45}$$

2) 硬い境界面． この文脈ではこの言葉は非圧縮な単層膜を意味する (p. 238 参照)．つまり，境界面を生成することも破壊することも不可能である．したがって，気泡は**滑らずに塊になって**[26]移動し，気・液界面は気泡の速度で滑ることになる．このことは，(特徴的大きさが d^2 の) 濡れ薄膜中に大きな速度勾配ができること

[26]訳注：やはり，図 4.13 において半径 r の円板を仮想し，今度は，それが左から右に転がらずに右に移動することで気・液界面が右にスライドすることを想像すると良い．

を示唆する．なぜなら，濡れ薄膜は，壁面に接触している側では速度がゼロである一方，反対側では，気泡の速度で進むからである．この場合，流体力学的な散逸は本質的に濡れた薄膜のせん断からくる．薄膜中の流れによって加圧状態を生じ，これによって薄膜の厚さが増す (これがハイドロプレーニング現象の原理である)．この厚みに対して，次元解析的な見積もりを行うと，ここでは詳しく説明しないが，再び，速度の二次関数ではない次式の散逸が導かれる[27] [12].

$$\mathcal{D}_{\text{壁}} \sim \frac{\eta U^2 Ca^{-1/2}}{d} \tag{4.46}$$

また，壁面での応力は次式となる．

$$\sigma_{\text{壁}} \sim \frac{\gamma Ca^{1/2}}{d} \tag{4.47}$$

図 4.14 に示した実験結果は，これらの二つの挙動を説明している [11]．式 (4.45) および (4.47) 中で省略した係数は，液体分率および界面活性剤の性質に強く依存するが，溶液の粘性には依存していない．また，溶液の粘性は毛管数の中で完全に考慮されている．

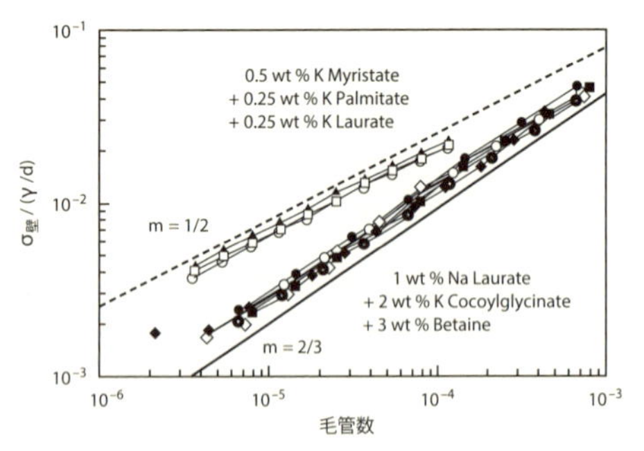

図 4.14: 壁面での応力を毛管数の関数として示したもの．二つのムース性溶液に対しての結果が示されており，それらの組成は (重量パーセント濃度で) グラフ中に示されている．異なる記号の組は，異なる量のグリセリンを溶液中に加えたものに相当する．大きな圧縮性の表面を持つ溶液の場合 (流動的な界面)，指数 $m = 2/3$ のべき乗則が導かれる (下の直線，式 (4.45))．一方，圧縮性がわずかな場合 (硬い界面) には，指数 $m = 1/2$ のべき乗則が導かれる (上の直線，式 (4.47))．様々な濃度のグリセリンのデータが重なり合うことから，溶液の粘性の役割が式 (4.45) および式 (4.47) で良く表現できることが証明されている [11].

---

[27] 訳注：弾性率 E_s の球と固体壁の間のハイドロプレーニング現象に際する薄膜の厚みは $h \sim (\eta U d/E_s)^{1/2}$ と表される (「表面張力の物理学」(吉岡書店) 第 9 章参照)．ムースの場合 $E_s \sim \gamma/d$ より $h \sim (\eta U d^2/\gamma)^{1/2}$ となる．これと $\mathcal{D} \sim (1/d^2)\eta(U/h)^2 d^2 h$ から式 (4.46) が導かれる．式 (4.47) は，$\sigma \sim (1/d^2)\eta U/hd^2$ に注意して同様に導かれる．

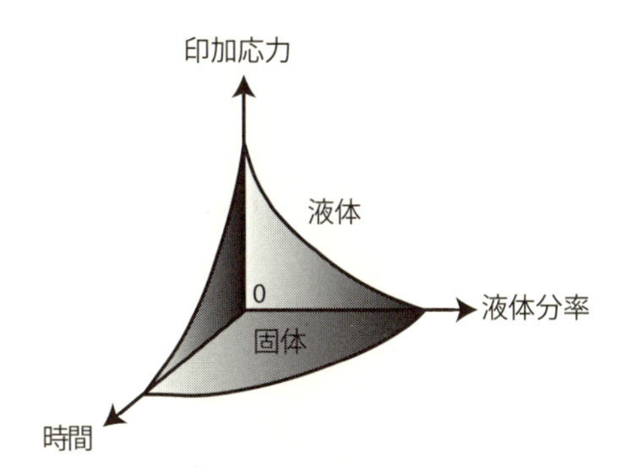

図 4.15: ムースの力学的な振る舞いを，応力，液体分率，そして，力学的刺激の特徴的時間の関数として示した．ただし，境界線は，大まかに描かれている．

4 ムースのレオロジーの色々なスケールでの性質

ムースは固体あるいは液体のような挙動を示すが，その挙動は，液体分率，与えられた応力，あるいは，外部刺激の特徴的時間によって決まってくる (図 **4.15**)．本章 § **3** で見たように，弾性は気・液界面の表面張力が起因となって生じ，また，塑性は気泡群の再配置に関連し，その再配置の基本過程は **T1** 過程である．流れがあるときに起こるエネルギー散逸の機構は，ひずみ速度が小さい場合はクリープもしくは塑性が支配的になるが (準静的な場合)，ひずみ速度が大きい場合には (表面もしくは液体の) 粘性の影響が支配的になる．ここでは，薄膜と気泡のスケールの機構を，実際のムースの弾性，塑性，そして，粘性と関連付ける．この際，実際のムースが，有限の液体分率を持ち，また，しばしば多分散性であることに留意する．

4.1 固体としての振る舞い

4.1.1 静的な線形弾性

既に見てきたように，乾いたムースの場合，秩序の高低に関わらず，また，二次元であれ三次元であれ，それを構成する気泡が大きくなるにつれ柔らかくなる (本章 § 3.1 参照)．ここでは，湿ったムースあるいは多分散性のムースのせん断弾性率について考えてみる．続いて，大変形下の非線形で弾性的な性質，たとえば，法線応力の記述方法についても触れる．ムースの圧縮性に関しても，本章問題 7.8 と 7.9 で議論している．ムースは圧縮に対してはせん断に対するよりも固い．そのために，圧縮による変形が影響するのは，現実的には，音波の伝播もし

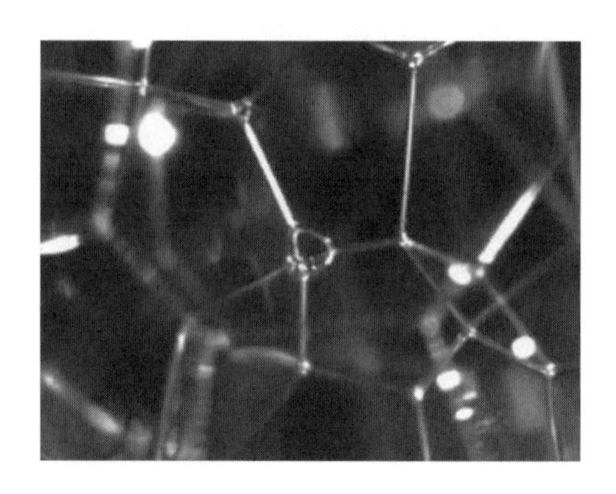

図 4.16: 小さな四面体の気泡が大きな気泡の頂点を修飾している．V. Labiausse 氏撮影.

くは衝撃の時のみである (ここでは取り扱っていない)[28].

a) 多分散性の影響

単分散性のムースのせん断弾性率 G は気泡の半径の逆数に依存する (本章 § 3.1.1 参照)．一方，多分散性のムースの場合には，どのような特徴的長さが G を決めるのだろうか？ これを知るために，乾いた二重分散性のムースを考え，そのムース中では大きなムースの頂点が四面体の形をした小さな気泡で修飾されているとしよう (図 4.16)．このような四面体構造は，それを取り囲んでいる周りの気泡の構造を変えることはなく[29]，大きな気泡の稜同士の角度はほぼ 109.5° に等しい．その上，せん断は殆どその四面体構造を変形させない (本章問題 7.4 参照)．その結果，これらの小さな気泡は，せん断弾性率に対しては，殆ど寄与しない．つまり，せん断弾性率は，ムースを構成しているものが，単に大きな気泡のみの場合に近くなる．

今度は，単分散ではない乱れたムースについて，表面エネルギーの観点から考えてみよう．ムースにせん断を与えた時，境界面の面積の増大は平均して S_{int} に比例している．ただし，ここで S_{int} は静止状態での境界面の面積である．表面エネルギーの体積密度 $\mathcal{E}$ は，次元解析的には (訳注：一つの気泡についての単位体積当たりの表面積を考えて)，気泡のサイズの分布の二乗モーメントの三乗のモー

---

[28]乾いたムース中の音速を測ることは液体分率を決める一つの方法である．なぜなら，音速は液体分率に非常に敏感だからである．数 kHz の周波数では，音速は $\phi_l = 0.1$ で 50 m/s 程度になる．その最小値は 20 m/s 程度であるが，これは水と空気の半々で構成されている気泡性の液体の場合である [18, 20, 41]．ムースの音速は，水中の音速 (1500 m/s) または空気中の音速 (340 m/s) よりとても小さい．

[29]このことは，二次元の場合の修飾定理 (第 2 章 § 5.3 参照) との類似性によって理解されよう．

構造	ϕ_l*
二次元六角格子	$1-\frac{\pi}{2\sqrt{3}} \cong 0.09$
二次元ランダム充填	0.16
三次元格子（面心立方格子）	$1-\frac{\pi}{3\sqrt{2}} \cong 0.26$
三次元ランダム充填	0.36

図 4.17: 単分散性のムースが弾性を失う液体分率．無秩序な構造の場合，ϕ_l^* は，硬い円盤 (二次元の場合) もしくは硬い球 (三次元の場合) のランダム最密充填の密度に相当する．

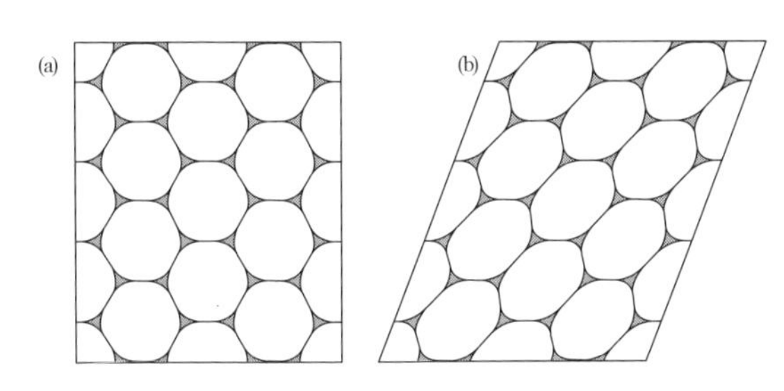

図 4.18: 六角形構造の二次元のムースが，$0 < \phi_l < 0.09$ の液体で，**修飾**されている．**(a)** 静止状態．**(b)** せん断後．薄膜と違いプラトー境界はせん断によって変形していない．

メントに対する比 $\langle R_v^2\rangle/\langle R_v^3\rangle$ と同様に変化する (第 5 章 § 3.2.2 参照)[30]．そこで，ザウター (Sauter) 半径 $R_{32} = \langle R_v^3\rangle/\langle R_v^2\rangle$ を導入し，さらに，$\mathcal{E} \sim G\varepsilon^2$ (式 (4.2)) に留意すると，$G \sim \gamma/R_{32}$ が得られる．二次元の場合は，文献 [34] および本章問題 7.4 で詳しく扱われている．

b) 液体分率の効果

気泡の半径が同じ場合，乾いたムースは湿ったムースよりも硬くなる．つまり，液体分率が上がると，G は下がり，最終的には，最密充填に相当する液体分率の値 ϕ_l^* でゼロとなる．実際，この値では，気泡同士の接触はなくなり，気泡は球になる (図 4.17 には，色々な構造に対する ϕ_l^* の値を載せた)．その上，ϕ_l^* では，せん断の影響下においても気泡は球形を保ち，境界面のエネルギーは一定になり，したがって，いかなる復元力も変形に抗しないため，ムースは弾性を失う．

[30] R_v は体積 V の気泡の半径に相当し，$R_v = (3V/4\pi)^{\frac{1}{3}}$ と定義される．実際には，現実の乱雑なムース中では，しばしば，$R_{32}/R_v \approx 1.1$ から 1.2 になる (図 5.19 および式 (2.19) 参照)．

二次元の場合を考察することで，G が，どのように ϕ_l と共に減少するか理解できる．ここでは，六角形構造を持つムースを考え，その構造において，プラトー境界が液体を**修飾**(図 4.18) しているとする．バチェラーの式 (式 (4.18)) によれば，境界面がもたらすせん断応力は二つの寄与分に分解できる．その一つは薄膜 (気泡同士が接触している部分) に関する寄与で，他方はプラトー境界に関する寄与である．しかし，この後者の寄与分は，構造の 3 回対称性のためにゼロとなる (この対称性は，せん断に対して保たれる．本章問題 7.4 参照)．したがって，単に薄膜のみが，せん断弾性率に寄与する．ϕ_l が大きくなると，気泡の形は徐々に六角形から円形になって行き，薄膜の面積はプラトー境界部分の増加と引き換えに，減っていく．このことから，定性的には，G が ϕ_l の減少関数となることが分かる．

六角形構造を持つ湿った二次元のムースについて (図 4.18a)，プリンセンは，幾何学的な議論から，弾性率の液体分率依存性が次式で表せることを示している[31] [43].

$$\hat{G}_{\text{六角形}} = 0.52\frac{\lambda}{R_a}\,(1-\phi_l)^{0.5} \qquad \text{ただし，} \quad \phi_l < \phi_l^* \tag{4.48}$$

予期した通りに，弾性率は，液体の比率 ϕ_l が増えると減るが，その後，ある点で，不連続に落ち込む．この点は，気泡の接触が同時になくなる点，つまり $\phi_l = \phi_l^*$ の時である (図 4.19)．もちろん，$\phi_l > \phi_l^*$ において気泡の懸濁液は弾性を示さなくなる．

乱雑な二次元のムースの場合，気泡間の接触の消滅は，統計的な現象になり，液体分率 ϕ_l^* においては，気泡同士の接触のネットワークはもはや静的な応力を伝えることができなくなる．その結果，ϕ_l と共に，ムースは連続的に弾性を失う [15, 55]．乱雑な三次元のムースにおいても同様に，G は，ϕ_l^* に至るまで，連続的に減少する．ϕ_l とザウター半径 R_{32} に対する，G の変化を調べた実験の結果は，次式の現象論的な表現で良く記述される (図 4.19).

$$G = 1.4\,(1-\phi_l)(\phi_l^* - \phi_l)\,\frac{\gamma}{R_{32}} \tag{4.49}$$

この表式は，三次元の乾いたムース ($\phi_l = 0$ および $\phi_l^* = 0.36$) におけるシミュレーションの結果である $G = 0.51\gamma/R_{32}$ と良く整合する [33].

ϕ_l^* において弾性が消失する物理的な原因

ϕ_l^* の近傍では，変形と表面エネルギーの関係に寄与するのは，気泡間の平均接触箇所数 Z_c と気泡同士を接触させるのに必要な力 (**接触力**) になる．気泡はでき

[31] ただし，R_a は面積 S の気泡の半径 ($R_a = (S/\pi)^{1/2}$)，λ は線張力 (単位は N)，そして，$\hat{G}$ は二次元のムースの弾性率である (単位は N/m).

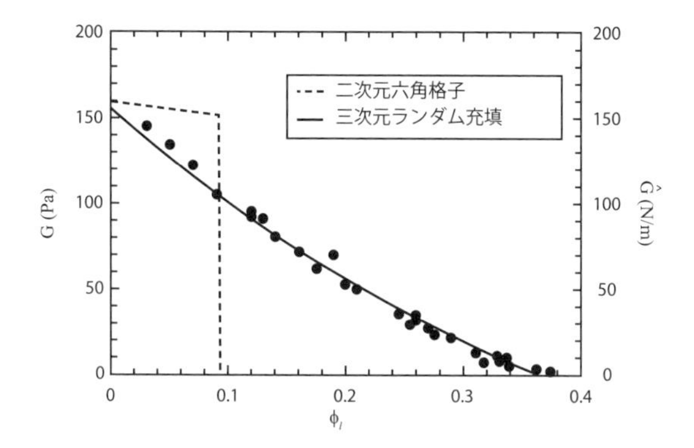

図 4.19: せん断弾性率 G の液体分率 ϕ_l への依存性．測定は，乱雑な三次元のムースに対するもの (ただし，$R_{32} = 66\ \mu$m および $\gamma = 20$ mN/m．データは文献 [49] による)．実線は式 (4.49) である．一方，破線は六角形構造の二次元のムースの弾性率 (式 (4.48)) であり，$R_a = 66\ \mu$m および $\lambda = 20$ mN として求めた (右の縦軸)．

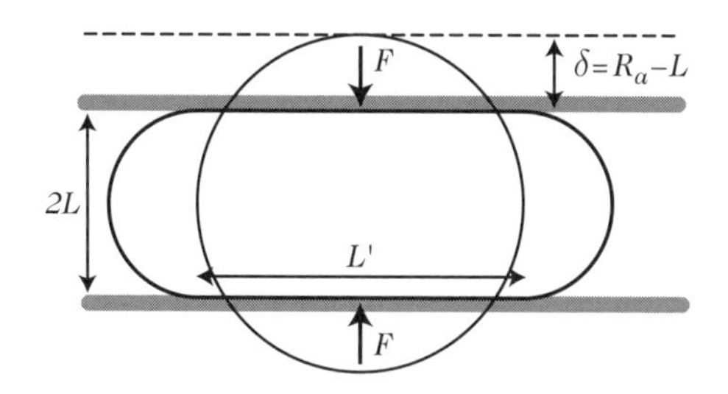

図 4.20: 二次元の気泡．初期の半径は R_a であり，面積一定のもとで，二枚の板で，単位長さ当たり F の力によって押しつぶされている．

るだけ丸くなろうと互いに押しあっている．この斥力を記述するために，圧縮バネのモデルが使える (p. 250 の囲み欄参照)．このバネ定数 k と Z_c は，液体分率 (つまり気泡間の距離) が増えると，減少する．規則正しい二次元のムースでは，バネは調和的で，バネ定数は $k \sim \gamma/R_a$ になる．ϕ_l^* では全ての接触が同時になくなるため (Z_c の値は 6 から 0 に飛ぶ)，この液体分率において弾性率は不連続に変化する (図 4.19)．規則正しい三次元のムースにおいても，接触は ϕ_l^* において同様に消えるため，弾性率 G もゼロになる．しかし，この場合には，G の変化は連続的であると期待される．これは，表面張力によるバネが非調和的な性質を持つことに起因する．この結果，k は気泡間の距離に依存し，ϕ_l が ϕ_l^* に近づくと共にゼロになる (p. 250 の囲み欄参照)．

ムース中で隣接する気泡間の相互作用

$\phi_l < \phi_l^*$ の時，二つの隣接する気泡はお互いに押しあうが，これは，気泡を変形させるために表面エネルギーが必要となるからである．ある与えられた液体分率における相互作用を理解するために，二次元の気泡を考え，その気泡は，初期には半径 R_a の円であったものが，その後，面積一定のもとに二枚の壁で押しつぶされたとする (気泡間の接触を模擬するため．図 4.20 参照)．すると，平衡状態において，気泡の周長は最小となるが，このことは，二つの両端が半径 L の円の一部になるということを示唆する．壁と接触している長さを L' とすると，($\delta \ll R_a$ の下での) 第一次近似として $L'L \sim \delta R_a$ を得る．この結果，気泡を押しつぶすために必要な力は $F \sim (\lambda/L)L' \sim \lambda\delta/R_a$ となる[32]．ただし，λ は線張力である．このようにして，ϕ_l^* の近傍では，隣接気泡間の斥力は，バネ定数 $k \sim \lambda/R_a$ の調和振動子と同じになることが分かる．ここでもまた，気泡が小さくなるとムースがより固くなることに注意しよう．

三次元においては，初期状態には球形であった気泡が二枚の板に押しつぶされている場合，その気泡の曲率半径は，体積一定の下で，面積を最小化するように調節される．数値計算によると，微小変形の場合 ($\delta \ll R_v$)，気泡を押し込めておくために必要なエネルギー (単位面積当たり) の値は $\Delta E \sim \gamma(\delta/R_v)^\alpha$ の形になり，$\alpha > 2$ となる [35](湿った単分散性のムースが面心立方構造を取るときには $\alpha = 2.5$ となる)．このようにして，三次元では， 気泡間の接触は非調和振動子として記述できることが分かり，そのバネ定数は $k \sim \gamma(\delta/R_v)^{\alpha-2}$ になる．したがって，このバネ定数は，ϕ_l^* の時ゼロになるが，これは，この液体分率において $\delta = 0$ となるからである．

4.1.2　静的な非線形弾性

せん断変形によって，降伏応力に近い状態になったものの，まだ気泡の再配置が生じるには不十分である場合には，薄膜の引伸ばしと回転が起こり，この二つによって法線応力差が生み出される (p. 186)．一般的に，第一法線応力差 (式 (4.17)) は，それが，等方的な弾性体中における準静的なせん断によって生じたものならば，次式のようにポインティング (Poynting) の法則に従う (本章問題 7.5).

$$N_1 = \sigma\,\varepsilon = G\,\varepsilon^2 \tag{4.50}$$

せん断をうけているムース中では，シャボン膜は，都合の良い向きへと引伸ばされて配向される (図 4.21a)．応力 $\sigma(=\sigma_{12})$ が大きい場合，薄膜の法線は第二方向に向く傾向を持つ．したがって，法線応力 σ_{11} と σ_{33} は，表面張力のために

[32] ラプラス圧が λ/L になることを用いている．エネルギーの差 $2\lambda(\pi(L-R_a)+L')$ を計算すると $2\pi\lambda\delta^2/R_a$ となることを用いても同じ結果となる．

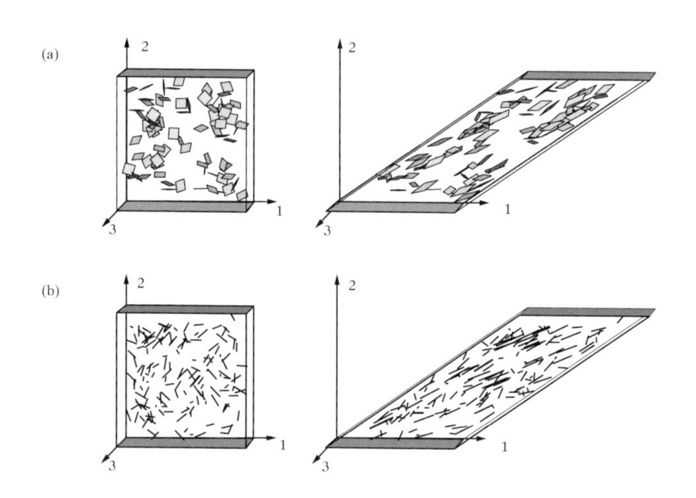

図 4.21: せん断が立方体に加えられている．立方体中には空間に対してランダムに配向した弾性的な要素が含まれている．この要素は，**(a)** においては，面で表現されているが，これはムースの薄膜を模擬したものである．**(b)** では，要素は短い線で表現され，これは高分子鎖を模擬している．せん断が加えられると，薄膜の面は，せん断が加えられている平面 (法線ベクトルが第 2 軸に向いている面) に平行に配向する傾向を持ち，短い線は第一方向に配向する傾向を持つ．

σ_{22} よりも大きくなる (訳注：バチェラーの法則から理解できる)．この見方からすると，第一方向と第三方向は同一であるから，$\sigma_{11} \approx \sigma_{33}$ が得られ，定性的には，$N_1 \approx \sigma_{11}$ および $N_2 \approx -\sigma_{33} \approx -N_1$ が期待される [37]．この効果は，ポリマーにおいて観察される効果とは異なっている．ポリマーの場合には，高分子鎖はせん断が加えられている方向にのみ配向するため (図 4.21b)，σ_{11} は σ_{22} と σ_{33} に比べ大きくなり，$N_1 \approx \sigma_{11}$ および $N_2 \approx 0$ が得られる．

薄膜のスケールから出発してデルヤーギン (p. 230) の近似を一般化したモデルからは，降伏応力を超えない場合において有効な，テンソル構成則が次式のように導き出される [27]．

$$\sigma_{ij} = -p\,\delta_{ij} + \frac{G}{7}(B_{ij} - 6B_{ij}^{-1}) \tag{4.51}$$

このムーニー・リブリン (Mooney-Rivlin) の法則とも呼ばれる[33] 法則においては，有限のひずみがフィンガーのテンソル B_{ij}(式 (4.13)) を用いて記述される．この

[33]訳注：ゴムの大変形に良く使われるムーニー・リブリンのモデルと同様の形式になっているため．このモデルについては，たとえば，斎藤信彦著「高分子物理学 (裳華房)」や，深尾浩次等訳「高分子の物理」(丸善出版) 参照．

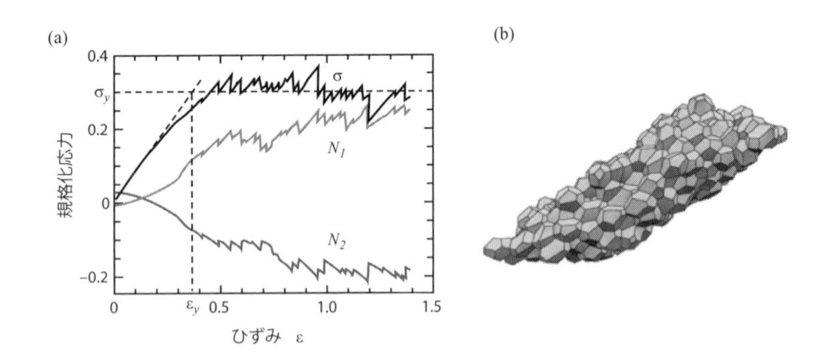

図 4.22: **(a)** 乾いた乱雑な単分散性のムースに対する，せん断応力，第一および第二法線応力差を (準静的な) ひずみの関数として表したもの (*Surface Evolver* [33] による数値計算)．応力は $\gamma/V^{1/3}$ で規格化されている．ただし，V は気泡の体積である．ひずみが降伏ひずみ ε_y より小さい場合には，σ は ε について線形である一方，N_1 と N_2 は ε^2 に比例する (式 (4.52))．ひずみが降伏ひずみ ε_y を越えると，応力は σ_y 付近を揺れ動くが，この値は T1 過程によって決まる (本章 § 5 参照)．**(b)**$\varepsilon = 1.4$ の時の 216 個の気泡からなるムースの構造 (A. Kraynik 氏提供)．

法則は，せん断応力と変形の間の線形関係，および，非線形な法線応力の変化を予言する．実際，有限なせん断が加えられた場合，B_{ij} は本章問題 7.5 に示したように表され，式 (4.51) は次式のように書ける．

$$\sigma = G\varepsilon \qquad N_1 = G\varepsilon^2 \qquad N_2 = -\frac{6}{7}G\varepsilon^2 \tag{4.52}$$

予想通り，N_2 は N_1 と同程度の大きさで符号が逆である．N_1 の ε に関する二乗の依存性は，降伏応力に達するまでの間で，数値計算においても (図 4.22a)，実験においても確認することができる (図 4.23)．さらに，式 (4.52) は，法線応力の差は弾性率 G に比例して変化することを示している．したがって，柔らかく小さい降伏応力を持つムース中では，N_1 は常にせん断応力に比べて小さくなる．典型的な例では，$G \cong 100$ Pa で $\varepsilon \cong 0.1$ のとき，$N_1 \cong 1$ Pa にしかならない．ポリマーの場合には，より弾性が強く (G は MPa の程度)，ひずみ ε は 1 の程度にもなり得る (ゴムを想像してみれば分かる)．このため，ポリマーでは，とても大きな法線応力の差が見られ，$N_1 \cong \sigma$ になることもある．最後に，指摘しておきたいことは，定常せん断流れによっても，同様に法線応力の効果が誘起される，ということである．これはワイセンベルグ (Weissenberg) 効果と呼ばれ，液体のポリマーにおいて観察できるが，ムースにおいてもわずかではあるが観察できる．この効果によって，流体は回転する軸方向に上昇していく．

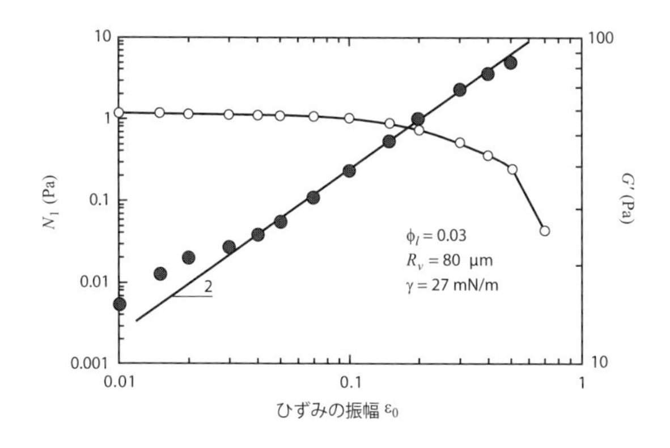

図 4.23: 第一法線応力差 $N_1(\bullet)$ とせん断弾性率 $G'(\circ)$ をひずみの振幅 ε_0 の関数で表したもの (降伏ひずみは $\varepsilon_y \cong 0.4$ である). N_1 と G' は，周波数 2 Hz の振動下で測定された (図 5.11 参照). G' は，振幅が降伏ひずみ ε_y より十分小さい時には一定であるが，それを越えると減少していく. N_1 は ε の二乗に比例する (式 (4.52)) が，振幅がとても小さい場合には残留応力によってずれが生じる (参照 p. 225). データは文献 [28] による.

4.1.3 線形粘弾性

a) 周波数応答

本章 § 3 では，力学的散逸を誘起し得る様々な原因を特定してきたが，その原因には構造の再配置 (T1 過程) に関連するものもあれば，そうでないものもあった. 具体的には，ムース性液体の粘性 (薄膜，プラトー境界および頂点で生じる)，境界面の粘性，そして界面活性剤の移動によるものがあった. したがって，ひずみが小さく，降伏応力よりも十分に小さい領域では，ムースは線形粘弾性を持つ物質として振る舞う. その応答は，刺激の時間スケールに依存し，振動実験を周波数 ω で行った場合，$1/\omega$ の時間スケールに依ってくる. この応答は，複素せん断弾性率 $G^*(\omega)$(式 (4.9)) によって特徴付けられる. $G^*(\omega)$ の変化は，他の柔らかく乱雑な物質において観察される変化と似ており，たとえば，濃いエマルションまたはペーストの場合に似ている. 複素せん断弾性率の変化は，緩和時間に対して非常に広いスペクトルを持ち，様々な散逸過程に関係付けられる. たとえば，図 4.24 では対数グラフ上でおよそ六桁にわたる広がりを持つ. この図において，G' は連続的に増えているが (ただし，中間の周波数においては平らな領域がある)，G'' の変化は起伏に富んでいる[34]. 以下では，その様々な振る舞いについて議論していく.

[34] G'' は定常流れにあるムースの粘性についての情報を与えない. これについては本章 4.3.1 で議論する.

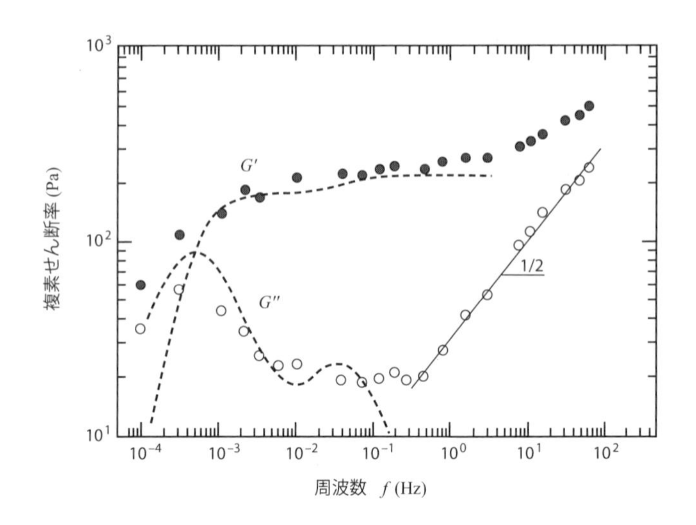

図 4.24: ムースの線形領域における複素せん断弾性率 (式 (4.9)) を周波数の関数で表したもの．サンプルはシェービングムースを 100 分間熟成し，液体分率が $\phi_l = 0.08$ になったもの．点線はクリープコンプライアンス (式 (4.54)) のラプラス変換から導かれたもの．また，傾き 1/2 の直線は，式 (4.53) で示唆されたもの．データは文献 [6, 7, 22] による．

非常に速い緩和　一番短い緩和時間のスケールを見積もるために，空気中に浮かぶ一つのシャボン玉を考えてみよう．単純化すると，大きさ d の気泡の振る舞いはバネ定数 $G \sim \gamma/d$ のバネのようになる (囲み欄 p. 250 参照)．また，気泡の動きは気泡中の液体の流れによって減衰し，その際の有効粘性は $\eta_{eff} \sim \eta d/h$ (式 (4.38)) となる．ただし，h はシャボン膜の厚さで，η はムース性の液体の粘性である (本章 § 3.3.1 参照)．その緩和時間は，$\tau \sim \eta_{eff}/G$ と書けるので (図 4.2 参照)，つまり $\tau \sim \eta d^2/\gamma h$ となる．したがって，$\gamma = 30$ mN/m，$\eta = 1$ mPa·s，$d = 30\ \mu$m，かつ，h が 20 nm から 1 μm の範囲にある場合，緩和時間は，10^{-6} から 10^{-3} s の時間スケールになり，特徴的な周波数 $f = 1/(2\pi\tau)$ としては 10^2 から 10^5 Hz に相当する．このような (速い) 緩和は図 4.24 の測定領域では観測できない．

速い緩和　高い周波数 (図 4.24 における 1 から 100 Hz) では，データは次式に合わせることができる．

$$G^*(\omega) = G(1 + \alpha\sqrt{i\omega}) \tag{4.53}$$

ただし，ここで G は静的弾性率 (図 4.24 では 250 Pa 程度) である．G^* の $\omega^{1/2}$ への依存性は，数個の気泡のスケールの共同的な過程の結果として理解できる．つまり，構造的な乱雑さによって，脆くて異方的な領域が生成し，その領域が，多少，連続体中の亀裂のように振る舞う．せん断が加えられると，気泡は，そのような脆い領域のあちこちで滑るため，エネルギーが粘性摩擦によって散逸する．これらの領域の向きはランダムであるため，緩和時間の分布ができ，そのことから $\omega^{1/2}$ 法則が導かれる [36]．

これとは非常に異なった，境界面での膨張による弾性 E_s^* に基づく過程も (第3章 § 2.2.3 参照)，同じように，散逸に寄与し得る．実際，次元を考えると，G^* は E_s^*/d の様に変化する．ここで，境界面での弾性が界面活性剤の溶液中の拡散によって制御されるとしてみよう．すると，E_s^* は，ルカッセンとファンデルテンペルの式 (式 (3.17) および (3.18)) で与えられるので，もし，ひずみの周期時間が十分に長く，界面活性剤が拡散して境界に戻ってくる時間がある場合には，$E_s^* \sim \sqrt{i\omega}$ が得られる．したがって，この寄与分が，静的弾性 G に加わり，式 (4.53) が得られることが期待される [1]．

平坦弾性　中間での周波数 (図 4.24 における 10^{-3} から 1 Hz) では，平坦な弾性係数 G'，および，G'' の極小値が観測される．この領域では，弾性が応答に対して支配的になり，G' は静的弾性 G(p. 226) と一致する．実は，静的弾性に関する節 (本章 § 4.1.1) では，低周波数での全ての応答は，この平坦領域によって完全に記述できることを暗に仮定していた．

遅い緩和　準静的な領域 (本章 § 4.1.1 参照) は，非常に低い周波数 ($f < 10^{-3}$ Hz) にも適用できるわけではない．この領域では，G' はゼロに向かう傾向にあり，G'' はゼロに向かう前に極大値を通る．この G'' の極大値は特徴的な時間 $\tau = 1/(2\pi f)$(図 4.24 では 300 秒程度) を持つ過程を示唆しており，それは熟成と関連付けられる．この長時間領域においては，ムースの熟成が振動の一周期の間に起こるため，老化[35]と緩和過程を分離できなくなる．この場合には，以下で見るように，クリープ試験 (p. 219 参照) を行う方が賢明になってくる．

b) 時間応答

線形領域では周波数応答と時間応答は同等である (本章 § 2.2 参照)．つまり，クリープ試験を適用することで，熟成するムースの遅い緩和を明らかにできる．この実験は，短い時間で実現でき，その結果から，ある特定の経過時間における粘弾性についての情報を取得できる．注意したいのは，サンプルには，降伏応力を下回る応力 σ のステップ入力を加えることであり，これによって，(入力時に) 再配置を誘起することなく，線形な応答を測定できる (本章 § 2.2 参照)．そして，ひ

[35] ここでは，十分に長い時間と高さでは，排液の影響が無視できることを仮定してている．この仮定が現実的であり得ることは，式 (2.48) および (3.97) の大きさの程度から分かる (図 2.23 参照)．

ずみ $\varepsilon(t)$ を測定するわけであるが，その測定の継続時間は，ムースの特性 (気泡の大きさ，弾性率，そして熟成によって誘起される再配置の発生割合) が一定に保たれる程度に十分に短くなるように，と同時に，熟成によって再配置が何度も誘起される程には十分に長くなるように，設定する必要がある (訳注：ムースのクリープ実験では，熟成の進行度に応じて，異なるタイミングでのステップ応答を観測する)．

図 4.25 に示されているのは，コンプライアンス $J(t) = \varepsilon(t)/\sigma$ であるが，これは，異なる熟成割合を持ったムースに対して得られたものであり，間隔 $\Delta t = 100$ s のステップ応力に対する応答である．全ての場合について，$J(t)$ の振る舞いから，$t = 0$ で観測される弾性コンプライアンス J_{e0} が分かる．その後，過渡的な緩和が数秒間の時間 τ_1 続く様子が観測できる．さらにその後，流れは定常になり，$J(t)$ が時間と共に線形に増えていくが，その増加の速さは，ムースの熟成が速い程，速い．最終的に，$t = \Delta t$ で応力がゼロになる．すると，ムースは，ひずみの弾性部分を取戻し，流れにより生じた残留ひずみを保持する．間隔 $0 < t < \Delta t$ においては，$J(t)$ は次式で表せる[36]．

$$J(t) = \frac{1}{G} + \frac{t}{\eta_0} + \frac{1 - \exp(-tG_1/\eta_1)}{G_1} \tag{4.54}$$

コンプライアンス $J(t)$ のラプラス変換を求めることで，低い周波数での複素弾性率 $G^*(\omega)$ を導くことができる (p. 220 参照)．これは振動試験で計測されたものと良く一致するが，この様子は，図 4.24 に示されている．この一致は，応答の線形性の現れである．より正確に言うと，このコンプライアンス $J(t)$ は，マックスウェル流体 (G, η_0) とケルビン・フォークト固体 (G_1, η_1) を直列に接続したモデルのものと等価である (図 4.25b)．このモデルに対し $J_{e0} = (1/G + 1/G_1)$ を導入すると，定常状態 (長時間領域) では，ムースは，粘性 η_0 を伴ってゆっくりと流れるが，その振る舞いは次式で表される．

$$J(t) = J_{e0} + \frac{t}{\eta_0} \tag{4.55}$$

クリープ試験からは，二つの緩和過程が明らかになるが，それらの緩和時間は，過渡過程に相当する $\tau_1 = \eta_1/G_1$(τ_1 は，図 4.25a においては，数秒程度)，およ

---

[36]訳注：マクスウェル要素 (M) とフォークト要素 (V) が直列になっているので，両者には共通の応力 σ(今の問題では一定値) が働き，全体のひずみは，各要素の和，すなわち，$\varepsilon(t) = \varepsilon_M + \varepsilon_V$ と表せる．マクスウェル要素に対しては，バネとダッシュポッドのひずみをそれぞれ ε_G，ε_η と表すと，$\varepsilon_M = \varepsilon_G + \varepsilon_\eta$ および $\sigma = G\varepsilon_G = \eta_0\dot{\varepsilon_\eta}$ が成立するため，$\varepsilon_M = \sigma(1/G + t/\eta_0)$ を得る．一方，フォークト要素に対しては，バネとダッシュポッドのひずみは共に ε_V なので，$\sigma = G_1\varepsilon_V + \eta_1\dot{\varepsilon_V}$ が，成立するため，$\varepsilon_V = (\sigma/G_1)(1 - e^{-tG_1/\eta_1})$ を得る．こうして求めた ε_M と ε_V から $\varepsilon(t)$ が決まるので，さらに，$J(t) = \varepsilon(t)/\sigma$ を用いることで式 (4.54) が得られる．

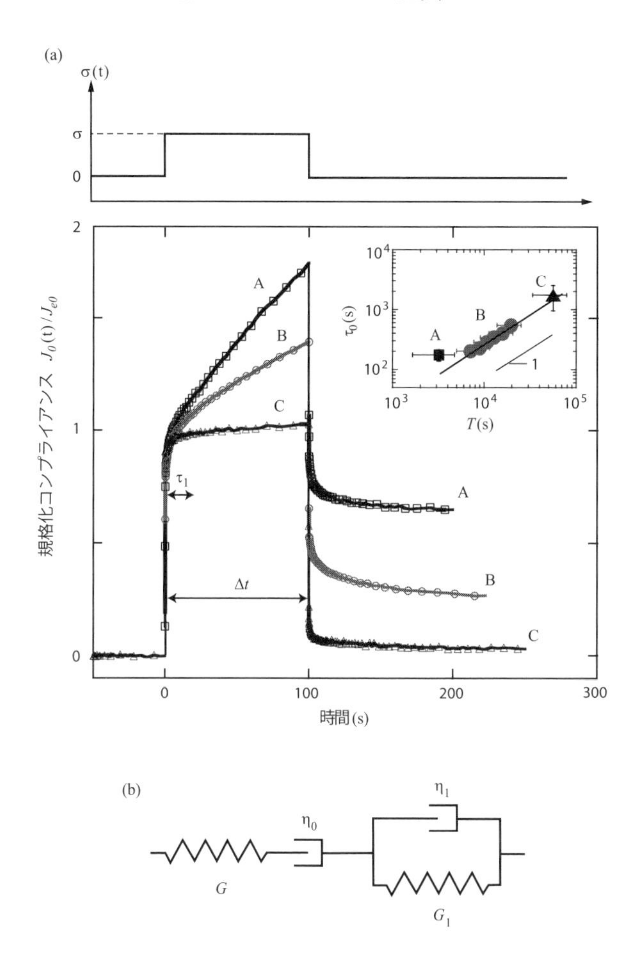

図 4.25: **(a)** ムースの線形クリープ応答．ムースに，一定応力 $\sigma(\ll \sigma_y)$ を，$\Delta t = 100$ s の間，加えた場合．三種類のムース A，B，C($\phi_l = 0.07$) を，異なる溶解度を持つ気体を利用して実現し，その結果，熟成の速度，つまり熟成によって生じる再配置の発生割合は，A から C の順に小さくなっている．コンプライアンスは $J_{e0} = (1/G + 1/G_1)$(式 (4.54)) で規格化してある．挿入図は，この実験から導かれた量 $\tau_0 = \eta_0 J_{e0}$ を，これとは独立に行われた多重散乱実験 (第 5 章 § 1.2.5 参照) から求めた時間 T の関数として示している．ただし，T は体積 $(2R_v)^3$ 中の再配置の間の平均時間である (訳注：T は，物理的には $1/(\omega_r V_r)$ および図 3.25 の τ と同じ量である．なお，挿入図における B のデータはすべて $\phi_l = 0.07$ のデータである (この実験における熟成時間ではこのサンプルには排液や融合が生じない))．**(b)** 力学的等価モデル．このモデルの挙動は **(a)** で観測されたものと等価になる．データは文献 [7] による．

び，定常状態に相当する $\tau_0 = \eta_0 J_{e0} \cong \eta_0/G$ である (図 4.25a の挿入図において，τ_0 は典型的には数分程度)．パラメータ G，G_1，η_0 および η_1 は，ムースの物理化学的な性質によって決まるが，実験から次のことが分かる．1)$G \propto \gamma/R_v$．これは式 (4.49) と一致する．2)$G_1 \propto \gamma/R_v$．ただし，この場合の係数はより大きく，$G_1 \gg G$ となる．3) 定常流れは熟成が遅いほど遅くなる (η_0 が大きくなる)．4)$\eta_1 \propto 1/R_v$．η_0 と η_1 は，どちらも粘性の次元を持つが，共に，ムース性溶液の粘性には顕著には依存しない [7, 40]．たとえば，熟成が進むと τ_0 は増加するが，τ_1 は一定である．したがって，これらの連続して起こる二つの緩和の原因は，気泡および薄膜のスケールにおいて，非常に違ったものになるが，続いて，このことを議論する．

4.1.4 ムースの粘弾性と境界面のレオロジーの結合

応力の作用の下に，ムースは素早く変形し，平衡状態から外れた構造を取るが，その構造を支配するのは粘性力であり，したがって，その時の表面積は最小ではない．図 4.25a においてみられる，過渡応答領域は，特徴的な時間 τ_1 を伴うが，この時間領域は，構造が平衡状態へと向かう緩和過程に相当し，したがって，薄膜の面と配向が変化して境界面のエネルギーを最小にしようとする．つまり，この動力学は，薄膜がプラトー境界におよぼす力によって，推進力される．長さ L の薄膜によって，プラトー境界は，表面張力 γ の程度の力で引張られる．同時に，薄膜は，変形に抵抗するが，主に，境界面の膨張に伴う粘性 η_d がこの抵抗を担う (式 (3.10))．したがって，スケーリング則としては，薄膜の動力学は，$\gamma \sim (\eta_d/L)\, dL/dt$ と表せる [16]．これに対応する特徴的な時間 $\tau_1 \sim \eta_d/\gamma$ は，気泡の大きさには依存しない．典型的な値として，$\gamma \approx 30$ mN/m，かつ，$\eta_d \approx 10^{-3}$ から 10^{-2} kg/s の範囲を考えると，硬い境界面の場合には，τ_1 は，1 秒を少し下回る程度であり，この値はシェービングムースで観測される値と近い (約 1 秒)．ここで注意すべきなのは，この動力学は T1 過程後の薄膜の緩和を支配する動力学と似ているということである [14]．最後になるが，ムース性溶液によっては，界面活性剤と関連した，上に考えたものとは別の散逸に関する過程が，ムースとその境界面の粘弾性の結合に影響をおよぼす (本章 § 3.3.2 参照)．

4.1.5 遅い緩和と T1 過程に誘起される熟成の結合

a) 熟成によって生じる再配置の役割

隣接する気泡間の気体の拡散が起きる場合，断続的に，力学的に不安定な状態が現れ (図 3.4 参照)，(局所的に表面エネルギーを最小化するために) ムースには

T1 型再配置が生じる．その発生頻度は，熟成を特徴的付ける平均頻度に相当する (図 3.25)．T1 型再配置の際には，巨視的なひずみが不連続に変化するが，その変化の方向は，応力がない場合にはランダムな方向になるが，応力が加えられている場合には，せん断方向に偏向する．したがって，小さな応力が加えられ定常状態が実現している場合には，ムースはゆっくりとマックスウェル流体のように流れる (p. 256 参照)．スケーリング則としては，クリープ率$\dot{J}(t) = \dot{\varepsilon}(t)/\sigma$ は，コンプライアンス J_{e0}，一つの T1 型再配置による影響がおよぶ範囲の平均体積 V_r，そして，単位時間・単位体積当たりに熟成により引き起こされる再配置の発生数 ω_r に比例するため，次式で与えられる [7, 53]．

$$\dot{J}(t) \cong J_{e0}\,\omega_r\,V_r \tag{4.56}$$

ただし，この式は，大きさ 1 の程度の係数が省かれていることに注意しよう．

ここで，p. 255 に記述した，巨視的なスケールでのクリープに戻ろう．式 (4.55) から得られるクリープ率と式 (4.56) を同一のものと見なすと，巨視的な粘性と，気泡の尺度で生じる過程を，次式のように関連付けることができる．

$$\frac{1}{\eta_0} = J_{e0}\,\omega_r\,V_r \tag{4.57}$$

この関係式から分かるのは，クリープの特徴的な時間 $\tau_0 = \eta_0 J_{e0}$ と $1/(\omega_r V_r)$(したがって，単位体積中における再配置の平均的な時間 $1/\omega_r$) が比例関係にあるということである．この関係は，$J(t)$ をレオメータを用いて測りつつ，ω_r を光学的測定方法である DWS(第 5 章 § 1.2.5 参照) を用いて同時に，その場で測定することで，良く観察することができるが，この様子は，図 4.25 の挿入図に示されている．この結果から，7 % の液体を含むムースにおいて V_r は $(6R_v)^3$ 程度になるが，この体積は，およそ気泡 50 個分の体積である．しかし，この理由はまだ分かっていない．

b) 複素せん断弾性率のスケーリング法則

熟成の間，気泡の平均半径 R_v はゆっくりと増えていき (式 (3.38))，再配置の平均的な周波数 ω_r は減っていく．実際，ムースが生成されてからの老化時間 t_a が大きい場合には，図 3.27 および図 3.25 で示したように，$R_v \sim t_a^{0.5}$ および $\tau^{-1} \sim \omega_r V_r \sim t_a^{-0.66}$ となる．このようにして，再配置によって生じる (マクスウェル型の) 緩和を，熟成と関連付けることができる．熟成が進むにつれて，ムースは柔らかくなっていくが，これは，関係式 $G \sim \gamma/R_v \sim t_a^{-0.5}$ より分かる．また，緩和の特徴的な時間 $\tau_0 \cong 1/(\omega_r V_r)$ は，時間と共に $t_a^{0.66}$ の様に増える (一方，$\tau_0 \cong \eta_0/G$ からは $\tau \sim \tau_0 \sim t_a^{0.5}$ が予言される．実験誤差の範囲内でこれは

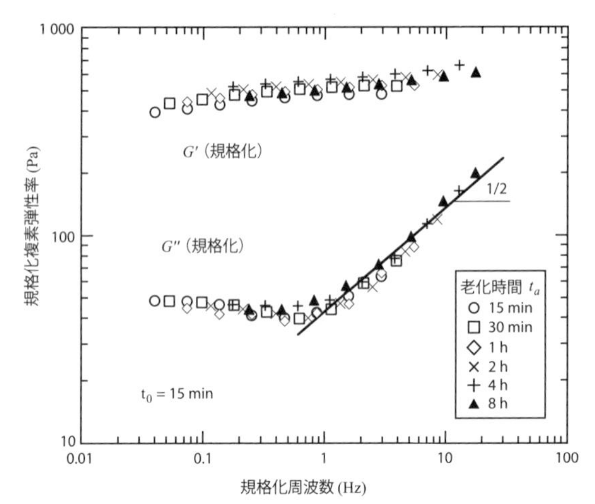

図 4.26: 複素せん断弾性率のマスターカーブ (式 (4.58)). 規格化された弾性率 $G'(\omega, t_a)/b(t_a, t_0)$ および $G''(\omega, t_a)/b(t_a, t_0)$ を, 規格化周波数 $f\,a(t_a, t_0)$ の関数で示している. サンプルはシェービングムース ($\phi_l = 0.08$). この複素弾性率は, 老化時間 15 分 (基準経過時間) から 8 時間の間に測定された. データは文献 [27] による.

図 3.25 の結果に整合する). このため, 時間と共に G'' の極大値 (これは前述のように $f = 1/(2\pi\tau_0)$ の位置にある) は低周波数方向へずれる (図 4.24).

次式に示すように, この現象に対応する, シンプルなスケーリング則が存在し, この法則によって, 複素せん断弾性率の変化は, 周波数と老化時間の関数で表すことができるが, この様子は, 図 4.26 に示されていてる.

$$G^*(\omega,\, t_a) = b(t_a,\, t_0)\; G^*(\omega\; a(t_a, t_0),\, t_0) \tag{4.58}$$

二つのスケール因子, $a(t_a, t_0)$(周波数に関するもの) と $b(t_a, t_0)$(弾性率に関するもの) は, 基準となる老化時間 t_0 との比で決まるため, 老化時間 t_a が t_0 でない場合に測定される弾性率を予言できる. これら二つの係数は, p. 260 の囲み欄で詳しく説明されている. つまり, 低い周波数でのムースの線形な粘弾性が示すのは, **時間と老化時間**の等価性であるが, これから想起されるのは, 時間と温度の等価性である[37].

時間と老化時間の等価性

低い周波数では, 複素せん断弾性率 $G^*(\omega, t_a)$ は, 式 (4.58) に与えたスケーリング則に従って, 周波数 ω と老化時間 t_a に依存する. 係数 $a(t_a, t_0)$ と $b(t_a, t_0)$ の値は基

[37] この後者の等価性は, 高分子の分野ではウィリアムズ・ランデル・フェリー (Williams-Landel-Ferry) の法則と呼ばれている [8].

準時間 $t_a = t_0$ のとき1であると定義する (図 4.27)．この法則が成立する領域においては，仮に境界面に起因する緩和 (本章 § 4.1.4 参照) を無視すると，複素弾性率はマクスウェル要素のものとなり，その要素の弾性率 G と粘性率 η_0 で次式のように書ける[38]．

$$G^*(\omega, t_a) \cong G\frac{i\omega\eta_0/G}{1+i\omega\eta_0/G} \tag{4.59}$$

さらに，式 (4.58) と式 (4.59) を比べると，次式を得る．

$$a(t_a, t_0) \propto \frac{\eta_0(t_a)}{G(t_a)} \quad \text{，および，} \quad b(t_a, t_0) \propto G(t_a) \tag{4.60}$$

この結果が，意味することは，式 (4.57) によれば，係数 a が，熟成によって生じる再配置の平均継続時間 $1/(\omega_r V_r)$ と共に増加すること，ならびに，係数 b が $1/R_v$ と共に減少することである．実際に，これらは実験的に観察できる (図 4.27)．

4.1.6 記憶効果と構造

他の複雑な流体 (たとえば高分子) と同じように，ムースにおいては，その微細構造の中にレオロジー的な**記憶**が刻み込まれている．したがって，ムースにおける，レオロジー的な性質と再配置の動力学は，変形の履歴と大きく関係する．この記憶効果は，熟成により徐々に消えていく (またもや，歳を取るにつれて記憶がなくなることを思い知らされるのだ！)．

この性質を説明するため，ムースを，ある時間 t_p のあいだ熟成させ，その後，大きな強度のせん断 ε_p(ε_y の程度の大きさ) を短い時間だけ加え，そして，再び熟成させてみよう (図 4.28)．この大きなせん断によって，微細構造が乱されるが，その際，液体分率および気泡の大きさは一定である．この外部刺激の直後には，弾性率は減るが，その後，弾性率は増加して，刺激がなかった場合の値に戻る．このような過渡的な軟化現象は柔らかいペーストでも観察できるが，その場合にはムースとは異なり，現象はガラス的な動力学を反映しており，再配置の発生頻度が一時的に増加することから，系の若返りと解釈される．この際に，再配置によって弾性エネルギーを蓄える系の能力が低下するため，G' は低下する．これとは反対に，ムースの場合には，刺激の後，再配置の発生頻度 ω_r は減少し，やがて，刺激を加えなかった場合の値に戻っていく．この回復期のムースの**硬化**に伴

[38]訳注：図 4.2 に示されているこの式は以下のように導出される．マクスウェル要素にかかる応力 σ とひずみ $\varepsilon = \varepsilon_1 + \varepsilon_2$ は，$\sigma = G\varepsilon_1 = \eta\dot{\varepsilon_2}$ を満たす．ただし，ε_1 と ε_2 は，それぞれ，バネとダッシュポッドのひずみである．これより，構成則，$\dot{\varepsilon} = \dot{\sigma}/G + \sigma/\eta$ を得る．これに式 (4.7) に準じたひずみと応力の式 $\varepsilon(t) = \varepsilon_0 e^{i\omega t}$ と，$\sigma(t) = \sigma_0 e^{i(\omega t+\delta)}$ を代入すると，$\varepsilon_0 = (1/G + 1/(i\omega\eta))\sigma_0 e^{i\delta}$ を得る．また，式 (4.8) に準じた式 $\sigma(t) = \varepsilon_0 G^*(\omega)e^{i\omega t}$ と上に記したもう一つの $\sigma(t)$ の式を比べて，$\sigma_0 e^{i\delta} = \varepsilon_0 G^*(\omega)$ を得る．この式に，導出した ε_0 を代入することによって式 (4.59) が求められる．

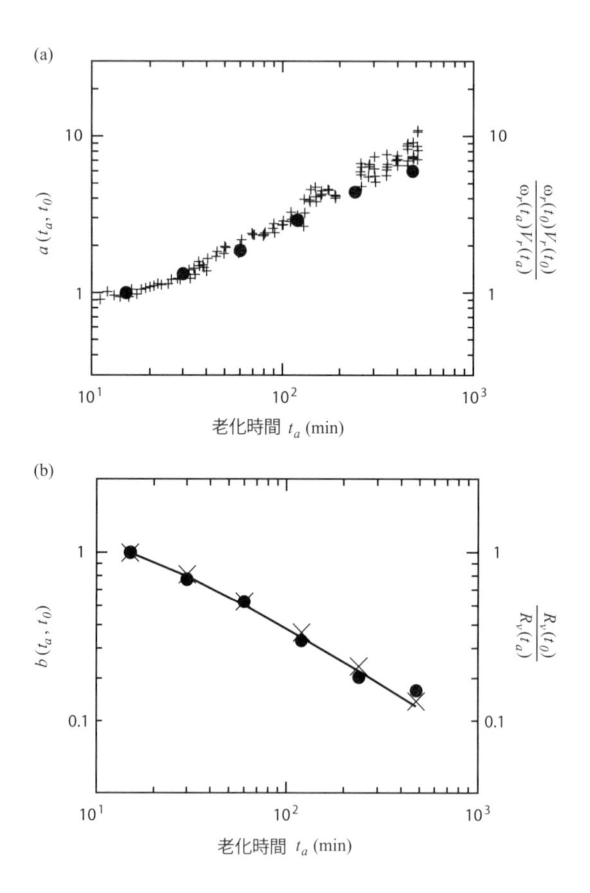

図 4.27: 周波数と弾性率のスケール因子，$a(t_a, t_0)$ と $b(t_a, t_0)$，を老化時間の関数として示したもの．図 4.26 のマスターカーブに相当するデータを用いている．**(a)** $a(t_a, t_0)$ を $\omega_r(t_0)V_r(t_0)/(\omega_r(t_a)V_r(t_a))$ と比較している (それぞれ，記号，$\bullet$ および $+$，で示されている)．測定には DWS(第 5 章 1.2.5 節参照) を用いた．**(b)** $b(t_a, t_0)$ を $R_v(t_0)/R_v(t_a)$ と比較している (それぞれ，記号，$\bullet$ および $\times$，で示されている)．測定には光学顕微鏡を用いた．サンプルはシェービングムース ($\phi_l = 0.08$)．弾性率は，老化時間 15 分 (基準老化時間) から 8 時間の間に測定された．データは文献 [27] による．(訳注：二つの対数プロットの傾きはそれぞれおよそ 1/2 と $-1/2$ であるが，これは $a \sim \tau_0 \sim R_v \sim t_a^{0.5}$ と $b \sim 1/R_v \sim t_a^{-0.5}$ に整合している)

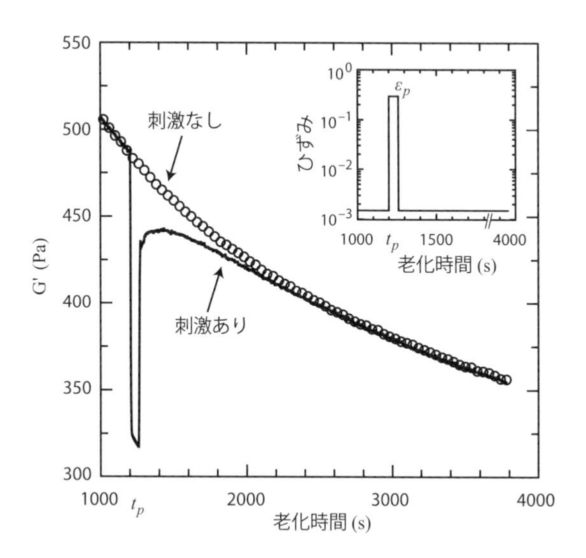

図 4.28: シェービングムースにおけるレオロジー的な記憶効果 ($\phi_l = 0.08$). 熟成の最中 (○) および刺激の後 (直線) における, せん断弾性率の時間変化が示されている. 刺激の与え方は, 挿入図に示した. データは文献 [26] による.

う G' と ω_r の過渡的な変化は, 老化時間 t_p が大きくなるにつれて遅くなっていく. この過渡的な時間, あるいは, 記憶の保持時間は, 気泡間の拡散による気体のやり取りを通じて, 系が特徴的な構造と熟成の動力学を回復するために要する時間で決まる.

4.2 固体的挙動と液体的挙動の間の遷移

4.2.1 降伏応力と降伏ひずみの定義

巨視的にみると, 降伏応力 σ_y は, サンプルが流れることなく支えることのできる最大のせん断応力である. そして, その際の, ひずみが降伏ひずみ ε_y (p. 217 参照) である. 流れについて行われた数値解析 (図 4.22a) をもう一度みてみよう. そこでは, 準静的なひずみが三次元の乾いたムースに加えられている. 小さなひずみ ε では, ムースは線形な弾性固体として振る舞う ($\sigma = G\varepsilon$). そして, ε が十分に大きくなって, 気泡の再配置を引き起こすのに十分になると, ムースが塑性的に変形するが, これらの再配置の素過程は, トポロジー的に生じる T1 過程である (§ 3.2 参照). 最終的に, $\varepsilon > \varepsilon_y$ になると, σ は σ_y 付近で揺らぎ, ムースはT1過程の速さに合わせて流れる．応力の揺らぎの特徴は本章§5に記述されている．数値解析によると，$\varepsilon_y \cong 0.35$ となり，σ_y は次式で与えられる．

$$\sigma_y = 0.2\ \frac{\gamma}{R_v} \tag{4.61}$$

気泡の半径が $R_v = 30\ \mu\text{m}$ で表面張力 $\gamma = 30\ \text{mN/m}$ の場合，式 (4.61) より $\sigma_y = 200\ \text{Pa}$ が得られる．多結晶金属と比較してみると，多結晶金属では，$\varepsilon_y \approx 10^{-3} - 10^{-2}$ であり，$\sigma_y \approx 10^7 - 10^9\ \text{Pa}$ であるから，ムースは，広い弾性変形領域を持ち，小さな応力で流れ出すと言える．

4.2.2　実験による決定

降伏応力 σ_y および降伏ひずみ ε_y を特徴付けるための様々な実験方法が存在する．

- A) 単層のムースが，自重の影響により，傾けた面に沿って流れる様子を観察する (p. 274の問題参照)．層は薄くなっていき，高さ h が $\sigma_y = \phi_l\ \rho_l\ g\ h\ \sin\alpha$ を満たすようになると，流れが止まる．ただし，ρ_l はムース性溶液の単位体積当たりの質量であり，α は面の水平面に対する角度である．

- B) 一定のせん断率 $\dot{\varepsilon}$ において応力をひずみの関数として測定し，ムースが流れ出すことを確認する (図 4.29a)．最大の応力が σ_y になり，それに対応するひずみが ε_y である．$\dot{\varepsilon}$ が十分に小さければ，σ_y と ε_y は $\dot{\varepsilon}$ に依らない．

- C) せん断率を減少しつつ，定常状態における応力を測定する (図 4.29b)．レオロジー特性図において，$\dot{\varepsilon} = 0$ の時の $\sigma(\dot{\varepsilon})$ の値を外挿して求めることにより σ_y を見積もることができるが，この値は，動的降伏応力とも呼ばれる．

- D) ある一定の周波数の下での周期的な変形に対して，複素弾性率を，振幅 ε_0 の関数として計測する (図 4.29c)．降伏ひずみ ε_y は，G' の平坦領域 ($\varepsilon_0 < \varepsilon_y$ の区間) と $G' \propto \varepsilon_0^\alpha$ のべき乗則領域 ($\varepsilon_0 > \varepsilon_y$ の区間) の交点から求めることができる．σ_y は，$\sigma_y = \varepsilon_y\,|G^*(\varepsilon_y)|$ から求める．同様にして，まず，σ_y を求めることもできるが，そのためには，G' の変化を周期的に加えられる応力の振幅 σ_0 の関数として求めれば良い．

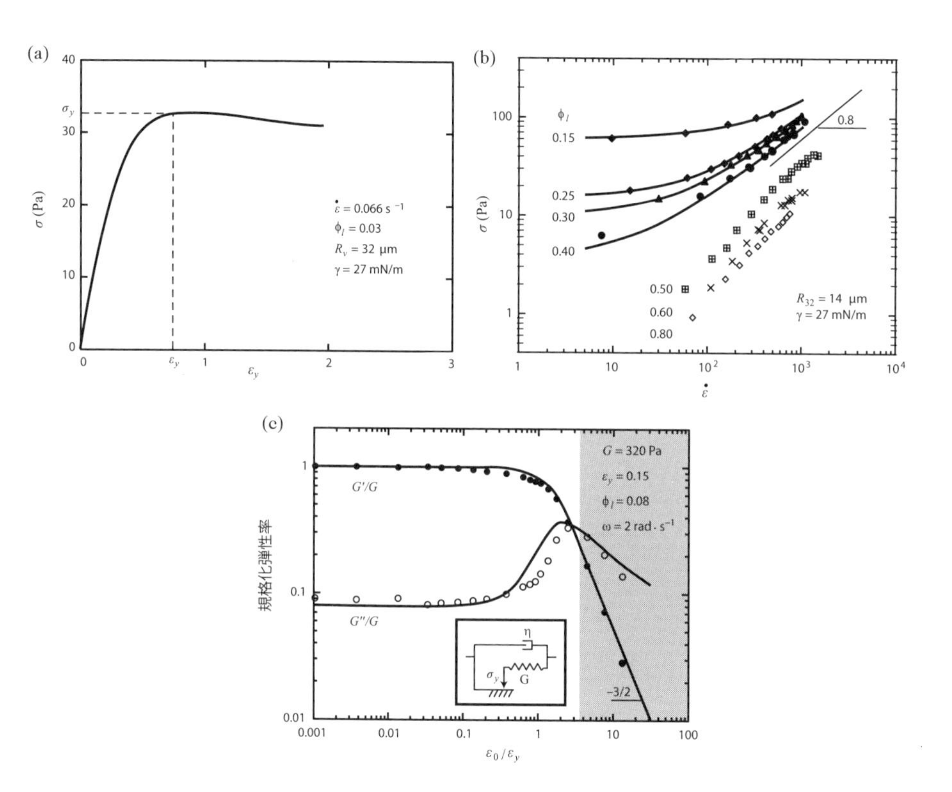

図 4.29: ムースの降伏応力と降伏ひずみの計測例. **(a)** 一定のせん断率 $\dot{\varepsilon}$(平面−平面型レオメーター) で加えて, 流れている場合の, 応力のひずみに対する変化. データは文献 [29] による. **(b)** $\sigma(\dot{\varepsilon})$ の定常状態での流動曲線. 油井の掘削に使われるムースに対するもの. 計測は, 毛細管レオメータを使って行われ, この際に, 与えられた圧力降下は 50 bars である. 実線は, いずれも, ハーシェル・バルクレーの式を表す (式 (4.6)). このグラフにおいて, ϕ_l が 0.40 を超えると, 降伏ひずみが消失することに気付く. データは文献 [25] による. **(c)** 弾性率 G' と G'' のひずみ振幅 ε_0 に対する変化. 計測には, 振動方式が採用されている (円筒クエット型レオメータ). 曲線は, いずれも, (図中に示された) 弾粘塑性モデルを調整して得られたもので, その際, $\eta\omega/G = 0.08$ としている. 灰色の領域は, ひずみが局所的になる領域である (p. 270 参照). データは文献 [39] による. この三つの例において, ムース性溶液はニュートン流体である. レオメーターの方式については, 第 5 章 § 1.2.7 に記述されている.

4.2.3　非線形粘弾性

加えた周期的な摂動の振幅 σ_0 あるいは ε_0 が小さく，固体・液体間の遷移が起きない場合には，応答は，線形で弾性的な挙動に支配される．つまり，$G' \gg G''$ であり，G' は振幅に依存しない (図 4.29c)．その反面，ムースの応答は，降伏ひずみを越すと，非線形になる．この場合，複素弾性率は，基本周波数に対するフーリエ成分によって定義される (式 (4.11))．この弾性率の挙動は，粘塑性的になる．つまり，$G' \ll G''$ となり，G' は $\varepsilon_0^{-3/2}$ に従い減少するが，この様子は，図 4.29c に示されている．

この粘弾塑性的な振る舞いはバネ，ダッシュポット，スライダーの組み合わせ (図 4.2) で記述できる (図 4.29c 中で模式図化されている)．バネが表しているのは弾性であり，バネ定数が弾性率 G に相当する．スライダーが表しているのは塑性であるが，このスライダーは，加えられた力が降伏応力 σ_y を下回る場合には動かないが，逆に降伏応力を越えた場合には自由に滑る．ダッシュポットは，粘性散逸を考慮に入れるために組み込まれていて，そのニュートン粘性率 η は，線形領域での損失弾性率から $G'' = \eta\omega$ [39] のように与えらえる．この現象論的なモデルによって，図 4.29c における，G^* のひずみの大きさに対する変化が，良く再現される．

4.2.4　液体分率による効果

せん断弾性率と同様に，σ_y および ε_y は，乾いたムースの場合に最大になり，ϕ_l が増加すると減少し，ϕ_l^* の時にゼロになる．実際に，プラトー境界の長さ，あるいは，薄膜の面積をゼロにするために必要なひずみ (および応力) は，含まれる液体が増えた場合に小さくなる (図 4.30 参照．訳注：この図の (b) において中央の薄膜が消失していることに注意)．

乱雑な三次元のムースの場合，振動方式による計測結果 (図 4.31) は次の経験式にまとめられる [49]．

$$\varepsilon_y = a_1\ (\phi_l^* - \phi_l) \tag{4.62}$$

および

$$\sigma_y = a_2\ \frac{\gamma}{R_v}\ (\phi_l^* - \phi_l)^2 \tag{4.63}$$

ここで，$\phi_l^* = 0.36$ は最密充填の際の液体分率 (図 4.17) であり，$a_1 \cong 0.5 - 1$，$a_2 \cong 0.2 - 0.5$ となる．二次元の場合にも，降伏挙動は，似たようなものになる [44]．その一方で，流動曲線 (図 4.29b) から良く分かることは，粘弾性液体型の挙動 (気泡の分散液には降伏応力は存在しない) から，降伏液体 ($\sigma_y \neq 0$) の挙

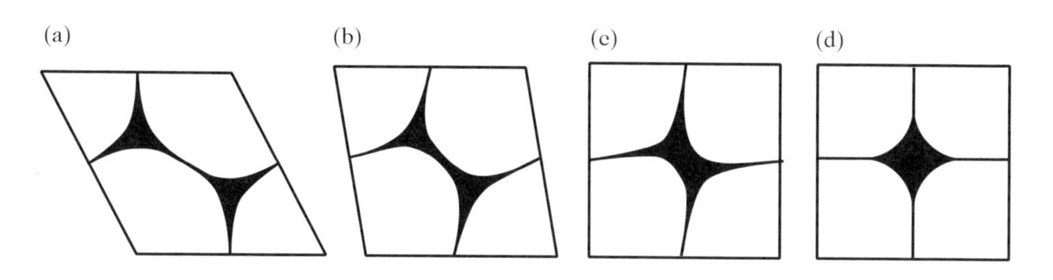

図 4.30: せん断によっておこる再配置の初期過程 (**a** から **d** の順). 二次元の規則正しい湿った ($\phi_l = 0.06$) ムースの場合. この過程は乾いたムースの T1 過程と似ている. ただし, 似ているのはプラトー境界が互いに接触する **(b)** までである. **(c)** では, 頂点は安定している. **(d)** では, 四つの気泡の接合が不安定になり再配置が起きる. 文献 [43] による.

動への変遷である. ここで, 後者の挙動における, 降伏応力は, ムースが乾いたものになるにつれて高くなる. この転移が起きるのは $\phi_l = 0.40$ 近傍であり, この値は $\phi_l^* = 0.36$ と整合性を持つ.

4.3 ムースの流れ

これから記述して行くのは, 三次元のムースの定常流れであるが, 特に, σ_y を超える応力 (もしくは ε_y を超えるひずみ) が加えられて流れが生じた場合を考える. ただし, 気泡の融合や分割が生じない程度には, 十分に小さい応力の場合を考える. 三次元のムースの流れについては, 現時点での理解は, 本質的には実験結果の寄せ集めに基づいており, これらの実験結果が, いまだ完成していないパズルのピースを形成している. これから, いくつかの事例を見て行くことにするが, 網羅的であることは意図しない.

4.3.1 実効粘性率

巨視的なスケールでの数々の実験が示しているのは, 気泡のモデル (第 5 章 §2.2.2 参照) を用いた数値解析のように, せん断を与えられたムースの定常的な流れが, 現象論的なハーシェル・バルクレーの法則 (式 (4.6)) によって特徴付けられるということである. この場合, 実効粘性率は, せん断率 $\dot{\varepsilon}$ の関数として次式で与えられる.

$$\eta_{\text{eff}} \equiv \frac{\sigma}{\dot{\varepsilon}} = \frac{\sigma_y}{\dot{\varepsilon}} + \eta_p \dot{\varepsilon}^{\beta-1} \tag{4.64}$$

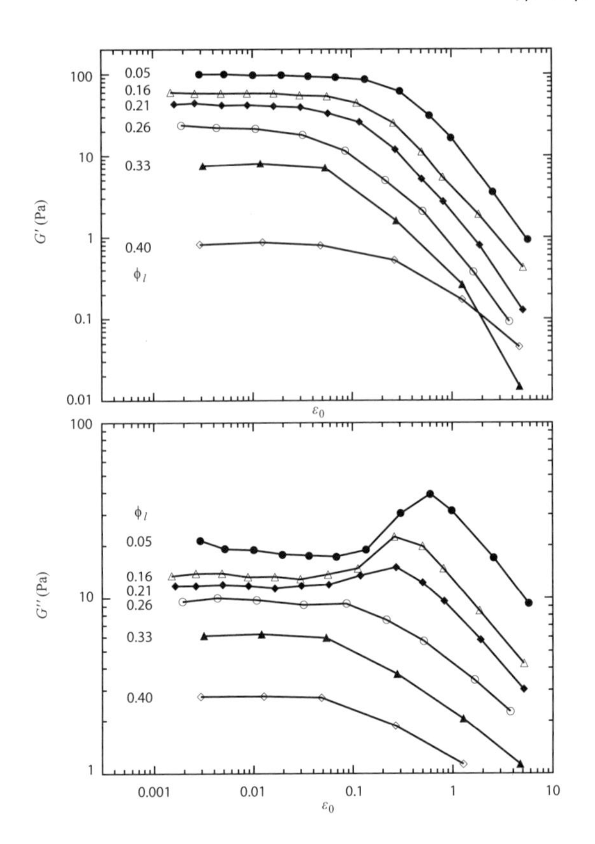

図 4.31: 弾性率 G' および G'' のひずみの振幅 ε_0 に対する変化．ひずみは振動方式で加えられた ($\omega = 1$ rad/s で，幾何形状は円錐－平面型もしくは円筒クエット型である．第5章 § 1.2.7 参照)．サンプルは多分散性のムースである ($R_{32} \cong 66\ \mu$m および $\gamma \cong 20$ mN/m)．示されている液体分率のうち最も高い二つにおいては，計測結果は，排液の影響を受けている．データは文献 [49] による．

実験結果からは指数 $\beta < 1$ (図 4.32) が与えられ，この値は，せん断流動化の挙動に対応している [12, 21, 25, 29]．驚くべきことに，ムースの有効粘性率 η_{eff} は，それを構成するムース性の溶液の粘性率よりも，数桁程度も，大きくなる (本章 § 3.3)．β を決めるのは，液体・気体間の境界面のレオロジー的な性質であり [12]，このことは本章 § 3.3.1 に紹介した．もし，境界面が小さな表面膨張弾性率を持つ場合 (典型的には cmc を超える濃度の SDS 溶液)，散逸は薄膜の内部に局在化し，$\beta = 1/2$ となる．境界面が非常に硬くて非圧縮性の場合 (シェービングムースもしくは脂肪酸の溶液等)，境界面での散逸が支配的になり，β の値は約 0.2 にな

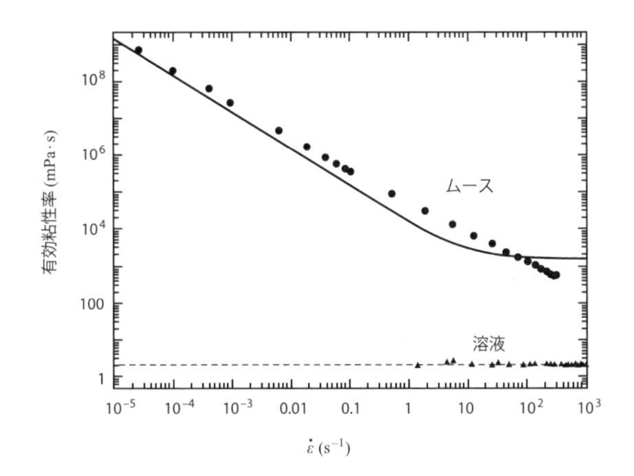

図 4.32: 実効粘性 (式 (4.64)) のせん断率に対する変化．シェービングムース ($R_v = 30\ \mu$m および $\phi_l = 0.08$) とそのムース性溶液 (ニュートン流体，$\eta = 1.8$ mPa.s) を用いて，定常流れにある円筒クエット (内径 = 20.0 mm，間隔　= 4.1 mm) 中に生じた定常流れに対して測定したもの．連続曲線が示しているのはビンガムの法則 (式 (4.5)) であり，$\sigma_y =$ 15 Pa および $\eta_p = 1.5$ Pa·s に相当する．データは文献 [21] による．

る．実際には，指数 $\beta = 1/2$ から $\beta = 0.2$ への変化が起きるのは，表面膨張弾性率 (式 (3.13)) が，数十 mN/m の時である [12]．注意すべきなのは，β の値は壁面でのムースの摩擦の法則において出てくるものとは異なっているということであり，実際，摩擦の法則の式 (4.45) および式 (4.47) に示されている指数は，2/3 および 1/2 である．

(式 (4.64) に現れる) 塑粘性率 η_p には，ムースの物理化学的な特徴も関わってくる [12]．表面張力，気泡のサイズ，および，液体分率が与えられた場合には，この粘性率は，流動性を持った圧縮性の境界面である場合よりも，硬くて非圧縮性の境界面の場合に，より大きくなる．言い換えると，力学的エネルギーの粘性散逸は，境界面の非圧縮性とともに増えていく．

ここで，注意すべきなのは，せん断率が大き過ぎなければ，実効粘性率における σ_y の項の寄与分が支配的になる．この塑性領域において，粘性率は $\gamma/(R_v\dot{\varepsilon})$ の様に変化する．大きな $\dot{\varepsilon}$ の極限では，流れを支配するのは粘性の効果である．最近の実験的かつ理論的な研究によって，提唱されているのは，値 $\sigma - \sigma_y$ が，毛管数 $Ca = \eta R_v\dot{\varepsilon}/\gamma$ を使って次式のように表せることである [12].

$$\frac{\sigma - \sigma_y}{\gamma/R_v} = f(\phi_l)\, Ca^{0.5} \tag{4.65}$$

ここで，関数 $f(\phi_l)$ を決めるのは液体分率および幾何学的な因子である．後者は，

ムースの構造 (規則正しいか，そうではないか) を反映する．定常流れにおけるムース中では，気泡同士が互いに滑りあい，気泡間同士の接触が常に更新されている．この動力学によって，せん断流が起こり，薄膜が薄くなる．したがって，動力学を支配するのは，粘性応力 $\eta\dot{\varepsilon}$ とラプラス圧 γ/R_v との競合であり，この競合を表現する量が毛管数である．

巨視的な挙動法則である式 (4.64) や，図 4.29c に模式図で示されているモデルは，ムースの物理的性質を全て考慮に入れているわけではない．実際に，せん断率が小さい場合には，流れが不均一になることがあり，以下では，このことについて議論する．

4.3.2 流れは不均一か？

実験および数値解析によって，ムースの流れは，常に均一なわけではないことが示されている．ここで，局所せん断率 $\dot{\varepsilon}_{local}$ を導入すると便利であるが，この速度は，レオメータの間隙よりも小さな長さのスケール，かつ，気泡のサイズよりも大きなスケールにおいて定義される．たとえば，せん断率が小さいため，応力 σ が降伏応力 σ_y をわずかにしか超えていない場合には，固体領域 ($\dot{\varepsilon}_{local} = 0$) と液体領域 ($\dot{\varepsilon}_{local} > 0$) が，しばしば，同じサンプル中で共存する．これらの二つの領域の境界面で，せん断率が不連続に変化する場合には，流れがある方の領域は，せん断帯と呼ばれる．

濃いエマルション，柔らかいペースト，ゲルのマイクロ粒子，または，コロイド分散系のように，ジャムして塊になった堆積物によって構成されている複雑流体においては，定常流れの中に，せん断帯が現れる．しかし，せん断帯は，複雑流体の普遍的な特徴とは言えない．なぜなら，せん断帯の出現は，物理化学的な性質に依存しており，たとえば，分散相の体積分率や構成要素の相互作用の性質に依存している．また，しばしば，チキソトロピーの効果[39]が加わり，現象の理解が難しくなる [24]．これから，どのような必要条件によって，ムース中に，せん断帯が出現するかを見て行こう (二次元の場合は図 2.29 に示されている)．

均一な応力下での流れ 並進平面型および円錐－平面型もしくは間隙が狭い円筒クエット型の幾何形状 (第5章 § 1.2.7 参照) の中にできた流れは，間隙にわたって応力が一定である特徴を持つ．したがって，せん断率も，どのような構成則に従う流体であれ，間隙にわたって一定であると期待できる．しかし，このことは常に実験的に確認できるわけではない．光学トモグラフィー (第5章 § 1.2.4 参照) の画像によると，非常に乾いたムース中では，並進平面の間の流れにおいて，ひず

[39] 時間と共に実効粘性が変わっていくならば，その流体はチオキソトロピーを伴う流体である [42]．

みが降伏ひずみを超えている場合，速度のグラフは間隙内の位置に対して線形になっていない．しかも，せん断帯が現れる位置は一定していないようである [48]．三次元の規則正しい乾いたムースの場合にも，同様の不均一な流れは，*Surface Evolver* [46] を用いた数値解析で観測される．その反面，気泡のモデルに基づいた数値解析を，乱雑で湿った三次元のムースに対して行うと，不均一な流れは見られない [19]．これらの結果が意味しているのは，ムースの流れを支配する物理的要因は，まだ十分に分かっていないということであり，このことは，以下で，確認する．

不均一な応力下での流れ　円筒クエット流においては，せん断応力が，間隙にわたって，回転軸からの距離 r に対して，$1/r^2$ で減少していくことが特徴である (第 5 章 § 1.2.7 参照)．したがって，降伏流体が，速度 $\dot{\varepsilon}$ でせん断されていて，その速度が十分に小さく粘性応力が，σ_y に対して無視できる場合にも，内側の円筒に近い狭い領域のみにおいては，応力が σ_y を超えて流れる．サンプルのそれ以外の部分は，静的な固体物質のように振る舞う (図 4.33)．しかし，MRI(第 5 章 § 1.24 参照) によって，これらの間隙の大きなクエットセル中で定常せん断を受けるムースについて，局所的な速度場を調べて見ると，バブルのサイズ，液体分率 ($\phi_l = 0.05 - 0.12$)，そして，界面の硬さを色々と変えても，せん断帯が現れることはないと報告されている [47]．つまり，せん断率は，(内側から外側へかけて)σ が σ_y に向かうにつれて流動領域と固体領域の境界へかけて連続的に減少してゼロになるのである (訳注：流動領域と固体領域の境界において，せん断率に不連続な変化がないので，せん断帯には相当しない)．これらの結果とトルク測定の結果から分かることは，一定せん断下において，これらのフォームがハーシェル・バルクレーの法則 (式 (4.6)) に従うということである (この法則において，σ が σ_y に近付くとき，$\dot{\varepsilon}$ は連続的にゼロに近付くから)．したがって，このような広い間隙を持つ円筒クエット流における不均一流れと，上述のせん断帯を，区別しなくてはならない．この区別は二次元の場合にも問題になる (文献 [5] および第 2 章 § 5.4 参照)．

5　補遺：離散から連続へ

少数の気泡の弾性的な振る舞いは，本章 § 3.1 にて議論し，一方，非常に多くの気泡によって構成されたムースについては式 (4.49) が与えられたが，両者は，直接に比較し得る．これに反して，塑性的な挙動については事情が非常に異なり，小さなスケールから大きなスケールへ進むためには，特別な議論を要する．図 4.11a

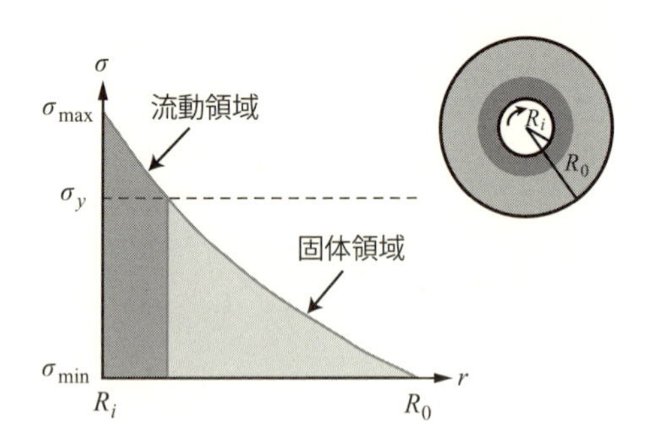

図 4.33: 円筒クエット型の装置によってせん断を受ける降伏流体のせん断．ただし，内側の円筒半径を R_i，外側の円筒半径 R_0 とする (図 5.11 参照)．サンプルを上から見た図，および，間隙にわたる応力の変化 (σ が $1/r^2$ で減少)．内側の円筒に近い部分 (濃い灰色) のみが，流れている．

に示されているのは，独立気泡が周期的に並んだ，六角形構造のムースにおいて，最初に T1 が起こった後に生じる，応力の完全な緩和である (図 4.10)．せん断が継続する場合には，弾性貯蔵と塑性損失が交互に繰り返され，応力はゼロと閾値の間を振動する．これに反し，図 4.29 は，巨視的な不均一ムースに対して，応力が，塑性領域において，一定の値に落ち着いている様子が示されている．中間の領域としては，1000 個程度の気泡で構成されたサンプルに対する，図 4.22a が示されている．この図においては，個々の T1 過程の際に部分的な緩和が生じ，応力が，平均応力の周りに，わずかではあるが無視できない揺らぎ持つことが分かる．ここで重要なことは，揺らぎの強度は，せん断を受けているサンプルの大きさとともに減少し，ムースの構造の秩序度に応じて大きくなることである．より定量的な議論を，特別な例に対して，以下に示す．

ストークス抵抗の実験 (図 4.34a) においては，ムース中で，ゆっくりと一定速度で，球を移動させる．球は，剛直で直径の小さな棒によって，精密天秤に吊るされている．こうして，移動に伴って，球に働く力を測定できる．始めは，弾性エネルギー貯蔵が観測され，その後，力が，平均値の周りを揺らぐ様子が観測される．一定の傾きを伴った線形な弾性エネルギー貯蔵は，T1 過程が起こる毎に，何度も中断され，その度に，ほぼ瞬間的にエネルギーの損失が生じる (図 4.34b)．T1 は球の周りに局在し (図 4.34c)，力の飛びの大きさの程度は，球に直接に接触した気泡を引き剥がす力と同程度であり，$\delta F \sim \gamma R_v$ で与えられる．平均の力は，次元解析には，応力の閾値 γ/R_v と障害物の面積 $R_{球}^2$ の積で与えられる．ただし，$R_{球}$ は球の半径である．したがって，相対的な揺らぎは，$R_v^2/R_{球}^2$ の程度である (訳注：δF と平均の力の比を考えている)．つまり，球が気泡に比べずっと大きな

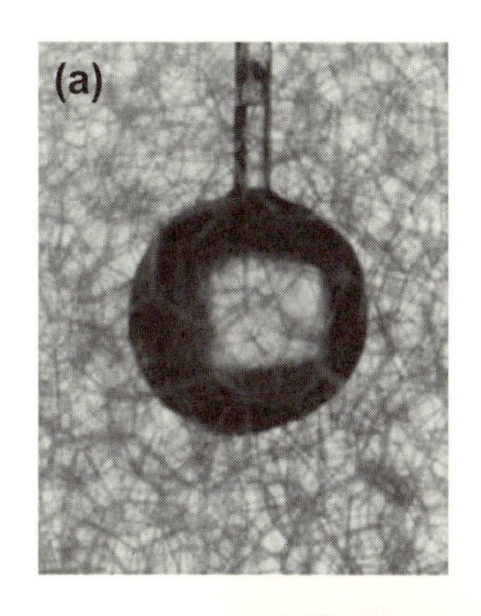

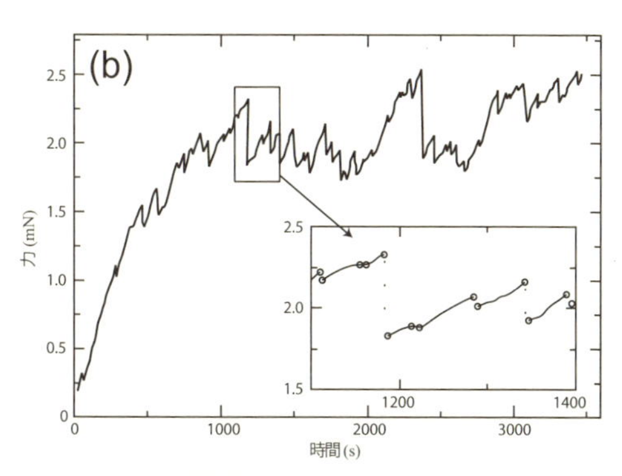

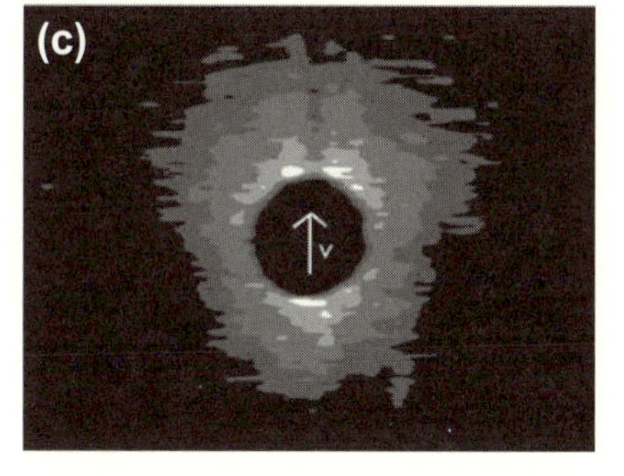

図 4.34: 三次元ムース中のストークス抵抗の実験．**(a)** 一定速度の下で (5 μm/s)，球 ($R_{球}$ = 0.5 cm) が，乾いた単分散ムース中 (R_v = 1.5 mm) で引きずられている．**(b)** 移動に伴って球に働く力．**(c)** T1 の密度図 (射影)．二次元の場合は，図 2.28d に示されている．データーは文献 [4] より．I. Cantat，O. Pitois 両氏撮影．

場合，力は平滑化される [4](訳注：大まかに言えば，$R_{球}$ は，せん断を与える壁の大きさと解釈できることに注意)．

6 実験

6.1 T1 型再配置の観測

難易度： ☺☺	材料費： €€
準備時間： 半日	作業時間： 半日

観察ポイント： 再配置と流れ.

本文中の参照箇所：本章 § 3.2.

材料：

- 二次元ムースを作る装置 (第2章 § 6.2 参照).
- 障害物．その厚みが二次元ムースよりも大きい，あるいは，同じもの．プラスチックの蓋など.
- 水槽用の空気ポンプと柔らかい管.

1. 二次元ムースを作るために用いる装置の中心に障害物を設置する (サラダボウルか CD ケースの中心)．二つの固体板から成る装置 (CD ケース)，あるいは，液体と固体板からなる装置を推奨する.
2. 一方向への流れを作るため，装置の一端にストローを設置する．柔らかい管を使って，ストローをポンプに接続し，一定の空気流量の下で，連続的に気泡を生成できるようにする．その上で，二次元ムースを第2章 § 6.2 の説明に従って作る.
3. 気泡の再配置を，特に，障害物の上流側と下流側で，観測する.

障壁の存在によって，一方向の流れが乱され，気泡はせん断を受ける．いくつかの気泡の辺は消滅し，T1 の幾何学的な転移が障壁の前後近くで観測できる.

6.2 流動限界の可視化

難易度： ◎◎	材料費： €€
準備時間： 1時間	作業時間： 1時間

観察ポイント：ムース流動限界.

本文中の参照箇所 ：本章 § 4.2.1.

材料：

- 比較的湿った ($\phi_\ell \sim 0.20$) シェービングムース： 残量の少ないムースのスプレーを使って，底の方に残った液を利用することを薦める.

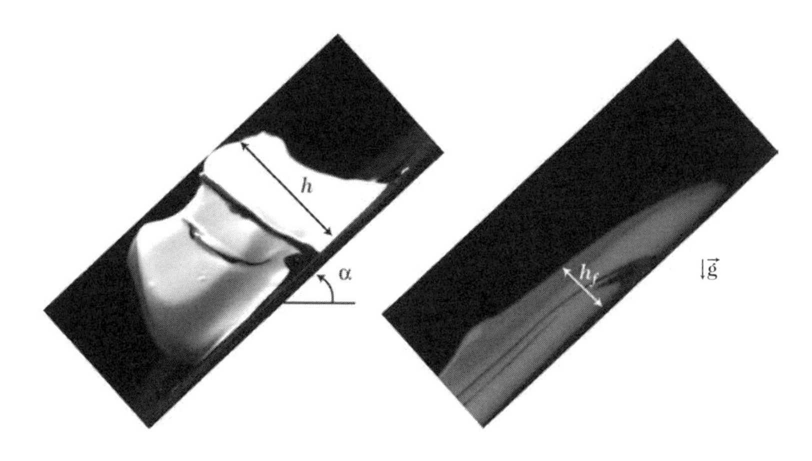

図 4.35: 水平から α 傾いた板の上における，シェービングムースの流れ．左の図は流れの始めを撮ったもの．右の図は流れの終わりを撮ったもの．黒い線がムースの表面に「描かれて」いるが，これは，炭素粒子 (たとえば，プリンターのトナーか墨) を分散させた液体によって描かれた．これによって，流れを可視化することができる．F. Rouyer 氏撮影．

- 平らで，硬く，表面が粗い板 (約 10 cm × 10 cm)． 表面を粗くするために，たとえば，紙やすりを板に張り付けると良い．
- 板を傾ける装置．板の端を水平な面の上に置き，もう一方を，少しずつ楔か可動式の支えで持ち上げていく．
- 枠．長さと幅が約 5 cm，高さが約 2 cm のもの．

1. 平板を水平に置く．
2. 板の真ん中に枠を設置する．
3. 枠を完全にムースで満たし，上面を削ぎ落とす．
4. ムースの平行六面体形を崩すことのないように，枠を慎重に取り外す．
5. ゆっくりと (かといって，ムースが老化しないようにするために，遅すぎても良くない)，板を角度 $\alpha \sim 10^\circ$ 傾ける．
6. ムースの厚さが時間変化しなければ，少し傾斜角を大きくする．
7. ムースの厚さが減少すれば，そのまま，ムースが傾斜した板の下方へ徐々に広がるようにして，最終的に，得られた層の厚み h_f をメモする．

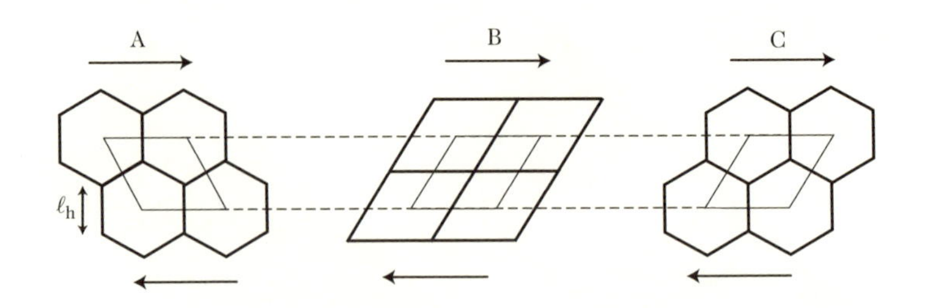

図 4.36: 図 4.10 のように，せん断を受ける六角形構造の二次元ムース．ネットワークの基本メッシュが，薄い線で示されている．**(A)** せん断を受ける前の静止したムース．**(B)** 流動限界に達した時の変形．再配置が起こり **(C)** の配置になる．

その固有の重さの影響により，ムースは，せん断応力 $\sigma = \phi_l \rho g h \sin\alpha$ を受ける．せん断応力が降伏応力 σ_y より大きい場合，ムースは流れる．厚みが，関係式 $\sigma_y = \phi_l \rho g h_f \sin\alpha$ を満たす，最終的な厚み h_f に達すると，ムースの流れが止まる．

7　問題

7.1　ラプラスの法則

バチェラーの応力テンソル (式 (4.18)) を用いて，圧力 P_0 の液中の半径 R の気泡の圧力を与えるラプラスの法則 (式 (2.3)) を再生せよ．

7.2　乾いた二次元ムースの弾性

1) 六角形構造の乾いた二次元ムースの流動限界における，ひずみ ε_y と応力 σ_y の値 (式 (4.37)) を導け．その結果を用いて，(閾値に至るまで，ひずみが応力に比例すると仮定して) ムースのせん断弾性率 $\hat{G}$ を評価せよ．ただし，六角形格子の基本メッシュが，図 4.36 のように，格子の一方向にせん断を受けるとして，これらの計算を実行せよ．

2) 式 (4.26) は流動限界近傍で，応力と変形の関係は非線形となることを示している．式 (4.26) は，微小変形の極限では，線形弾性応答となること示し，その計算結果から，せん断弾性率 $\hat{G}$ を求めよ．

3) 近似式 (問題 1 の結果) と厳密な式 (問題 2 の結果) を比較せよ．

7.3 球形の気泡の応力

ムース中の気泡で，球形のものを考える．バチェラーの式 (式 (4.18)) から出発して，この気泡の応力テンソルへの寄与を計算せよ．この気泡の平均偏差応力への寄与がゼロであることを示せ．この気泡の平均圧力への寄与はどうなっているか？

7.4 二重分散の二次元ムースの弾性

乾いた六角形構造の二次元ムースが，静的平衡にある場合，それぞれの頂点では，三つの薄膜が対称に交差している．それぞれの頂点に等しく微量な液量を与えると，修飾の定理により，それは，平衡で湿ったムースの構造となる．これらの頂点の形は，図 4.18 に示されている．

1) 対称性の議論により，修飾された頂点の，ムース平均せん断応力への寄与は，ゼロであることを示せ．応力テンソルの非対角部分が，頂点を 120° 回転した際に，不変であることを利用する．

2) 同様の理由で六角形構造の，二次元ムースの線形弾性率は，三辺から成る小さな気泡で修飾しても不変であることを示せ．

7.5 ポインティングの法則

全ての固体に対して，応力は変位量の関数として書けるが，非線形の場合を考えると，それはフィンガーのテンソル (式 (4.13)) を用いて次式の様に記述できる．

$$\sigma_{ij} = f(B_{ij}) \tag{4.66}$$

等方的で変形していない固体を考えよう．

1) 図 4.1 に示されているせん断ひずみ ε に対して，フィンガーのテンソルが次式で書けることを示せ．

$$B = \begin{pmatrix} 1+\varepsilon^2 & \varepsilon & 0 \\ \varepsilon & 1 & 0 \\ 0 & 0 & 1 \end{pmatrix} \tag{4.67}$$

2) x_3 軸に沿って角度 θ だけ回転した座標系においては，このテンソル B は対角であることを示せる．ただし，この時の，θ と ε の関係は次式で表される．

$$2\ \cot(2\theta) = -\varepsilon \tag{4.68}$$

続いて，等方的な弾性体が変形している場合，B と応力テンソルの主軸は一致するため，新しい座標系では，応力テンソルもまた対角になり，それは次式で表される．

$$\sigma = \begin{pmatrix} \sigma_1 & 0 & 0 \\ 0 & \sigma_2 & 0 \\ 0 & 0 & \sigma_3 \end{pmatrix} \tag{4.69}$$

σ の (x_1, x_2, x_3) 座標系での表記を求めよ．その結果から，関係式

$$2\ \cot(2\theta) = N_1/\sigma_{12} \tag{4.70}$$

を示せ．

3) 式 (4.68) と式 (4.70) より，ポインティングの関係式 (式 (4.50)) を導け．

7.6　正方格子の応力と変形

一辺の初期長が a である正方格子が，xy 平面に広がっているとし，格子の各辺は，力 2γ を，辺の方向に伝えるとする．この格子は二次元ムースを構成するが，プラトーの法則は満たされていない．圧力はゼロと考える．

1) この格子に伸張変形 $\varepsilon_{xx} = -\varepsilon_{yy} = \varepsilon$, $\varepsilon_{xy} = 0$ を課すとき，応力テンソルを計算せよ．バチェラーの式 (式 (4.18)) を用いても良いし，あるいは，x あるいは y 方向に沿った直線の単位長さにかかる力を直接に決めても良い．

この結果から，$G = \gamma/a$ を導け．この際，二次元のフック則 (式 (4.15)) が，$\sigma_{xx} = 2G\varepsilon_{xx} + \mathrm{Tr}(\sigma)/2$ と表されることに注意しよう．ただし，$\mathrm{Tr}(\sigma) = \sigma_{xx} + \sigma_{yy}$ は応力テンソルのトレースである．

2) アフィンせん断をかけ，ネットワークの点 $M(x, y)$ を点 $M'(x + \varepsilon y, y)$ まで変位させる．問題 1 と同様の方法で，応力 σ_{xx} と σ_{yy} が変形の二次関数 (ε の支配的な次数) であることを示し，それらの差を σ_{xy} の関数として与えよ．

7.7　弾性と塑性

この問題は，第 2 章問題 7.3 の続きである．

a) 弾性

ここで議論したいのは，第 2 章 § 7.3 で定義された系の平衡状態であり，a と b を $ab = S$ を保ったまま変動させることを考える．

1) 系のエネルギーを比 a/b の関数として，安定状態と準安定状態に対し記述し，エネルギーを最小化する a/b の比を求めよ．

2) この特別な比の場合には，$F_x/b = F_y/a$ であることを示せ．F_x は x 軸に沿った右側の二つの線からの合力であり，F_y は y 軸に沿った上側の二つの線からの合力である．

b) 塑性

b/a の比が準安定状態が存在できる境界を超えた場合，T1 が実現される．エネルギーの損失を求めよ．

7.8 乾いたムースの圧縮率

乾いたムースの等温圧縮率は，圧力 P_{ext} の容器中での平衡状態において，$\chi_T = -(1/V)\,(\partial V/\partial P_{ext})_T$ で定義される．

1) 体積の変化が，構造変化を伴わずに生じると仮定する．つまり，相似的な変換による体積変化を考える．以下に示す手法の一つを用いて，次式を示せ [30].

$$\chi_T^{-1} = P_{ext} + \frac{4\,\gamma\,S_{int}}{9\,V} \tag{4.71}$$

手法 1：圧力の議論．状態方程式を微分する (第 2 章問題 7.6，式 (2.18))，あるいは，バチェラーの式 (式 (4.18)) を用いる．

手法 2：エネルギーの議論．熱力学的な関係式，$(\partial^2\mathcal{F}/\partial V^2)_T = 1/(V\chi_T)$ を用いる．ここで，$\mathcal{F}$ はムースの自由エネルギーである ($\mathcal{F}$ の中で考慮すべき項を特定するために，第 2 章問題 7.6 を参照).

2) ムースの圧縮率を，大気圧 P_{ext}，あるいは，ムースの圧力 $\langle P_{int}\rangle$ の下での気体の圧縮率と定性的に比較せよ．さらに，ムースの圧縮率を，そのせん断弾性率と比較することにより，ムースの一軸圧縮に関する弾性率 (ヤング率) とせん断弾性率の関係を導け.

7.9 湿ったムースの圧縮弾性率

弾性体の等温圧縮弾性率は，等温圧縮率の逆数であり，$K_T = -V\,(\partial P/\partial V)_T$ と定義される．ただし，V は物質の体積，P は圧力，T は温度である．微小な圧力の変化 δP を考え，気体の体積分率が ϕ_g であるとして，湿ったムースの圧縮弾性率が次式で与えられることを示せ.

$$K_T(\phi_g) \approx \frac{K_{T,g}}{\phi_g} \tag{4.72}$$

ただし，$K_{T,g}$ は気体の圧縮弾性率である.

参考文献

[1] S. Besson et G. Debrégeas, *Eur. Phys. J. E*, **24**, 109, 2007.
[2] A.-L. Biance, S. Cohen-Addad et R. Höhler, *Soft Matter*, **5**, 4672, 2009.
[3] D. Buzza, C.-Y. Lu et M.E. Cates, *J. Phys. II*, **5**, 37, 1995.
[4] I. Cantat et O. Pitois, *Physics of Fluid*, **18**, 083302, 2006.
[5] I. Cheddadi, P. Saramito, C. Raufaste, P. Marmottant, F. Graner, *Eur. Phys. J. E* **27**, 123, 2008
[6] S. Cohen-Addad, H. Hoballah et R. Höhler, *Phys. Rev. E*, **57**, 6897, 1998.
[7] S. Cohen-Addad, R. Höhler, et Y. Khidas, *Phys. Rev. Lett.*, **93**, 028302, 2004.
[8] J.-P. Cohen-Addad, *Polymères, la matière plastique*, Collection Échelles, Belin, 2007.
[9] S. Cox, F. Graner, M.F. Vaz, *Soft Matt.*, **4**, 1871, 2008.
[10] P.-G. de Gennes, F. Brochard-Wyart et D. Quéré, *Gouttes, bulles, perles et ondes*, Collection Échelles, Belin, 2002. (訳注：日本語訳,「表面の物理学」（吉岡書店）がある）
[11] N.D. Denkov, V. Subramanian, D. Gurovich et A. Lipsa, *Colloids Surf. A.*, **263**, 129, 2005.
[12] N.D. Denkov, S. Tcholakova, K. Golemanov, K.P. Ananthpadmanabhan et A. Lips, *Soft Matter*, **5**, 3389, 2009.
[13] B. Derjaguin, *Kolloid Z.*, **64**, 1, 1933.
[14] M. Durand et H.A. Stone, *Phys. Rev. Lett.*, **97**, 226101, 2006.
[15] D.J. Durian, *Phys. Rev. E*, **55**, 1739, 1997.
[16] D.A. Edwards, H. Brenner et D.T. Wasan, *Interfacial transport processes and rheology*, Butterworth Heinemann, Stonheam, 1991.
[17] J. Ferry, *Viscoelastic Properties of Polymers*, Wiley, New York, 1980.
[18] B.S. Gardiner, B.Z. Dlugogorski et G.J. Jameson, *J. Rheol.*, **42** , 1437, 1998.
[19] B.S. Gardiner, B.Z. Dlugogorski, G.J. Jameson, *J. Non-Newtonian Fluid Mech.* **92**, 151, 2000.
[20] F. Dias, D. Dutykh et J.-M. Ghidaglia, *Computers and Fluids*, **39**, 283, 2010.
[21] A.D. Gopal et D.J. Durian, *J. Colloid Interface Sci.*, **213**, 169, 1999.
[22] A.D. Gopal et D.J. Durian, *Phys. Rev. Lett.* **91**, 188303, 2003.
[23] E. Guyon, J.-P. Hulin et L. Petit, *Hydrodynamique Physique*, EDP Sciences, Les Ulis, 2001.
[24] B. Herzhaft, *J. Colloid Interface Sci.*, **247**, 412, 2002.
[25] B. Herzhaft, S. Kakadjian et M. Moan, *Colloids Surf. A*, **263**, 153, 2005.
[26] R. Höhler, S. Cohen-Addad et A. Asnacios, *Europhys. Lett.*, **48**, 93, 1999.
[27] R. Höhler et S. Cohen-Addad, *J. Phys.: Condens. Matter*, **17**, R1041, 2005.
[28] V. Labiausse, R. Höhler et S. Cohen-Addad, *J. Rheol.*, **51**, 479, 2007.
[29] S.A. Khan, C.A. Schnepper et R.C. Armstrong, *J. Rheol.*, **32**, 69, 1988.
[30] A.M. Kraynik et D.A. Reinelt, *J. Colloid Interface Sci.*, **181**, 511, 1996.
[31] A.M. Kraynik, D.A. Reinelt et F. van Swol, *Phys. Rev. E*, **67**, 031403, 2003.
[32] A.M. Kraynik, D.A. Reinelt et F. van Swol, *Phys. Rev. Lett.*, **93**, 2083010, 2004.
[33] A.M. Kraynik et D.A. Reinelt, *Proc. XIVth Int. Congr. on Rheology*, Séoul, The Korean Society of Rheology, 2004.

[34] N.P. Kruyt, *J. Appl. Mech.*, **74**, 560, 2007.
[35] M.-D. Lacasse, G.S. Grest et D. Levine, *Phys. Rev. E*, **54**, 5436, 1996.
[36] A.J. Liu, S. Ramaswamy, T.G. Mason, H. Gang et D.A. Weitz, *Phys. Rev. Lett.*, **76**, 3017, 1996.
[37] R.G. Larson, *J. Rheol.* **41**, 365, 1997.
[38] C.W. Macosko, *Rheology : principles, measurements, and applications* Wiley-VCH, Weinheim 1994.
[39] P. Marmottant et F. Graner, *Eur. Phys. J. E*, **23**, 337, 2007.
[40] S. Marze, A. Saint-Jalmes et D. Langevin, *Colloids Surf. A*, **263**, 121, 2005.
[41] N. Mujica et S. Fauve, *Phys. Rev. E*, **66**, 021404, 2002.
[42] P. Oswald, *Rhéophysique*, Collection Échelles, Belin, 2005.
[43] H.M. Princen, *J. Colloid Interface Sci.*, **91**, 160, 1983.
[44] C. Raufaste, B. Dollet, S. Cox, Y. Jiang et F. Graner, *Eur. Phys. J. E* **23**, 217, 2007.
[45] D.A. Reinelt et A.M. Kraynik, *J. Fluid Mech.*, **311**, 327, 1996.
[46] D.A. Reinelt et A.M. Kraynik, *J. Rheol.* **44**, 453, 2000.
[47] S. Rodts, J.C. Baudez et P. Coussot, *Europhys. Lett.*, **69**, 636, 2005.
[48] F. Rouyer, S. Cohen-Addad, M. Vignes-Adler et R. Höhler, *Phys. Rev. E*, **67**, 021405, 2003.
[49] A. Saint-Jalmes et D.J. Durian *J. Rheol.*, **43**, 1411, 1999.
[50] L.W. Schwartz et H.M. Princen, *J. Colloid Interface Sci.*, **118**, 201, 1987.
[51] D. Stamenović, *J. Colloid Interface Sci.*, **145**, 255, 1991.
[52] E. Terriac, J. Etrillard et I. Cantat, *Europhys. Lett.*, **74**, 909, 2006.
[53] S. Vincent-Bonnieu, R. Höhler, S. Cohen-Addad, *Europhys. Letters*, **74**, 533, 2006.
[54] D. Weaire, *Phil. Mag. Letters*, **60**, 27, 1989.
[55] D. Weaire et S. Hutzler, *The physics of foams*, Clarendon Press, Oxford, 1999.

第5章　実験とシミュレーションの技法

1　実験技術

ムースの研究は学際的であるが，それはムースを理解するために問う問題が学際的だからというだけではなく，そのために必要な実験，シミュレーション，理論の技法が学際的だからでもある．本章ではいくつかの実験手法を紹介するが，それらは実験研究室でムースを生成し，研究するために用いられるものである．長さスケールが違えば適切な手法も異なり，したがって，気・液界面，単一の液体薄膜，気泡や，巨視的な大きさの試料では，別々の手法が用いられる．ムースの光学的性質や電気的性質が，その物理的パラメータにどのように依存するのかについても学ぶ．

1.1　界面および孤立した薄膜の研究手法

界面活性剤を含む気・液界面の研究手法は数多く存在する．そこで，ここでは，表面張力と界面の粘弾性に関連したものに限って取り扱うことにする．その他の手法，たとえば，エリプソメトリー (偏光解析法)，ブリュースター (Brewster) 角観察法，赤外分光法などは，他の本 [1, 10] に記載されている．また，本書では，薄い液体薄膜に特化した技法を扱う．

1.1.1　表面張力

表面張力の測定にはいくつもの手法がある．そこで，ここでは最も良く用いられる手法を三つ，手短かに解説する．以下で述べる技法の詳細な解説を望む読者には，文献 [10, 23] を薦める．

一つ目の手法では，溶液に浸した物体にかかる毛管力を測定する．ここで用いる物体は，**ウィルヘルミー**(Wilhelmy) によるとされる方法では白金の薄片やろ紙であり (完全に濡らすため)，**デュヌイー**(du Noüy) による方法ではあぶみ状の器具や円環である．測定精度は ±0.1 mN/m の程度であり，これらの器具は平衡状態での値を測定するのにより適している．

二つ目の手法は，液滴や気泡の形状の測定に基づく．**懸滴法** [1, 23] で用いられる装置では，小さな液滴 (典型的な直径は 1 mm) を針先に吊り下げ，その形状を解析する．この際の形状は，界面上のあらゆる点で，ラプラスの法則 (第 2 章 § 2.1.3 参照) による圧力のジャンプがあるとしたものになる．したがって，この液滴の形状や，時間が経つにつれて起こる変形は，液滴の表面張力とその時間変化に依存する．この方法では，時刻 t が 1 秒から何時間にもおよぶ範囲で $\gamma(t)$ が得られ，その測定精度は ±0.1 mN/m である．同様に，**気泡**を用いる方法 [1, 23] (溶液で満たされた槽の中で，針先に気泡を保持する) や，**静滴法**(基板上の液滴を用いる) も使われる．

三つ目の手法は，気泡が離れる際の圧力を測るというものである [41]．この方法では，半径 R_c の毛管 (R_c は典型的に数百 μ m 程度) をムース性の溶液に差し込んでおく．そして，この毛管に気体を挿入して気泡を膨らませ，各瞬間毎に気体の圧力を測定する．この圧力が最大となるのは，気泡の半径がちょうど毛管の半径と等しくなった時であり，その値は，ラプラスの法則により，$2\gamma/R_c$ である．さらに膨らませると，気泡は毛管から離れてしまう．そして，この膨張・離脱の反復を繰り返すことで (典型的な振動数は kHz に達することもある)$\gamma(t)$ が測定される．測定の時間スケールは 1 ms から 1 s の程度である．分子量の小さな界面活性剤 (第 3 章 § 6 参照) ではこの程度の精度が必要となるが，それは界面ができて間もないうちに表面張力が著しく低下するからである．たとえば，ラウリル硫酸ナトリウムでは，臨界ミセル濃度より濃度が高い場合，表面張力が，1 秒も経たないうちに 72 mN/m から約 38 mN/m へ急降下する．

1.1.2 表面の粘弾性

圧縮・膨張による粘弾性のレオロジー的測定法　圧縮・膨張型の変形に対する応答を調べるためには，気・液界面の面積を変える必要がある．その面積を，ヘルツ未満から数千ヘルツにおよぶ周波数範囲で振動させることにより，表面張力が，面積変化に対して同相および $\pi/2$ ずれた位相で応答する様子を測定する．これにより，それぞれ，二次元弾性率 E'_s と粘性率 E''_s が求められる (第 3 章 § 2.2.3).

懸滴法や，気泡による方法 (本章 § 1.1.1) もまた，振動状態で使うことができる．これは，液滴の体積が正弦波的に振動することにより，界面の面積も正弦波的に変動するためである．液滴の形状の時間発展を追うことで，あるいは圧力を測定することで，典型的には，0.01 Hz から 100 Hz の間の周波数で複素弾性率 E^*_s を決めることができる．

また，表面張力波を検出することで (表面張力波は，熱揺らぎによって生じたり，振動物によって作られたりしたものを用いる)，圧縮・膨張の際の粘弾性の性質を高周波数で測定することができ，その周波数は典型的に数百ヘルツである

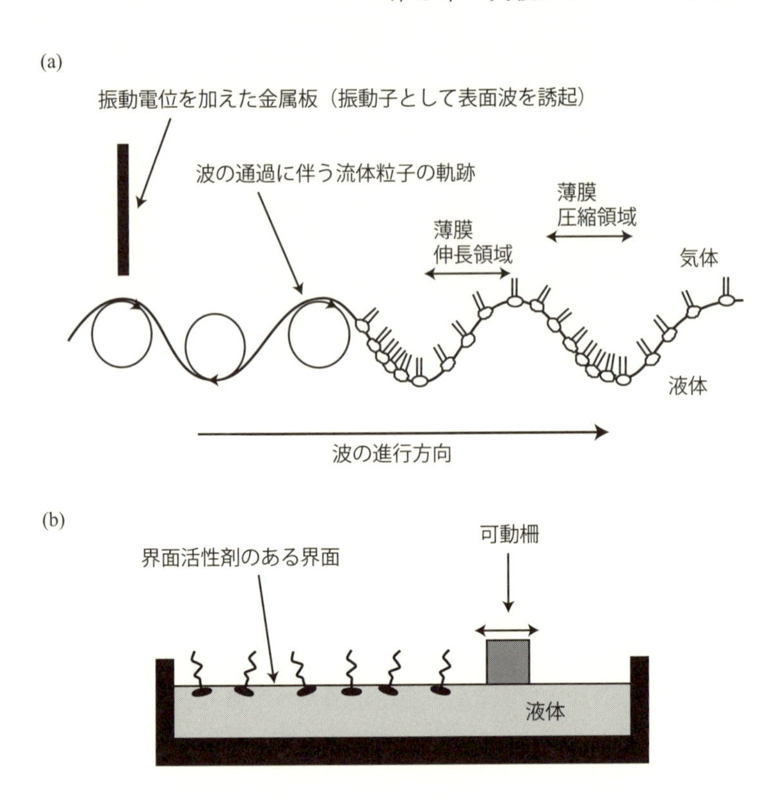

図 5.1: 圧縮・膨張による界面粘弾性の測定法. **(a)** 表面張力波と，薄膜の圧縮・拡張の間に，結合が生じる原理. **(b)** 振動する柵の入ったラングミュア槽.

[50]．実際は，電気毛管現象によって，周波数と振幅を制御した波を用いる．数百ボルトの交流電圧を，表面の 1 mm 上方に設置された薄板に印加すると，液体表面に全く触れることなく，その表面を持ち上げたり押し下げたりすることができる．その状態で，光学系を用いて，表面を伝播する波の波長と減衰の仕方を測定する [50]．この手法が界面粘弾性の測定法として興味深いのは，界面上に薄膜があると，表面波の分散関係が純粋な液体の場合とは異なるという点である．この時，必然的に，流体中の波と，薄膜の圧縮・膨張による粘弾性的性質が結合する．波の伝播により，界面が圧縮する領域と膨張する領域ができる (図 5.1a)．この際に観察される波長は常に表面張力に強く依存する一方で，波の減衰は表面の圧縮・膨張時の粘弾性と関連している．

最後になるが，ラングミュア槽において測定を行うことも可能である (p. 75 の囲み欄参照)．この方法では，平らで浅い容器を用い，そこに溶液と，可動性の柵

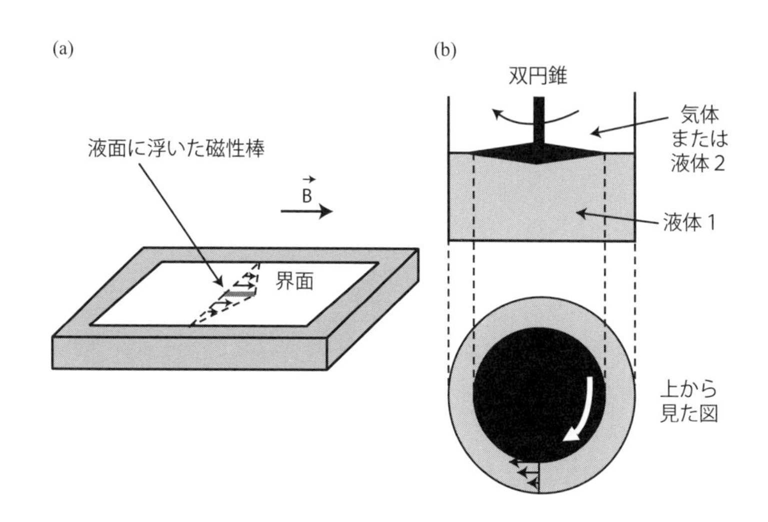

図 5.2: せん断による界面粘弾性の測定法. **(a)** 磁化を持って浮遊する針を，磁場によって配向し，磁場の勾配によって並進させる．これによって，表面にせん断がかけられる．**(b)** 双円錐型の装置を用いた界面のせん断．この装置が界面上の所定の位置に正確に設置されると，その外縁によって界面にせん断がかけられる．矢印は速度場を表し，ここでは内側の円筒が回転，外側の囲いが静止している場合が描かれている．

を入れておく．これにより，界面の面積を増やしたり，減らしたり，振動させたりできる (図 5.1b)．このような槽とウィルヘルミーの薄片 (本章§1.1.1) を組み合わせることにより，柵によって引き起こされる面積変化に応じて，表面張力が変動する様子を測定できる．

せん断による粘弾性のレオロジー的測定法　せん断による二次元複素弾性率の測定には細心の注意を要する．というのも，この測定をするには，界面に加えられるせん断を制御し，界面の応力と変形を測定し，界面下にある液体の流れとの結合を考慮に入れる，ということを同時に行わなければならないからである．それでも様々な測定方法が存在し，振動による方法もあれば連続的な方法もある．

一つ目の測定法は，浮遊物体の並進によって表面にせん断をかけるというものである．浮遊物体には，たとえば，磁化を持った針が用いられる (図 5.2a) [4]．

二つ目の測定法では，クエット (Couette) 型の三次元レオメターを二次元的に利用する (本章§1.2.7)．すなわち，水平な円盤または双円錐が鉛直な軸に吊り下げられ，界面上に配置される．そして，界面には，この浮遊物体または外円筒の回転に比例したせん断がかけられる (図 5.2b)．回転角の測定 (一般に光学的手法が使われる) により変形の度合いがわかり，浮遊物体にかかるトルクの測定からは二次元せん断応力が得られる [37, 59].

最後になるが，三つ目の測定法は，ラングミュア槽 (図 5.1b) を用いる．圧縮用の柵を使い，狭い流路の中で液体の自由表面を押して，表面に散布したマーカー (たとえばタルク) を用いて界面の速度場を測定する．この方法は，どちらかと言えば，不溶性の界面活性剤に適する．

もう一つ，別の測定法では，プラトー境界のような三次元流路の中の流れを調べる．この様なことが行われるのは，第3章 § 4 で触れた通り，表面における流れと溶液中の流れの間の結合は，表面のせん断粘性によって決まるからである．巨視的な排液速度を測定することにより，表面の易動度が得られ，それによってせん断粘性率も得ることができる [16, 45].

1.1.3 液体薄膜の反射率計による計測

気泡表面では鮮やかな虹色が容易に観察される．この虹色は干渉現象の結果であり，これが起こるのは膜厚が小さいからである．虹色が生じるのは，薄膜が持つ二つの界面によって光線が反射され，干渉するためである．具体的には，膜厚 h の薄膜に光が垂直に入射する場合，反射光の強度 I は，多重干渉の寄与を無視すると，次式のように書かれる．

$$I = RI_0 \left[1 - \cos\left(\frac{4\pi n_0 h}{\lambda}\right)\right]. \tag{5.1}$$

ここで，n_0 は石鹸水溶液の屈折率，λ は用いる光の波長，I_0 は光源の強度，R は界面の反射係数である (水と空気の界面の場合，$R \cong 4$ %).

ある単一の波長 λ に対して，観察される反射光強度が最小となるのは，h が $\lambda/2n_0$ の倍数の時である．反対に，強度が最大となるのは，h が $\lambda/4n_0$ の奇数倍の時である．なぜそうなるかというと，光線の一方は空気から液体に入る方の界面で反射し，他方は液体から空気に入る方の界面で反射するために，二本の光線の間には位相のずれ π が生じるからであり，式 (5.1) はそれを考慮に入れたものになっている．

白色光を照射する場合は，波長毎にそれぞれ干渉模様が作られる．この時，各色で強度が最小となる膜厚は同じではない．あらゆる強度がばらばらに足し合わさって，色がぼやける (図 2.33 と 3.56 を参照)．したがって，それぞれの膜厚に特定の色が対応するため (ただし，その逆は真でなく，複数の膜厚が同じ色を与え得ることに注意しよう)，膜厚の勾配が色のグラデーションを生む．これは，**ニュートンの色彩**と呼ばれる．観察される色とその強度は，観察をする方向にも強く依存する．

膜厚が大きくなると，ぼけた色が混ざり合う．こうしてはじめに得られるのが緑色と淡いピンク色である (典型的に数百ナノメートルに対応する)．これに続いて，多くの色が混ざり合った色彩が観察されるが，これは**高次の白色**と呼ばれる．

それと逆の極限では，すなわち膜厚が非常に薄い極限では，二本の光線の間の光路差が λ に比べて非常に小さくなる．これら光線の間に残る唯一の位相差が，先に述べた位相差 π である．したがって，この二本の光線の間には，現実的には，打ち消し合うような干渉しか存在できず，薄膜は殆ど透明となる．これは**黒薄膜**と呼ばれている[1]．膜厚としては，黒薄膜が見られるのはおよそ百ナノメートルまでの範囲である．したがって，ムースでは，これら黒薄膜を実際に観察することができる (第 3 章 § 2.3.2 参照)．

薄膜の膜厚を正確に決定するには，単色光源を用いる[2]．それによって，薄膜が排液し，膜厚を変えていく際の，反射光強度の最小と最大を識別するのである (式 (5.1))．そして，絶対的な測定値を得るために，干渉の次数を特定する必要がある (これには，たとえば黒薄膜を用いる)．

同様にして，干渉測定法は，X 線領域や中性子線に対しても用いられ [48, 19, 3]，ナノメートル程度の構造を探査するのに使われている．X 線は電子に対する感度が高く，それを使えば，膜厚だけでなく，薄膜の構造も求めることができる．中性子発生源から出る流束は X 線よりも弱いが，その魅力は，観察対象の構成成分に**印 (マーカー) を付けられる**ことにある (水素原子を重水素原子に置き換えることによる)．これによって，構造の詳細な研究が可能となる [19]．

1.1.4 薄膜平衡法

薄膜平衡法(あるいは**多孔板法**，*thin film balance* 法とも呼ばれる) を用いると，枠に固定された単一の液体薄膜の性質を調べることができる．この手法は，マイセルズ (K. Mysels) の装置を基本とするものであり [42]，膜厚の小さな薄膜において界面の間の相互作用を理解するのに良く用いられている [7, 52]．

実際の手順としては，円盤状の焼結ガラス (典型的な厚みは 3 mm) に穴 (典型的な直径は 1 mm) が開けられており，薄膜はその穴に水平に張られる (図 5.3a)．焼結ガラスとそれに溶着された毛管は，溶液溜めとして働いており，基準となる圧力に維持される．円盤は囲いの中に入れられ，その圧力 P は変えられるようになっていて，したがって，薄膜にかかる圧力も変えることができる (図 5.3b)．もし薄膜を成す二枚の界面の間の反発力が十分大きければ，その界面から生じる分

[1] ニュートンがこれを「黒薄膜」と呼んだのは，薄膜をより良く観察するため，薄膜の下に黒い背景を置いていたためである．

[2] 訳注：白色光を用いて反射率を波長の関数として測定し，式 (5.1) を用いて膜厚を求めることもできる．

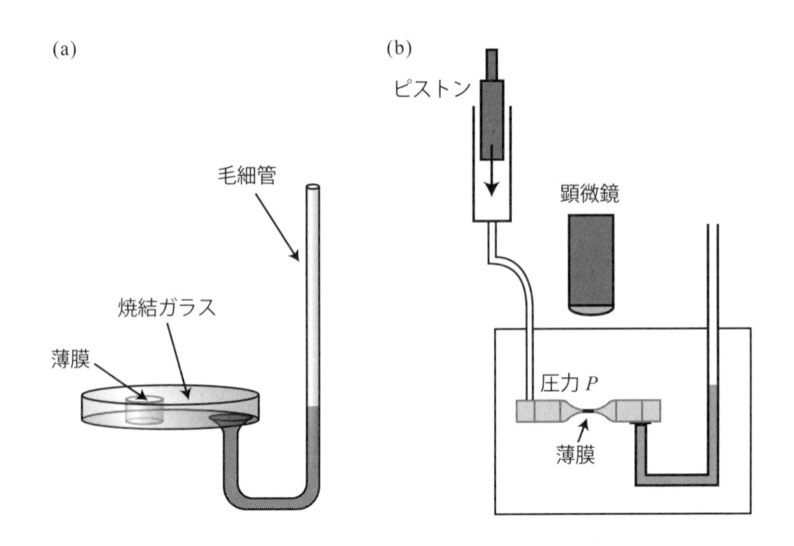

図 5.3: 薄膜平衡法の原理．**(a)** 焼結ガラスが U 字型の管に溶着されている．薄膜は焼結ガラスの穴の中に作られる．**(b)** 焼結ガラスは閉じた囲いの中に置かれ，その囲い内部の圧力は制御されている．さらに，顕微鏡によって，薄膜を見ることができる．

離圧 Π_d は圧力 P と釣り合うのに十分な大きさを持つ．この時，得られる薄膜は安定である．したがって，P のそれぞれの値に対して，単色干渉法 (本章 § 1.1.3) を用いて平衡膜厚 h を測ることで，曲線 $\Pi_d(h)$ を構成することができる (第 3 章 § 2.3.2)．その一例を図 5.4 のグラフに示す．図を見ると分かるように，ここで使われているミセル状の溶液では，曲線が何本かの枝に分かれる．これは薄膜中のミセルの多層構造を示唆しているが，これについては，第 3 章 § 2.3 で議論した．この薄膜は連続的に薄くなるのではなく，圧力を上げるにつれ，膜厚がある値から別の値へと飛びを示す．その反面，圧力を下げていくと，膜厚は，一本の，単独の分岐曲線上に沿って変化する．すなわち，ミセルの多層構造が生成されるのは強制的に閉じ込められていく場合だけであり，薄膜への拘束を解放する際には多層構造は自発的に再生しない．

この方法では，顕微鏡を用いて薄膜を見ることもできる．そうすることで，薄膜の均質性を調べること，不安定性を直接観察すること，さらに膜厚の飛びに伴う動力学を追跡することさえ可能である．第 3 章 § 2.3.1 にはいくつもの例が紹介されている (図 3.17，3.18，3.40，3.44 参照)．この手法により，薄膜の構造を直接観察することが可能であり，溶液のムース性の起源をより良く理解することができる．

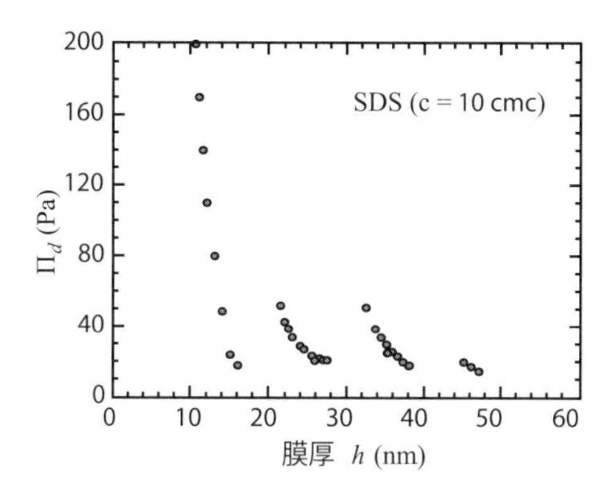

図 5.4: 膜厚 h に対する分離圧 $\Pi_d(h)$ を，薄膜平衡法によって測定した結果 [7]．これは，図 3.16 に記述されている閉じ込め効果を実験的に測定したものにあたる．

1.2 ムースの研究方法

1.2.1 ムースの生成

ムースを作る際の基本原理とは，大きな体積の気体を，それより小さな体積の液体に混ぜ込むために，仕事をするということである (第 1 章 § 5.1 参照).

気体を混ぜ込むのは，溶液を叩くように，あるいは，むち打つように激しく撹拌することでできる (手を使うか，あるいは，羽根車や回転子を用いる)．そうすることで気・液界面を引き伸ばし，刻み込んで，気泡を液体に押し込むのである．撹拌する時間と勢いによって，得られるムースの均質性が変わってくる．機械撹拌器を用いる場合，得られるムースは空間的に均質で，液体分率を色々と変えることができるが (はじめの溶液の分量による)，非常に乾いたムースは作れない ($\phi_l \geq 0.03$)．気泡のサイズ分布は一般に幅広くなる．

溶液中で気体を発泡させる場合には，生成される気泡の大きさを調整することができ，その範囲は 0.2 mm から 10 mm の間である．この際のムースは一般に乾いている (液体分率は 10^{-2} から 10^{-3} の程度) が，それは生成と同時に排液が起こるからである (第 3 章 § 4 参照)．単位時間当たりに生成されるムースの分量の上限は，気泡が分離する頻度で決まる (典型的には 1 L/min 程度)．より大きな生成量 (10 L/min 以上) を得るためには，気体と液体の注入を同時に，高圧をかけて，多孔質やメッシュ，テーパー管などに通して行えば良い．こうして得られる混合物が管の中を通過していき，そこで起こる乱流状態がムースを生成する．この種の乱流撹拌器は可動部品を持たず，頑丈である．ミリメートル，あるいは，マイクロメートルのスケールの流体装置も同様であるが，この場合は乱流の効果はな

い [36, 51]．その代わり，こうした装置は，気泡 (または小さな液滴) を一つずつ，全て同じ大きさで生成することができ，その生成量は数 mL/min 程度となる．

シェービングムースのスプレー缶の中では，炭化水素系またはクロロフルオロカーボン系の気体が加圧によって液化され，界面活性剤の溶液によって乳化された状態になっている．そして，ボタンを押すと，圧力が少しばかり解放される．こうすることで，炭化水素の小さな滴の一つ一つが，それより遥かに大きな気泡へと変化する．すると，体積過剰となった内容物は，ムースという形でスプレー缶の外に出てくるのである．この方法により生成されるムースはかなり均質であり，気泡の直径は約 40 μm となる．ここで用いる気体がどのような性質を持っているかは決定的に重要である．特に，現実的な圧力 (数気圧) の下で液化できるものでなければならない．

ムースの生成には他の手法も存在する．特に，その場で化学反応を起こして気体を生成する方法がある (たとえば，ポリウレタンやアルミニウムフォーム [6] のようなムース性固体の場合や，パンなどが該当する)．

1.2.2 ムース性の検査

溶液が持つムース性を検査するための最も単純な方法は，溶液の入ったガラス瓶を揺さぶって，ムースができるかどうか，および，それがどのくらい持続するかを観察するというものである．こうすることで，全くムース化しない溶液と非常に良くムース化する溶液は，簡単に見分けることができる．

再現可能かつ定量的な結果を得たい場合に，実験室で良く行われる検査方法では，流量を制御し一定に保って，溶液中に気体を注入する (図 5.5a)．この方法では，時間と共に生成されるムースの体積と，気体の注入を止めた後でムースが消える速さを同時に測る．注入された気体の体積を $V_{気体}$ とすると，ムース性が乏しいというのは，体積比 $V_{ムース}/V_{気体}$ が (どの時刻 t であれ) 小さいということである．これは，すなわち，ムースの中に捕捉される気体が殆どないということである．逆に，この比が 1 に近い場合は，気体は殆ど全てムースに入り込んだということであり，ほぼ最高のムース性が示されている．この方法ではまた，様々な形状の気体注入器を溶液中で用いることにより，生成される気泡の大きさを変えることも可能である．したがって，気泡の大きさによってムース性がどのように変化するかを調べることができる．その結果，一定の界面活性剤濃度の下では，気泡サイズが大きくなるにつれて，ムースはより不安定になるということがしばしば観察される．

ロス・マイルス (Ross-Miles) 法もまた良く使われている方法であるが，この手法では，目盛り付きのピペットをある高さに固定しておき，そこから溶液をビー

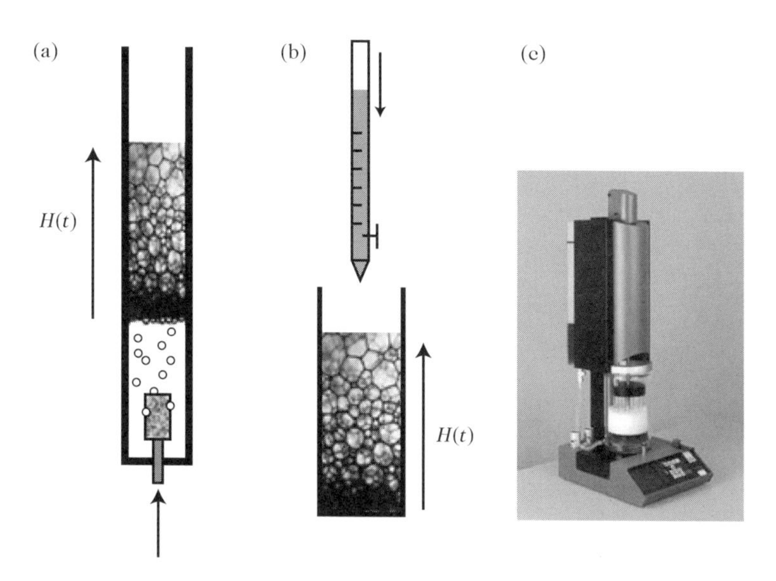

図 5.5: ムース性の検査方法の例. **(a)** 気泡注入, **(b)** ロス・マイルス法, **(c)** 機械攪拌器を備えた商用機器 (SITA; http://www.sita-lab.com/produkte/sita-schaumtester/sita-foam-tester-r-2000/).

カーに向けて流す (図 5.5b). そして, ムースの体積が時間的にどう変化するかを, 溶液が流れている間と, 流れが止まった後について, また様々な落下高度に対して測定する.

今日では商用機器も存在する (図 5.5c) が, そのような機器では, 羽根や回転子を溶液の入った容器の中で回すことでムースを生成する (普通, 回転は非常に速く, 毎分数百回転程である). 生じたムースの分量や均質性は, 光学的手法 (本章 § 1.2.3, § 1.2.5) または電気的手法 (本章 § 1.2.6) によって評価される.

1.2.3 表面の撮影技法

肉眼, 虫眼鏡, あるいは顕微鏡などで, ムース表面の気泡は簡単に観察することができる. 表面における気泡の直径を測ることで, その気泡の大きさの分布や, 平均直径が得られる. このような測定を様々な箇所で行うことにより, 試料の均質性を評価することができる.

ムースを透明な仕切り板に接触させて撮影すれば, プラトー境界や表面にある気泡の輪郭線を見ることができる (図 5.6a). 照明の条件 (拡散光源か, 点光源か, 大きさを持つ光源かの選択, また反射光か透過光かの選択) を変えることで, プ

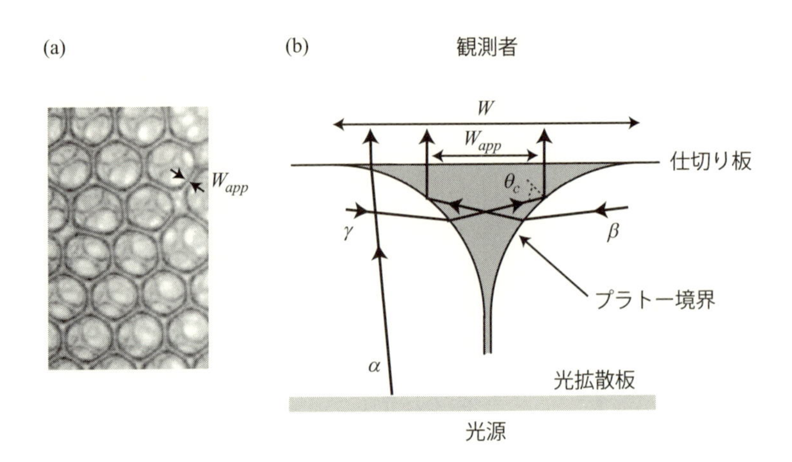

図 5.6: 表面の撮影技法．**(a)** ガラス板の下面に接するムースの写真．照明には大きな拡散光源を用い，透過光観察で撮影されている．拡散板の役割を果たすのはムース自身である．ガラス板と接するプラトー境界は，それぞれ二本の暗い境界線で区切られたように見える．S. Cohen-Addad 氏撮影．**(b)** 透明な仕切り板に接したプラトー境界の概略図．この境界は，大きな拡散光源からの透過光で照らされている．ここで，α，β，γ は，考えられるいくつかの光路を表す．得られる観察画像において，プラトー境界の見かけ上の厚さ W_{app} は，真の厚さ W よりも小さくなる (式 (5.2) 参照).

ラトー境界の見かけ上の厚さや気泡の見かけ上の直径が変化することを確認できる．この現象は，幾何光学と「光路の追跡」による解析で説明可能で，画像から得られる特徴的な測定量が，プラトー境界や気泡の実際の大きさと関係付けられる [54]．こうした考察から分かることだが，十分な大きさを持った拡散光源を用いて透過光観察を行うと，仕切り板と接触したプラトー境界は，明るい帯が二本の暗い境界線で区切られたように見える (図 5.6a).

この画像を理解するために，観測者に至る光路を何本か作図してみよう．ここで考える光路は，図 5.6b で α，β，γ と書かれたもののように，幾何光学の法則に従い，最後は観察者に到達する．逆に観察者から出発し，これらの光路を遡ると，光路のうち光源を起点とするものを確認できる．このようにすれば，これらの光源から来る光路を取る光線によって，観察者にとって明るく見える領域を決定できる．たとえば，光線 α はプラトー境界の中心から遠く離れたところを通過するが，この光線は，二つある界面のどちらにおいても $0°$ に近い入射角で透過する．その結果，この光線は殆ど屈折せず，観察者に実際に光源の光を届けている．光路のうち，プラトー境界の中心近くの一点を通って仕切り板を通過するものは，より複雑となる．なぜなら，そうした光路は反射や屈折を含むからである．

もし，光路 β や γ のように，光路が液体から気体に入る際に，気・液界面に対する入射角が全反射の臨界角 θ_c に等しいか，それより少々大きい場合，その光路は光源から来たものではあり得ない．このような光路によって姿を現すのが，観察者が見る画像における，プラトー境界の中心の両側にある二本の暗い線なのである．さらに，幾何光学的な計算から，プラトー境界の見かけ上の厚さ W_{app} の表式が，その実際の厚さ W の関数として，次式のように得られる [54].

$$W_{app} = W(1 - \sin\theta_c). \tag{5.2}$$

水と空気の間の界面では，θ_c が 48.8° であるから，$W_{app} = 0.75\,W$ となる．界面活性剤が入っている場合は，その性質と濃度によって，θ_c の値が多少変わることがある．

同様に，石鹸からできる球形の泡 (非常に湿ったムースの中などで見られる) を大きな拡散光源で照らして，透過光観察を行った場合に見られる画像では，見かけ上の外径が $d_{app} = d\cos(\theta_c/2)$ の暗い環ができる [54]．ここで，d は気泡の実際の直径である．

1.2.4 三次元的な撮影技法

光学的撮影技法 ムースが十分乾いていて透明な場合，試料の奥深くにある気泡は，顕微鏡や虫眼鏡を用いて観察することができる．マツク (E.B. Matzke) はこのようにして驚異的な観察を行った [39]．これに倣って，多数の気泡の面と稜の数を数えることで，ムースの構造に関する統計的知見が導かれる (第 2 章 § 3 参照)．顕微鏡を用いた観察手法は，時として，光トモグラフィー技術 [40] や立体視法 [28] とも組み合わされる (図 5.7).

光の多重散乱は，気・液界面における反射と屈折によって引き起こされるが (本章 § 1.2.5 参照)，試料の奥深くにある構造を観察する際の妨げとなる．また，顕微鏡を用いた多種多様な三次元観察技法 (たとえば，共焦点顕微鏡観察，二光子顕微鏡観察，構造化照明顕微鏡観察など) は，生物学では良く使われているが，ムースの学問分野ではまだ殆ど用いられていない．

X 線トモグラフィー 可視光線と比べて，X 線はムースによる散乱が遥かに小さい．そのため，トモグラフィーを用いて，三次元的のムースを撮影できる．今日では，サイクロトロンのおかげで十分な強度の X 線光源の利用が可能で，湿ったムースの X 線撮影もできる [34]．この手法では，少量のムース (cm^3 の程度) が X 線の平行光線の中に据え付けられ，その奥には，典型的には，$1\,000 \times 1\,000$ のピクセルからなる検出器が配置される．このようにして収録された二次元画像は，

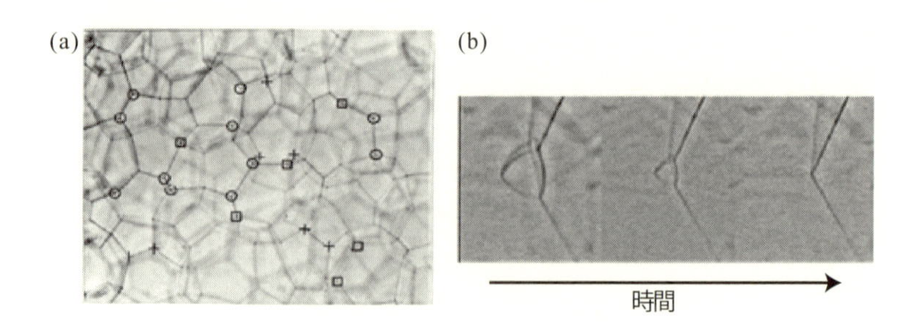

図 5.7: 三次元における光学的撮影技法．**(a)** 光トモグラフィー法により得られた，ムースの奥深くにおける構造．ムースには平面状のレーザーシートが照射され，一連の断面毎に可視化されて，そこからムースの三次元構造が再構成される．上の画像はそのような断面の一つであり，そこで見られる頂点には円が記されている．四角形と十字は，それぞれ，一枚前および後の断面における頂点を表す．C. Monnereau 氏撮影．文献 [40] より許可を得て掲載 (© 2001 The American Physical Society)．**(b)** 光学的立体視法によって経過観察した熟成の様子．ここで見られるのは，時間の経過と共に，面を四枚持つ気泡が徐々に消滅する過程である．二つの異なる角度から撮影された写真を基に (ここで示されている画像はそのうちの一方)，この気泡の四つの頂点の座標 (x, y, z) を正確に求めることができる．S. Hilgenfeldt 氏撮影 (文献 [28] 参照)．

ムースのレントゲン写真と言って良い (医療用のレントゲン写真と同類)．すなわち，X 線は液相ではわずかに吸収される一方で，気相では何の影響もおよぼされない．したがって，一つのピクセルにおける明暗の強度は，試料を貫く直線光路上で，光線が通過する部分にある水の厚みの総和に比例する．X 線トモグラフィーでは，この光線の向きが鉛直軸周りで回転させられ，様々な角度から千枚程の二次元画像が撮影される．これら二次元画像から，数学的アルゴリズムによって，ムースの三次元構造が再構成される．一枚の三次元画像を高解像度で作成するのに必要な時間は数秒程度である (図 5.8)．

こうして得られる三次元画像は，立方体の体積要素の集まりとして構成されているが，この体積要素はボクセルと呼ばれる．この名称は，二次元デジタル画像におけるピクセルに倣っている．ボクセルの稜は 10 μm 程度であり，これはプラトー境界を観察するのに良い解像度である．膜が薄い場合は，領域を気泡毎に区分化する際に，経験に基づいて薄膜を再構成しなくてはならない (本章 § 3.1.1 参照)．気泡一つ一つに対して，それが持つ面の枚数を数えたり，体積を測ったり，その時間発展を追跡したりすることができ，これによって，たとえば，ムースの熟成の経過を観察できる (第 3 章 § 3.2 参照)．

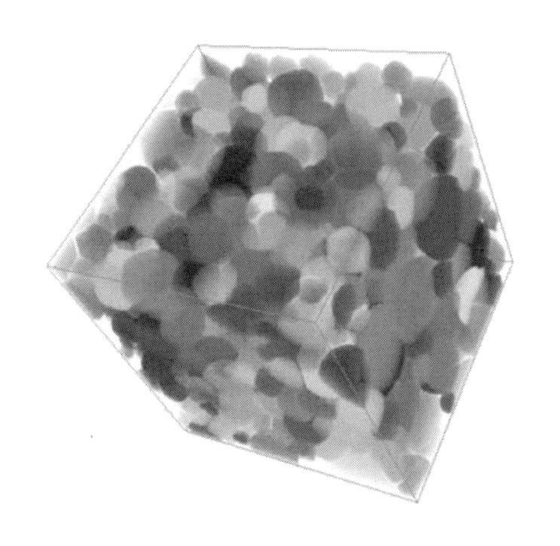

図 5.8: X 線トモグラフィー．液体分率 $\phi_l = 0.15$ のムースの三次元画像が示されている．気泡一つ一つが識別され (図 5.18 参照)，グレースケールで表示されている．J. Lambert 氏撮影 (文献 [35] 参照)．カラー口絵 12 参照．

核磁気共鳴による撮影技法　核磁気共鳴 (NMR) 法による物質の計測では，原子核のスピンから発せられた電磁波信号が解析される．この電磁波は，原子核が強力な静磁場のもとに置かれ，適切な周波数の電波によって励起される際に発せられるものである．発信された信号はアンテナで測定されるが，その信号は，計測される物質の性質と，励起の特性の双方に依存する．磁場勾配を用いれば，空間の各点に異なる励起を与えることができ，発信される信号からは，物質を構成する各元素の位置と性質を知ることができる．これが，医療で用いられる，核磁気共鳴法による三次元画像撮影 (MRI) の原理であり，ムースの老化の経過観察にも使われた [24]．

物質が動いている場合，その物質は移動中に様々な値の磁場を感じることになる．すなわち，この物質が発する信号は，移動の際に物質中の元素が感じる磁場変動の範囲に依存しており，したがって，特に物質の速度に大きく依存する．この情報を利用すれば，物質内部の速度の三次元地図を作成することができ，したがって，ムースの流れを局所的なスケールで計測できる [47] (第 4 章 § 4 参照)．データ取得に要する時間を短縮する場合には，測定するのを速度ベクトルの一成分だけにとどめたり，調べる領域を一平面に限定したりする．

1.2.5　多重光散乱

多数の気・液界面で反射と屈折が起こるため，ムースは光を強く散乱する．したがって，ムースは光を殆ど吸収しないにも拘わらず，不透明なのである．本節では，この性質の利用法について述べる．ムースにおける光の伝播の特徴 (式 (5.3)) を理解することで，液体分率が分かっていれば気泡の平均サイズを調べることができるし，その逆も可能である (式 (5.6))．その上，コヒーレントな光源を用いれば干渉が起こり，それによって気泡の再配置の動力学を調べることもできる (式 (5.7))．

光伝播の平均自由行程　幾何光学はとても便利な道具であり，光の波長よりも遥かに大きな気泡からなるムース中の光の伝播を記述する手段として利用できる．光線が気・液界面に到達すると，その一部は屈折し，一部は反射し，光線は二本に枝分かれする．それら二本の軌跡のそれぞれを辿ると，また別の界面に出くわすので，やがて複雑な樹状構造が構成される．光線が持っていた初期の伝播方向の「記憶」は，界面と何度も相次いで相互作用しながら，ある特徴的な距離を進むと失われてしまうが，この距離のことを光伝播の平均自由行程と呼び，ℓ^* と書く．すると，ムースにおける光線の伝播は，実効的にランダムウォークとしてモデル化でき，そのステップ幅は ℓ^* で，各ステップの向きは統計的に独立となる．

非常に湿ったムースでは，距離 ℓ^* は気泡一つの大きさと同程度である．なぜなら，この時，球形の気泡二つの間にある液体がレンズのように働き，光線の向きを強く変えるからである．反対に，乾いたムースでは，隣り合う気泡の間の薄い膜では透過光の向きが変わらないので，ℓ^* は気泡の大きさよりも遥かに大きくなる．このような幾何光学による記述においては，特徴的長さスケールは，気泡の大きさだけである．したがって，ある一定の液体分率 ϕ_l のもとでは，ℓ^* は気泡の平均半径 $\langle R_v \rangle$ と同様に変化すると期待される．実際，ℓ^* は次式で与えられる [55]．

$$\ell^* = 2\,\frac{\langle R_v \rangle}{\sqrt{\phi_l}}. \tag{5.3}$$

ランダムウォークの概念は，溶液中の分子のブラウン運動など，他にもいくつかの物理現象に登場する．巨視的なスケールでは，ブラウン運動は濃度を用いて記述することができ，その濃度はフィック (Fick) の法則に従って時空間発展をする [8]．このことから類推して，不透明な媒質を通過する光の伝播は，光のエネルギー密度がフィックの法則に従うとして記述できると考えられる．実際，このような計算によって，多重散乱体であるムースからなる試料を光が通過する際の伝播をモデル化することができる．以下で取り上げる実験方法は，このモデル化に基づくものである．

光拡散透過法　光拡散透過法 (英語では Diffuse Transmission Spectroscopy または DTS と呼ばれる) の実験では，ムースを通った拡散透過光の強度を測定する．実際には，ムースの薄片に強度 I_0 のコリメート光線を照射し，試料を透過した光の全強度 I を測定する．透過率 T は比 I/I_0 として定義され，薄片の厚み L と，光の伝播の平均自由行程 ℓ^* と関係付けられる．試料の吸光がなく，多重散乱の領域 ($L \gg \ell^*$) にある場合は，透過率は次式で与えられる [55]．

$$T \equiv \frac{I}{I_0} = \frac{1+z_e}{L/\ell^* + 2z_e}. \tag{5.4}$$

外挿パラメータ z_e は 1 の程度の数であり，試料と，それを挟んでいる透明平板との間の光学的な境界条件を特徴付ける量である．ムースが二枚のガラス板の間に挟まれている場合，z_e は次式のようになる [55]．

$$z_e = 0.74 + 3.44\,\phi_l. \tag{5.5}$$

したがって，$L \gg \ell^*$ の極限では，式 (5.3) から (5.5) により，次式が得られる．

$$T \approx \frac{\ell^*}{L} \approx \frac{\langle R_v \rangle}{L\sqrt{\phi_l}}. \tag{5.6}$$

つまり，ムースが湿っていればいるほど，気泡が小さければ小さいほど，そして試料が厚ければ厚いほど，ムースは光を通さなくなる．したがって，光の透過率を測ると，液体分率が分かっている場合には，気泡の平均サイズを求めることができ，また，その逆も可能である．こうした測定は瞬時に行うことができ，また非破壊的であるため，この方法は，熟成の最中における気泡の平均サイズの時間発展 (図 3.27) を測ったり，排液の最中における液体分率の時間発展 (図 3.29) を測ったりするのに適している．相対的な測定，すなわち，気泡サイズや液体分率について，それらの初期値との比を求める測定は，簡単に行うことができる．一方，絶対的な測定を行うためには透過率を校正しなくてはならないが，それには予め散乱率がわかっている試料を用いれば良い．

動的光散乱法　ムースの中で生じる再配置の動力学について，しばしば，統計的情報が必要になる場合がある．たとえば，熟成や (第 3 章 § 3.2.1 参照)，力学的な外力印加 (第 4 章 § 4.2.1 または § 4.2.3 参照) による再配置を調べる場合がこれにあたる．こうした情報を得るための方法として，動的光散乱という手法があり，特に，拡散波分光法 (英語で Diffusing-Wave Spectroscopy または DWS と呼

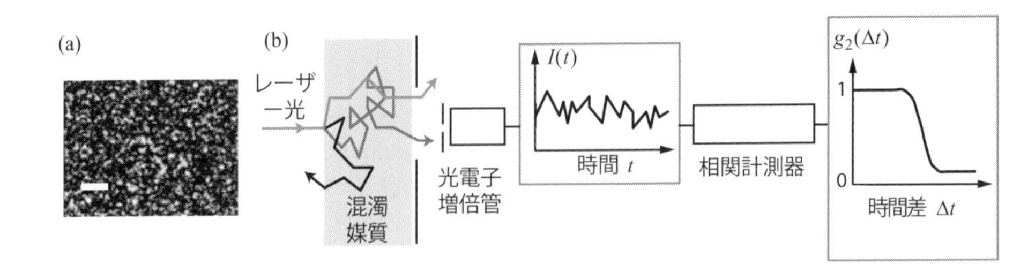

図 5.9: 動的光散乱法の一種である拡散波分光法 (DWS) の説明図. **(a)** スペックルの画像. スケールバーは角度 0.02 mrad に対応する (S. Cohen-Addad 氏撮影). **(b)** 混濁した媒質中の動力学を調べるために用いられる, DWS 測定系 (透過型) の原理. スペックルの光強度が光電子増倍管によって測定され, その自己相関関数 $g_2(\Delta t)$ が信号相関計測器で計算される.

ばれる) が用いられる. この手法では, 混濁した媒質中の局所的な動力学が計測でき, ムース, 高濃度のエマルション, ペーストなどに利用できる (図 5.9)[58].

拡散波分光法では, 試料に**コヒーレント**な光線を照射し, そこで多重散乱された後に出てくる後方散乱光または透過光を分析する. 試料の近くにスクリーンを設置すると, 斑点模様の画像が得られるが, この斑点は「スペックル」と呼ばれ, 光強度が均一な領域に相当する (図 5.9a). これらスペックルが生じるのは, 観測点に到達する様々な光路の間で干渉が起こるためである. 試料の中で構造変化が起こると, たとえば気泡の再配置が起こると, その再配置が起こった領域を通過する光路の位相にずれが生じる. この位相のずれはスペックルの強度変化として現れ, これによりスペックルは「まばたき」をしているように見える. この現象の特徴を定量的に理解するため, 一つのスペックルの光強度 $I(t)$ を時間の関数として測定し, 次式により定義される, 規格化された自己相関関数 $g_2(\Delta t)$ を計算する.

$$g_2(\Delta t) = \frac{\langle I(t)I(t+\Delta t)\rangle - \langle I(t)\rangle^2}{\langle I(t)^2\rangle - \langle I(t)\rangle^2}. \tag{5.7}$$

この量を計算する際は, 特定のスペックルを一つ選んだり, 多数の気泡が取る乱雑な配置のうち, 特定のものを実現したりする必要はない. これは, 式 (5.7) において, 山括弧 ($\langle\cdots\rangle$) で表す平均操作を行っているからである. 式 (5.7) の自己相関関数を得るためには, 二つの等価な方法がある. もし試料内部の動力学 (たとえば熟成や流れがもたらす動力学) によって気泡の配置が時間的に変化していくのであれば, 光電子増倍管を用いて単一のスペックルの強度を測定し, 時刻 t の関数として自己相関関数の平均を計算する (図 5.9b). もし試料の動力学が遅かったりエルゴード的でなかったりする場合は, DWS を複数のスペックルに対して拡張した手法を用いる．この方法では，CCD カメラを用いて多数のスペックルを同時に観察し [5, 12, 13]，それから時刻 t と $t+\Delta t$ における各スペックルの強度相関の平均をとる．

Δt がゼロに向かう極限では $g_2(\Delta t)$ は 1 に漸近するが，これは，そのような短い時間間隔ではムースの構造が完全に維持されるということを意味する．Δt を徐々に大きくしていくと，試料内部の動力学によって，Δt の間に起こる構造変化が大きくなってくる．その結果，時刻 t と $t+\Delta t$ における構造の間の相関が失われていき，$g_2(\Delta t)$ はゼロに漸近する．この二つの極限の一方から他方への移り変わりによって，試料の構造が示す段階的な脱相関が特徴付けられるが，それはたとえば気泡の再配置によって引き起こされる．

光の伝播や気泡の再配置に関する統計的モデルを使えば，そうしたデータを定量的に解析することができる．たとえば，熟成中のムースにおいては，$g_2(\Delta t)$ が減衰する特徴的時間は (訳注：この時間をムースのマクロな力学応答の粘弾性の特徴的時間と同一視すれば)，一定の体積 V_r の下で再配置が起こるのに要する平均的な時間間隔 τ に比例する (式 (4.56)，(4.57)，および，図 4.25 参照)[17]．図 3.25 は，老化に伴いどのように τ が増大するかを示したものであり，動力学の進行が遅くなってきていることが分かる．また，試料中で，たとえばせん断がかけられた場合に，単位時間当たりに構造変化を受ける体積の割合を求めたり [27]，一回の再配置が起こるのに要する時間を測定したり [5]，さらに動力学の間欠性を特徴付けたりすることもできる [12]．

1.2.6 電気伝導度測定

ムースの電気的性質は，その液体含有率に大きく依存する．したがって，電気伝導度を測定すれば ϕ_l を決めることができるのだが，そのためには，これら二つの量の間の関係を知る必要がある．

非常に湿った極限では，気泡は分散し，球形の気泡の集まりとなるが，これらの気泡は互いに接触せずに孤立している．この時，ムースの相対伝導度 Λ は，ムースの伝導度をムース化する前の溶液の伝導度で割ったものとして定義され，その値はマクスウェル (Maxwell) の関係式によって次式のように与えられる [20]．

$$\Lambda = \frac{2\phi_l}{3-\phi_l}. \tag{5.8}$$

乾いた極限では，ムースは伝導性を持つプラトー境界のネットワークになっており (その抵抗値は，関係式 (2.38) により，ϕ_l に反比例して変化する)，その向きはランダムである．この時，ムースの相対伝導度はレムリッヒ (Lemlich) の関係

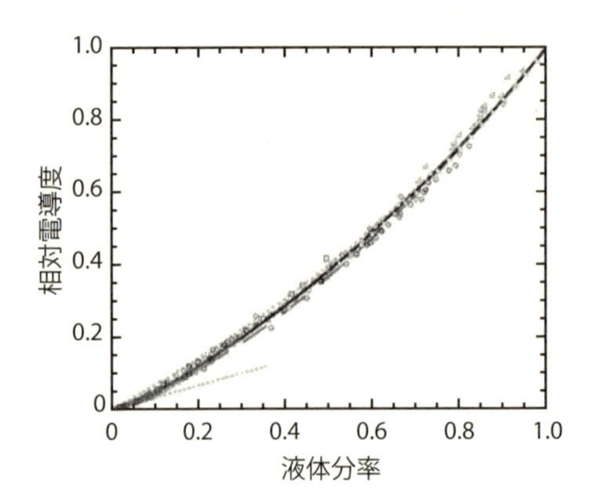

図 5.10: 相対的な電気伝導度と液体分率との関係 [20]．何種類かのムースや懸濁液について実験的に得られた測定値 (記号) は，式 (5.10) と (5.11) で良く記述できており，あらゆる範囲の液体分率において，これらの式が有効であることが分かる (太線)．式 (5.9)(細い真っ直ぐな点線) は，液体分率が数パーセント以下で有効な線形近似である．

式によって次式のように与えられる [20]．

$$\Lambda = \frac{\phi_l}{3}. \tag{5.9}$$

一方，何種類かのムースや様々な懸濁液について行われた測定 (図 5.10) によると，液体分率が 0.02 から 0.9 の範囲で変化しても，これらのデータが滑らかな曲線上にあることが分かる．図 5.10 の全データ点に最も良く合うように調整した曲線として，次式に示す経験的なモデルが知られている [20]．

$$\Lambda = \frac{2\phi_l(1+12\phi_l)}{6+29\phi_l-9\phi_l^2}. \tag{5.10}$$

この式は，あらゆる範囲の ϕ_l において図 5.10 のデータを記述でき，また，上に述べた二つの極限においては，レムリッヒの関係式とマクスウェルの関係式を再現する．

また，逆に，液体分率を相対伝導度を用いて表すと次式となる．

$$\phi_l = \frac{3\Lambda(1+11\Lambda)}{1+25\Lambda+10\Lambda^2}. \tag{5.11}$$

式 (5.10) や (5.11) には，気泡の大きさも界面の性質も入ってこない．つまり，どのような系であろうと (ムース，エマルション，懸濁液のどれであっても)，その物理化学的性質がどうであろうと，相対伝導度は分散の度合にしか依存しない．

したがって，ムースになる前の溶液の伝導度 (電解質濃度や電極の配置に依存する) さえ分かれば，ムース試料の伝導度の測定によって，直ちにその液体分率が得られる (たとえば図 3.29 参照).

そのような伝導度の測定は容易に実行できる．なぜなら，電気的な観点から言えば，ムースは抵抗とコンデンサーが並列に接続された回路のように振る舞うからである．測定には交流電圧が用いられ，その典型的な振幅は 1 V で，周波数は 1 kHz である (第 3 章実験 8.4).

1.2.7 レオロジー測定

三次元ムースのレオロジー的性質を研究するためには，できるだけ単純かつ明確に定義できる外力を用いてムースを調べる必要がある．応力，変形，変形率，構造パラメータ (第 4 章参照) を関係付ける構成法則がひとたび確立されれば，任意の幾何学形状における流れの様子を予言できる.

実験方法 制御されたせん断をムースにかけるためには，ムースをレオメーターのセルに封入し，応力が印加された際のムースの変形 (あるいは変形が加えられた際の応力) を測定する．セルの形状は，測定によってどのような情報を得たいかによって選択する．それぞれの形状の下で試料が受ける変形と応力の特徴が，図 5.11 に再度まとめてある．レオロジーの測定手法の詳細な解説は，文献 [38, 44] を参照のこと.

線形応答を特徴付けるのに適した幾何学形状には，原則として「並進平面」「平面－平面」「円錐－平面」「円筒クエット」の四つがあり，間隙の厚さは気泡サイズを大きく上回っている必要がある (典型的には気泡 20 個分)．非線形領域を研究する際に好都合な幾何学形状は，間隙中の全ての点で応力が同じになるものである．そのような形状には，並進平面，円錐－平面 (円錐の角が大きすぎない場合)，あるいは円筒形がある (間隙が円筒の半径に比べて小さい場合)．たとえば，円錐－平面の幾何学形状において，試料により円錐の軸方向にかかる力を測定することで，せん断に伴って生じる第一法線応力差 (第 4 章 § 4.1.2 参照) を知ることができる．また，圧力勾配の効果の下でのムースの流れを研究するには，毛細管型のレオメーターが用いられる.

第 4 章 § 4.3.2，そして図 2.29 で見たように，応力が均一であろうとなかろうと，ムースの流れは時として不均一になる．この現象が起こるのは，流れが局在化した領域ができるからである．このような条件の下では，試料の境界に位置する壁の動きから，局所的な変形の様子を求めることができない．このような場合は，結局，光学的に得られる画像や MRI を使って，試料の中での変位を追跡す

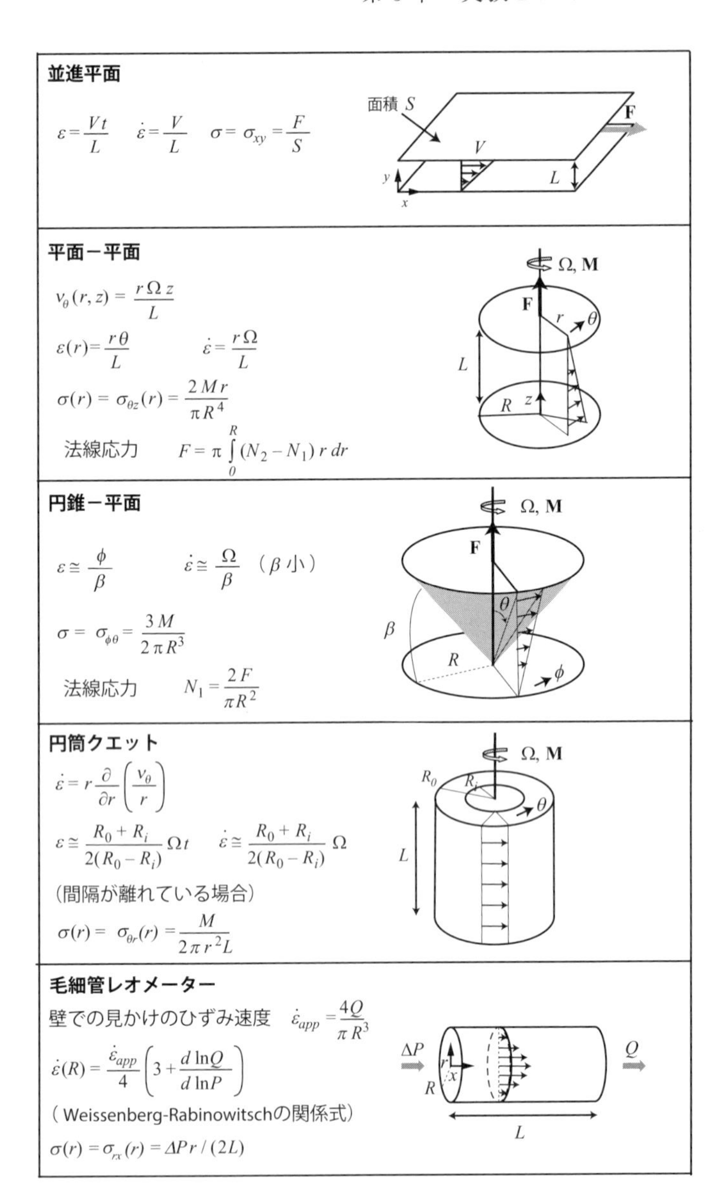

図 5.11: ムースのレオロジー測定に用いられる幾何学形状の概要．文字の定義は以下の通りである．せん断ひずみ ε，せん断率 $\dot{\varepsilon}$，せん断応力 σ，力 $\mathbf{F}$，トルク $\mathbf{M}$，並進速度 V，回転角速度 Ω，流体の接線方向の速度 v_θ，圧力降下 ΔP，体積流量 Q.

る必要がある (本章 § 1.2.4 参照).

境界における滑り ムースのレオロジー測定で良く生じる問題として，測定に用いている幾何学形状の境界面が，ムース化した液体の膜で覆われているために，この面に沿って試料が滑ってしまうことがある (第 4 章 § 3.3.3 参照). この現象は，境界面を構成する材料が何かによって，具合が変わってくる. たとえば，プラスチック製の管は，多くの場合，鋼鉄製の管よりも滑りやすい. なお，滑りという現象は，せん断帯とは異なるのだが，このことは，せん断帯が境界面とは無関係に溶液中でも発生し得ることから分かる (第 4 章 § 4.3.2). 滑りを検出するのは容易である. なぜなら，滑りが生じている場合，実験的に求められる構成法則のパラメータが，間隙の厚みや使用した管の直径に依存するように見えるからである. この時，レオロジー的測定量を解析しても，意味のある結果は得られない. なぜなら，境界面の移動や管内の圧力降下から推測されるせん断は，ムースに加わる実際のせん断よりも大きくなってしまっているからである. 滑りを防ぐには，境界面を荒くする必要がある. これには，境界面を (耐水性の) 紙やすりで覆ったり，流れの方向に対して垂直に向いた溝をつけたりすれば良い. その際，紙やすりの砂粒の大きさや溝の深さは，気泡の直径よりも大きい必要がある.

2 数値シミュレーション

本節では，主な数値モデルをまとめるが，これらはムースの静的な構造の再現や，レオロジーの理解に利用できる. いつかのモデルは高精度を得るために適しており，また他のものは多くの気泡に関する統計値を求めるために使用できる. 数値モデルは技術者にとっても研究者にとっても有用な研究手段である. シミュレーションのおかげで，実験に頼らずに，振る舞いを予測することができるからである. 確かに，解析的な手法も，ムースが秩序的な時には利用できる. しかし，無秩序性が現れるや否や，数値シミュレーションが大きな助けとなる. なぜなら，たとえば，頂点の位置，縁の長さと曲率，そして特に三次元では面曲率といった，多くのパラメータを考慮する必要があるからである. また，異なる物理パラメータを独立に変化させることは実験ではしばしば実現不可能であるが，シミュレーションでは，これが可能であり，さらに，それぞれのパラメータの役割も明確になる. たとえば，重力や気体の拡散を消去でき，さらには多分散性を制御できる. また，測定するのが困難であったり，不可能であったりする物理量にもアクセスすることができる. このような例としては，局所的な圧力や速度の場，薄膜の曲率などがある. ここで紹介するムースの数値モデルは静力学の研究，すなわち平衡状態の探求に適用されるものもあれば，流れに適用されるものもある. モデルを選ぶ場合に留意しなくてはならないのは，議論する問題の中での散逸の重要性，液体分率の範囲，二次元なのか三次元なのか，といった点であり，さらに，忘れてはならないのが，構造の正確さ，考慮する気泡の数，そして計算時間に関して妥協を余儀なくされるという点である．

2.1 静的構造の研究

平衡なムースの構造を知るため，つまり，気泡の形と圧力について知るためには，エネルギーの極小を計算する必要がある．出発点となる初期配置においては，気泡が何らかの形を取っていて，それらは互いに連結していて，空間を覆っている．たとえば，点を無作為に配置し，ボロノイ図を構築する [56]．次に，界面の形をエネルギーを最小化するように修正するのだが，その時にはそれぞれの気泡の体積保存や諸々の境界での条件に留意する．この最小を探る時，初期配置のトポロジーが，一つ，あるいは複数の T1 により変化することもある．

以下に，二つの主要な方法を示すが，これらの方法で，気泡の平衡形状とそれらの圧力を予測できる．本来は，乾いたムースを数値的に再現するために考案されたものだが，湿った場合にも適用できる．これらは，原理的には等価であり，どちらもインターネットで自由に利用できるが，実用的には異なる利点を持つ．

2.1.1 ポッツのモデル

ポッツのモデル [60] はエネルギーの最小を無作為な方法で探す．この方法は非常に早く，たとえ多数の気泡がある場合にも最小値を見つけ出すことができ，しかも，その最終配置は選ばれた初期配置とはとても異なる場合もある．1952 年にポッツ (R. B. Potts) によって統計物理学の文脈で考案されたこのモデルは，結晶性材料の (微結晶の) 粒子や [49]，ムース [29] を数値的に再現するためにも使われてきた．

このモデルでは，一般的なデジタル画像のように，ムースは小さな面積要素 (二次元ピクセル) または体積要素 (三次元ボクセル) によって表され，また，これらの微小要素の位置は空間に固定されている．いわば，格子に立脚したモデルである．番号 i の気泡はその内側で定義される．すなわち，それは，同じ番号 i を持つピクセルの集合体で表される．乾いたムースのシミュレーションでは，それぞれのピクセルはただ一つの気泡にのみ帰属する．したがって，数々の気泡によって空間が覆い尽くされる (図 5.12)．番号 i と j の二つの気泡の間の表面はピクセル i がピクセル j と接している場所に相当する．このため，ムースのエネルギーは接触面積 (異なる指数を持つピクセルが接触している部分の数) に 2γ をかけたものになる．なお，エネルギー関数に補足的な項を含めることで，それぞれの気

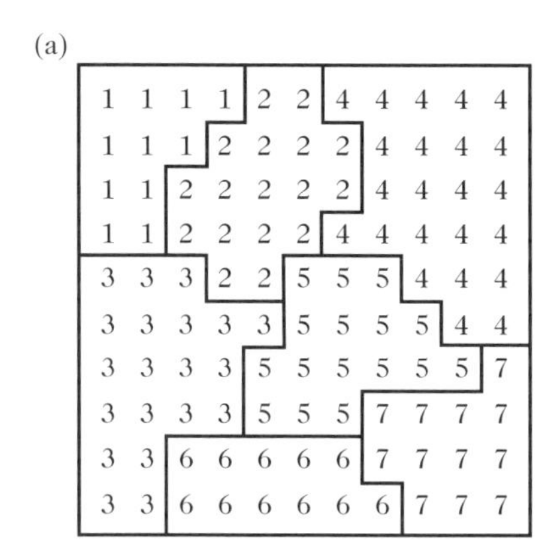

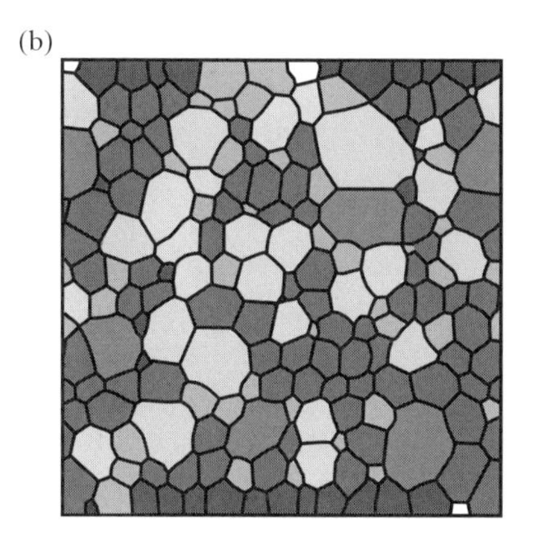

図 5.12: ポッツモデルによる数値シミュレーション [25]. **(a)** 原理. それぞれの気泡 i は同じ番号を持つ複数のピクセルにより描かれる. **(b)** 二次元の例. 多分散性ムースの平衡状態を示している. グレースケールは辺数に対応している. 256 × 256 ピクセルのネットワーク上に 589 の気泡があり, 左端と右端が周期的境界条件でつながっている.

泡の体積保存を保証する (本章問題 4.2 参照).

この方法では, **逐次的に**エネルギーの最小化を進める. すなわち, 無作為に気泡 i の境界にあるピクセルを選び, それを隣接する気泡 j に所属すると仮定する. つまり, その選ばれたピクセルを, 隣接する気泡のうち一つと同じ番号にする. そして, この試行がエネルギーを下げるならば, それを実現する. この場合, この操作によって, 気泡 i が小さくなると同時に気泡 j は大きくなり, その間の界面が移動する (つまり, この手法では, とても小さな体積の変化は常に許される). このような操作によって, 気泡 j が新しい気泡 k と接触することが起こり得る. つまり, T1 が生じ得る. この操作は何百万回と繰り返され, 徐々に全体のエネルギーが局所的な最小値へと減少する.

さらに, このモデルは外力の効果を取り込むこともできる. たとえば, 1 ピクセル分の気泡の変化によってエネルギーが上昇する場合にも, その操作をある確率で認めることもできる (ただし, この確率は, エネルギーの上昇が大きい程小さい). それにより, 選ばれた初期配置から遷移するエネルギー極小値とは異なる極小値を探ることができる. また, 揺らぎを持つ非決定論的な問題へもモデルを適用できる. たとえば, 温度が高く, それが, 系の持つエネルギーの揺らぎ (をボルツマン定数で割ったもの) に対して無視できないような物理系あるいは生体細胞系 [60] などが考えられる. この方法では, 何百万もの, 二次元あるいは三次元の気泡を合理的に数値的に再現でき [53](図 3.24 参照), その精度は, 表面 (つ

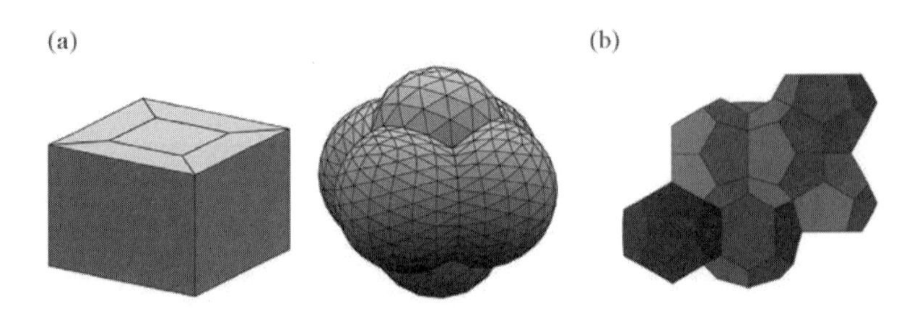

図 5.13: *Surface Evolver* [61] による数値シミュレーション．**(a)** 原理．初期の配置 (左) から始め，そのぞれの気泡の面を小さな三角形に分割する．これらの三角形を全エネルギーを減らす方向に移動し，最終的に，局所的な最小 (右) を見つける．**(b)** 単分散の秩序だった三次元ムースの例．つまり，ウィエア・フェラン構造．これは，与えられた気泡のサイズのもとで，今日知られる中では最小の表面を持つ構造である (p. 48 の囲み欄参照)[57]．六つの樽型のセルが隣接するセルと六つの辺を持つ面で接している．また，これらは，三つの直交軸に沿って列状に並んでいる．隙間は五角形の面を持つ十二面体で埋められている (図の一番右側の二つ)．

まりエネルギー) の値では数パーセントの程度である [29]．

2.1.2 ソフトウェア *Surface Evolver*

Surface Evolver (図 5.13) はエネルギーの最小値を決定論的な方法で探る．最小表面の数学のために開発されたものであるが，表面に関わる他の分野でも同様に大きな成功を収めている．1992 年から考案者の Ken Brakke [9] がインターネット上で数々のアップデート版を無料配布してきており，また丁寧な説明も付けられている [61]．

この方法では，気泡表面は小さな三角形によって，離散化される．この網目の粗さが精度を決めるが，それは計算の過程で細かくしていくことができる．これにより，それぞれの気泡の詳細な形を見つけることができ，望み通りの高い精度を得ることができる (たとえば，図 2.17 参照)．二次元ムースの場合，表面要素は辺 (壁面) そのものであり，これらの辺は円形のアーチであるから，さらに分割する必要はない．

問題に現れる変数は，これらの表面要素の特性 (位置，向き，曲率等) であり，とても大きな次元のパラメータ空間を構成する．このソフトウェアは，このベクトル空間中で，エネルギー勾配を計算し，エネルギーが最も大きく減少する方向を決定する．全ての三角形要素はその向きに沿って修正されるため，この修正は

大域的に生じ，構造全体が同時に影響を受ける．この探索の過程で，二つのセルの間の表面が，あらかじめ設定した閾値よりも小さいならば，プログラムはT1過程を実現するように命令し，新しい表面を小さな要素に分けて，再び探索を行う．

計算は，エネルギーが変わらなくなった時に止まる，すなわち，望みの精度よりも変動が小さくなった時に終わる．もちろん，要求精度(網目の細かさ，収束の判断条件，T1を引き起こす前の最小の辺の長さ)と計算時間の間で妥協が必要である．このソフトウェアは，数千個もの三次元気泡を数値計算するために使われたこともある [33].

2.2 動力学に適用されるモデル

動力学が遅い場合には，ムースは連続した(局所)平衡状態を通過していく．したがって，このような発展は，平衡状態のムースのシミュレーション(本章§2.2.1)を適用することで調べることができる．流れがより速い場合には，ムースは平衡状態にあるわけではない．その構造は三つの力の競合で決まる．それらは，表面張力，圧力による力と，局所的な速度勾配の関数となる粘性力である．また，流れがとても速い場合や，湿ったムースの場合には，慣性も同様に考慮に入れねばならない．以下では，二次元と三次元に適用できるモデル(本章§2.2.2)と二次元に限定されたモデル(本章§2.2.3，2.2.4)を紹介する．

2.2.1 準静的モデル

ポッツモデルと *Surface Evolver* は二次元と三次元でゆっくりとした動力学を数値的に再現するために利用される．たとえば，熟成(第3章§3.2参照)の動力学などにも利用でき，それぞれの気泡に対し規定したように体積を徐々に発展させたり，あるいは，準静的な流れを考慮したりすることが行われる(図5.14).

この方法では，まず始めに，初期の境界条件で定められる平衡状態へと構造を収束させる．初期の境界条件は，たとえば，ムースを仕切っている壁の位置等から与えられる．これらの壁の移動による流れを数値的に再現するためには，境界条件を段階的に発展させ，その都度，収束の過程を繰り返す(図4.22b)．それぞれの平衡状態への緩和過程における構造の発展には物理的な意味はなく，連続した平衡状態が有意なものとなる．

Surface Evolver では，二つの気泡を分ける面に対して，二つのプラトー境界の半径を基にして，予め閾値(最小面積)を設定する．そして，その面の面積がその値より小さくなった時に，プラトー境界同士が接して面が消滅するとすることで，T1が起こるようにする．高い閾値を選べばT1は簡単に実現されるので，こ

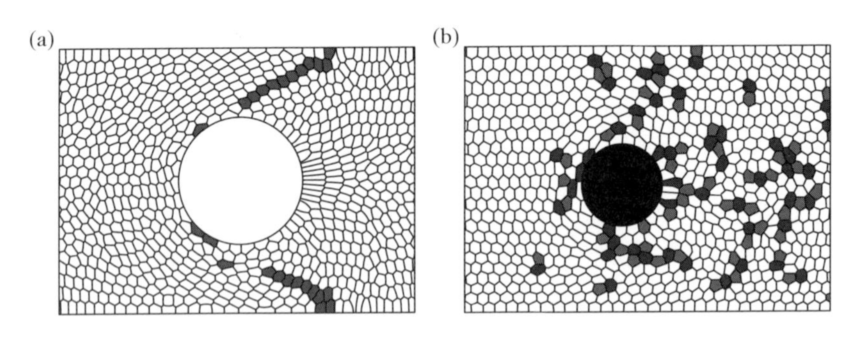

図 5.14: 乾いたムースが障害物の回りを左から右へと流れていく．準静的な，二つのアルゴリズムの異なるシミュレーションの間で良い一致が得られている [46]. **(a)** *Surface Evolver* による結果．一つの障害と無秩序に初期配置されたムースの場合．灰色の気泡は初期には流路の入り口で流れと鉛直な直線を成していたもの．**(b)** ポッツモデルによる結果．一つの障害と秩序的に初期配置されたムースの場合．灰色の気泡は辺数が 5 もしくは 7 のもの．

のようにすれば，間接的にではあるが，液体分率を考慮できる [46](図 4.30 と本章 § 3.3.2 参照)．なお，ポッツモデルでは，ピクセルサイズが閾値の役割を果たす [46]．

2.2.2　気泡モデル

気泡モデルは D. Durian によって二次元で提唱され [18]，三次元で再提唱されたが [22]，これにより粘性的な動力学を考慮することが可能になる．この手法は，先に述べたモデルよりも現象論的で，十分に湿ったムースに良く適用でき，ムースの正確な形状を本質的としない場合に対する速い計算法である．このモデルでは，動的変数によって構造が表現される．この動的変数は，球形で半径一定の気泡の中心座標であり，これらの球は，お互いに侵入できる．これらの気泡間の相互作用は，接触面積に比例する反発接触力，および，相対速度に比例する隣接気泡間の摩擦力が考慮される (図 5.15)．この摩擦力は液体相の流れの詳細を考慮に入れたものではない (第 4 章 § 3.3 参照)．

この方法では，与えられた初期状態から，それぞれの気泡にかかる力が計算される．これらの力は中心位置 (既知量) と気泡の相対速度 (未知量) にのみ依存する．慣性は無視されるので，力の総和はゼロであり，それによりそれぞれの気泡の速度を決めることが可能になる．この結果に基づいて，移動が実行され，処理が繰り返される．この過程は，原子の集合体の時間発展を予測するのに使われる

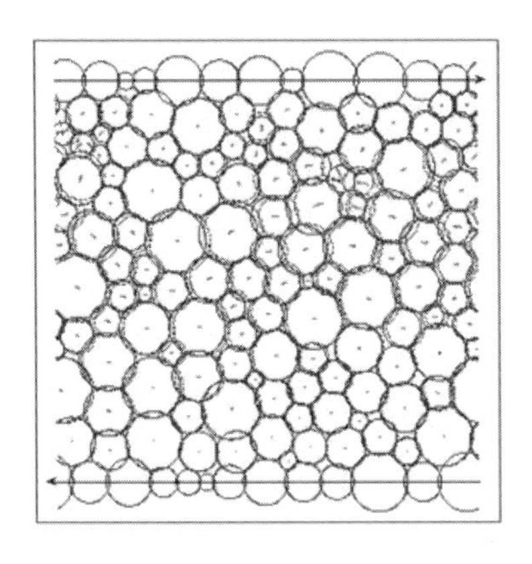

図 5.15: せん断下にある二次元ムースを，気泡モデルで数値的に再現したもの．気泡は完全な円で表現されており，お互いにわずかに侵入している．重ね合わせが大きい程，相当する実際の気泡は大きく変形している．水平な線が横切る気泡は固まったまま，矢印に沿って動かされる．これによって、ムースの他の部分にせん断が課される．点線と実線は連続する二つの瞬間に相当し，気泡の中にある線分は中心の移動を表す．この例では，T1 の再配列が右上部で起こっており，そこでは大きな移動が見て取れる．一方で境界での移動は判別できない程わずかである．文献 [18] より許可を得て掲載．©1997 The American Physical Society.

分子動力学法に類似している [2].

2.2.3 「摩擦を伴うムース」のモデル

二つの板の間の二次元ムースの流れで特徴的な点は，散逸の特殊性である．実は，この場合の摩擦力は速度の関数で (三次元の様に速度勾配ではない)，その特性は比較的良く知られている (第 4 章 § 3.3 参照).

二次元ムースの振る舞いに関しては，多くのシミュレーションが実現されてきた．そのうち，最も正確な例においては，構造は完全に離散化されている (摩擦を伴うムースのモデル [32])．すなわち，それぞれのプラトー境界はいくつかの数の線分要素 ds で表され，それらに力がかかっている．それらの力は，隣接する気泡からの圧力，表面張力，および，速度に比例した壁面での摩擦力である．まず，初期状態において，それぞれの要素 ds に課された力の総和をゼロとする．すると，上にあげた三つの力のうちの一つだけが速度に依存していることから，考慮している要素 ds の速度の値が分かる．こうして求めた各線分要素の速度に基づいて要素を動かし，再びその状態を次の初期状態と見なして同じことを繰り返

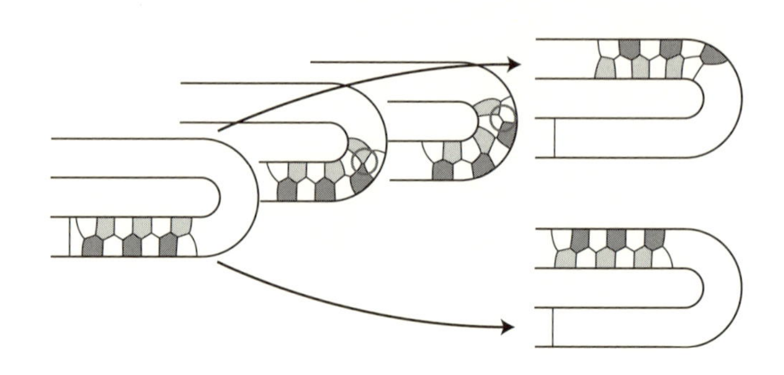

図 5.16: U 型の流路中での二次元ムースの前進.「摩擦を伴うムース」のモデルで数値計算が実行された．このモデルでは，壁面での摩擦が考慮されている．下の矢印は，低速度の場合に相当し，この場合には，ムースは塊となって移動し，気泡は同じ隣接関係を維持する．上の矢印は，ある閾速度を越えた速度に相当し，カーブの内側の気泡は外側の気泡に対して移動し，T1 が引き起こされる [32].

す．この移動の際，プラトー境界の消滅が生じた場合は，T1 過程が実現する (本章 § 2.2.1 参照)．このモデルにより，摩擦力が T1 過程におよぼす効果が実証された (図 5.16).

2.2.4 頂点モデル

多数の気泡を伴う二次元流れを再現するためには，さらなる単純化が必要となる．そこで，ムースは単純に頂点の位置とそれらの連結性によってのみ記述される (頂点モデル [43])．この際，プラトー境界は単純な直線の線分として近似される (図 5.17)．動力学は前項と類似のアルゴリズムで再現される．

3 画像の処理と解析の手法

ムースは実に便利な特性を持つ．というのも，画像を (特に二次元では) 簡単に得ることができ，これらの画像は (粘性摩擦を除く) 殆ど全ての物理情報を含んでいるからである．一般的には，まず，画像を処理して気泡とその壁面を識別する．ただし，数値シミュレーションからは，それ自身から，処理なしに直接利用できる画像が得られる．これに対して，画像の解析法とは，測定を実行する手法を意味するが，実験画像とシミュレーション画像に共通のものである．

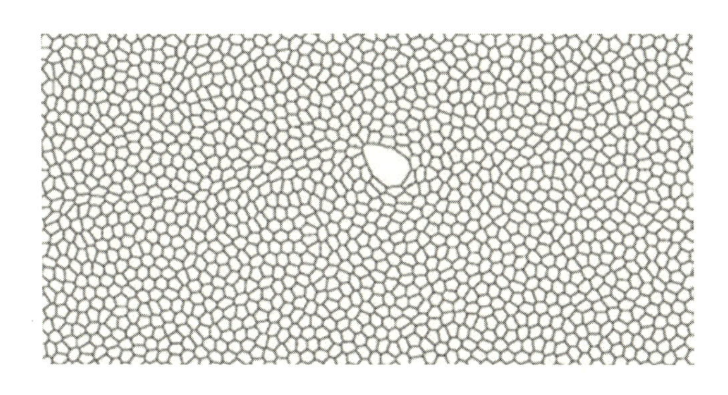

図 5.17: 二つの板の間のムースの流れの数値シミュレーション．頂点モデルを用いたもの．ムースは単分散で無秩序，そして一つの欠陥を持つ．ここで，欠陥とは，他より大きな気泡である．境界条件は二方向に対し周期的であり，ムースは課された速度で右へと進む．このシミュレーションによって，大きな気泡の移動に関する理論的予測を検証できるが，その移動速度は流れの平均速度よりも速い (第 2 章 § 5.4 参照) [11].

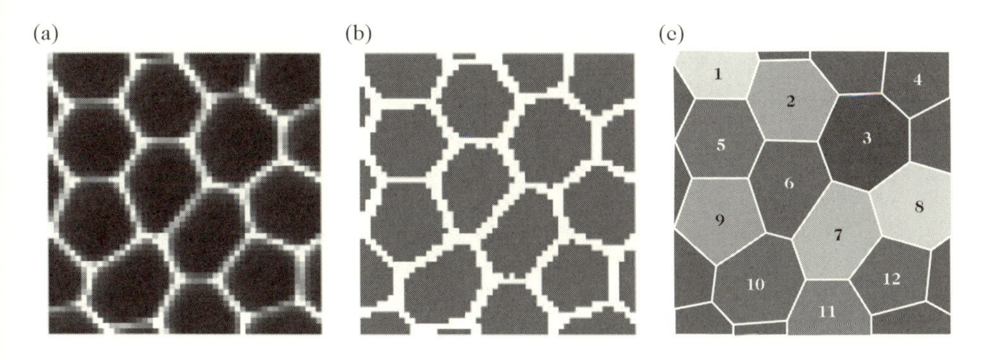

図 5.18: 自動画像処理の主な行程．二次元の場合．**(a)** 生画像 (I. Cantat 氏撮影)．**(b)** 前処理，閾値処理，および，膨張処理を行った画像．**(c)** 輪郭化と区分化を行った画像．ここで液体は気体よりもより明るく表されている．

3.1　画像処理

カメラによって画像を得ることができるが，このことは，(x, y) 座標を持つ各ピクセルに対してグレースケールを測定したことを意味する．ムースの照明と観測を同じ側で行った場合 (反射)，液体は気体よりもより明るく見える (図 5.18a)．カメラの反対側から照明した時は (透過)，この反対になる．

測定をするためには，多くの場合，まずは画像を**区分**することによって，それぞれの気泡を識別しなくてはならない．様々な画像処理の手法は，二次元，三次元を問わずに適用でき，たとえ，画像に，低コントラスト，ノイズ，低分解能，または不均質などの問題があっても，気泡を識別できる．ここでは，質の良い二次元画像の場合を説明するが，この場合には，画像の処理と解析が容易になる (本章 § 3.3.1).

3.1.1　区分処理

コントラストが良く，気泡一つの当たりに多くのピクセルが含まれる画像に対しては，区分はいくつかの行程にわけて自動化できる．

- 前処理：たとえば，照明の欠陥を補正するために，ムースがない時に撮ったわずかに不均一な画像を背景画像として差し引く．あるいは，画像に画像処理フィルターをかけることで，ノイズを減らす．
- 閾値処理：この処理では，グレースケールに対して「閾値」と呼ばれるある値を与える (処理する画像に相応しい値に調節する)．そして，この値よりも大きいグレースケールの値は1に変更され，したがって，白くなる (図 5.18b の液体相)．そうでない場合には0に変更され，よって，黒くなる (図 5.18b の気体相).
- 膨張処理 (特に乾いたムースに関して)：気泡が完全には「白」で囲まれておらず，隣と連結しているように見えることがある．この場合，白いピクセルの n 個目の隣のピクセルにまで「白」の値を与え，隣の気泡の連結をなくす．ただし，半径が n ピクセルより小さい気泡はふさがれて，完全に消えてしまう．
- 白い連続相の輪郭化：白い領域の端にあるピクセルをトポロジーを変えないように黒に変えていく．最終的に得られる画像は黒い気泡が幅1ピクセルの白い境界で囲まれたものになる (図 5.18c).
- 区分化：気泡を一つずつ識別する．お互いに接している黒いピクセルに一つの共通の番号を割り当てる．これがその気泡に割り当てられた番号となる (図 5.18c)．これにより区別のために色付けが可能になる (図 5.8 参照).

3.1.2　気泡の追跡

ムースの動力学を特徴付けるため (本章 § 3.2.5 参照)，連続画像 (つまり，動画) を準備することが必要となる．これらの画像の時間間隔 Δt は，問題となる時間発展を捉えるために十分に短くなくてはならない．たとえば，30 分毎の画像はゆっくりした老化を追うのに十分であり，1 秒毎の画像は準静的な流れを追うのに適しており，高速度カメラ (1 秒間に 1000 画像程度) を使えばとても速い流れを追跡すること可能である．

たとえ区分処理まで行われていない画像であっても (つまり，個々の気泡が識別されていない)，その次の画像を差し引くことで，労せずして定性的な視覚化ができ，場合によってはこれで十分なこともある．また，やはり，区分処理をしなくても，一つの画像をずらして，その次の画像と (ある領域で) 最大の相関を持つように移動することで，その領域の平均速度場 $v(x, y)$ を直接検出することができる．

もし画像の区分処理まで行われていれば，さらに，個々の気泡の速度を独立に決定できる．このためには，各々の気泡を一つの画像から次の画像へと追跡する必要があり，つまり，n 番目の画像中の番号 k の気泡と $n+1$ 番目の画像中の番号 k' の気泡を組にする必要がある．もし，個々の気泡が二つの連続する画像間で移動する距離が，気泡の直径より小さいなら，n 番目の画像中の番号 k の気泡の重心 $(x_{k,n}, y_{k,n})$ が，$n+1$ 番目の画像中の番号 k' の気泡に含まれているか調べるという方法がある．もし，含まれているのならば k と k' は同じ気泡に対する連続した番号ということになる．

もし平均速度場 $v(x, y)$ が分かっている場合には，連続した画像の間での前進が直径よりも大きな気泡に関しても追跡を行うことができ，それには，$n+1$ 番目の画像において，点 $(x_{k,n} + v_x \Delta t, y_{k,n} + v_y \Delta t)$ がどの気泡に含まれているか探すことで可能になる．反対に，それぞれの気泡を追跡することで，それぞれの気泡の重心の速度を測定することもでき，速度の平均を求められる．この際，平均は，気泡の体積 (あるいは液体薄膜の質量) で重みを付けて行うことで $v(x, y)$ を求める．

3.1.3 基本データ

理想的には，画像からは，それぞれの気泡に関して以下に関する生データが与えられる．

(i) 気泡の内部：その気泡に属する全てのピクセルの位置，重心のピクセル，体積，液体分率
(ii) 気泡の面：面の数，面積，曲率
(iii) 気泡の稜：各面の稜の数，稜の長さ，曲率，断面
(iv) 気泡の頂点：数，位置

これらの情報を得るためには，それぞれの気泡に属する全てのピクセルが分かっていることが前提となる．実際には，これが可能な場合としては，(X線もしくは光を使った) トモグラフィあるいはNMRの画像で既に区分処理までされたものや (本章 § 3.1.1 参照)，*Surface Evolver* あるいはポッツモデルによるシミュレーションのデータの場合がある．しかし，これ程の詳細が分からない場合もある．たとえば，気泡の面を見るには乾き過ぎたムースに関するトモグラフィやNMRの画像，または頂点モデルのシミュレーションなどが，この場合に相当する．

3.2 画像の解析

画像から得られる情報を最も有効に活用するにはどうすればよいのだろうか？基本データからは (本章 § 3.1.3)，色々な量を測定できる．ここでは，完全ではないが，測定可能な量のリストを与える．

それぞれの測定は，ある明確な質問に答えるために実行される．すなわち，議論したい問題に応じて，ある値の完全な分布を測定するか，あるいは，平均値や標準偏差で満足するかを選択することになるだろう．

3.2.1 トポロジー，無秩序度

一つの気泡は，隣接する気泡の数，言い換えれば，面の数 f によって特徴付けられる．これらの量からは，ムースのトポロジー的な無秩序度を取得できるが，これによって，異なる気泡がお互いに似ているか否かを測定できる．具体的には，このことは，ムース中の面数に対する分散 (平均値からのばらつき) によって特徴付ける．すなわち，$\mu_2^f = \langle (f - \langle f \rangle)^2 \rangle$，あるいは，$\mu_2^f = \langle f^2 \rangle - 2\langle f \rangle \langle f \rangle + \langle f \rangle^2 = \langle f^2 \rangle - \langle f \rangle^2$ という量を利用する．この値は正であり，しばしば，その平方根をとった標準偏差 $\delta f = \sqrt{\mu_2^f}$，もしくは，次式の様にその無次元形を用いる．

$$\frac{\delta f}{\langle f \rangle} = \sqrt{\frac{\langle f^2 \rangle}{\langle f \rangle^2} - 1} \tag{5.12}$$

それぞれの面は，その周囲に n 本の稜を持ち，その分布は同様に標準偏差を持つ．これはトポロジー的な無秩序度のもう一つの目安であるが，この量は (隣接関係に関するものではなく) 個々の気泡に関する量であり，より気泡が無秩序である程，$\delta n / \langle n \rangle$ が増加する．

この様なトポロジー解析によって，たとえば，アボアフ・ウィエアの経験的な「法則」を明らかにできるが，この法則によれば，一つの気泡の面数 f は，隣接

する気泡の平均面数 $\langle f \rangle_{\text{隣接気泡}}$ と関係付けられる (第2章§3.1.2参照). 実際に, $f\langle f \rangle_{\text{隣接気泡}}$ を f の関数として描いてみると, その結果は, 次式のような直線に近いものとなり, その直線の原点での座標は負であることが確かめられる (図2.11)).

$$f \ \langle f \rangle_{\text{隣接気泡}} = (\langle f \rangle - a_f) \ f + a_f \langle f \rangle + \mu_2^f \tag{5.13}$$

ここで, パラメータ a_f はムースを特徴付ける量である. この量は, 実際には, 式 (5.13) に f をかけ, ムースの気泡の集団に対し平均をとることで得られる次式を基に測定できる [31].

$$a_f = \langle f \rangle - \frac{1}{\mu_2^f} \ \langle f^2 \ \left(\langle f \rangle_{\text{隣接気泡}} - \langle f \rangle\right) \rangle \tag{5.14}$$

3.2.2 気泡の大きさと多分散性

もう一つの気泡の特性は大きさである. それぞれの気泡の体積 V に関しては, 色々な方法で情報を取得できる. たとえば, MRI, 光もしくは X 線トモグラフィ, 三次元顕微鏡, シミュレーション, 二次元ムース (この場合は面積 A を測る. 本章§3.3参照) が利用できる. 他の実験法からは, むしろ, 気泡の半径の情報が分かる. たとえば, 光拡散法, 三次元ムースの二次元画像 (投影, X線撮影, 断面, 顕微鏡), あるいは, プラトー境界のみを可視化している場合 (図5.6) などが, これに該当する.

半径はいくつかの定義が可能である (一意に定義される体積 V とは異なる). 様々な実験では, それらのどれかを測る. 原理的には一つの気泡に対しいくつかの特徴的長さが定義でき, たとえば, 面積に関連した長さ $R_s = (S/4\pi)^{1/2}$(面積 S の球の半径), もしくは, 体積に関連した長さ $R_v = (3V/4\pi)^{1/3}$(体積 V の球の半径) 等がある. プラトーの法則に従う気泡ならば, 式 (2.19) から, $R_s \approx 1.05 \, R_v$ の関係が与えられる.

一つの半径 R の定義を出発点として, ムースの平均的な特徴長さを定義するのにはいくつかの方法があるが, そのために半径の分布のモーメントが利用される (図5.19参照). たとえば, $R_{avg} = \langle R_v \rangle$ は平均半径であり, $R_{rms} = \langle R_v^2 \rangle^{1/2}$ は平均二乗半径である. より一般的には, 一連の特徴的長さを次式で構成できる.

$$R_{n,n-1} = \frac{\langle R_v^n \rangle}{\langle R_v^{n-1} \rangle} \tag{5.15}$$

ここで n は整数である. たとえば, $R_{10} = R_{avg}$, $R_{21} = R_{rms}^2 / R_{avg}$ であり, R_{32} はザウター半径と呼ばれていて, レオロジー的性質 (第4章§4.1.1参照) や浸透

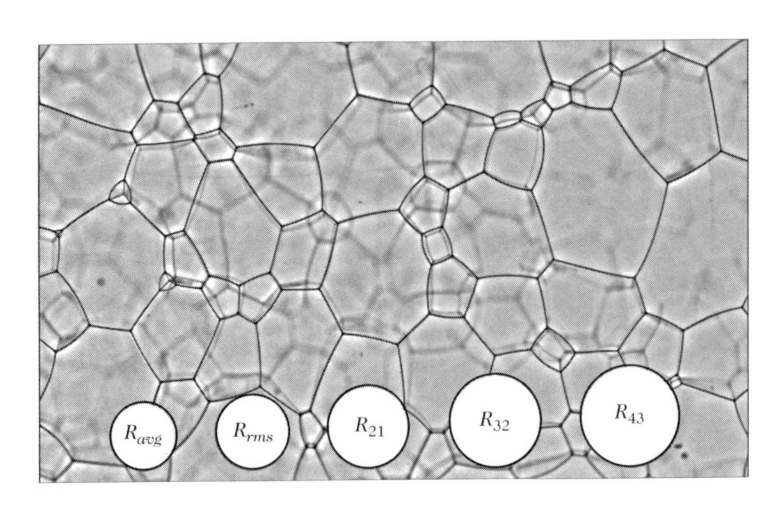

図 5.19: 平均気泡サイズの色々な値．それぞれの円の半径は，円の中に記された値を表している．これらの量は式 (5.15) で定義され，また，背景に示されている多分散のムースの撮影像から測定された (K. Feitosa，D. Durian の両氏撮影．文献 [21] より Springer Science と Business Media による許可を得て掲載).

圧 (第 2 章 § 4.2 参照) のモデルに用いられる．これらの値は近く，単分散のムースでは (すなわち，全ての気泡が同じ体積を持つ)，厳密に等しくなる．

半径の測定値と体積の測定値の対応は直接的ではない．特に，三次元ムースに対し単一の二次元画像のみを利用した場合，見かけ上の気泡サイズはその気泡に対する切断面の位置に依存する．したがって，同じ体積のいくつかの気泡も，その切断面では，半径が異なるように見えることがある．つまり，単分散のムースは，多分散の切断面を持つ．同様に，ムースの自由表面しか見られない場合や，気泡が壁面 (図 5.6 のように透明なもの) に接している場所しか見られない場合には，見かけ上の気泡サイズ分布は体積中での分布を反映していない．

幾何学的な無秩序度は，気泡の体積の (無次元の) 標準偏差で次式のように与えられるが，この式は式 (5.12) と類似している．

$$\frac{\delta V}{\langle V \rangle} = \sqrt{\frac{\langle V^2 \rangle}{\langle V \rangle^2} - 1} \tag{5.16}$$

この式は，次式の様に気泡半径の多分散性のパラメータを考慮することと，ほぼ等価のことである [33].

$$p = \frac{R_{32}}{\langle R^3 \rangle^{1/3}} - 1 = \frac{\langle R^3 \rangle^{2/3}}{\langle R^2 \rangle} - 1 = \frac{\langle V \rangle^{2/3}}{\langle V^{2/3} \rangle} - 1 \tag{5.17}$$

大きさの無秩序度は $\delta R/\langle R\rangle = (\langle R^2\rangle/\langle R\rangle^2 - 1)^{1/2}$ と測定できる．$\delta V/\langle V\rangle$ と $\delta R_v/\langle R_v\rangle$ が 1 よりも小さい場合には，これらの量は関係式 $\delta V/\langle V\rangle = 3\,\delta R_v/\langle R_v\rangle$ でかなり良く結び付けられる．なお，この三つの測定値，$\delta V/\langle V\rangle$，$\delta R_v/\langle R_v\rangle$ と p は単分散のムースではゼロであり，他の場合は正となる．

相関に関する話になるが，一つの大きな気泡に隣接する気泡は，しばしば，より小さな気泡となっている．この負の相関はトポロジーの相関 (式 (5.14)) と同様に，次式のパラメータで特徴付けられる．

$$a_V = \langle V\rangle - \frac{1}{\mu_2^V}\ \langle V^2\ \left(\langle V\rangle_{\text{隣接気泡}} - \langle V\rangle\right)\rangle \tag{5.18}$$

3.2.3 表面，変形

ムースの全表面積を知るのは重要であるが，それは特に，全表面積から弾性エネルギーが分かるからである (式 (2.15))．しかしながら，この量を取得するのは難しく，与えられた気泡の集合体が取り得る異なる充填形態の間のエネルギー差は，実験で測定するには小さすぎることも多い．この問題を解決するために，しばしば，*Surface Evolver* によるシミュレーションが助けとなる．この場合には，それぞれの独立した気泡に対する比 $S/V^{2/3}$ を計算することが行われる．この量は，気泡の秩序度を記述し，球や正気泡と比較した秩序度が分かる (式 (2.16) および (2.19))．

個々の気泡の変形は次式に与える「慣性行列」で特徴付けられる．

$$\begin{pmatrix} \langle x^2\rangle & \langle xy\rangle & \langle xz\rangle \\ \langle yx\rangle & \langle y^2\rangle & \langle yz\rangle \\ \langle zx\rangle & \langle zy\rangle & \langle z^2\rangle \end{pmatrix} \tag{5.19}$$

ここで，平均は，着目している気泡の全てのピクセルの (重心を原点に取った)(x, y, z) 座標に対して取る．この行列は，m^2 という単位で表現され，気泡の変形の主軸方向と変形の異方性を記述できる．

ムースの集合体 (もしくは部分領域) 中での変形を特徴付けるのは，次式のように集団的に定義された「テクスチャー」という量である [26]．

$$\begin{pmatrix} \langle X^2\rangle & \langle XY\rangle & \langle XZ\rangle \\ \langle YX\rangle & \langle Y^2\rangle & \langle YZ\rangle \\ \langle ZX\rangle & \langle ZY\rangle & \langle Z^2\rangle \end{pmatrix} \tag{5.20}$$

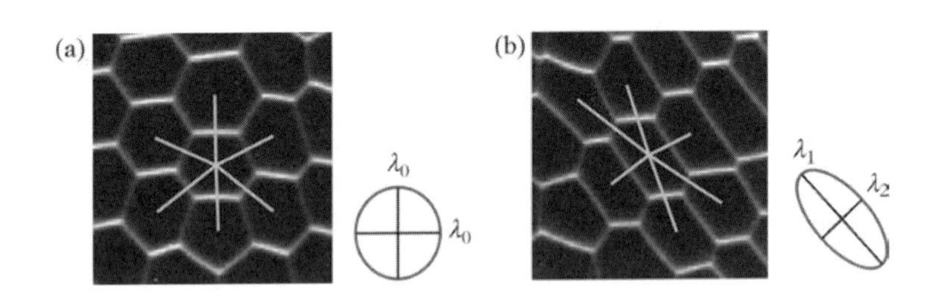

図 5.20: ムースの変形. **(a)** では，ムースは殆ど等方的である．気泡のテクスチャーは隣接気泡間の中心を結ぶ連結線から計算される，これを円で表すことができる (二つの固有値は同じで，λ_0 で表されている). **(b)** では，ムースは変形している．テクスチャーは引き伸ばされた楕円形で表されており，その軸は式 (5.20) にある行列の二つの固有値 ($\lambda_1 \neq \lambda_2$) に相当する C. Raufaste と P. Marmottant の両氏撮影 (文献 [26] 参照).

ただし，平均は，接している二つの気泡の中心を結ぶ全てのベクトルの座標 (X, Y, Z) に対して取る．この行列も m^2 を単位として表現され，ムースの変形の主軸方向と異方性を記述できる (図 5.20).

とても乾いたムースを変形させた場合，それぞれの気泡は同じような変形を受ける．よって，慣性 (セル内) とテクスチャー (セル間) の行列という二つの情報量は相関を持つ．より湿ったムースでは，それぞれの気泡は丸くなるため慣性行列はより等方的になるが，一方で，テクスチャー行列は，依然として，気泡の集合体の変形を反映する．

3.2.4　力，圧力，曲率

気泡は互いに三つの起源に基づいた力をおよぼしあっているが，それらの力とは，気体の圧力，面の張力そして粘性摩擦である．ところで，動的な値，たとえば粘性応力等は，画像からは直接測ることはできない．

一方で，画像からは，幾何学的な量を取得することが可能であり，たとえば，応力に対して圧力や面がどれだけの寄与をしているかが分かる (式 (4.18))．応力の決定のためには，表面張力 γ を知る必要がある．特に二次元の場合は，応力は，直接的に測定できる (本章 § 3.3.3 参照)．しかし，一般には困難であり，結果が，画像のピクセル化によって敏感に変化してしまう．

領域内の平均圧力を決めるには，体積に応じた重み平均を行った気泡圧力を測定する．面からの寄与は，それぞれの面に対し，式 (4.18) の最終項を積分することで与えられるが，このためには，面の正確な形 (つまり，曲率) を知る必要がある．

曲率を測定するには(これは，式 (2.23) の幾何学荷を決めるためにも有用)，画像を一定の平均曲率を持つ表面に合わせる必要がある．このフィットの精度は，平均曲率が気泡間の圧力差の結果であることに留意することで向上できるが (式 (2.4))，このことは異なる面の間の曲率の関係を示唆する (式 (2.5) と (2.24))．言い換えれば，圧力と曲率を同時に決めることで，精度が向上する．

このために，個々の気泡の圧力を付加的な任意の一定数を除いて決定するのだが，この際，これらの圧力の値の組の中で，面のデータに最も良く一致する曲率に相当するものを探すことが行われる．N 個の気泡に対しては同数の未知の圧力値がある一方，大体 $N\langle f\rangle/2$ の面があるので，それと同数の曲率の測定値がある．測定値は未知の値よりも $\langle f\rangle/2$ 倍多いので，圧力と曲率を同時に決定すれば近似精度を向上できる．

実験結果を，*Surface Evolver* によるシミュレーションと連携すれば，数値的にムースの形状を再現できるが，この場合，それぞれの面は一定の平均曲率を持っている面であることを利用する．このようにして，圧力と曲率が計算できる．ポッツモデルによって，間接的に圧力を決めることができるが，この場合には，気泡が単独にある場合に持つ体積 (「基準体積」，本章問題 4.2 参照) とムースの中にある場合に実際に持つ体積との差が利用される．

3.2.5 時間発展

個々の気泡を独立に追跡することでそれらの速度を測定できる (本章 § 3.1.2 参照)．一つの気泡の成長率を決定することもできるが (第 3 章 § 3.1 参照)，この量はある固定された面数に対して定義される量であるので，ある気泡を T1 が起きない間だけ追跡して決定する．

トポロジー的な再配置を特定するためには，共通の面を持つ気泡 (隣接対) のリストを作る必要がある．このリストが連続する二枚の画像の間で変われば，その間に再配置が起こっていることになる．たとえば，単位時間当たりの T1 と T2 あるいは薄膜の破裂の回数を測定し，これらの量と面数の関係を調べることもできる．

同様にテクスチャー (式 (5.20)) が二つの画像間でどのように変わるかを測定することもできるが，これにより，全ての再配置を同時に捉えて，その方向や特徴的大きさを調べることもできる [15, 26]．

3.3 二次元ムースの特殊性

これまでに定義されてきた量には，二次元のムースに対しても同等の量が存在する．トポロジー的および幾何学的な量については，f を n で，また，V を A で置き換えれば良い．しかしながら，二次元ムースにはいくつかの特殊性がある．

3.3.1 二次元画像解析

二次元では，実験画像は (三次元よりもはるかに) 簡単に取得でき，特に容易に区分処理ができる．たとえば，分散光を用いて，あらゆる方向から照明を行って得られたコントラストが良く，均一な画像の場合には，目視であれコンピューターであれ，気泡を個別に識別できる．二つのガラス板の間でムースがとても乾いていても，気泡の面を見ることができるが，これは，これらの気泡面が板の壁面でプラトー境界を形成するからである (図 5.6a)．また，シミュレーションでも，しばしば，より正確なデータを利用できるが，これは，平衡状態では面が円弧となっていて，数値的，解析的な扱いが容易になるためである．このようにして，*Surface Evolver* の計算は速度，精度共に大きく向上させることができる．

3.3.2 二次元の液体分率

二次元の液体分率に関しては，とても厄介な問題がある (第 2 章 § 5.3 参照)．この量は，ガラス板とガラス板の間にあるムースに対しては (図 2.25a)，三次元の場合と同様に定義できる．すなわち，この場合の液体分率は，板の間で水が占める自由体積の分率である．この量は，板の壁面がシャボン液で濡れるか，そうでないかに強く依存するものの，ムースの物理特性には，わずかにしか関係しない．水と空気の間 (図 2.25c)，水とガラスの間 (図 2.25b と 2.25d) にムースがあるときには，ムースの全体積は正確には求めることができず，液体分率もまた然りである．

実際には，二次元ムースの全ての場合において，調べようとしている個々の問題に適した実効的な液体分率を定義して，測定する必要がある．たとえば，流れの測定では，気体と液体の流量の比を求めることもある．さらに，力学特性を議論する場合には，T1 過程に対応して二つの頂点が接する瞬間の距離を測定することもある (本章 § 2.2.1) [46]．また，ガラス壁面近傍で何が起こっているかを知るには (たとえば摩擦)，光学測定により [54]，壁面のプラトー境界の形と大きさを評価する手法もある (図 5.6)．

3.3.3 二次元応力

三次元の表面張力はシャボン液の内容物にのみ依存する．二次元では，この量は，線張力に置き換わり，気泡の形にも依存するようになる (第 2 章 § 5.2 参照)．このため，その都度，測定する必要があるが，この測定はいつも容易であるとは限らない [14, 46]．

水とガラスの間のムースは，恐らく，個々の気泡の圧力を直接測ることができる唯一の状況である．気泡の中の圧力が上昇すると，ムースは，わずかに液体相へと沈むが，その際には，特に体積の変化はない．この時，上から見ると，表面積が変化する．このわずかな変化から，画像解析を利用して，緩和状態からの圧力変化を求めることができる (図 2.28) [15]．

ガラスとガラスの間のとても乾いた二次元ムースにおいては，気泡面にかかる応力の測定が可能である．この場合，気泡面の曲率は，円弧の半径を調整して合わせることで求められる．さらに，ムースが平衡状態もしくはその近くにある (準静的) 場合，応力の値は稜の曲率に殆ど依存しないことが示される．このような場合は，曲率を測定する代わりに，頂点の位置を決め，稜を直線を見なすことで十分である [30]．

4 問題

4.1 ムース中の平均液体分率の測定

U 型管を使うと，アルキメデスの原理を使って，ムース中の平均液体分率を求めることができる．初めに，管の底にムース溶液 (泡立っていないもの) を入れる．その後，ムースを U 字管の一方の枝に配置すると，もう一方側へムース液体が上昇する．

ムースの液体分率が $\phi_l = 0.12$，配置したムースの体積が $V_{ムース} = 1$ mL，U 字管の直径が 3 mm の場合，ムース液体はどれだけの高さまで上昇するか？

4.2 ポッツモデルにおける圧力

ポッツモデルのギブズの自由エネルギー $\mathcal{G}$ は (本章 § 2.1.1 では単に**エネルギー**と呼ばれている)，ムースの集合体に対して次式で与えられる (訳注：初めの二重和は，i 番目のピクセルとその最近接の j 番目のピクセルに対して取り，二番目の

和は k 番目の気泡に対して取る).

$$\mathcal{G} = \gamma d_p^2 \sum_{\text{ピクセル } i} \sum_{\text{隣接気泡 } j} [1 - \delta(n_i, n_j)] + \sum_{\text{気泡 } k} K \frac{(V_k - V_k^o)^2}{V_k^o}$$

ここで，d_p はピクセルの辺の長さ，n_i は i 番目のピクセルに割り当てられた識別番号である．また，$\delta(n_i, n_j)$ は，$n_i = n_j$ で 1，そうでない場合は 0 となる関数であり，$V_k^o = n_k RT/P_{ext}$ は気泡 k の参照体積，そして K はこれから決定する物理量である (訳注：P_{ext} は外部圧力).

1) この表式が，体積差が小さい極限で，ムースの自由エネルギーに一致することを示し，K の値を求めよ．そのためには，ムースの自由エネルギーを，液体と気体の自由エネルギーおよび界面エネルギーの合計として記述する．さらに，気体相の自由エネルギーを評価するために，ムース中の気体を理想気体と同一視して，気泡の体積が，温度と外圧が一定の下で，V_k^o から V_k まで変化する過程を考え，この過程に伴うエントロピーの変化を計算する．

実際には，ある条件が満たされる限りにおいては，得られたムースの構造は K の値には依存しない．その条件とは，K の値が十分に大きく，体積差 $(V_k - V_k^o)/V_k^o$ が 1 よりも十分に小さく保たれるというものである (ほぼ非圧縮性のムース)．このことから，数値計算の便宜上，K の値を先程得た値よりもずっと小さく制限し，$(V_k - V_k^o)/V_k^o \ll 1$ が満たされることを確認することが行われる．

2) 第 k 番目の気泡の内部の圧力 P_k の値を，三変数 V_k，V_k^o および K の関数として求め，体積変化が小さい極限で P_k が $-\partial\mathcal{G}/\partial V_k$ で与えられることを示せ．

参考文献

[1] A.W. Adamson, A.P. Gast, *Physical Chemistry of Surfaces*, Wiley, New York, 6th ed. (1997).

[2] M.P. Allen, D.J. Tildesley, *Computer Simulation of Liquids*, Oxford University Press, Oxford (2002).

[3] M. Axelos, F. Boué, *Langmuir*, **19**, 6598, 2003.

[4] G.B. Bantchev, D.K. Schwartz, *Langmuir*, **19**, 2673, 2003.

[5] R. Bandyopadhyay, A.S. Gittings, S.S. Suh, P.K. Dixon, D.J. Durian, *Rev. Sci. Instr.*, **76**, 093110, 2005.

[6] J. Banhart, *JOM-J MIN MET MAT S*, **52**(12), 22, 2000.

[7] V. Bergeron, *J. Phys: Condens. Matter*, **11**, R215, 1999.

[8] L. Bocquet, J.-P. Faroux, J. Renault, *Toute la thermodynamique, la mécanique des fluides et les ondes mécaniques*, Dunod, Paris (2002). (訳注：日本語の書籍としては，戸田 盛和，斎藤 信彦，久保 亮五，橋爪 夏樹,「統計物理学 (新装版 現代物理学の基礎　第5巻)」(岩波書店，2011 年) などがある．)

[9] K. Brakke, *Exp. Math.*, **1**, 141, 1992.

[10] B. Cabane, S. Hénon, *Liquides. Solutions, dispersions, émulsions, gels*, Collection Echelles, Belin, Paris (2003).

[11] I. Cantat, R. Delannay, *Eur. Phys. J. E*, **18**, 55, 2005.

[12] L. Cipelletti, H. Bissig, V. Trappe, P. Ballesta, S. Mazoyer, *J. Phys: Condens. Matter*, **152**, S257, 2003.

[13] S. Cohen-Addad, R. Höhler, *Phys. Rev. Lett.*, **86**, 4700, 2001.

[14] S. Courty, B. Dollet, F. Elias, P. Heinig, F. Graner, *Europhys. Lett.*, **64**, 709-715, 2003; B. Dollet, F. Elias, F. Graner, *Europhys. Lett.*, **88**, 69901, 2009.

[15] B. Dollet, F. Graner, *J. Fluid Mech.*, **585**, 181, 2007.

[16] W. Drenckhan, H. Ritacco, A. Saint-Jalmes, D. Langevin, P. MacGuiness, A. Saugey, D. Weaire, *Phys. Fluids*, **19**, 102101, 2007.

[17] D.J. Durian, D.A. Weitz, D.J. Pine, *Science*, **252**, 686, 1991.

[18] D.J. Durian, *Phys. Rev. E*, **55**, 1739, 1997.

[19] J. Etrillard, M. Axelos, I. Cantat, F. Artzner, A. Renault, F. Boué, *Langmuir*, **21**, 2229, 2005.

[20] K. Feitosa, S. Marze, A. Saint-Jalmes, D.J. Durian, *J. Phys.: Condens. Matter*, **17**, 6301, 2005.

[21] K. Feitosa, D.J. Durian, *Eur. Phys. J. E*, **26**, 309, 2008.

[22] B.S. Gardiner, B.Z. Dlugogorski, G.J. Jameson, *J. Non-Newton. Fluid Mech.*, **92**, 151, 2000.

[23] P.-G. de Gennes, F. Brochard-Wyart, D. Quéré, *Gouttes, bulles, perles et ondes*, Collection Echelles, Belin, Paris (2002). (訳注：日本語訳,「表面張力の物理学」(吉岡書店) がある)

[24] C.P. Gonatas, J.S. Leigh, A.G. Yodh, J.A. Glazier, B. Prause, *Phys. Rev. Lctt.*, **75**, 573, 1995.

[25] F. Graner, Y. Jiang, E. Janiaud, C. Flament, *Phys. Rev. E*, **63**, 011402, 2001.

[26] F. Graner, B. Dollet, C. Raufaste, P. Marmottant, *Eur. Phys. J. E*, **25**, 349, 2008.

[27] P. Hébraud, F. Lequeux, J.P. Munch, D.J. Pine, *Phys. Rev. Lett.*, **78**, 4657, 1997.

[28] S. Hilgenfeldt, A. van Doornum, *APS Meeting Abstracts*, 13014 (2003).

[29] E.A. Holm, J.A. Glazier, D.J. Srolovitz, G.S. Grest, *Phys. Rev. A*, **43**, 2662, 1991.

[30] E. Janiaud, F. Graner, *J. Fluid Mech*, **532**, 243, 2005.

[31] S. Jurine, S. Cox, F. Graner, *Colloids Surf. A*, **263**, 18, 2005.

[32] N. Kern, D. Weaire, A. Martin, S. Hutzler, S.J. Cox, *Phys. Rev. E*, **70**, 041411, 2004.

[33] A.M. Kraynik, D.A. Reinelt, F. van Swol, *Phys. Rev. Lett.*, **93**, 208301, 2004.

[34] J. Lambert, I. Cantat, A. Renault, F. Graner, J.A. Glazier, I. Vereten-nikov, P. Cloetens, *Colloids Surf. A*, **263**, 295, 2005.

[35] J. Lambert, R. Mosko, I. Cantat, P. Cloetens, J.A. Glazier, F. Graner, R. Delannay, Coarsening foams robustly reach a self-similar growth regime, *Phys. Rev. Lett.*, **104**, 248304, 2010.

[36] E. Lorenceau, Y. Yip Cheung Sang, R. H ler, S. Cohen-Addad, *Phys. Fluids*, **18**, 097103, 2006.

[37] R. Nagarajan, S.I. Chung, D.T. Wasan, *J. Coll. Int. Sci.*, **204**, 53, 1998.

[38] C.W. Macosko, *Rheology : principles, measurements, and applications*, Wiley-VCH (1994).

[39] E.B. Matzke, *Am. J. Botany*, **33**, 58, 1946.

[40] C. Monnereau, M. Vienes Adler, *Phys. Rev. Lett.*, **80**, 5228-5231, 1998.

[41] K.J. Mysels, *Langmuir*, **2**, 428, 1986.

[42] K.J. Mysels, M.N. Jones, *J. Discussion Faraday Soc.*, **42**, 42, 1966.

[43] T. Okuzono, K. Kawasaki, *Phys. Rev. E*, **51**, 1246, 1995.

[44] P. Oswald, *Rhéophysique*, Collection Echelles, Belin, Paris (2005).

[45] O. Pitois, C. Fritz, M. Vignes-Adler, *J. Coll. Int. Sci.*, **282**, 458, 2005.

[46] C. Raufaste, B. Dollet, S. Cox, Y. Jiang, F. Graner, *Eur. Phys. J. E*, **23**, 217, 2007.

[47] S. Rodts, J.C. Baudez, P. Coussot, *Europhys. Lett.*, **69**, 636, 2005.

[48] D. Sentenac, J.-J. Benattar, *Phys. Rev. Lett.*, **81**, 160, 1998.

[49] D.J. Srolovitz, M.P. Anderson, G.S. Grest, P.S. Sahni, *Scripta metallurgica*, **17**, 241, 1983.

[50] C. Stenvot, D. Langevin, *Langmuir*, **4**, 1179, 1988.

[51] H.A. Stone, A.D. Stroock, A. Ajdari, *Ann. Rev. Fluid Mech.*, **36**, 381, 2004.

[52] C. Stubenrauch, R. von Klitzing, *J. Phys.: Condens. Matter*, **15**, R1197, 2003.

[53] G.L. Thomas, R.M.C. de Almeida, F. Graner, *Phys. Rev. E*, **74**, 021407, 2006.

[54] A. van der Net, L. Blondel, A. Saugey, W. Drenckhan, *Colloids Surf. A*, **309**, 159, 2007.

[55] M.U. Vera, A. Saint-Jalmes, D.J. Durian, *Appl. Opt.*, **40**, 4210, 2001.

[56] G.F. Voronoï, *J. Reine Angew. Math.*, **133**, 97, 1908; **134**, 198, 1908; **136**, 67, 1909.

[57] D. Weaire, R. Phelan, *Phil. Mag. Lett.*, **69**, 107, 1994.

[58] D.A. Weitz, D.J. Pine, *Dynamic Light Scattering*, Chap. 16 Diffusing-Wave spectroscopy, Clarendon, Oxford (1993).

[59] C. Zakri, A. Renault, B. Berge, *Physica B*, **248**, 208, 1998.

[60] http://www.compucell3d.org/

[61] http://www.susqu.edu/brakke/evolver/

監訳者あとがき

本書は，フランスの著者らによるムース，あるいは，泡に関する書籍である。本書で扱うのは，主に，泡立ちやすい液体がよく泡立てられたものである．典型的には，整髪用ムース，シェービングムース，生クリーム，ビールの泡，洗剤の泡，などがその例である。したがって，日常的に我々に馴染みの深い物質形態である．しかし，産業分野にも重要な物質であり，化粧品，食品・飲料，洗浄剤等を扱う会社の研究部門では，日夜，これらの物質の性質を上手く利用しようとして格闘しているに違いない．その他にも，多岐にわたる応用に関連することについては，本書第一章に詳述されている通りである．

本書は，驚くほど多くの読者層を想定しており，読者の要望に応じた読み方が可能である．実際，第一章では誰でもが理解できる形で泡の重要性が力説されて，各章末には実験の「レシピ」が集められていて，その多くは，家庭の台所や学校の理科室でも楽しめるものである．本書の多くの部分は，大学学部１・２年レベルの物理と数学の知識があれば理解できるであろう．これに加えて，流体力学とレオロジーの基礎知識があれば，さらに深い理解ができ，この分野の最先端で展開される物理が躍動感を持って伝わってくるであろう（これらの基礎知識については，訳注によってかなり補った）．したがって，本書は，物理・化学を志す学部生から大学院生，理科教員，そして，基礎・応用を問わず企業や大学等で最先端の研究を展開する研究者たち，全てに向けられている．

フランスには，近年，Michelle Adler 氏と Dominique Langevin 氏といういずれも女性の研究者が率いる，強力なムースの研究グループがパリ近郊に二つあった（二人とも，最近，定年退職をされているがグループは,「分家もしながら」その高いアクティビティを保っている）．本書の著者も多くはその関係者である．

このようにフランスでムースの研究が特に盛んな背景には，フランスにおけるソフトマター物理の伝統がある．ソフトマターという学問領域を指す言葉は，1991年に生まれた．この年にノーベル物理学賞を受賞した故ドゥジェンヌ博士が，その受賞記念講演のタイトルとしてこの言葉を使ったのである．ソフトマターとは固体と液体の中間に位置する物質であるが，彼は，これこそが，これから物理の最先端で取り組んでいくべき物質と定めたのである．したがって，ソフトマターは，固体のように見えたり，液体のように見えたりするものであり，その典型が，ムースであるといっても過言ではないだろう．

このようなソフトマターは，一昔前の物理学者から見れば，複雑な対象であったが，ドゥジェンヌ博士は，スケーリング則に着目し，高分子・液晶・濡れ現象，などの日常的で複雑ながら工業的に重要な対象から，シンプルな物理を引き出してきた．この伝統は，本書にも随所に見られ，次元解析的で物理的な議論が展開されている．この印象派物理学とも称されるこの手法の汎用性について知るために，ぜひ，本書と内容的にも多少の重なりを持つ，ドゥジェンヌ博士の最後の著書「表面張力の物理学」（吉岡書店）を参照いただきたい．なお，この表面張力の本は，アカデミアを越えて広く企業の研究者にも大変に重宝していただいているようで，一つの研究チームに何冊も備えていただいていることもままあるようである．このムースの本もそのように広くの読者に受け入れていただける内容であると信じている．

私が本書の存在を知ったのは，旧知の研究者である本著の著者，Sylvie Chen-Addad 氏と Reinhard Höhler 氏の二人が，パリ近郊の Adler グループからパリ市内に移って間もなくして，彼らの新しいグループを訪ねた時だった．その時，はじめて，もう一人の著者，François Graner 氏を紹介されて，日本でポスドク経験のある彼から，力を込めて，日本語訳をしてもらえないか，と打診を受けた．その後，日本人研究者で，フランスに長期滞在の経験を持つ若手の研究者に声をかけて，この翻訳プロジェクトを立ち上げた．それから，予想以上に長い年月がかかってしまったが，何とか出版までこぎつけられた．

翻訳にあたっては，下記の担当に基づいて，一通り訳を終えた後，奥村が，原文に一文一文立ち戻って修正を加えたものをさらに全員で検討して，その後，私がさらに 2 回通して読み直して，最終的に私の判断で最終稿とした．共訳者の方々にこの場で感謝したい．彼らの協力なしには本書が陽の目を見ることはなかっただろう．

なお，私が通読して手直しする際には，自分がこの本を片手に曖昧さのないわかりやすい授業ができるかを常に頭においた．その上で，理解がしにくいと思われる個所には，適宜，原著者とも連絡を取り，私の責任において，訳注を付けたり，記述の変更を行ったりした．特に，訳注においては，印象派物理学の立場からスケーリング則のレベルでの理解が可能であればオリジナルな議論も展開した．

このようにして，最善を尽くしたつもりではあるが，まだ間違いなどがあると思われる．この点，読者からのお叱りを賜れれば幸いである．また，図の修正について，お茶の水女子大学の谷茉莉氏にご尽力いただいたことを，ここに感謝する．

なお，章末問題の解答は，吉岡書店のウェブページを通して公開する予定である．

2016年10月
奥村剛

初期担当（原著のページ数）
イントロと第1章：竹内（7-9，10-26）
第2章：武居（28-45，50-82），山口（45-49）
第3章：梶谷（123-173），竹内（85-123）
第4章：武居（198-226），山口（178-194），梶谷（226-233，194-197）
第5章：竹内（236-254），梶谷（254-269）

注記：ムースは英語ではフォームと訳される．日本語では日常的には，ムースもフォームも，共に使われるが，ムースはどちらかというとフワフワした感じのソフトなものに特化して使われ，フォームはもう少し一般的に使われるような気がする．一方，本書で扱う泡は，主に，ソフトマター，と呼ぶにふさわしい柔らかい物質としての泡に焦点が当てられており，ムースを基本訳にあてた（が，臨機応変に対応した）．

記号

c	濃度
cmc	臨界ミセル濃度，33
c_s	境界面下の体積濃度，107
d	平均気泡半径
d_m	界面活性剤分子の平均直径，188
e	二次元ムースの厚み (平板間の距離)
e_x, e_y, e_z	実験室系における単位ベクトル
f	気泡の面数，29
$g = 9.8\ \mathrm{m/s^2}$	$-e_z$ の向きを向いた重力速度,
h	薄膜の厚み，28
$k_B = 1.38 \times 10^{-23}\ \mathrm{J/K}$	ボルツマン定数
ℓ	プラトー境界の長さ，29
ℓ_{ij}	二次元の気泡 i, j を仕切る辺の長さ，72
ℓ^*	光の平均自由行程，296
n	(三次元の) 面当たりの稜の数
	(二次元の) 気泡当たりの辺数，29
$\mathbf{n}$	面要素の法線ベクトル
$\hat{n}$	境界面内の線に対する法線ベクトル
p	液体相の圧力，63
q	幾何学荷，54
q_t	トポロジー荷，43
r	プラトー境界の断面の曲率半径，63
r_1, r_2	プラトー境界の曲率半径，63
s	プラトー境界の断面積，59
u	液体相の速度
v	気泡の速度
$x,\ y$	水平方向
z	鉛直方向上向き

A	二次元気泡の面積　72
B_{ij}	フィンガーのテンソル，221
$Bo = \eta_s/(\eta r)$	ブジネスク数，154
$Ca = \eta u/\gamma$	毛管数， 202
$C^r = (\mathrm{d}V_i/\mathrm{d}t)/V_i^{1/3}$	気泡の相対成長率，130
D_v	界面活性剤の溶液中の拡散係数，107
D_f	気体の溶液中の拡散係数，141
D_{eff}	薄膜を通過する気体の有効拡散係数，141
E	ムースのエネルギー，46
E_{GM}	ギブズ・マランゴニの弾性率，111
$E_s^* = E_s' + iE_s''$	複素表面膨張弾性率， 111
F_{ij}	変位勾配テンソル， 221
G	静的せん断弾性率，215
$\hat{G}$	二次元の静的せん断弾性率 (単位 N/m)， 229
$G^* = G' + iG''$	複素せん断弾性率，220
$G_s^* = G_s' + iG_s''$	複素表面せん断弾性率，112
$H = 1/R_1 + 1/R_2$	平均曲率，34
He	ヘンリー定数，141
J	コンプライアンス，184
L_{int}	二次元ムースの境界面の長さの総量 ($E = \lambda L_{int}$)，76
N	ムース中の気泡数
N_1, N_2	法線応力差，222
P	気泡内の圧力
$P_{atm} = 10^5$ Pa	大気圧
P_c	毛管圧，63
R	薄膜の曲率半径，35
R_{ij}	二次元の隣接気泡 i, j を仕切る辺の曲率，53
R_1 と R_2	薄膜の主曲率半径，35
R_{32}	ザウター半径
$Re = \rho Lu/\eta$	レイノルズ数，127
R_s	気泡と同じ表面積を持つ球の半径，49
R_v	気泡と同じ体積を持つ球の半径，49
S_i	気泡 i の面積，46
S_{ij}	気泡 i, j 間の面の面積 ($E = \sum_{i<j} 2\gamma S_{ij}$)，46
S_{int}	ムース中の気・液界面の総面積 ($E = \gamma S_{int}$)，46

T	温度
T1	T1 型トポロジー転移，100
T2	T2 型トポロジー転移，103
V	気泡の体積
V_m	気体のモル体積，141
V_r	再配向の特徴的体積
$\mathbf{X}$	変位場，221
α	ムースの浸透率，
γ	表面張力，31
$\gamma_0 = 72 \times 10^{-3}$ N/m	純水の表面張力
ε	せん断ひずみ，215 と 221
$\dot{\varepsilon} = \mathrm{d}\varepsilon/\mathrm{d}t$	ひずみ速度，216
ε_{ij}	ひずみテンソル，221
ε_y	降伏ひずみ，217
η	溶液の粘性率，水の場合は $\eta = 10^{-3}$ Pa·s，216
η_d	表面膨張粘性率，110
η_p	塑粘性率，218
η_s	表面せん断粘性率，112
$\kappa_{ij} = 1/R_{ij}$	二次元気泡 i, j を仕切る辺の曲率 53
$\lambda \approx \gamma e$	線張力，76
$\lambda_c = \sqrt{\gamma/\rho_l g}$	毛管長，72
λ_D	デバイ長，119
μ	化学ポテンシャル，105
$\mu_2^f = \langle f^2 \rangle - \langle f \rangle^2$	f の分散
$\mu_2^V = \langle V^2 \rangle - \langle V \rangle^2$	V の分散
ρ	ムースの質量密度，29
ρ_l	溶液の質量密度，29
σ	せん断応力，215
$\hat{\sigma}$	二次元せん断応力 (単位 N/m)229
σ_{ij}	応力テンソル 222
σ_{ij}^s	表面応力テンソル
σ_y	降伏応力，216
ϕ_l	液体分率，29
ϕ_l^*	臨界液体分率，247

Γ	表面濃度，105
Γ_∞	飽和表面濃度，106
Π_o	ムースの浸透圧，67
Π_d	分離圧，64
$\Pi_l = \gamma_0 - \gamma$	ラングミュアの表面応力，104

索 引

訳者略歴

奥村　剛（おくむら　こう）
お茶の水女子大学大学院教授．博士（理学）．1967年生まれ．
慶應義塾大学を経て，1994年分子科学研究所助手．
2000年　お茶の水女子大学助教授（物理学科）．
2003年　同教授，現在に至る．
2002-2003年　コレージュ・ド・フランス招聘客員准教授（ドゥジェンヌ Gr.）

梶谷忠志（かじや　ただし）
マックスプランク高分子研究所　フンボルトフェロー．
博士（工学）．1981年生まれ．
2010年　東京大学大学院で学位取得後，
日本学術振興会海外特別研究員（パリ第７大学），
ESPCI（パリ市立工業物理化学高等大学）博士研究員を経て
2013年10月より現職．

武居　淳（たけい　あつし）
お茶の水女子大学特任助教．博士（情報理工学）．1981年生まれ．
2010年東京大学大学院で学位取得後，
ESPCI（パリ市立工業物理化学高等大学），
東京大学生産技術研究所特別研究員を経て2015年より現職．

竹内一将（たけうち　かずまさ）
東京工業大学准教授．博士（理学）．1983年生まれ．
東京大学大学院で学位取得後，同大学特任研究員を経て，
2010年９月から日本学術振興会海外特別研究員としてフランスに滞在．
2011年　東京大学特任助教，2012年　同大学助教（物理学科）
2015年　東京工業大学准教授，現在に至る．

山口哲生（やまぐち　てつお）
九州大学准教授．博士（工学）．1971年生まれ．
東京大学大学院で学位取得後，
2007年４月～10月　ESPCI（パリ市立工業物理化学高等大学）博士研究員，
2007年11月　東京大学助教，2011年11月　九州大学特任准教授，
2012年10月　九州大学准教授，現在に至る．

ムースの物理学：構造とダイナミクス　2016Ⓒ

2016年11月25日　第１刷発行
監　訳　奥村　剛
発行者　吉岡　誠
〒606-8225 京都府京都市左京区田中門前町87
株式会社　吉岡書店
Tel 075-781-4747/e-mail：book-y@chive.ocn.ne.jp

印刷・製本 亜細亜印刷株式会社

ISBN:978-4-8427-0368-8